煤矿“1573”安全素质提升法

——煤矿从业人员安全素质提升教育与培训创新管理法

王玉波／主编

中国矿业大学出版社
·徐州·

内容简介

本书主要介绍煤矿从业人员安全素质提升教育和培训创新的管理方法，全书围绕如何提升煤矿企业从业人员安全素质，打造知识型、技能型、实用型高素质职工队伍所采取的教育和培训管理手段及具体实施办法展开。内容主要包括用大培训理念引领职工安全素质提升、用五项溯源治理提升职工安全素养、用七项管控措施规范职工班前安全课、用三大培训技术系统增智赋能等。本书具有很强的系统性、创新性、实践性和实效性。

本书是煤矿企业开展从业人员安全素质提升教育和培训的宝贵经验总结，可供煤矿企业从事安全思想教育、安全知识培训、安全技能提升培训人员学习借鉴之用，也可作为安全培训机构开展安全培训工作的参考用书。

图书在版编目(CIP)数据

煤矿"1573"安全素质提升法 ：煤矿从业人员安全素质提升教育与培训创新管理法 / 王玉波主编. — 徐州：中国矿业大学出版社，2022.7（2022.9 重印）

ISBN 978-7-5646-5470-2

Ⅰ. ①煤…　Ⅱ. ①王…　Ⅲ. ①煤矿－安全生产－管理人员－安全培训－教材　Ⅳ. ①TD7

中国版本图书馆 CIP 数据核字(2022)第 122116 号

书　　名　煤矿"1573"安全素质提升法——煤矿从业人员安全素质提升教育与培训创新管理法
主　　编　王玉波
责任编辑　吴学兵
出版发行　中国矿业大学出版社有限责任公司
（江苏省徐州市解放南路　邮编 221008）
营销热线　(0516)83884103　83885105
出版服务　(0516)83995789　83884920
网　　址　http://www.cumtp.com　**E-mail**:cumtpvip@cumtp.com
印　　刷　苏州市古得堡数码印刷有限公司
开　　本　787 mm×1092 mm　1/16　**印张** 19.5　**字数** 487 千字
版次印次　2022 年 7 月第 1 版　2022 年 9 月第 2 次印刷
定　　价　80.00 元
（图书出现印装质量问题，本社负责调换）

《煤矿“1573”安全素质提升法》编委会

主　　任　孙成坤　王佳喜

副 主 任　梁　德　于会军　刘鹏飞　韩福生

编　　委　王玉波　朱海洲　李佰村　张俊杰　宋立国
　　　　　姜洪君　张景龙　吕孝先

主　　编　王玉波

副 主 编　刘衍杰　王维群

参编人员　王延彬　黄　明　郭　锐　黄玉波　王亮亮
　　　　　施俊浩　张洪岩　许汝全　王东生　苏训芬
　　　　　刘伟民　李永峰　李　艳　周　玲　张成才
　　　　　张　丽　高　建　丁义杰　陈义兵　张福禄
　　　　　张乐东　李鸿业　殷兆君　杨玉岭　刘万春
　　　　　刘洪洋　杨玉涛　马俊岭　黄德坤　李明雨
　　　　　张　晖　胡　伟　宋晓瑜　崔英敏　史金浩
　　　　　陈继才　吴明春　黄燕君　邵建涛　孙云龙
　　　　　毛培柱　李崇娟　赵　锋

序

黑龙江龙煤集团鹤岗矿业公司寄来《煤矿“1573”安全素质提升法》书稿，希望我能为该书作序，言辞恳切，盛情难却。因为工作关系，我曾多次到黑龙江、到鹤岗矿区检查和调研煤矿安全生产工作，对鹤岗矿业公司安全生产发展历程和现状有一定的了解。这次展读该书，对鹤岗矿业公司的安全工作思路和举措，尤其是安全教育培训工作有了更为深入、更加系统的了解。

鹤岗矿业公司（原鹤岗矿务局）1917年开发建设，1945年建企，是第一个回到中国共产党和人民怀抱的国有大型煤炭企业。70多年来，为中华人民共和国成立、国家经济建设做出了重要贡献。在企业发展进程中，受诸多因素的制约和影响，鹤岗矿业公司曾是事故重灾区，教训十分深刻。近些年来，他们认真贯彻习近平总书记关于安全生产工作的重要论述和重要指示批示精神，深入落实上级决策部署和要求，在龙煤集团的领导下，树牢安全发展理念，坚持问题导向、目标导向和结果导向，坚持“管理、装备、素质、系统”并重，大力推进煤矿安全基础建设，强化各类灾害防治，加快矿山“四化”建设，杜绝了较大及以上事故发生，有力推动了安全生产形势稳中向好，为企业改革发展奠定了坚实基础。

特别是在生产实践中，他们深刻认识到安全生产是一项复杂的系统工程，人是最关键、最活跃的因素，起决定性作用。人员素质不高，不仅零星事故难免，重大事故也难防难治。他们坚持系统思维，抓安全生产从源头入手，充分学习借鉴淮北矿业集团等企业经验，主动融合龙煤集团鸡西、双鸭山、七台河矿业公司的好做法，以提高从业人员安全素质为切入点和突破口，创新安全教育培训思路、载体、方法，切实发挥安全教育培训在企业安全发展中的基础性、先导性、全局性作用，探索形成了煤矿“1573”安全素质提升法，促进了安全生产源头治理、系统治理、协同治理、综合治理、精准治理，切实提升了企业安全治理能力和水平。

煤矿“1573”安全素质提升法，剖析思想行为，寻求治本之策，推进安全管理创新，是煤矿强化安全教育培训、提高从业人员安全素质的方法集成，是黑龙江国有煤矿安全管理智慧的结晶，体现了强基固本、提素赋能、源头治理的新时代煤矿安全生产工作思路，彰显了煤炭人求真务实的探索精神和对安全发展的价值追求。

一是具有系统性。安全意识、安全知识、安全技能构成从业人员的基本安全素质，安全思想教育要解决的是从业人员安全意识不强的问题，安全知识培训要解决的是从业人员安全知识缺失的问题，安全技能提升要解决的是实际操作不安全不熟练的问题，三者不可偏废，任何一项弱化或缺失，都可能导致事故的发生。鹤岗矿业公司坚持把安全思想教育、安全知识培训、安全技能提升作为一个具有内在联系的有机整体来研究谋划，通过制度安排和机制化建设，使之相互贯通融合，树立“三位一体”的大培训理念，用大培训理念引领从业人员安全素质提升工作。

根据事故致因理论，事故发生主要由物的不安全状态、人的不安全行为和管理缺失所造成。分析众多事故的原因，90%以上的事故，都是由从业人员违章作业引起的。改变人的不安全行为，必须从系统的整体性和要素之间的相互影响、相互作用原理来认知和考量。鹤岗矿业公司综合运用教育、培训、经济、联保、帮带等手段和方法，组织“三违”人员过“七关”，系统治理“三违”现象，收到了明显效果。

安全生产系统，有其过程控制的复杂性、影响因素的多样性，其中人文关怀是规范职工安全行为、实现安全生产不可忽视的因素。鹤岗矿业公司注重人文关怀，关注职工的身体、心理状况和行为习惯，采取职工身心健康十步闭环管理法，强化对职工的心理疏导、精神慰藉、健康管理和安全行为养成，有效地防范了职工工作中行为失常、失范，避免了事故发生。

二是具有创新性。传统安全管理理论认为，消除不安全因素应从人、机、环、管四方面入手，但是，鹤岗矿业公司通过对“三违”和工伤发生的原因加以分析，发现工资分配和管理政策对从业人员的作业行为有比较重要的影响，消除不安全行为不能忽视工资分配和管理政策的因素。他们在“人、机、环、管”传统安全管理理论基础上，增加“策”的因素，创新性推行“安全型”单价，分解生产环节工资单价，由原来向生产难度大、劳动强度大的环节倾斜，变为向安全关键和重点环节倾斜，促使职工兑规作业、主动落实安全措施，从而保证了安全生产。

一些企业抓安全工作重视实体性制度建设而忽视程序性制度建设，导致安全效果不理想。从制度层面分析，安全实体性制度内容多为原则、权利、义务、职责、标准、奖罚，而安全程序性制度内容多为流程管控、程序规范、措施落实、责任细化，是安全实体性制度得到贯彻落实的方法和具体实现形式，更具有操作层面的意义。鹤岗矿业公司在加强安全实体性制度建设的同时，注重安全程序性制度建设，塑造安全制度文化，把安全愿景提炼为安全理念，把安全理念贯穿于安全规范，把安全规范转化为安全行为，把安全行为养成职业习惯，实现了职工安全生产主体性与主导性的统一。

煤矿“1573”安全素质提升法的创新性，也体现在运用先进技术改变传统教育培训手段和方式上。鹤岗矿业公司与高校联合开发应用了煤矿移动“e”课堂智慧云平台系统，突破了传统教育培训形式的限制，使职工能够利用碎片化时间随时随地学习安全知识和安全技能，大大提高了安全教育培训的效率和效果。

三是具有实践性。鹤岗矿业公司坚持从实际出发，以问题为导向，既注重“抓实一招一式的规范、抓严一点一滴的养成、抓好一人一事的教育”，比如强化职工班前安全课管理，发挥职工班前安全课收心定神、安全提示、教育培训、行为养成作用，使职工班前安全课成为安全生产的第一道工序、安全入井的第一道关口、安全管理的第一道防线，持之以恒，久久为功；又注重从整体上补短板、强弱项、提素质，比如变招工为招生、开办煤矿中等职业教育班、利用龙煤学院定向委培招生等，全面提升了从业人员的安全素质。

为使安全思想教育接地气、见实效，鹤岗矿业公司根据职工的认知习惯、接受方式、话语体系、审美特点，更新教育理念，优化教育内容，改进教育方式，以平等的身份与人沟通，多讲“老实话”“家常话”“贴心话”和“煤言煤语”，畅通信息传递、思想表达、情感交流，以话语同频引发思想共振和情感共鸣，努力达到入脑入心的目的。

在安全教育培训上，他们注重从小切口入手，针对安全检查、隐患排查、风险辨识、应急演练、事故追查、安全生产标准化检查评比、采煤工作面全过程风险预控、“三违”和工伤结构性分析、小班安全质量验收等发现的问题，精准施策，靶向培训，突出实践知识、实践技能、实践经验的传授。

四是具有实效性。教师是培训的灵魂，是培训质效的保证。为实现以教为中心向以学为中心的转变，切实加强培训师资队伍建设，调动培训教师工作的积极性、主动性和创造性，鹤岗矿业公司实行教师准入、差异化薪酬分配和教学效果评估，进一步增强了培训教师在实际工作中的原则性、系统性、创造性和实效性。坚持开展岗位练兵、技术比武活动，解决职工岗位操作不规范不熟练、处理隐患无方法无技巧、安全管控不精准不精细的问题，促进了职工技能等级的不断提高，培养了一批具有高阶技能的职工，逐步适应了煤矿自动化、信息化、智能化发展的需要。他们以安全发展的成效作为检验安全教育培训质效的根本标准，不做表面文章，不搞花架子，不好高骛远，坚持聚焦灾害防治、聚焦现场、聚焦班组、聚焦职工，出实招、求实效，不断推进安全教育培训创新，促进了企业安全发展。

一个成功的企业有多方面的经验，但无不包含着对职工教育培训工作的真正重视和对职工卓越品质的不懈追求。《煤矿“1573”安全素质提升法》一书值得肯定，该方法经过实践检验，对煤炭行业提升安全教育培训质量具有学习借鉴意义。希望煤矿企业、广大安全管理人员在实践中继续丰富、完善、创新，不断提升从业人员安全素质，不断提高煤矿安全治理能力和水平。

习近平总书记强调“要始终高度重视提高劳动者素质，培养宏大的高素质劳动者大军。劳动者素质对一个国家、一个民族发展至关重要”。实现煤炭工业高质量发展，必须以高素质职工队伍作支撑。“十四五”时期是新一轮科技革命和产业变革的关键期，也是煤炭行业从劳动密集型向人才技术密集型转变、实现高质量发展的关键期。立足新发展阶段、贯彻新发展理念、构建新发展格局，是煤炭行业“十四五”时期发展的逻辑主线，我们煤炭人使命光荣，重任在肩。希望更多煤炭企业、煤炭人，在安全生产领域探索出更多实践成果，进一步提高从业人员的安全素质，扩大技能人才规模和质量，建设知识型、技能型、创新型的煤炭产业大军，推动煤炭工业实现高质量发展。

就此机会，谨向探索实践煤矿“1573”安全素质提升法的龙煤集团、鹤岗矿业公司同志们致以敬意，向编写此书的同志们表示衷心的感谢！

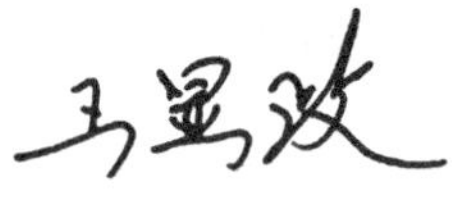

2022 年 6 月 10 日于北京

前　言

2021年12月末，国家矿山安全监察局督导组对龙煤集团鹤岗矿业公司安全培训工作进行了专项督察，对鹤岗矿业公司煤矿“1573”安全素质提升法给予了充分肯定。按照督导组要求，龙煤集团和鹤岗矿业公司主要领导高度重视，责成鹤岗矿业公司党委副书记王玉波牵头编撰《煤矿“1573”安全素质提升法》一书。本书是煤矿管理人员和培训教师的参考书。

全书由五章构成。第一章：该法创建的基础条件、现实状况、历史背景及深化过程。第二章到第五章：从四个方面分别阐述了“1、5、7、3”的含义、做法和效果。其中，第二章：树立一个理念，即大培训理念，构建安全教育、安全培训、安全技能提升“三位一体”大培训格局；第三章：从实行教师准入、系统治理“三违”现象、进行“三违”和工伤结构性分析、开办煤矿职工中专班、开展岗位技术练兵等五个方面采取措施提升职工安全素养；第四章：用七项管控措施规范职工班前安全课；第五章：应用煤矿安全技术可视化仿真培训系统、煤矿特种作业人员实操仿真培训系统、煤矿移动“e”课堂智慧云平台系统等三大培训技术系统为职工增智赋能。

本书各章之间既相互独立，又围绕素质提升总体目标相统一，通篇自始至终贯彻习近平总书记重要指示批示精神，按照应急管理部和国家矿山安全监察局关于煤矿安全培训工作的要求，深入落实《中华人民共和国安全生产法》《煤矿安全规程》《煤矿安全培训规定》等法律法规，具有鲜明的时代特点和煤矿特色：顺序上有前后和因果，结构上有总分和详略，内容上深入浅出、循序渐进，学习上通俗易懂、务实管用。本书在编写过程中注重煤矿应知应会、必禁必做和实践知识、实践技能、实践经验的培训，突出运用先进信息化技术手段提升安全培训质效、系统治理职工“三违”现象、采取有效管控措施规范职工班前安全课等特色，尽可能地采用图文并茂的方式，多用图、表、数据和案例阐述。

为优质高效地完成本书的编撰，龙煤集团鹤岗矿业公司遴选了由公司领导、公司机关、生产煤矿和部分厂处院校单位相关管理人员、文字综合骨干、安全培训教师组成专门写作班子。本书由王玉波任主编，刘衍杰、王维群任副主编。第一章由王玉波牵头编写，第二章由郭锐牵头编写，第三章由王延彬牵头编写，第四章由黄玉波牵头编写，第五章由黄明牵头编写。全书由主编统筹和策划。

龙煤集团和鹤岗矿业公司主要领导高度重视本书的编撰工作并给予了大力支持，有关单位、部门积极配合并提出修改意见，在此一并表示衷心感谢！

由于时间仓促，加之编写人员水平有限，书中难免存在不足之处，敬请读者批评指正。电子邮箱：915995033@qq.com。

编　者

2022年6月

目　录

第一章　煤矿“1573”安全素质提升法的由来

第一节　创建的基础条件及现实状况

煤炭行业属于高危行业，由于受煤矿井下不良作业环境影响和制约，呈现出生产过程复杂、生产形式多样、系统协调运转困难等特点，导致安全生产管控难度大，安全生产任务艰巨，因此，其对从业人员的素质提出了很高的要求。

黑龙江龙煤鹤岗矿业有限责任公司（以下简称鹤岗矿业公司）是黑龙江龙煤矿业控股集团有限责任公司（以下简称龙煤集团）旗下的骨干企业，1917 年开发，1945 年建企，已有百余年的煤炭开采历史。鹤岗矿区矿老井深，地质条件复杂，矿井灾害严重，尤其是随着开采深度的增加，高瓦斯易突出、强冲击地压、煤层易自然发火、顶板砾岩含水层下开采等多灾耦合叠加现象更为普遍，加之职工平均年龄偏大、文化程度较低，正处在新老职工交替集中期，保障矿井安全生产的难度持续增大。鹤岗矿业公司机关办公楼见图 1-1。

图 1-1　鹤岗矿业公司机关办公楼

一、灾害基本情况

（1）地质构造。矿区煤田断裂构造十分发育，开采范围内落差大于 20 m 的断层有 590 条，断距在 50 m 以上的断裂共有 396 条。影响开采的中小断层特别多，随处可见。

（2）煤与瓦斯突出。矿区可采煤层大部分属于高瓦斯煤层，有 4 个突出矿井、3 个高瓦斯矿井，是国家矿山安全监察局瓦斯治理重点监控的 45 个对象之一。经测试煤层瓦斯压力最大达到 3.4 MPa，煤层瓦斯钻屑解吸指标值达到 800 Pa。

（3）煤层自然发火。矿区主采煤层普遍具有自然发火倾向性，煤层最短自然发火期仅为 16 天。

(4) 冲击地压。矿井平均采深超过 400 m,采动应力与煤层围岩的自重应力、构造应力相互叠加,冲击地压灾害风险日趋突出。矿区有 4 个冲击地压矿井,有 19 个煤层具有冲击倾向性,有 4 个煤层顶板具有强冲击倾向性。

(5) 水文地质。矿区内有大小河流 3 条,流经煤田上方或边缘,含煤地层普遍赋存巨厚砾岩层,南部第四系强含水层厚度在 10～60 m。矿区 7 个井工生产矿井中,水文地质类型复杂矿井 3 座,中等矿井 4 座,防治水工作存在一定难度。

随着区内矿井逐步转入深部开采,各类灾害相互联系作用、共生耦发,安全生产形势严峻复杂,安全工作面临重大考验。据统计,1991 年以来,矿区煤层自燃火灾累计发火 266 次,形成火区 91 处,封闭工作面 55 个,冻结煤量 771.6 万吨;累计发生有记录的冲击地压 60 起,突水事故近 30 起,发生瓦斯爆炸事故 48 起,大部分属于倾出型突出。

二、灾害治理成本

多年来,为保证各项灾害治理工作落实到位,鹤岗矿业公司不断加大资金投入力度,2020—2021 年治理灾害费用吨煤平均 98.47 元,是《企业安全生产费用提取和使用管理办法》规定的 3.2 倍。见表 1-1 和表 1-2。

表 1-1 鹤岗矿业公司 2020 年主要灾害治理费用统计汇总表

项目	井工煤矿灾害治理费用统计							露天煤矿统计	建设矿井统计	建井施工统计	总计
	峻德矿	兴安矿	富力矿	新陆矿	振兴矿	益新矿	小计	新岭矿	乌山矿	矿建处	
灾害治理费用合计/万元	17 043.54	14 546.73	13 931.49	5 863.81	4 612.54	6 748.08	62 746.19	30	2 750	1 913.39	63 439.58
2020 年产量/万吨	185.5	173	102.8	59.4	44.5	93.8	659.0	30.5	0	0	689.5
灾害治理成本/(元/吨)	91.88	84.09	135.52	98.72	103.65	71.94	95.21	0.98			97.81
瓦斯治理费用/万元	4 304.3	3 610.63	1 730.6	966.34	1 104.58	1 387.9	13 104.35	0	855	1 384.1	15 343.45
防灭火费用/万元	2 891.84	2 643.04	1 800.91	1 244.63	434	1 698.96	10 713.38	0	11	0	10 724.38
冲击地压防治费用/万元	2 424.58	1 334.7	421.1	494.7	171.4	77.15	4 923.63	0	0	0	4 923.63
地质及防治水费用/万元	397.17	2 595.8	559.37	1 384.4	185.57	1 272.4	6 394.71	0	713	74.35	7 182.06
综合防尘治理费用/万元	155.62	432.43	165.9	161.28	314.14	78.28	1 307.65	0	67	142.7	1 517.35
通风系统费用/万元	2 632.51	3 029.46	235.4	812.17	379.16	1 319.68	8 408.38	0	179	158.12	8 745.5

表 1-1(续)

项　目	井工煤矿灾害治理费用统计							露天煤矿统计	建设矿井统计	建井施工统计	总计
	峻德矿	兴安矿	富力矿	新陆矿	振兴矿	益新矿	小计	新岭矿	鸟山矿	矿建处	
六大系统费用/万元	475.7	465.39	201.32	197.84	309.8	249.11	1 899.16	0	609	65.79	2 573.95
机电运输灾害治理费用/万元	2 686.62	435.28	957.79	17.67	1 708.07	438.52	6 243.95	0	0	0	6 243.95
其他治理费用/万元	1 075.2	0	7 859.1	584.78	5.82	226.08	9 750.98	30	316	88.33	10 185.31

表 1-2　鹤岗矿业公司 2021 年主要灾害治理费用统计汇总表

项　目	井工煤矿灾害治理费用统计							露天煤矿统计	建设矿井统计	建井施工统计	总计
	峻德矿	兴安矿	富力矿	新陆矿	振兴矿	益新矿	小计	新岭矿	鸟山矿	矿建处	
灾害治理费用合计/万元	22 507.62	15 307.55	15 231.16	4 383.55	4 218.5	6 782.63	68 431.01	30	5 307	1 637.04	75 405.05
2021 年产量/万吨	174.6	192.5	148.8	50	39.9	119.2	725	35.7		0	760.7
灾害治理成本/(元/吨)	128.91	79.52	102.36	87.67	105.73	56.90	94.39	0.84			99.13
瓦斯治理费用/万元	6 483.6	4 366.11	2 251.78	1 135.6	653.86	1 426.4	16 317.35	0	1 493	1 237.32	19 047.67
防灭火费用/万元	4 685.4	2 912.92	1 568.35	1 207.3	329.59	1 737.5	12 441.06	0	507		12 948.06
冲击地压防治费用/万元	2 138.17	1 683.69	1 268.89	266.95	132.7	296.06	5 786.46	0	238		6 024.46
地质及防治水费用/万元	1 021.81	1 226.5	952.47	470.39	131.38	929.86	4 732.41	0	2 590	48.14	7 370.55
综合防尘治理费用/万元	390.63	509.18	278.13	167.87	251.93	127.73	1 725.47	0	84	141.27	1 950.74
通风系统费用/万元	2 594.99	2 952.18	790.06	398.67	569.53	847.13	8 152.56	0	175	115.73	8 443.29
六大系统费用/万元	454.45	507.06	315.53	148.97	56.56	237.98	1 720.55	0		9.24	1 729.79
机电运输灾害治理费用/万元	2 919.76	624.71	1 575.74	349.04	1 596.19	901.02	7 966.46	0			7 966.46
其他治理费用/万元	1 818.8	525.2	6 230.21	238.76	496.76	278.95	9 588.68	30	220	85.34	9 924.02

从分项灾害治理费用占总费用情况来看，瓦斯治理费用占23%，防灭火费用占16%，冲击地压防治费用占7%，地质及防治水费用占11%，综合防尘治理费用占2%，六大系统费用占4%，通风系统费用占13%，机电运输灾害治理费用占9%，其他治理费用占15%，如图1-2所示。

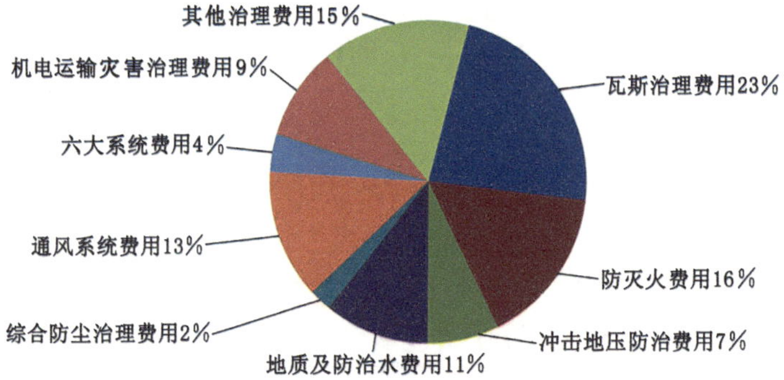

图1-2　灾害治理成本构成

从灾害治理费用占吨煤成本来看，两年期略有上升。随着对照《煤矿安全规程》《防治煤与瓦斯突出细则》《煤矿防治水细则》《防治煤矿冲击地压细则》《煤矿防灭火细则》“一规程四细则”补短板，加强煤矿井下人员位置监测管理等工作的推进实施，未来灾害治理费用还将呈现上升趋势。

三、职工年龄结构及文化结构

职工年龄结构、文化结构对安全生产有重要影响。鹤岗矿业公司职工年龄结构和文化结构不合理，职工年龄老化，平均预期工作年限比较短，尤其按现行退休政策，将有36%左右的职工在5年内退休，且绝大多数职工文化程度较低。井下从业人员年龄老化和文化程度低，致使其对安全生产知识的运用、化解安全风险和处理复杂安全问题的能力有限，熟练使用先进生产工具、掌握较高专业技能的职工数量不足，职工技能等级总体偏低，具有高技能水平的职工更少，不利于企业推广应用新技术、新工艺、新设备、新材料，不适应煤矿机械化、自动化、信息化、智能化发展需要，成为制约企业安全生产的重要因素。

四、退休人员情况

表1-3为鹤岗矿业公司2011—2025年退休人员统计表。

表1-3　鹤岗矿业公司2011—2025年退休人员统计表

年　份	在册人数	退休人数	退休占比/%
2011	70 821	3 174	4.48
2012	66 816	3 337	4.99
2013	65 578	3 665	5.59
2014	64 021	3 223	5.03
2015	60 016	3 496	5.83
2011—2015年合计		16 895	
2011—2015年平均		3 379	5.18

表 1-3(续)

年　份	在册人数	退休人数	退休占比/%
2016	49 113	2 921	5.95
2017	41 778	2 965	7.10
2018	38 642	2 834	7.33
2019	35 440	2 764	7.80
2020	33 232	2 524	7.60
2016—2020 年合计		14 008	
2016—2020 年平均		2 802	7.16
2021	31 126	2 300	7.39
2022(预计)	29 358	2 260	7.70
2023(预计)	29 300	2 269	7.74
2024(预计)	28 300	2 187	7.73
2025(预计)	27 300	2 176	7.97
2021—2025 年合计		11 192	
2021—2025 年平均		2 238	7.71
2011—2025 年合计		42 095	
2011—2025 年平均		2 806	6.68

第二节　创建的历史背景及深化过程

煤矿"1573"安全素质提升法的形成和完善，源于对煤矿安全事故的痛苦反思和对安全培训工作认识的不断深化，是促进煤矿安全发展的内在要求。

鹤岗矿业公司(原鹤岗矿务局)曾经是事故重灾区，地质条件复杂、安全管理难度大等因素导致事故频发，安全生产形势十分严峻。例如：2009 年 11 月 21 日，鹤岗矿业公司新兴煤矿发生特别重大煤(岩)与瓦斯突出和瓦斯爆炸事故，造成 108 名矿工遇难；2013 年 3 月 11 日，鹤岗矿业公司振兴煤矿发生重大水害事故，造成 18 名矿工遇难。2014—2021 年，事故起数和死亡人数呈现明显下降趋势，多数年份百万吨死亡率为零，安全生产形势趋于稳定。

根据事故致因理论，事故的发生主要是由物的不安全状态、人的不安全行为和管理制度缺失所导致的。分析众多事故的原因发现，90%以上的事故是由于从业人员没有经过严格的安全生产教育和培训，缺乏足够的安全意识，缺乏必要的安全生产知识和操作技能，违章冒险作业而造成的。惨痛的事故教训，使各级领导意识到安全生产是多因一果，但从业人员的安全素质是第一位的，而提升从业人员安全素质的主要途径，就是强化安全生产教育和培训工作。

为切实吸取事故教训，从根本上扭转安全生产被动局面，2013 年振兴煤矿发生重大水害事故后，鹤岗矿业公司深入开展了三次安全生产教育和培训大反思、大检讨、大整改活动，要求领导带头、全员参与，查摆思想问题、作风问题、工作问题，每个人都要自我剖析，把自己摆进去，把问题摆出来，从而找准问题症结，形成思想共识。通过反思检讨、查找问题、促进整改，不断加强和改进安全生产教育和培训工作。

一、第一次反思检讨

（一）反思检讨的五个突出问题

（1）领导思想认识不高。主要是安全意识不强，法制观念淡漠，对党的安全生产方针认识不到位，对《中华人民共和国安全生产法》（以下简称《安全生产法》）和其他有关安全生产的法律法规学习不够、理解不深、贯彻不力，安全责任意识缺失，没有正确认识和处理安全与生产、安全与效益、安全与发展的关系。表现在：不顾客观条件下达生产和效益指标，以产量、效益论英雄，缺乏科学的政绩观、安全发展理念和安全第一的鲜明导向；因赶进度、抢生产、打会战而忽视安全工作的现象时有发生，一些干部职工在作业中投机取巧、偷工减序、违章蛮干、思想麻痹、心存侥幸；“三违”现象尤其是习惯性违章大量存在，而一些领导却错误地认为“煤矿就是粗拉活，不违章没法干”，对“三违”现象“睁一只眼闭一只眼”；出现工伤或零星事故，没有真正吸取教训，而是以“干煤矿哪有不受伤不死人的”为借口来搪塞。具体到安全生产教育和培训工作上，领导重视程度不高是突出问题。有职工在座谈讨论中发问：“一年当中，公司和各矿主要领导有谁到过培训中心和职工班前会检查督导工作？其他副职又有几人去过？公司和矿领导班子召开过几次安全生产教育和培训工作专题会议研究解决安全生产教育和培训中存在的问题？《安全生产法》对安全生产和教育培训工作及其领导职责的规定要求落实了多少？”问题出在基层和职工，原因却是一些管理人员对安全生产教育和培训工作不重视。

（2）教育培训质效低下。一些煤矿管理人员对安全生产教育和培训工作“口头重视，工作忽视”。总认为安全技术、现场管理、装备设施投入比安全生产和教育培训重要，又以生产任务重、人手紧缺为借口，排斥对职工进行全面、系统、深入、持久的安全教育和培训，把“取证、不被罚款”当作安全生产教育和培训的目的。领导对安全生产教育和培训工作认识不高，导致一些煤矿安全培训中心的部分管理人员属于安置型、过渡型、养老型的，培训中心装备老化，培训场所老旧和面积严重不足；教师准入门槛低、师资力量薄弱、教师工作积极性不高；培训理念、方式、方法、手段落后；培训管理粗放，培训纪律松弛，培训质效低下，甚至出现培训造假问题。“不要假装努力，结果不会陪你演戏”。安全生产教育和培训在企业安全发展中具有基础性、先导性、全局性作用。从某种意义上说，屡屡发生的事故，与忽视安全生产教育和培训工作是分不开的。

（3）工作思路方法单一。在安全生产教育和培训中，经常会出现“头痛医头、脚痛医脚”的零散化和单一化的倾向，缺乏系统化的认识和反思。从系统论的视角观之，系统科学始终把研究对象作为一个整体来看待，认为世界上各种事物、过程不是孤立、杂乱无章的偶然堆积，而是一个合乎规律的、由各要素组成的有机整体。安全意识、安全知识、安全技能构成人的基本安全素质，提高人的安全素质必须全面强化安全教育、安全培训和安全技能提升工作，不能单打一、失之偏颇。

（4）学习先进浅尝辄止。学习借鉴安全生产教育和培训工作先进单位的经验和做法“一阵风、不扎根”，浅尝辄止，虎头蛇尾。多年来，鹤岗矿业公司及各煤矿先后到过全国一些安全生产教育和培训工作先进单位参观学习，学到了许多好经验、好做法，并结合企业实际，进一步完善安全生产教育和培训工作，以期提高安全生产教育和培训的针对性、实效性，提升职工的安全素质，保证安全生产。然而，到了操作层面和阶段却出现了“一阵风、不扎根”

的问题，“路径依赖”显现无疑，安全生产教育和培训工作“穿新鞋走老路”，没有实现创新发展。

(5) 安全管理以罚代训。一些煤矿负责人认为，安全生产教育和培训耗时费力，但见效慢，不如用铁心肠、铁手腕、铁面孔抓安全管理见效快，迷信“严刑峻法”，以严厉的惩罚代替安全生产教育和培训。规定发现职工出现一般性“三违”行为，一律脱产培训 3 个月，每月只发基本生活费；发现职工有较为严重的“三违”行为，一律解除劳动关系。但在实际工作中却执行不下去，因为职工的安全素质没有提高，“三违”现象仍然易发多发，严格执行一般性“三违”职工脱产培训 3 个月的规定，会造成井下劳动力短缺，职工和家属也有抵触情绪，而解除较为严重“三违”人员的劳动关系，于法无凭，存在法律风险，结果“严刑峻法”方式失效流产，对安全生产作用不大。

（二）牢固树立红线意识，切实做到“四个到位”

在全面反思检讨活动中，鹤岗矿业公司各级领导班子和领导干部认真学习习近平总书记关于安全生产工作重要指示批示精神，强化政治意识、安全意识、责任意识，增强做好安全生产教育和培训工作的原则性、系统性、预见性和创造性。2013 年吉林省德惠市宝源丰禽业有限公司“6・3”特别重大火灾爆炸事故后，习近平总书记明确指出：“人命关天，发展决不能以牺牲人的生命为代价。这必须作为一条不可逾越的红线。”进一步明确安全生产工作应当以人为本，坚持人民至上、生命至上的理念，树牢安全发展的思想，正确处理好安全与发展的关系。2013 年山东省青岛市“11・22”中石化东黄输油管道泄漏爆炸特别重大事故后，习近平总书记明确指出：“所有企业都必须认真履行安全生产主体责任，做到安全投入到位、安全培训到位、基础管理到位、应急救援到位，确保安全生产。”

（三）确立安全教育和培训工作新思路

鹤岗矿业公司各级组织根据反思检讨查找出的问题，围绕“安全培训到位”，确立了安全教育和培训工作新思路：“树立一个理念、做到四个坚持、推进五个转变”。

(1) 树立一个理念：树立“安全培训不到位是重大安全隐患”的理念。

(2) 做到四个坚持：坚持问题导向，坚持按需施教，坚持注重实效，坚持学以致用。

(3) 推进五个转变：

① 在培训工作整体设计和宏观把握上，推进由分散化、无序化、片面化、简单化、浅表化培训，向体系化、系统化、机制化、规范化、长效化培训转变，全面提高职工的安全素质。

② 在培训工作管理上，推进由粗放管理向精细管理转变，建立健全培训责任、投入、教学、师资、考务、督导、考核等制度和激励约束机制，使培训工作严起来、细起来、实起来、强起来。

③ 在教与学的关系上，推进由以教为中心，老师教什么、职工学什么的教学传统，向以学为中心，根据组织需求、岗位需求和个人需求，开展安全生产教育和培训工作，提高培训针对性、实效性转变。

④ 在安全基础知识培训上，推进由全员“应知应会”学习培训，向全员“必知必会必禁必做”学习培训转变，使职工守住安全底线和红线，强化行为自律，做到“四不伤害”（不伤害自己、不伤害他人、不被他人伤害、保护他人不被伤害）。

⑤ 在培训方式方法上，推进由单一的课堂培训模式，向课堂、实操、现场多元培训模式转变，解决学用脱节、学非所用、眼高手低的问题，提高职工的岗位安全技能和处理实际安全

问题的能力。

通过反思检讨、整改落实，强化安全生产教育和培训工作，为煤矿“1573”安全素质提升法的形成奠定了认识基础和实践基础。

二、第二次反思检讨

对照《煤矿安全培训规定》（国家安全生产监督管理总局令第92号）和“全国煤矿安全基础建设推进大会”精神，反思检讨安全生产教育和培训工作存在的短板和弱项。《煤矿安全培训规定》颁布实施和“全国煤矿安全基础建设推进大会”召开后，鹤岗矿业公司按照原国家煤矿安全监察局《关于开展煤矿安全培训整治推进煤矿从业人员素质提升的通知》（煤安监行管〔2018〕6号）精神，认真组织干部职工学习《煤矿安全培训规定》及《关于〈煤矿安全培训规定〉部分条款的解释》，并严格对照规定，开展六个方面的自查自改：一查从业人员准入是否符合要求，二查从业人员是否考核合格，三查是否存在违法违规培训行为，四查安全培训档案是否造假，五查培训机构是否具备条件，六查安全培训组织与管理是否完善。通过自查和举一反三，反思检讨存在的短板和弱项，并按照“各煤矿企业在开展自查自改工作的同时，要统筹谋划好煤矿安全培训工作，不断强化安全知识培训，广泛开展技能训练和技能比武，大力推进安全技术创新和小改小革实用创新活动，构建激励约束机制，不断规范煤矿安全培训工作，提升煤矿从业人员素质”的要求，坚持“管理、装备、素质、系统”四并重，强化问题整改和培训创新，持续推进从业人员素质提升工作。

（一）围绕龙煤集团“七大”安全理念开启安全生产教育和培训新征程

企业发展离不开速度、产能和效益，煤矿企业的发展也一样。企业的发展实践和经验教训反复警示我们，一旦出现安全事故，便没了效益、没了发展、没了形象，员工没了收入，甚至没了生命。只有安全得到保证，才有发展的基础和条件。“三个不要”（没有安全保障的产能不要、没有安全保障的速度不要、没有安全保障的效益不要）的安全发展理念，更加注重发展的质量和内涵，深刻揭示了安全发展是煤炭企业科学发展的前提和根本保证。

人是企业生产经营的核心要素，企业生存依靠人就要珍视员工的生命，企业发展为了人就要敬畏员工的生命。让广大员工幸福、快乐地生活是我们的责任和义务，而生命安全是幸福快乐的根本前提。“以人为本，生命至上”是对企业生产经营的本质要求，广大干部员工要从自身做起，管理好自己的安全，珍爱自己的生命，追求安全生产，谋求幸福一生。这充分反映了企业尊重人权、敬畏生命的核心价值取向，体现了员工活出生命意义的愿景追求。

“一切围绕安全发展转、一切围绕安全发展干”，龙煤集团的资本运营、生产经营、管理培训、文化建设、干部任用、考核奖惩等各项工作都围绕安全发展展开。安全生产教育和培训工作更是要围绕安全发展转、围绕安全发展干，为安全生产保驾护航。因此，鹤岗矿业公司在安全生产教育和培训工作上推出七项举措，开启了安全生产教育和培训新征程：

（1）树立大培训理念。构建安全思想教育、安全知识培训、安全技能提升“三位一体”的大培训格局，切实增强职工的安全意识、丰富职工的安全知识、提高职工的安全技能，全面提升职工的安全素质。

（2）开办职业中专班。组织班组长、段队长、生产骨干、准特种作业人员参加学习，利用3～5年的时间，使班组长、段队长、生产骨干安全素质显著提升，使准特种作业人员的能力素质适应特种作业岗位要求。

（3）变招工为招生。使新入职人员接受良好的安全思想教育，系统掌握安全知识和岗位技能，为其从事井下作业、安全生产打好基础。

（4）完善激励政策。注重实践知识的掌握、实践经验的获取、实践技能的提升及专业素养和创新精神的培育，提高工人技师、注册安全工程师、岗位状元能手、优秀技术人员的薪酬待遇和奖励标准，调动职工学理论、学技术、学业务和革新创造的积极性、主动性。

（5）开展技术攻关。扩大劳模工匠创新工作室的覆盖面和数量，生产要素投入参与收入分配，吸纳职工参与技术攻关、发明创造，培养具备高阶能力的技能人才，解决制约安全生产的难题。

（6）深化培训供给侧改革。严格执行教师准入制度，细化、量化、差异化薪酬分配和考核办法，改进教学效果评估方法，提高安全培训效果。

（7）开发网络平台系统。运用互联网、信息化和智能化技术，开发煤矿移动“e”课堂智慧云平台系统，通过泛在学习形式，打破时空局限，为职工提供及时、高效、便捷的教育培训服务，使职工能够利用碎片化时间随时随地进行学习，促进职工安全素质的快速提升。

（二）反思检讨的七个短板和弱项

（1）系统谋划失之偏颇。对安全生产教育和培训工作缺少辩证思维和系统思考，在实际工作中偏重于安全知识培训，对安全思想教育、安全技能提升重视不够，没有形成安全思想教育、安全知识培训、安全技能提升“三位一体”的大培训理念和工作格局。

（2）特种作业人员后继乏人。井下特种作业人员进入集中退休年龄段，而知识、能力、素质适合特种作业的井下职工数量严重不足，面临着特种作业人员青黄不接、后继乏人的紧迫问题。

（3）关键岗位人员在安全生产中的作用不突出。井下班组长、段队长和生产骨干的学历层次低、安全知识结构不完善、管理创新能力不足，熟练使用先进的生产工具、运用先进的科技手段的职场技能欠缺。

（4）入职培训质量不高。新工人入职前教育培训工作仍需加强，一些新工人安全意识不强、安全知识不贯通、实际操作不熟练、井下作业不适应，导致安全管理的能力较弱。

（5）激励政策不尽完善。随着煤矿井下机械化、自动化、信息化、智能化水平的不断提高，技能劳动者总量不足和结构性短缺的问题突出，需要完善激励政策，形成“要想富、学技术”的导向，并坚持素养为基、能力为本，强化对职工的技能培训，以满足井下安全生产需要。

（6）教师素质有待提高。教师准入、差异化薪酬、教学效果评估制度不完善，执行不到位，影响安全培训效果。

（7）先进技术应用不够。没有运用信息化、智能化技术改变传统的教育培训形式，受时空的局限，职工的有效学习时间比较短，需要创造新型的泛在学习形式，使职工可以利用碎片化时间见缝插针经常学习，既可以解决工学矛盾，又可以提升职工安全素质。

（三）破茧成蝶，凤凰涅槃，提炼形成了煤矿“1573”安全素质提升法

以龙煤集团“七大”安全理念为引领，在集团领导指导下，鹤岗矿业公司通过一个时期的反思研讨及安全生产教育和培训工作实践，逐步提炼形成了煤矿“1573”安全素质提升法，实现了由“教育和培训”向“提素赋能”的转变。

煤矿“1573”安全素质提升法内涵如下：

“1”，用大培训理念引领职工安全素质提升。树立一个理念，即树立安全思想教育、安全知识培训、安全技能提升“三位一体”的大培训理念，构建大培训格局。

“5”，用五项溯源治理提升职工安全素养。一是深化安全培训供给侧改革，提升教学和培训质效；二是系统治理“三违”现象，提升矿井整体安全度；三是进行“三违”和工伤结构性分析，提升安全管控精准度；四是深化职业教育培训，提升从业人员素养和能力；五是开展岗位技术练兵，提升职工岗位技能。

“7”，用七项管控措施规范职工班前安全课。一是坚持上好职工班前安全课；二是坚持全员参加职工班前安全课；三是坚持矿区两级领导干部和技术人员轮流授课；四是坚持组织职工记学习笔记并定期进行全员考试；五是坚持有针对性地开展班前安全生产教育和培训；六是坚持开展班前职工心理疏导；七是坚持对职工班前安全课情况督导考评。

“3”，用三大培训技术系统增智赋能。一是应用煤矿安全技术可视化仿真培训系统；二是应用煤矿特种作业人员实操仿真培训系统；三是应用煤矿移动“e”课堂智慧云平台系统。

三、第三次反思检讨

以“全国安全生产专项整治三年行动”和2021版《安全生产法》颁布为契机，反思检讨安全生产教育和培训工作存在的差距和不足。按照国务院安全生产委员会《关于印发〈全国安全生产专项整治三年行动计划〉的通知》（安委〔2020〕3号）精神和应急管理部办公厅《关于开展安全生产培训“走过场”专项整治工作的通知》（应急厅函〔2021〕274号）要求，鹤岗矿业公司深入开展“对标检查、反思检讨、强化整改”活动，进一步抓好抓实从业人员安全素质提升工作。

（一）反思检讨的七个差距和不足

（1）政治站位不高。一些干部的思想、工作、能力、素质与习近平新时代中国特色社会主义思想、习近平总书记关于安全生产工作的重要指示批示精神，还存在不符合、不贯通、不适应的问题，抓安全工作的原则性、系统性、预见性和创造性不强，需要深入学习、领会实质、把握精髓、武装头脑，以此指导实践、解决问题、推动安全发展。

（2）制度还需完善。现有的安全生产责任制和安全生产规章制度有缺失，需要根据2021版《安全生产法》、2022版《煤矿安全规程》等法律法规，建立健全全员安全生产责任制和安全生产规章制度，并加大对从业人员的培训力度。

（3）培训针对性不强。“七新”培训和班组长任职前专门培训深度不够、授课方法不灵活，培训质效有待于提高。这与教师的专业素养和教学艺术水准不高有关，与教材编撰缺少针对性和精准化有关。

（4）文化认同缺失。对职工的职业伦理道德教育和工匠精神、企业文化的培育，以及人力资源开发重视不够，没有意识到成功的企业无不重视对职工的教育培训和对职工卓越品质的追求，企业的教育培训工作应该体现工具理性和价值理性的有机统一，从而为企业的安全发展、长治久安提供一种文化认同和文化支持。

（5）人文关怀不够。对职工的思想动态、身体和心理状况以及行为习惯关注不够，需要强化人文关怀，化解不安全因素。

（6）自主学习意识缺乏。一些职工自主学习意识不强，需要引导职工树立自主的学习观，使他们意识到自身是教学活动的主角、学习责任的承担者、课堂情境的创造者、学习活动的合作者。

（7）技术手段运用有限。培训教材针对性、精准度不高，对职工熟练运用煤矿机械化、自动化、信息化、智能化技术手段助益有限，满足不了职工的培训需求。

（二）针对存在的差距和不足，鹤岗矿业公司制定并落实的五项措施

（1）压实安全责任。修改完善全员安全生产责任制和安全生产规章制度，并结合《中华人民共和国刑法修正案（十一）》（以下简称《刑法修正案（十一）》）、2021版《安全生产法》等法律法规，以案说法、以案释法，开展全员“知责、守责、履责、尽责、追责”学习教育活动；将学习培训全员岗位安全生产责任制和安全生产规章制度，纳入公司和各生产建设单位年度培训计划，持续学习，深度学习，使职工内化于心、外显于行；严格落实“破两关（感情关、人情关）、两从严（从严管理、从严问责）”安全工作纪律要求，努力使每名职工都意识到“安全生产人命关天、安全责任重如泰山”，更好地履行岗位安全责任。

（2）健全长效学习机制。深入学习习近平总书记关于安全生产工作的重要指示批示精神和安全法律、法规、标准，把学习习近平总书记关于安全生产工作的重要指示批示，作为各级党组织召开安全会议，研究、讨论、决定安全问题的第一议题和安全管理人员素质提升培训的重要内容，把深入学习安全法律法规和标准，贯穿于煤矿安全专项整治三年行动，建立健全勤学、督学、评学、考学、促学机制，补短板、提素质、强本领，促进安全生产。

（3）强化教材编撰。根据新法律法规、新标准、新规程、新技术、新工艺、新装备、新材料和培训需求分析结果，有的放矢地编撰培训教材，注意分门别类，突出实践需要和现实问题，做到“靶向治疗”，让职工能够听得进、记得住、用得上；及时更新教材，并围绕培训教材，选编系列后续自主学习资料。

（4）注重人文关怀。更加关注职工的身体、心理状况和行为习惯。进一步强化职业危害防治工作，严格落实职工定期体检和职业病鉴定制度；改善职工班中餐、职工心理疏导，多为职工办实事；完善职工帮扶机制，在解决职工思想问题的同时，解决好职工的实际问题；采取得力措施促进职工改变不良行为习惯，使职工困难有人帮、落后有人带、工作有动力、前进有方向。

（5）适应时代发展。以建设“知识型、技能型、创新型”职工队伍为目标，打造煤矿“1573”安全素质提升法“升级版”，适应新形势，拓宽新思路，树立新理念，落实新要求，执行新标准，打开新境界，实现新发展。

鹤岗矿业公司始终强调，一定要充分认识自身矿老井深、系统复杂，地质条件差，灾害种类多且灾害耦合叠加，安全风险高，治理难度大，安全工作艰巨的实际情况，把提高职工安全素质作为实现安全生产的核心举措来抓，组织各级管理人员和广大职工深入系统地学习《煤矿安全培训规定》、2021版《安全生产法》、2022版《煤矿安全规程》、《防治煤与瓦斯突出细则》、《防治煤矿冲击地压细则》、《煤矿防治水细则》、《煤矿防灭火细则》、《煤矿安全生产标准化管理体系基本要求及评分方法（试行）》和《煤矿重大事故隐患判定标准》，结合企业实际，强化问题整改，并进一步完善煤矿“1573”安全素质提升法，使职工素质提升工作更加适应发展变化的客观实际，促进企业安全发展。

系统论认为，开放是系统进化的必要条件，封闭的系统一定会走向混沌。煤矿“1573”安全素质提升法，随着认识的深化和实践的发展，也需要与时俱进、不断完善、创新发展。

近年来，通过大力实施煤矿“1573”安全素质提升法，职工安全素质得到了全面提升，有

效杜绝了重特大事故，“三违”行为明显减少，轻、重伤率大幅下降，为企业安全生产、改革发展提供了强有力的支撑和保障。

鹤岗矿业公司兴安煤矿工业广场，见图 1-3。

图 1-3　鹤岗矿业公司兴安煤矿工业广场

第二章　用大培训理念引领职工安全素质提升

多年的安全生产实践印证：安全教育、安全培训、安全技能提升是一个概念不同而又有机联系的整体，任何一项缺失，都可能导致事故发生。三者之间的辩证关系如下：

安全教育解决的是职工安全意识不强的问题。安全意识，是人们对生产生活中所有可能伤害自己的客观事物的警觉和戒备的心理状态。人们的安全理念、安全态度、安全价值取向、安全思维方式，无不体现着安全意识。不可用狭隘的安全培训代替安全教育，有安全知识不等于有安全意识。安全教育如学习安全法律法规、典型事故案例分析、观看安全警示教育片、工伤人员现身说法、学员给父兄写安全信、岗前安全宣誓等，其指向是增强职工的安全意识。

安全培训解决的是职工安全知识缺失的问题。安全教育也不能代替安全培训，有安全意识也不等于有安全知识，如一向谨小慎微的人也会因无知而违章受到伤害，安全培训如学习《煤矿安全规程》、岗位操作规程、作业规程等，其指向是让职工掌握系统的安全知识。

安全技能提升解决的是职工实际操作不安全的问题。有安全意识和安全知识又不等于有安全技能，如岗位操作不熟练或误操作会导致事故发生。安全技能是个实践问题，如现场手指口述、师傅带徒、技术比武、岗位练兵、实操考核等，其指向是解决职工岗位操作不正规不熟练、管理不精细不精准、处理隐患无方法无技巧等问题。

基于此，鹤岗矿业公司按照龙煤集团的总体安排，积极引导各煤矿牢固树立大培训理念，构建安全教育、安全培训、安全技能提升“三位一体”大培训格局，使之相互贯通融合，全面提高职工的安全素质。

第一节　安全教育

《煤矿安全培训规定》第四条第一款规定：“煤矿企业是安全培训的责任主体，应当依法对从业人员进行安全生产教育和培训，提高从业人员的安全生产意识和能力。”思想是行为的先导。作为与各种灾害作斗争的煤矿企业，必须常态化开展安全思想教育，不断强化职工安全意识。概括地讲，就是把安全教育作为安全文化建设的重要内容，通过加强安全文化建设，开展全方位、多层次、多渠道、多角度的安全文化活动，发挥其导向功能、凝聚功能、激励功能、约束功能和教化功能，使职工从内心深处敬畏生命、敬畏法律、敬畏规程、敬畏企业安全规章制度、敬畏岗位安全责任制，进而把安全愿景抽象为安全理念，把安全理念贯穿于安全规范，把安全规范转化为安全行为，把安全行为养成职业习惯，使职工成为安全生产的主导因素。

一、主要内容

安全思想教育的内容有许多，就煤矿企业特殊性质而言，主要可分为六类。

（一）安全重要论述

党的十八大以来，习近平总书记从历史与现实相贯通、治标与治本相关联、当前与长远相统筹的宽广视角，就安全生产做出了一系列重要论述，为做好新时代安全生产工作提供了根本遵循和行动指南。认真学习、深刻领会习近平总书记关于安全生产重要论述，是做好安全生产工作的首要前提，也是安全生产专项整治三年行动的重点任务。鹤岗矿业公司各级组织坚持把学习习近平总书记关于“人民至上、生命至上”“发展绝不能以牺牲人的生命为代价”“要始终把人民群众生命安全放在第一位”等重要论述作为召开安全会议、组织理论学习、执行“第一议题”和开展安全管理人员素质提升培训的重要内容，建立长效学习机制，教育引导各级党政组织、安全管理人员提高政治站位，更加自觉地坚持以人为本、生命至上、安全第一的思想，切实增强做好安全工作的责任感、使命感，以改革的思维、务实的作风、创新的精神，推动企业安全发展。

（二）安全法律法规

知法是守法的前提。行业媒体发布的煤矿事故统计表明，生产经营活动中发生安全事故的原因多种多样，但大多数情况是违反国家安全生产的方针政策、法律法规、规章和标准及有关技术规程、规范等人为因素造成的。鹤岗矿业公司把学习安全生产法律法规作为增强职工安全意识、法制意识和法律观念的主要举措，组织各级管理人员和广大职工深入学习新修订的《安全生产法》《煤矿安全规程》《煤矿安全培训规定》《防治煤与瓦斯突出细则》《防治煤矿冲击地压细则》《煤矿防治水细则》《煤矿防灭火细则》《煤矿安全生产标准化管理体系基本要求及评分方法（试行）》《煤矿重大事故隐患判定标准》，做到及时学、跟进学、系统学，强化职工“必知、必会、必做、必禁”训练，进一步提升职工的安全规矩意识、规则意识、法律意识、责任意识和安全素养、能力。

（三）典型事故案例

每起煤矿事故案例都是用矿工的生命和鲜血换来的，可以起到“前事不忘后事之师”“惩前毖后、治病救人”的警示作用和效果。在案例选取上，各矿（处）坚持以职工比较了解和熟悉的“11・21”“3・11”“3・15”“9・25”等各系统、各工种典型事故案例为重点，把握“四性”原则，加强警示教育。一是针对性。根据不同时期、不同工种、不同人群的特点，有针对性地选取具有关联性、规律性的案例，辨症施治、对症下药。二是生动性。选择的事故案例尽可能体现事故发生的前提诱因、形成过程和严重后果，上下互动、引起共鸣，触动和吸引教育对象。三是科学性。对事故发生的特定条件、内在联系、主观因素、客观环境等进行具体剖析，引导职工举一反三，认识安全生产规律，强化自律，促进安全行为养成。四是实效性。更多地运用动漫、微电影、微视频、VR 虚拟技术和脱险或事故幸存者讲述事故经过等方式，增强视觉冲击力和心灵震撼力。同时根据职工的文化水平和理解程度，把“书面语言”变成“百姓语言”，让职工能够听清、听懂。

（四）安全管理理念

启蒙思想家大卫・休谟说过，人是由利益支配的，但利益本身以及人类的所有事物都受理念的支配。也就是说一个人有什么样的理念，就会有什么样的行为。2017 年以来，鹤岗矿业公司在学习借鉴先进煤企经验的基础上，结合鹤岗矿区特点和文化底蕴进行提炼拓展，大力倡树零死亡、零容忍、零伤害、零缺陷、零失误、零超限的“六零”安全理念，向新时代高标准看齐。以“一反两检”（安全生产大反思，大检讨、大检查）和“破两关、两从严”（破除感情关、人情关，坚持从严管理、从严问责）等活动为载体，强化理念宣贯、对照反思和典型引领，并将“六零”安全理念融入管理目标、工作标准、行为规范，引导干部职工牢记没有安全保障的速度不要、没有安全保障的产能不要、没有安全保障的效益不要，彻底改变“看惯了、干惯了、习惯了”的不良行为，努力做到“四不伤害”，即不伤害自己、不伤害他人、不被他人伤害、保护他人不受伤害。

（五）安全先进典型

在煤矿企业通过正面典型引领可以让职工学有榜样、赶有目标，起到渗透、引导、激励的积极作用。一方面，宣传外部先进管理经验。近年来，通过学习借鉴皖北煤电集团安全管理体系建设、中国第一重型机械集团公司安全标准化和精细化管理模式，大力宣传外部企业的好做法、好经验，深入开展对标提升行动，推动了企业安全管理升级。另一方面，宣传内部正面安全典型。广泛开展“五星党员”“星级员工”“金牌班组长”“双十佳安全卫士”“模范职工家属”评选树等活动，通过报纸、电视、网络媒介大力宣传安全先进典型事迹，引领舆论导向，营造了安全光荣、违章可耻的良好氛围。

（六）准军事化训练

开展准军事化训练是煤矿企业安全文化建设的一项重要内容。长期以来，各矿（处）借鉴军队的管理思想、管理模式和行为准则，利用职工脱产培（复）训期间组织开展队列训练、内务训练、拓展训练和革命传统教育、军队优良作风教育，提升了职工的团队意识和工作执行力。从公司层面每年组织开展“活力鹤矿”准军事化集中演练大赛，由各矿（处）组建 20～30 个方队（每个方队 36 人）分别进行队列演练、实操演练，既展示了准军事化训练成果，也打造了一支“行动军事化、工作标准化、管理精细化、学习常态化、作风军人化”的职工队伍。如图 2-1 所示。

图 2-1　准军事化演练大赛

二、制度体系

围绕安全思想教育体系化、系统化、机制化、常态化、长效化，全面实施安全思想教育综合考评。通过建立健全四项配套制度，推动安全思想教育综合考评规范运行。

（一）安全思想教育月份例会制度

每月由矿（处）党委书记牵头，党委副书记主持，相关系统领导、考评部门人员以及被考评单位负责人参加，召开月份安全思想教育工作例会。主要内容包括：

（1）各部门通报上个月检查及打分情况。

（2）由一至两个单位介绍安全思想教育好经验、好做法。

（3）系统领导就分管领域工作情况进行讲评，对本系统在检查中发现的问题特别是对“三违”、工伤情况进行分析并有针对性地提出整改措施。

（4）党委副书记或安全副矿（处）长总结当月安全思想教育相关工作，并坚持问题导向，对下月工作进行安排部署。

（5）党委书记作总结讲话，提出工作要求。

（6）形成例会纪要，发至相关部门、基层单位，按要求落实整改。

（二）安全思想教育现场观摩制度

长期以来，公司坚持边实践、边总结、边推广、边提升的原则，通过召开安全思想教育现场会的形式，组织各级安全管理人员到基层单位现场观摩，交流好经验、好做法，相互学习、相互借鉴、相互促进。通过现场观摩，峻德煤矿的事故案例动漫警示教育、新陆煤矿的 VR 技术仿真体验、新岭煤矿的煤矿移动“e”课堂智慧云平台系统学习应用、矿建处的“三违”及工伤情况精准分析、公司安全技术培训中心的标准化实操教学等一大批好的经验做法得到广泛推广，促进了安全思想教育整体工作水平上台阶。

（三）安全思想教育理论研讨制度

做好安全思想教育工作，离不开科学理论的指导。受市场经济的影响，人们思想的自主性、选择性、多变性、差异性明显增强，职业和身份经常变动，而且这种变动的频率还有加快的趋势。在这样的情况下，如何加强和改进安全思想教育工作，推动企业安全发展，显得尤为重要。多年来，鹤岗矿业公司先后组织安全思想教育课题组围绕职工思想动态、身心健康管理、班前安全教育、亲情化管理、安全文化建设以及“三违”思想、心理、行为剖析展开调研，通过安全论坛、安全座谈会、安全研讨会形成思想共识和制度规范，进一步增强了安全思想教育的针对性、实效性。为把安全思想教育研究成果转化为工作效能，通过管理人员安全素质能力提升班加以宣贯，并作为企业科学释放安全经济产能的举措和党委在安全上“把方向、管大局、促落实”的内容，跟踪问效，推动落实。

（四）安全思想教育综合考评制度

把实施安全思想教育综合考评作为落实企业安全生产主体责任，坚持问题导向，落实“两个从严”，实现安全生产全过程管控的有效途径。成立安全思想教育综合考评领导小组，出台《鹤岗矿业公司党委、鹤岗矿业公司关于开展安全思想教育综合考评的实施意见》及其考评细则，定期开展安全思想教育综合考评，通报结果，兑现奖罚。从矿（处）层面，考评领导小组采取集中检查、随机抽查、问卷调查、必知必会考问、参加班前活动和满意度测评等方式，对基层安全思想教育综合考评工作进行检查督导、跟踪问效，避免形式主义。从公司层面，突出问题导向与目标导向，在季度检查考评时，下沉到区科段队班前进行安全测试、到井口进行随机考问，并将“三违”、工伤情况作为重要参考，对出现重伤及以上事故和重大未遂事故的实行一票否决。

三、总体要求

重点围绕安全思想教育普及性、系统性、针对性、实效性的“四性”要求，把握规律，科学统筹，确保安全思想教育见行见效、走深走实。

（一）安全思想教育普及性

（1）各单位主要负责人、安全生产管理人员、特种作业人员、其他从业人员都必须接受安全思想教育，并根据职责、岗位特点，开展安全形势教育、安全方针政策教育、安全法律法规教育、企业安全规章制度教育、全员岗位安全生产责任制教育、安全专业知识教育。

（2）坚持利用培训中心、职工班前学习阵地以及报纸、网络、电视、微信、电子屏幕等媒介，对职工进行安全思想教育；在坚持运用传统的安全教育方式方法的同时，更好地运用动漫、微电影、微视频、煤矿移动“e”课堂智慧云平台等开展安全思想教育。

（3）有效发挥安全思想教育在安全理念树立、职工道德伦理教育、企业精神培育、人力资源开发、生产经营管理、企业文化建设和践行社会主义核心价值观中的作用，立道铸魂，强基固本，塑造以人为本、生命至上、安全第一的价值观，为企业安全发展提供文化支持。

（二）安全思想教育系统性

（1）安全思想教育有计划、有检查、有考评、有奖罚，制度健全，分工明确，责任清晰，务实管用，持续改进，实现体系化、系统化、机制化、常态化、长效化。

（2）坚持党、政、工、青、技、家属齐抓共管，构筑多层次、多渠道、多样式、多角度和纵向贯通、横向联动的安全思想教育立体防线。

（3）把安全思想教育贯穿于生产、经营、管理、分配、服务等全过程，让管理者在脑海里打上安全烙印，把安全作为想问题、做决策、干工作的第一要求，让职工时时处处严格自律，促进安全行为养成。

（4）坚持问题导向，善于从安全检查、隐患排查、风险辨识、应急演练、事故追查、安全生产标准化检查评比、采煤工作面全过程风险预控、“三违”和工伤结构性分析、小班安全质量验收中，查找职工安全思想存在的问题，从小切口入手，把安全思想教育落实落细，提高安全思想教育精准度。

（5）开展安全思想教育理论研讨，不断探索安全思想教育入脑入心的新方法、新方式、新路子。

（三）安全思想教育针对性

（1）紧密围绕现场实际和职工思想动态开展安全思想教育。

（2）突出对安全不放心人包括“三违”和工伤人员进行安全思想教育。

（3）根据季节特点、春节等假期前后、作业场所变换、生产条件变化、经营困难、职工工资或收入下降、改革政策出台等情况，有的放矢地开展安全思想教育。

（4）建立健全全员岗位安全生产责任制，坚持深入开展“知责、守责、履责、尽责、追责”教育，使职工熟知并履行本岗位安全生产责任制。

（5）坚持“一把钥匙开一把锁”，因人而异、因事而异，注重对职工个体进行有针对性的安全思想教育。

（6）坚持用身边事教育身边人，举一反三，深入查摆，每名职工都要把自己摆进去、把问题摆出来，制订并落实整改计划。

（7）强化对“七新”（新法律法规、新标准、新规程、新技术、新工艺、新设备、新材料）的学习和教育，使职工的思想、知识、行为、技能适应安全生产需要。

（四）安全思想教育实效性

（1）坚持安全思想教育的主导性与主体性相统一，根据职工的认知习惯、接受方式、话语体系、审美特点，更新教育理念，优化教育内容，改进教育方式，以平等的身份沟通人，多讲“老实话”、“家常话”、“贴心话”和“煤言煤语”，畅通信息传递、思想表达、情感交流，以话语同频引发思想共振和情感共鸣，达到入脑入心的目的。

（2）开展职工满意度测评，建立问题清单，强化问题整改，推进工作创新，不断提高教育实效。

（3）以安全生产状况检验安全思想教育成效，强化跟踪问效，善于总结经验、吸取教训，找准问题成因和症结，及时查缺补漏、精准发力，不断提高见微知著、把握规律的能力，加强和改进安全思想教育工作。

四、方式方法

坚持继承与创新并重，综合运用传统好做法和现代新科技，以法管人、以理服人、以情感人、以案示人、以文化人。经过归纳梳理，主要概括为“安全教育十二法”。

（一）理念引领法

有什么样的理念，就有什么样的行为。在煤矿企业，安全理念的引领始终是第一位的。具体做法：采取牌板展示、班前学习、集体诵读、讲解阐释、媒体宣传和编印《践行安全理念故事汇》、开展安全理念知识竞赛、“安全在心中、理念入行动”巡回演讲等方式，大力宣贯企业安全理念。通过理念引领，特别是领导带头、以上率下，在企业形成尊崇安全理念、践行安全理念的一种风尚、一种风气、一种导向，让干部职工在耳濡目染之间形成心理暗示，规范安全行为。巡回演讲稿示例如下：

演讲稿：没有安全保障的速度不要

矿工朋友们：

大家好！今天，我演讲的题目是：没有安全保障的速度不要。

大家知道，“没有安全保障的速度不要”是我们企业安全发展理念的重要内容，是引领我们安全发展的指南针和风向标。

众所周知，速度是一个表示物质运动快慢程度的概念。一名百米运动员需要速度，因为速度决定着比赛的胜负；一辆汽车需要速度，因为速度能使其很快抵达目的地；一个发展中的企业需要速度，因为速度决定其能否及时赶超先进，能否在激烈的市场竞争中永立潮头。但是，追求这些速度的前提是确保安全。因为没有安全，运动员不会取得比赛的胜利，汽车不可能抵达目的地，一个企业的发展更是欲速则不达。我们煤炭企业尤其如此。发展实践和经验教训反复警示我们，一旦出现安全事故，便没了效益、没了发展、没了形象，职工没了收入，甚至没了生命。所以，我们的发展要速度，但必须把安全作为前提和条件，没有安全保障的速度，我们坚决不能要。

目前，我们公司安全发展的势头良好，释放了大量的安全产能。但因为抢工期而盲目冒进“拼刺刀”的现象仍大有人在。

例如：某日某矿 21 号掘进队施工综放面开切眼，由于工期紧，当班领导安排掘进 5 架棚子。区队干部为了赶进度，没有及时打中心支柱。工作面正在出货时，工作面顶板突然来压，眨眼间就推倒了工作面 5 架棚子，当场将 4 名工人埋在了底下。事后，调查人员责问当时现场带班人员：“你们不知道公司的要求吗？”他说：“知道，但就想抢工期，以为没事。”这是典型的抛弃安全求速度，最后付出了 4 名矿工鲜活的生命。事故惨痛，教训沉重啊！这也充分说明“没有安全保障的速度不要”不仅是一句口号，更重要的是知行合一、付诸行动，才能发挥其应有的作用。

又如：某日某矿采煤队在机组上行割顶煤时，机组司机发现硬帮顶梁上吊着一个水平楔子，便要求马上停机并喊副司机停电。这时作业的工人刘某在机组还没有停稳时，就忙着去硬帮拿水平楔子，结果一不小心，衣服袖子绞在了截齿上，不想截齿又转了一圈，刘某瞬间就被绞了进去。就这样，一个鲜活的生命消逝了。这起事故说明刘某工作中马虎大意，安全意识不强，根本没有把安全放在心上、把心放在安全上，忙乱中一个不注意、不在乎，发生了本不该发生的事故。

再如：某日某矿井下电机车司机王某驾驶机车行驶到－150 m 运输大巷，在离某入口处还有 10 多米时，突然发现道岔没有扳到重车线上。于是，司机王某将机车减速，跳下车跑过去把道岔扳到原处，然后返回想上机车。匆匆忙忙往回跑时，一不注意被轨道绊倒，被无人驾驶继续滑行的机车压在了底下。实际上，司机王某就是想省几步道、省一点时间，要速度、抢时间，而忽视安全。如果他按照规程将车停住，扳完道岔再返回，这起事故显然不会发生。

应该说，我们广大干部职工对企业安全理念都耳熟能详、能说会背。但是，一些事故也充分说明，在实际工作中仍有一部分人还没有真正入脑入心。当前，我们正在开展“保安全、稳增长”工作会战，实现全年安全生产奋斗目标，需要我们切实摒弃零打碎敲事故“难免论”、瓦斯预抽“困难论”、质量达标与煤炭生产“矛盾论”，跳出安全工作“一时能做到、一世做不到，一天能做到、天天做不到，检查能做到、平时做不到”的怪圈，将安全理念既喊在嘴上，又记在心上，更落实在具体行动上。

生命没有彩排。广大矿工朋友们，为了生命的尊严，为了家庭的幸福，为了企业的发展，为了社会的和谐，让我们肩负起各自的职责和使命，把“没有安全保障的速度不要”等理念浇铸在心灵深处，体现在行动之中，全力打好“保安全、稳增长”会战，全面实现安全生产经营指标，共同迎接企业安全发展、科学发展的美好明天！

（二）现身说教法

用身边事教育身边人，往往会起到事半功倍的效果。具体做法：组织“三违”、工伤人员到班前，以自身违章或受伤经过警示教育其他职工不重蹈覆辙。由于现身说教人员大多是本系统、本单位甚至本区科、本段队的，职工彼此相互熟悉，所以更易打动人心。特别是通过当事人讲述“三违”经过或受伤后给个人带来的痛苦、给家庭造成的伤害，可以使受众从换位思考的角度联系自身进入角色，在内心深处引起共鸣。警示教育示例如下：

通讯：沉重的叮咛

2010 年 11 月 12 日，兴安煤矿开拓科的会议室里气氛异常沉闷，100 多名开拓系统的一线职工静静地聆听着坐在轮椅上的张卫国（化名）讲述着发生在他身上的故事……

生活艰辛　投身矿山

张卫国是地道的鹤岗人，父亲是兴安煤矿的一名普通采煤工，母亲没有工作在家里操持家务。兄妹 6 人中张卫国是老大，初中毕业后到鹤岗市玻璃制瓶厂当了一名工人，每月开了工资总是全部交给父母，作为一家老少的生活费。

1983 年 5 月 20 日，23 岁的张卫国与女友王萍（化名）牵手走进了婚姻的殿堂。为了给父母减轻压力，夫妻俩在朋友那里借了2 000元钱在兴安区兴南街买了一间20平方米的土坯房，从父母的家里搬了出来。张卫国一年都不休一个班，但工资也仅够维持当期开销，从朋友那里借的钱还是还不上。

转眼儿子张明(化名)到了上学的年龄。但学费从哪里来？就在张卫国愁眉不展的时候，他所在的玻璃制瓶厂因为效益不好破产了，张卫国也失业了。为还债也为解决家中的生活问题，1991年3月，张卫国被招工到兴安煤矿自营公司掘进队成了一名掘进工人。

由于没有工作经验，张卫国开始只能在工作面后头干些类似看料场的活，虽然收入不是很高，可是比原先还是多了不少。一年下来，不仅解决了家中生活费、儿子的学杂费，也还清了结婚时欠下的债务。张卫国很珍惜这份工作，虚心向老师傅学习打眼、爆破等操作技能，很快便成为一名小班班长。

一念之差　终身残疾

为了能够多挣钱，张卫国工作特别卖力气，每个月进道在三个小班中名列第一，工资也是全区最高的。可是随着对工作环境的慢慢熟悉，张卫国的安全意识有了变化。他发现偶尔的违章作业不仅省时省力，还能多出活、多挣钱，认为找到了一条多挣计件工资的“有效途径”。

然而“好景”不长，1992年10月17日二班，在施工兴安煤矿二水平南八层综采机道的时候，张卫国看施工完一架棚子才晚上8点半，为了抢延米他就张罗着当班的职工再施工一架棚子，这样他们这个班就能多挣40元钱。打眼、爆破、出货，当要进行最后一道工序架棚子的时候，同班的小刘提醒张卫国：“头儿，顶板那儿好像是‘双眼皮’，要不先把它弄下来再架棚子?”这个时候的张卫国早已把安全忘在了脑后，便对小刘说：“没事，弄下来还得多出货，咱们抓紧架棚支护上就没事了，这样还能早点升井。”张卫国在明知有“二层皮”顶板的情况下，仍然组织大家抬原木、砍口架棚子。就在张卫国举着横梁原木准备与立柱原木对口的时候，“二层皮”的顶板脱落了，掉下来的岩石重重地砸在了张卫国身上。工友们急忙上前将他从小山似的煤堆里挖出来，用金属网制作的担架把他抬到井上。救护车将张卫国送到医院，经医生诊断张卫国的腰椎有3节骨折，神经系统损坏，以后再也站不起来了。

三思悔过　勤学法规

张卫国在医院一住就是一年。原本作为家中顶梁柱的他再也不能去挣钱了，反而成了家里的负担。出院后，张卫国躺在家里，瞅着妻子为了添补家用开幼儿园、到个体小矿井开绞车，每天疲惫不堪地回到家还要伺候他，心中充满了愧疚。特别是每逢年节，矿领导带着慰问品和慰问金到家看望他，使他感动万分，也十分后悔自己贪图一时轻巧，导致一生残疾，不能再为家人、为矿里做点事了。

2006年7月，张卫国能够坐起来了，妻子为他买了一辆轮椅车，闲暇时推着他到户外解闷。春节，矿领导到张卫国家看望他时，说想成立一支现身说法小分队，组织违章作业导致身体残疾的职工到班前用亲身经历给职工上安全教育课，问张卫国乐不乐意参加，张卫国爽快地答应了。

春节刚过，张卫国就找来《煤矿安全操作规程》《矿山安全法》《黑龙江省煤矿重特大安全事故案例分析汇编》等书籍学了起来。考虑到长时间没摸过书本了，张卫国让妻子买了本

《新华字典》,遇到不认识的字、理解不了的词就查字典,直到真正弄明白为止。张卫国还根据自己的亲身经历撰写了《违章作业——明天你就是我的样子》教育材料,带到班前向大家宣讲。

现身说法　安全叮嘱

张卫国参加了矿里组织的现身说法小分队,经常同其他因违章作业伤残的职工来到采煤、开拓、掘进等单位班前进行现身说法、安全演讲。每当张卫国演讲的时候都会说上这么一段话:“只有鲜活的生命才能施展才华、实现抱负,只有健康的身体才能承担起应有的责任。我原先是一名掘进工,组织上信任我让我担任班长。然而我安全意识淡薄,导致了一起冒顶事故的发生,使我永远不能站起来,只能在轮椅上度过下半生。我遭受病魔折磨的同时,也给家庭、企业带来了巨大的损失,每当想到这些心中就有一种说不出的痛。兄弟们,我就是一个鲜活的例子,希望大家不要学我,以我为戒,不要违章。”

听了张卫国这沉重的话语,不少工人都低下了头。一位因为违章刚刚被队长罚了50元钱、叫号要找队长算账的工人对张卫国说:“哥们儿,你说得对呀,这违章的事咱可真不能干,一会儿我找队长检讨去。”

张卫国依然在讲述着自己的故事,讲述着“安全”这个企业永恒的主题。他用自己的亲身经历告诫大家:警惕与安全共存,麻痹与事故相连!

(三)亲情唤醒法

葛麦斯安全法则指出:让亲人和情感取代管理者的身影,通过对利害关系的剖析和不安全行为可能造成后果的暗示,可以唤醒操作者的安全意识,使他们自发改变个人的意识和行为。具体做法:围绕塑造班组“家”文化,提炼“家愿景”,倡导“好家风”,实行“亲情化”管理,培养手足之情,树立命运共同体意识,共建和谐平安班组。通过在班前学习室设立班组“全家福”、职工“全家福”彩色照片园地,配有安全祝福和安全寄语,增强职工的安全责任感和家庭幸福感。利用矿工子女写给父亲的一封信、妻子写给丈夫的一封信、父母写给儿子的一封信等方式,教育引导每一名职工深知“事故是造成幼年丧父、中年丧夫、老年丧子的人生三不幸的罪魁祸首”,时刻莫忘子女的祝福、妻子的心愿、父母的期盼,从亲情、从家庭、从责任与义务的角度出发做好自主保安。采取生日送蛋糕、节日送祝福、困难送温暖等方式,营造家一般的工作环境氛围,引导职工相互之间拉近情感、互助保安。每逢元旦、春节、劳动节、父亲节、中秋节、国庆节等节日,以亲情为线索,开展安全文化活动,通过融情于事、用情于微、聚情于真,教育感化职工自觉安全生产。例如,矿工子女写给爸爸的一封书信如下:

写给矿工爸爸的一封信

亲爱的爸爸:

在我心中,您就像大山一样,给我和妈妈依靠,虽然您是一名矿工,但是您是咱们全家人的避风港,是我的骄傲。

从小时候我记事时起,我就看到每次您出门上班,妈妈都会说:“工作小心点,注意安全啊!”有一次我就问妈妈:“怎么爸爸每天上班你都得说这句话呀?”妈妈告诉我:“你爸爸就是咱家的‘天’啊,他要是有个好歹,咱家的‘天’就塌了,咱这个家可就完了。”

对待工作,您总是那么认真。看着满抽屉的奖状、证书,我真的很骄傲,您为我树立了一个好榜样。有时候,您什么时候离家去上班的,我也不知道,大多数时候,我还在熟睡的时候您就走了。以前,我们在大陆住还没有搬到兴安台时,您更辛苦,上早班凌晨3点天没亮就起床,做好我和妈妈的饭,然后再骑着自行车上班。

经常听新闻里说,对于煤矿,安全生产是最重要的,我也渐渐明白了这一点。记得有一次看新闻不知是哪里发生一起事故,那个伯伯出了事故就离开人间了,他家阿姨和那个哥哥痛哭的样子,让我怎么也忘不了。爸爸,我跟妈妈不奢求有多少钱,只要全家人平平安安生活在一起就够了。爸爸,您可知道?您一个人在井下,我跟妈妈都很担心!

记得有次你们单位工作忙,临时加班,您彻夜未归。妈妈陪我睡下后,便在台灯下给您缝工作服。每逢外面有什么声响,妈妈就会开门看看是不是您回来了。那时候家里还没有手机,无法与您取得联系。到了很晚很晚,我迷迷糊糊地看着妈妈不再缝工作服,而是坐在那里盯着咱家表一直看。天快亮了,妈妈坐不住了,她披了一件外衣就出门了。我也穿上衣服悄悄地跟在后面,妈妈根本没有注意到我。当时外面还下着毛毛雨,路不好走,妈妈几次都差点摔倒。就在离爸爸工作的地方还有几分钟路程的时候,对面走来一个人。妈妈站住了,那是爸爸吗?我躲在后面偷偷想。那个人终于到了妈妈跟前,果然是爸爸,妈妈一下子扑到您怀中,您紧紧地搂住妈妈,我也冲了上去,抱住了您,那时候我感觉到,只要是一家人好好在一起就是幸福的。

亲爱的爸爸,听说满足孩子一个愿望,大人就会集一份平安。我和妈妈的愿望很简单:希望您认真学习安全知识,在井下工作时刻注意安全,希望您能高高兴兴上班,平平安安回家,因为您的平安就是咱们全家的幸福,我和妈妈每天都等着您平安回家。我爱我们的家,爱您和妈妈。

祝爸爸身体健康!工作顺利!平平安安!

爱您的女儿:果果

(四)案例警示法

案例教育形象直观、生动鲜活、针对性强,一直是煤矿企业开展安全教育最有效的方式之一。具体做法:把各系统、各专业、各工种发生的具有代表性的事故案例汇集起来建立数据库,通过安全大课、岗位培训、以案说法、组织观看事故案例警示教育片等方式,剖析成因,反思不足,吸取教训,引以为戒。注重区分管理人员和普通职工不同层面,从违章指挥、违章作业引发的事故案例分类施教。注重突出事故案例造成严重后果的警示作用,教育职工从内心深处深刻警醒,避免悲剧出现在自己身上。案例警示教育示例如下:

通讯:未曾谋面的告别

2010年6月17日,鹤岗市某小学二年级的教室里,老师正在为学生们上语文课。

"同学们,上堂课我讲过,这首《望庐山瀑布》是唐朝的一位伟大诗人作的。哪位同学知道作者是谁?"老师的声音刚落,就有许多同学举手。细心的老师发现,坐在后排的李航(化名)没有举手,而且头枕在手臂上似乎睡着了。老师轻轻地走到他的身边:"李航同学,请你回答《望庐山瀑布》这首诗的作者是谁。"睡眼蒙眬的李航红着脸站起来,支支吾吾地用手挠着脑袋:"老师,我忘了。"同学们哄堂大笑。

随着放学的铃声响起,同学们像出笼的小鸟向教室外跑去,只有李航无精打采地落在后面。回家吃过晚饭，李航正在写作业。这时，母亲气呼呼地从外面走了进来，她不由分说，一把扯起李航："说，为什么上课不注意听？让老师把我好一顿批评。"李航惊恐地向墙角躲去。一场"狂风暴雨"过后，李航躺进被窝里抽泣着，妈妈用手抚摸着儿子有些发烫的额头说："孩子，你得给妈妈争气呀，不能叫人瞧不起咱们娘俩。"

半晌，李航用蚊子般的声音问："妈妈，同学说、说我是一个没有、没有爸爸的孩子，是吗？"李航的妈妈愣了一下，然后厉声说："不许胡说！你有爸爸。我不是早告诉过你吗，你爸爸出远门了。""不对！妈妈说谎，妈妈骗人！你说爸爸出远门了，可我从记事起到现在为什么连一次也没见过爸爸？没和他讲过一句话？也没听他往家里打过一次电话？"李航再也无法抑制自己，用连珠炮似的追问试图破解多年的困惑。"爸爸，你在哪？爸爸，为什么我只能在梦里梦见你？"李航号啕大哭起来。母亲的泪珠也成串坠落下来，滴在儿子的脸颊上。

母子二人陷入了对亲人的悲痛和追思之中。因为这一天是李航未曾见面的父亲——原鹤岗矿务局大陆煤矿开拓区 714 队工人李胜安（化名）工亡 9 周年祭日。

惨痛的悲剧

2001 年 6 月 17 日是李胜安的妻子和儿子李航终生难以忘却的"黑色日子"。这一天，李胜安的心情像六月的天空，晴朗而兴奋。伴随妻子预产期的日益临近，李胜安的眼角、眉梢都是笑容。来到单位——原鹤岗矿务局大陆煤矿开拓区 714 队时，他情不自禁地向工友们吐露喜悦："再过几天，我就要当爸爸了。"闻听喜讯，工友和领导们都为他高兴。李胜安表示，孩子出生过满月时一定请大家好好喝上一顿。

当天 714 队作业是 3 个班进尺、1 个班喷碹。李胜安所在的班 17 时 40 分进入施工地点。做好施工前的准备工作后，班长张强（化名）带领李胜安等人到工作面打眼，其余 4 名工友在后头装货。18 时 30 分，就在眼打到三分之一时，队长王大恒（化名）从下头回到工作面，对工作进行重新分工：班长张强领 2 人到运输道装货，队长王大恒领李胜安、孟玉继续打眼。

21 时左右，工作面突然传来一声巨响，随后浓烟滚滚。当班长张强等人赶到时，只见工作面头烟尘弥漫，待接上风筒吹去工作面的烟雾后，眼前的场景令人惊呆了：王大恒、李胜安倒在血泊中，已当场死亡。

2001 年 6 月 19 日，即李胜安在井下工亡的第三天，李胜安的遗腹子——李航出生了。这一天，既是李航的出生日，又是李胜安的出殡日。同一天，与李胜安同时遇难的工友家中，孩子、妻子、年迈的老人同放悲声，事故如乌云蔽日笼罩在大陆煤矿的上空，像巨石一样沉甸甸地压在每一名大陆煤矿职工、家属的心口上。

深刻的教训

导致这起事故的直接原因是：714 队小班施工时为了抢进度，违反正常的作业程序，在没有清除工作面浮货的情况下，盲目打眼作业，把隐藏在底板的瞎炮打响，导致爆炸崩人。

假如当时区队管理者的责任心强，技术人员的措施审批落实到位，安全监管部门的监督到位，职工的自我保安意识强的话，这样的事故是可以避免的。然而，事故已经发生，没有"假如"了，只有深刻的教训和永恒的警示。

安全，是煤矿永恒的主题，是矿工永远的生命线。要想不再让一幕幕人间惨剧上演，避免“遗腹子”这样的悲剧重现，无论是操作者还是管理者，都必须切实肩负起安全职责，增强自我防护意识，由“要我安全”向“我要安全”“我会安全”“我能安全”转化，才能实现人矿平安。

（五）模拟感受法

模拟感受可以让职工以沉浸式体验方式增强真实感、现场感。具体做法：利用现代科技手段通过现场重温事故经过或事故模拟，以身临其境、感同身受的体会促动职工不碰红线、不越底线。例一：在煤矿培训中心建立模拟电教室，引入 VR 等技术手段，安设电子触摸屏和“卧式悬空翻书仪”，通过红外触摸感应，整合安全生产法律法规、事故案例、警示教育视频等方面资源，可提供隔空翻阅、触摸操作等多种方式，有效提高了职工参与积极性。例二：组织严重“三违”人员进行模拟伤害体验、办班培训，按不同违章性质所容易产生的后果，有的把腿用夹板夹上、有的用布把眼睛蒙上、有的把腰绑在椅子上，有的把胳膊包扎吊起来，在两个小时的课程之后轮流谈感受、讲体会，以特殊的教育方式让大家模拟感受违章带来的痛苦，收到了意想不到的教育效果。模拟伤害体验培训班授课场景见图 2-2。

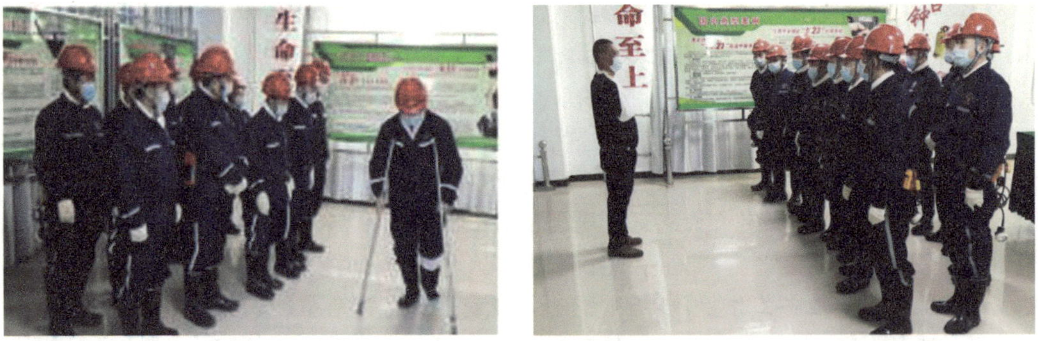

图 2-2　模拟伤害体验培训班授课

（六）家属联保法

做好职工安全教育工作，不仅需要管理者的努力，也需要职工家属的支持和配合。具体做法：在各矿（处）成立家属服务站，组织家属协管员重点发挥宣传教育、安全协管、矛盾调处、困难帮扶、信息传递“五项功能”，开展“三声一风”教育，即“平时有安全宣传声、上班前有安全嘱咐声、下班后有安全询问声、吹好安全枕边风”。在公司和矿（处）两个层面开展“模范职工家属”“优秀家属协管员”评选活动，为她们发奖金、戴红花、录视频、做访谈，在每年的劳模会上进行集中表彰，激发职工家属的荣誉感和归属感，切实感受到安全给家庭、给家人、给自己带来的荣誉和欢乐。矿家属协管员在井口为职工缝补工装，见图 2-3。

（七）采场体验法

一些煤矿职工家属不了解煤矿特别是井下工作的艰辛，对丈夫的照顾缺失，使一些职工在井下作业时心情不好或分心走神，导致行为失常、失范，极易发生违章，受到伤害，这就需要采取现场感受的方式引导其换位思考做好后勤保障工作。具体做法：组织矿工家属坐猴车、走巷道到井下采掘现场参观，或观看井下现场作业场景，引导矿工家属理解煤矿的难、理解丈夫的苦，努力做好后勤服务工作。例如：2016 年 6 月 18 日，在确保绝对安全的前提下，

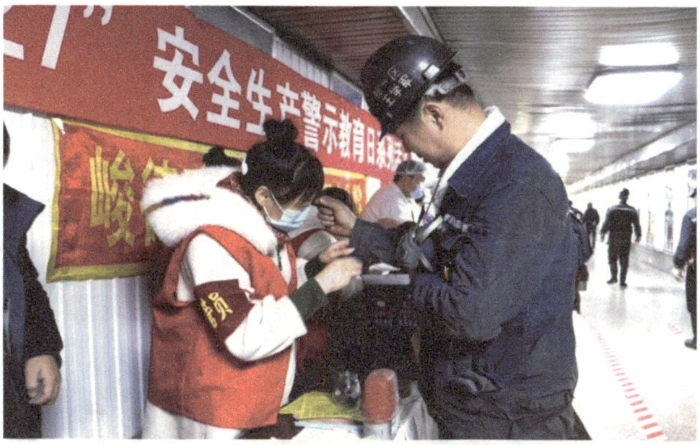

图 2-3　矿家属协管员在井口为职工缝补工装

新陆煤矿组织 15 名矿工家属进井口、坐人车、倒猴车、走巷道，近一个小时的路程下来大家已全身湿透、上气不接下气了。到了井下四水平二分段－700 m 工作面现场，矿工作业的场景更是深深震撼了大家。升井后，2 名矿工家属由于身体虚脱直接被人送回家休息。在随后召开的座谈会上，有的矿工家属情难自控、声泪俱下，甚至用“天地良心”表态“一定改正缺点做好后勤服务”。

（八）反思触动法

对以往事故案例进行反思可以更好地总结、吸取教训，增强警示效果。具体做法：通过开展安全大反思座谈讨论、组织职工参观反思教育展室等方式，让职工在讨论、参观过程中反思个人安全中的短板与不足。例如：2017 年 10 月，峻德煤矿在培训中心专门建立了事故案例反思教育展室，将本矿发生的 3 起冲击地压事故处理经过、现场照片逐一展出，并通过采访“9·25”事故家属制作了《泪满天》警示教育片，组织各级管理人员和严重违章人员以及所有参加安全培训的学员到这里接受反思教育，追思死难矿工，用血的教训警示后人。反思教育展室建立以来，共接待反思人员 400 余场 8 000 余人次，有效提高了职工的安全生产意识。参观反思教育展室如图 2-4 所示。

图 2-4　参观反思教育展室

（九）集中宣教法

适当开展形式多样、内容丰富的大型集中安全教育活动可以有效提升职工的安全意识，营造浓厚的安全舆论氛围。具体做法：多年来，公司各矿（处）坚持每月开展一次“安全高潮日”活动已形成常态(见图 2-5)。每逢 6 月份的“安全宣传咨询日”、11 月份的“安全警示教育日”,在工业广场设立咨询台、讲解小常识、发放宣传单、展示安全漫画、组织安全签名,在井口长廊发平安蛋、送平安果、播安全歌,在段队班前开展现身说法、有奖问答、安全宣誓、安全宣讲,在矿灯房里矿工家属自编自演安全文艺小节目,公司和矿(处)两级管理人员分别深入包保单位为职工上安全大课、做安全宣讲,已成为矿区独有的安全风景线。

图 2-5 “安全宣传咨询日”活动现场职工安全宣誓

(十) *泛在学习法*

随着科技的进步与发展,通过网络媒介开展安全教育已成为一种新的有效方式(见图 2-6)。具体做法:与中国矿业大学联合开发煤矿移动“e”课堂智慧云平台系统,设置文章阅读、警示教育、每日一题、每月一考、自测练习、在线培训等子栏目,及时上传安全法规、安全知识、事故案例、实操视频、避险常识等,全员注册使用、定期考核、兑现奖罚,职工的参与积极性明显增强。如今,上下班通勤车上侃大山的少了,用手机学习答题的多了;班余时间讲家长里短的少了,比学习积分的多了,而且在矿区已经成为一种新常态。对专业报刊发布的《10 个煤矿事故案例,血淋淋的教训!》等文章通过矿工报、“龙煤鹤矿”公众号进行转载,在段队建立职工微信群,由技术员每天推发安全小知识、微视频,拓展教育渠道。新冠疫情严重时期人员不便聚集,通过煤矿移动“e”课堂智慧云平台系统开展全员学习培训考试,用钉钉、腾讯、好信云等软件为职工上安全大课、讲操作规程、解读新《安全生产法》,做到疫情期间学习培训不断链。

图 2-6 职工等候通勤车时用手机答题

（十一）算账对比法

煤矿职工特别是一线矿工大多文化水平低，用算账对比的方式更加直接，也更容易让人理解安全与健康、经济、家庭、前途、社会之间的利害关系。具体做法：围绕安全事故造成的严重后果，与管理人员和普通职工既算大账、也算细账。一方面算大账。重点针对管理人员，讲清企业在工亡遗属和工伤补助、治灾成本方面每年高达几亿元的费用支出，讲清“11·21”等事故造成的人员伤亡、停产整改、经济损失、社会影响，引导管理人员正确认识安全与生产、经济、发展的关系，增强抓安全的责任感。另一方面算细账。重点针对普通职工，算好生命健康账、经济损失账、家庭痛苦账、政治前途账、社会影响账，突出安全与生命健康、安全与家庭幸福、安全与经济收入之间的直接联系，用接地气的语言、通俗易懂的表述把道理说清说透说到心坎里，教育职工为个人、为家庭时刻牢记安全。“安全警示教育日”活动宣讲提纲示例如下：

“安全警示教育日”宣讲提纲

11月是煤矿重特大事故的多发期，也是龙煤集团的“安全警示教育月”。其中，21日是鹤岗矿业公司的“安全警示教育日”。2009年的这一天，新兴煤矿发生了“11·21”特别重大事故，108名矿工兄弟失去了宝贵的生命！损失惨重，教训深刻，发人深省。

痛定思痛，居安思危。作为煤矿人，我们一定要牢记这段血泪史，从思想和灵魂深处认真吸取事故的惨痛教训，从珍惜个人生命、珍爱家庭幸福、珍视企业来之不易的改革脱困发展成果出发，切实把安全工作牢牢抓在手上，推进安全生产形势持续稳定好转！具体要做到以下五个“必须”：

第一，推进安全生产形势持续稳定好转，必须在思想认识上再提高。习近平总书记在十九大报告中强调：“树立安全发展理念，弘扬生命至上、安全第一的思想，健全公共安全体系，完善安全生产责任制，坚决遏制重特大安全事故，提升防灾减灾救灾能力”，为我们做好安全生产工作提供了根本遵循。近一时期，从省委省政府到龙煤集团领导，对安全工作都反复进行强调和要求。在省委深改组龙煤集团改革专项小组会议上，时任黑龙江省省长王文涛指出：龙煤集团深化改革过程中，安全生产是第一位的，没有安全生产这个“1”，其他都是“0”。特别是当前企业还处在改革脱困的僵持攻坚期，如果发生大的事故，会严重影响企业内部和上级组织对企业改革脱困的信心，严重影响省委、省政府对企业的重大政策支持，严重影响企业的改革脱困进程，甚至关系企业的生死存亡，这是企业当前面临的突出矛盾和最大压力。广大干部职工一定要深刻认清我们矿老井深的问题日益突出，水、火、瓦斯、煤尘、顶板、冲击地压等灾害逐年加重，重大事故隐患还没有根本消除的现实；深刻认清我们在安全理念、安全文化、安全管理上还相对落后，安全责任制还没能真正有效压实落靠的现实；深刻认清受资源储量、地质条件和生产接续等影响，公司原煤产量呈持续下滑趋势，煤炭销售收入明显减少，安全技改投入还有较大欠账的现实；深刻认清企业将在一段时间内处于“扭亏未脱困”，整体被动局面还没有彻底扭转的现实。切实消除部分干部职工盲目乐观、沾沾自喜，甚至是停一停、缓一缓、歇一歇等放松管理的思想和情绪。

第二，推进安全生产形势持续稳定好转，必须在筑牢基础上再发力。以全面构建安全预控管理体系为载体，在着重抓好系统、区科两个自主管理体系建设的基础上，严格按照《鹤岗矿业公司关于深入推进煤矿班组安全自主管理体系建设指导意见》要求，紧紧围绕建设目标、建设规划和建设内容，研究制定方案、明确工作职责、健全奖惩制度。要大力推进煤矿安全风险分级管控和隐患排查治理双重预防机制建设，注重把双重预防机制建设与隐患排查治理、安全生产标准化建设、重大灾害管控和日常安全监察工作相结合，建立常态化系统安全风险分析研判制度。要进一步加强重点灾害治理，贯彻落实《煤矿重大灾害综合防治指导意见》，健全瓦斯防治技术管理责任体系，着力解决瓦斯抽采能力不足、抽采设施不配套问题；完善冲击地压危险综合评价体系和各矿中长期防冲规划，开展新层新区冲击倾向鉴定，落实综合防冲措施，降低冲击危险；加强煤层突出危险性和自然发火倾向研判，全面推进工作面防火工作写实，坚决杜绝发火封面和影响生产现象；完善水害监测预警和物探平台，加强地质预测预报，做到积水区不明确和隐患不排除不生产。同时，还要加强井下煤尘和顶板管理，保证运输提升、排水、供电和消防安全，严格火工品管理，防范各类事故发生。

第三，推进安全生产形势持续稳定好转，必须在责任落实上再夯实。就安全管理工作而言，我们并不缺少法规、制度、预案，也不缺少经验、技措、责任制。然而，重复出现的问题隐患、频发不断的安全事故告诫我们，在安全管理上，我们最缺少的就是“不折不扣的落实、持之以恒的执行、久久为功的坚守”。安全责任重于泰山，责任失守则意味着安全失守。各单位必须进一步压实落靠各级安全、技术管理部门和管理人员的安全责任，按照安全生产责任体系的分工，各司其职、各负其责，敢抓敢管、动真碰硬，以管理标准更严格、日常工作更深入、方案措施更细致、工作作风更务实的作风，全面推进各项安全岗位职责的落实。要牢固树立“不跟踪到现场就不叫落实”的理念，严格安排部署、现场跟踪、情况反馈流程，严格规程设计和审批，加强督导问责，促进现场兑规作业。

第四，推进安全生产形势持续稳定好转，必须在日常管理上再从严。要认真落实龙煤集团《安全生产警示约谈再教育培训实施办法》，持续推进“突破‘感情关和人情关’，坚持‘两个从严’，强化日常安全管理”大反思大讨论抓落实主题活动，突出日常管理、现场管理重点，以铁面孔、铁心肠、铁手腕、刚执行，向隐患“开刀”、向“三违”“亮剑”。以“铁面孔”对安全，领导干部更要首当其冲，对于“三违”现象要敢于做“黑脸包公”，不怕得罪人、不怕丢面子，让“三违”人员真正懂得严是爱、松是害。以“铁心肠”保安全，无论是领导干部还是安全管理人员都要拿出“宁听骂声、不听哭声”的态度，保持安全管理的高压态势，狠抓安全责任落实、狠抓安全兑规作业。以“铁手腕”抓安全，就是要通过严厉查处干部安全管理不履职行为、职工安全生产不规范现象，让违章违纪、违规违法者丢面子、丢票子、丢位子。以“刚执行”促安全，就是要在贯彻落实安全管理各项法规条例、规章制度、纪律要求等方面不折不扣、不留私心、不徇私情、不谋私利，真正树牢红线意识、底线思维，以制度的刚性执行筑牢安全生产根基。

第五，推进安全生产形势持续稳定好转，必须有矿工兄弟们的共同参与。性格粗放、作风硬朗，是我们煤矿人固有的性格。而且煤矿工人特别是一线矿工，大多是单职工，基本上是男人挣钱、女人持家，生活中承担着多重责任，扮演着多重角色：在企业是发展的支撑，在岗位是工作的主力，在家庭是生活的顶梁柱。特别是在家庭之中，为人儿女、为人丈夫、为人父母，是父母的依靠、妻子的港湾、儿女的阶梯。失去了这个支撑，不但企业的工作受挫折，而且家庭的幸福也要坍塌。因此，我们一定要牢记“身体发肤，受之父母，不珍之惜之，即是不忠不孝；妻子儿女，我之所养，弃之离之，即是不爱不慈！身家性命，福祉所依，轻之忽之，即是不明不智”的古训，主动担当起自身肩负的责任、义务和使命，坚守安全、维护安全、保证安全，为个人负责，为家庭担当，为企业履职，为幸福生活奠基！

（十二）分类施教法

安全教育的对象不同特点也不同，必须因人而异、因材施教，才能体现教育的针对性。具体做法：注重区分“安全不放心十种人”（满不在乎的粗心人、违章作业的蛮干人、心存侥幸的麻痹人、情绪低落的萎靡人、不懂装懂的自大人、休息不好的疲劳人、冒冒失失的莽撞人、偷奸耍滑的懒惰人、得过且过的消极人、不守纪律的散漫人），分析其不同心理表现，有针对性地开展安全教育，做到一把钥匙开一把锁。例如：对满不在乎的粗心人，通过案例剖析、现身说法等方式，用事故造成的严重后果特别是对家庭、对个人带来的痛苦来警示职工兑规作业；对违章作业的蛮干人，采取按流程过“七关”的方式，让违章人员深刻感受到违章给自己造成的经济损失、连带影响，使其不愿违章；对情绪低落的萎靡人，通过“五必清、六必访、七必谈”了解原因，用耐心细致的思想政治工作帮助化解矛盾放下包袱；对不守纪律的散漫人，坚持“三铁一刚”和“两个从严”，用严厉的处罚、高压的管理使其不敢违章。

根据多年安全教育实践可以深刻感受到：言教重要，身教比言教更重要；逻辑分析重要，案例剖析比逻辑分析更重要；传道授业解惑教育重要，参与活动反思教育更重要；工具理性重要，价值理性比工具理性更重要。总之，安全教育是一项系统工程，只有不断丰富内容、创新方法、健全机制、总结规律，才能在巩固中加强、在创新中发展，取得实实在在的效果。

第二节　安全培训

著名企业管理学家沃伦·本尼斯说：“员工培训是企业风险最小、收益最大的战略性投资。”成功的企业永远是学校，优秀的员工永远是学生。成功的企业有多方面的经验，但无不包含对员工教育培训工作的真正重视和对员工卓越品质的不懈追求。鹤岗矿业公司生产条件复杂，安全管控难度大，职工年龄老化、文化程度低，以及煤矿自动化、信息化、智能化技术手段的应用，使得职工安全培训工作紧迫而艰巨。多年来，鹤岗矿业公司牢固树立“以人为本、生命至上、安全第一”的思想，把提升职工整体安全素质，促进企业安全发展，作为企业安全培训战线的重要使命和责任，创新安全培训理念，丰富安全培训内涵，持续改进安全培训方式和方法，运用现代培训手段提升培训质效，为企业安全发展奠定了坚实基础。

一、安全培训体系架构

（一）安全培训基本思路

1. 指导思想

牢固树立“安全培训不到位是重大安全隐患”理念，依据《安全生产法》、《煤矿安全培训规定》、《安全培训机构基本条件》（AQ/T 8011）、《黑龙江省安全培训机构从业准则（试行）》和《黑龙江省煤矿其他从业人员安全生产培训大纲及考核标准》等有关法律法规，按照“管理、装备、素质、系统”四并重要求，坚持问题导向、目标导向、结果导向，深化安全培训供给侧改革，推进以教为中心向以学为中心转变，重点围绕实践知识、实践经验、实践技能和“七新”

内容，靶向施教、精准培训、提素赋能，全面提升从业人员安全素质，努力造就知识型、技能型、创新型、本质安全型的职工队伍。

2. 工作目标

坚持“依法培训、按需施教、从严考试、严厉追责”的原则，增强安全培训的针对性、精准性、严肃性、实效性，全面提高职工思想政治素质、业务水平和安全素养，培训条件进一步改善，培训质量明显提升，从业人员的安全意识和技能水平稳步提高、文化层次结构持续改善，实现公司安全生产总目标。具体目标如下：

(1) 完成安全培(复)训和“七新”培训计划，“三项岗位”人员和其他从业人员全员安全培训，培训合格率、持证率100%，培训建档率100%。

(2) 现场考问合格率95%以上。

(3) “三违”和工伤事故明显下降。

(4) 安全机构设置符合标准，建设省级安全技能实训和特种作业人员实操考试示范基地。

(5) 安全培训可视化网络教学系统、煤矿移动“e”课堂智慧云平台系统、特种作业人员实操仿真培训系统、班前安全培训监控系统全覆盖，推广VR虚拟现实技术和煤矿机电安全智能培训系统。

(6) 安全培训基础保障能力和安全培训质量得到明显提高，为实现安全生产目标奠定基础。

3. 组织领导

实行“党委统一领导、部门分工负责、协调有序运作”工作机制。公司成立以党委书记、董事长和总经理为主任，党委副书记、安全副总经理、各系统副总工程师及以上领导为副主任的安全生产教育和培训工作委员会。成员由党委组织部和宣传部、纪委、矿区工会、综合办公室、安全监察局、生产技术部、机电装备部、通风技术部、地质测量部、人力资源部、财务部、经营管理部、审计部等部门负责人组成。安全培训工作委员会办公室设在安全监察局培训处。公司安全培训工作委员会负责审定公司安全培训中长期规划和年度计划，安全培训投入和经费保障，安全培训督导考核，校企合作，评选和表彰安全培训先进单位和个人；中级副职及以上管理人员因安全知识和安全管理能力测试复考不合格者，对其进行岗位调整。

4. 基础建设

按照《煤矿安全培训规定》要求，足额提取安全生产教育和培训经费，由各矿(处)财务部门单设科目管理，安全副矿长按规定落实使用，矿长审批，专款专用，不得挪用。安全培训资金不足部分，可在安全费用中列支。完善各矿(处)采掘、机电、通风等22个实操培训基地，形成以3个三级A培训中心为核心、5个三级B培训中心为支撑、114个班前培训阵地为基础的职工安全生产教育和培训基地网络。建立教师准入制度，安全培训专职教师必须有5年以上一线工作经验，学历达到大专以上，对于任职达不到准入标准的，及时进行调整。目前，公司各矿(处)共有专职管理人员34人、专职教师74人，建立了136人的兼职教师库。

（二）安全培训组织机构及职责

1. 各级安全培训职责

（1）领导干部层面。各煤矿党委书记、矿长负总责，党委副书记、安全副矿长负责安全培训工作，系统副矿长分管本系统安全培训工作。矿、区（科）成立安全培训工作委员会，明确有关部门、相应人员具体职责。抓住矿区两级领导干部这个安全培训工作的关键少数，建立约束机制，落实“一岗双责”，树立抓安全培训是本职、不抓是渎职、抓不好是失职的责任意识。

（2）培训中心层面。各煤矿建立安全培训管理中心，配备专职管理人员，具体负责安全培训计划的编制，安全培训的管理、调学（协调或调动相关人员参加培训学习简称为调学）、监督、考核和指导等工作。实行先调研生产需求后确定培训重点，坚持“干什么、学什么，缺什么、补什么”原则，按照培训大纲要求，根据不同时期煤矿安全生产实际，特别是安全风险、事故隐患排查及灾害治理，随时调整培训内容和培训计划。每月由煤矿党委书记组织召开一次安全生产教育和培训工作例会，总结部署安全培训工作。

（3）职工培训层面。坚持先培训后上岗，以新法律、新标准、新岗位、新环境、新技术、新工艺、新设备、新材料、新工人为培训重点，无论工作多忙，任务多紧，培训时间不够、考试不合格不允许上岗。对此，公司明确规定：参加安全培训既是煤矿职工的权利，也是一项义务。权利体现在：① 单位没有安排参加相关培训，有权拒绝入井工作；② 有权报销培训期间发生的各种费用；③ 有权拒绝配合单位或培训机构在各种假培训记录上签字；④ 有权查询和取得自己相关培训信息及证书；⑤ 有权向有关部门反映乱培训、假培训等违法违规培训情况。义务体现在：① 有义务按照单位通知要求，准时报到参加培训；② 有义务遵守各项培训及考试管理制度；③ 有义务在规定时间内提交符合要求的各种办证资料；④ 有义务配合企业和培训部门建立相关培训档案；⑤ 有义务做到先培训、后上岗和持证上岗；⑥ 有义务妥善保管各种安全培训合格证书。

2. 安全培训分级管理

（1）公司党委书记、董事长，总经理、总工程师和副总经理安全培训的组织、调学及管理，由龙煤集团安全监察局负责，公司安全监察局培训处配合协调。公司安全监察局培训处负责公司安全培训计划制订和副总工程师、机关生产部室负责人及中级副职以上管理人员、煤矿井下安监人员的调学工作；负责制订各煤矿主要负责人调学计划。公司人力资源部负责制订职业技能提升行动及新型学徒制培训计划和管理办法。

（2）煤矿安全生产管理人员由各矿根据资格证有效期截止日期，制订本单位副总工程师以上领导、区（科）长、煤矿井下安监人员、培训专兼职教师等调学计划，在有效期内提前完成延期换证考核。

（3）职工大学安全培训中心承担队长、支部书记、班组长及煤矿井下电气作业、煤矿安全监测监控作业、煤矿瓦斯检查作业、煤矿安全检查作业、煤矿采煤机（掘进机）操作作业、煤矿瓦斯抽采作业、煤矿防突作业、煤矿探放水作业等特种作业人员的培训工作；兴安煤矿培训中心、富力煤矿培训中心分别承担煤矿井下爆破作业、煤矿提升机操作作业等特种作业人员的培训工作；煤矿所属各培训中心承担本单位一般工种（其他从业人员）和新工人的培训工作。

（4）特种作业人员由各煤矿安全培训管理机构制订本单位年度调学计划，公司安全监察局培训处统一编制特种作业人员调学计划。涉爆破“三大员”调学，由各煤矿安全培训管理机构负责制订调学计划，保卫科协同配合。

(5) 各煤矿其他从业人员由本单位制订年度培训计划。

(6) 各煤矿班前安全培训，由本单位基层区(科)、队(组)按照文件规定自行组织学习。

(7) 各煤矿由党委副书记、安全副矿长主抓，培训中心负责依法开展安全培训的教学、档案管理、班前教育和学习监督检查等工作；安全培训管理机构负责安全培训计划的编制，安全培训的管理、调学、监督、考核和指导等工作。

二、安全培训内容及方式方法

(一) 依法依规培训内容

按照《煤矿安全培训规定》要求，对煤矿企业主要负责人、安全生产管理人员、特种作业人员和其他从业人员进行依法依规培训。

1. 煤矿主要负责人和安全生产管理人员

(1) 根据煤矿主要负责人、安全生产管理人员和安监人员及井区(科)长人员数量，分类制订学习计划。根据规定要求，结合企业实际，确定课程设置及课程时间，由各矿调学人员负责组织。同时，按照计划按期将本单位参培人员的安全培训申请表、身份证复印件、学历证复印件、任职报告、3 张免冠蓝底 2 寸照片、每期安全管理人员安全培训明细(含电子版)等相关材料报送公司安全监察局培训处审批。

(2) 培训主要内容：国家安全生产方针政策，煤矿安全法律法规，职业病防治相关法律法规，煤矿企业落实安全生产主体责任相关要求，安全管理制度、安全生产责任制、安全投入保障规定、安全培训制度、隐患排查治理制度建立和落实，以及“一规程四细则”等安全知识。

(3) 参培人员必须全程参加培训，特殊情况不能参加的，必须由所在单位向公司安全监察局培训处书面请假，并填写请假报告单。除特殊情况外一般不得请假，病假凭医生诊断证明。请假时间超过总学时 1/7 按退学处理，未经批准擅自不参加的，责令退学。培训后考试不合格的允许补考一次。经补考仍不合格的，重新参加相应的安全技术培训。煤矿主要负责人、安全生产管理人员经安全知识与管理能力考核合格后，由黑龙江省煤炭生产安全管理局、黑龙江矿山安全监察局颁发安全生产知识与管理能力考核合格证。

2. 特种作业人员

(1) 特种作业人员由各煤矿安全培训管理机构制订本单位年度调学计划，公司安全监察局培训处按照各煤矿年度调学计划，统一编制特种作业人员调学计划，包括培训期数、培训时间、培训人员名额分配等内容。由具有特种作业人员培训资质的单位按计划分工种承担培训，制订开班报告、教学计划、课程进度表等报公司安全监察局培训处进行审批(见表 2-1)。具体流程：培训单位于开班 7 日前下发开班通知，包含开班时间、相关要求、上交培训材料时限等内容，各送培单位于开班 2 日前将培训人员考试申请表、身份证复印件、特种作业操作证原件和复印件(复训人员)等资料报送培训单位进行审核，审核通过的按时参加培训。培训单位按照特种作业人员培训流程对参训人员进行培训。见图 2-7。

表 2-1　特种作业人员安全培训考试申请表

申报日期：　年　月　日

<table>
<tr><td>姓名</td><td></td><td>性别</td><td></td><td>出生年月</td><td></td><td rowspan="4">照片</td></tr>
<tr><td>文化程度</td><td></td><td>毕业院校</td><td></td><td></td><td></td></tr>
<tr><td>申请类别
（工种）</td><td></td><td>工作单位</td><td></td><td></td><td></td></tr>
<tr><td>身份证号码</td><td colspan="5"></td></tr>
<tr><td rowspan="2">考试
类型</td><td colspan="2">初次考试</td><td colspan="2">是□　否□</td><td rowspan="2">联系电话</td><td rowspan="2"></td></tr>
<tr><td colspan="2">延期换证考试</td><td colspan="2">是□　否□</td></tr>
<tr><td>煤矿相关
工作经历</td><td colspan="2"></td><td colspan="2">身体状况</td><td colspan="2"></td></tr>
<tr><td>职务</td><td colspan="2"></td><td>职称</td><td></td><td>技能等级</td><td></td></tr>
<tr><td>安全生产违规
违章行为</td><td colspan="6">有□　无□。是否被追究责任(是□　否□)，是否受到处分(是□　否□)。
处理情况：有违章行为点“有”，填写后面内容，点“无”后面不填写。</td></tr>
<tr><td>学习及工作
简历</td><td colspan="6"></td></tr>
<tr><td>证件领取</td><td colspan="6">是否委托培训机构申请办理领证手续：　是□　否□</td></tr>
<tr><td colspan="7">身份证复印件 1 份　□
学历证复印件 1 份　□
培训合格证明原件 1 份　□

本人对以上填写的内容和所提交资料的真实性负责。

申请人(签字)：　年　月　日</td></tr>
<tr><td>单位意见</td><td colspan="6">负责人：　（公章）：年　月　日</td></tr>
</table>

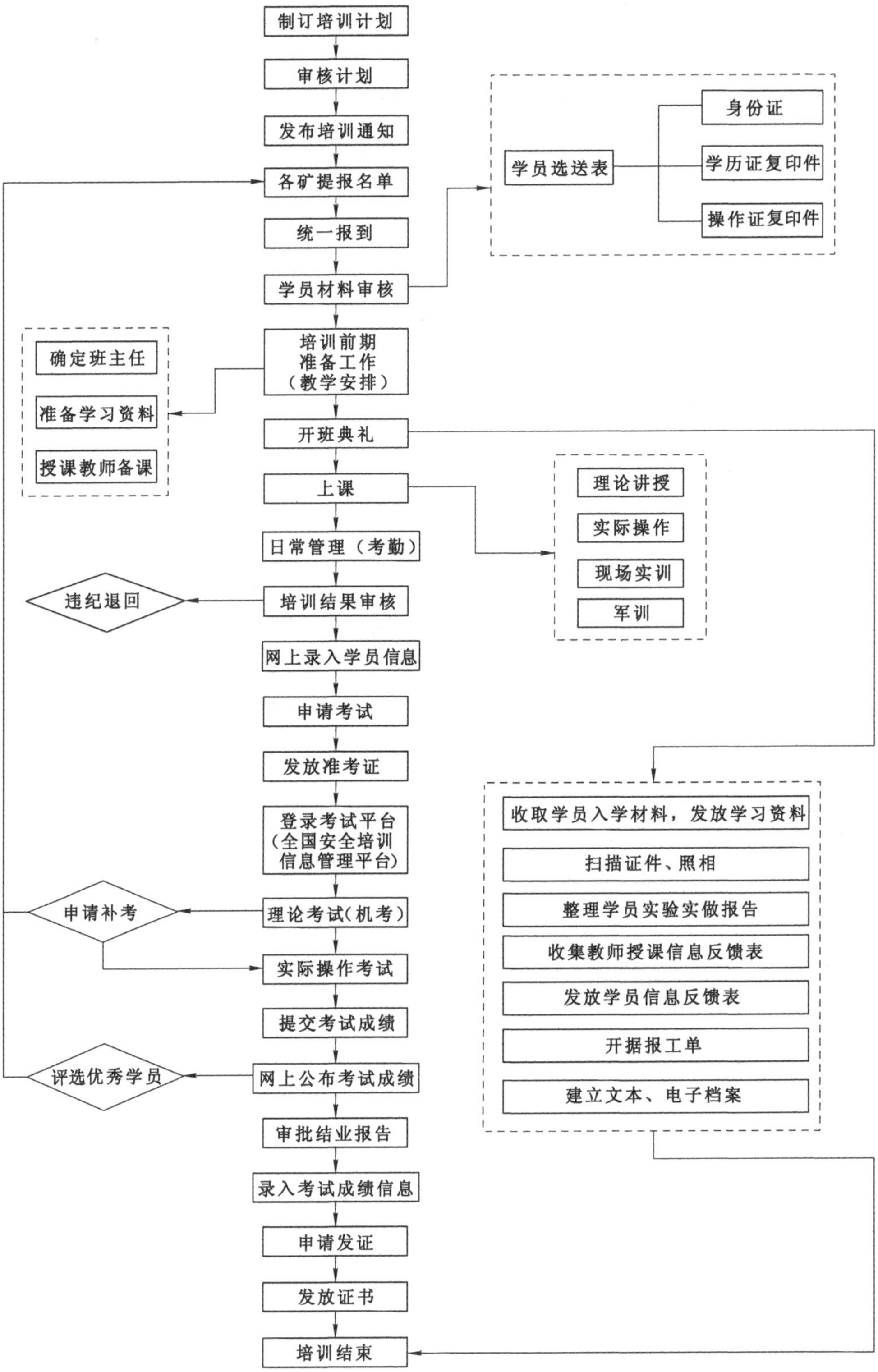

图 2-7　特种作业人员培训工作流程图

(2) 培训主要内容:煤矿特种作业人员共分为11个工种,每个工种制定相应的培训大纲。以煤矿井下爆破作业为例,具体培训内容为:煤矿安全生产法律法规和管理知识、本工种相关基础知识、爆破相关专业知识、"七新"培训知识、自救互救知识、职业病危害防治知识、典型事故案例、实际操作知识等,初次培训学时不少于90学时,再培训学时不少于24学时。

(3) 特种作业人员培训严格执行《煤矿安全培训规定》,参培人员必须全脱产参加培训,特殊情况不能参加的,必须由所在单位向公司安全监察局培训处报送反馈表,写明不能参加培训的原因。除特殊情况外一般不得请假,病假凭医生诊断证明。请假时间超过总学时1/7按退学处理,未经批准擅自不参加的,责令退学。特种作业考试包括安全生产知识考试和安全操作技能考试,安全生产知识考试合格后,进行安全操作技能考试。考试应当在规定的考点进行。安全生产知识考试应当使用国家考试题库,使用计算机考试,安全操作技能考试按照《煤矿特种作业安全技术实际操作考试标准(试行)》要求进行。安全生产知识考试和安全操作技能考试满分均为100分,成绩80分及以上为合格(见表2-2)。考试不合格的允许补考一次。经补考仍不合格的,重新参加相应的安全技术培训。特种作业人员经考核合格后,由黑龙江省煤炭生产安全管理局颁发特种作业操作证;爆破作业登记人员经培训、考核合格后,由公安部门颁发爆破作业人员许可证。

表2-2　煤矿特种作业人员信息反馈表

<table>
<tr><td>姓 名</td><td></td><td>工作单位</td><td colspan="2"></td><td rowspan="3">照片</td></tr>
<tr><td>性 别</td><td></td><td>出生日期</td><td colspan="2"></td></tr>
<tr><td>文化程度</td><td></td><td>培训形式</td><td colspan="2"></td></tr>
<tr><td>培训学时</td><td></td><td>培训班名称</td><td colspan="3"></td></tr>
<tr><td>发证机关</td><td colspan="5">黑龙江省煤炭生产安全管理局</td></tr>
<tr><td colspan="6">培 训 简 历</td></tr>
<tr><td>入学时间</td><td>结业时间</td><td>理论成绩</td><td>实操成绩</td><td>有效期至</td><td>证书编号</td></tr>
<tr><td></td><td></td><td></td><td></td><td></td><td></td></tr>
<tr><td colspan="6">主 要 内 容</td></tr>
<tr><td colspan="6"></td></tr>
<tr><td colspan="2">培训考核单位(章)</td><td colspan="2">培训期间表现</td><td colspan="2">考核结果</td></tr>
<tr><td colspan="2">兴安煤矿安全技术培训中心
年　　月　　日</td><td colspan="2">学员表现:
优秀 □
一般 □</td><td colspan="2">合格 □
一般 □
缺考 □
班主任签字(章):</td></tr>
</table>

(4) 离开特种作业岗位连续 6 个月以上、但特种作业操作证仍在有效期内的特种作业人员，需要重新从事原特种作业的，应当重新进行实际操作能力考试，经考试合格后方可上岗作业。特种作业实操考核现场见图 2-8。

图 2-8　特种作业实操考核现场

3. 其他从业人员

(1) 其他从业人员由各煤矿制订本单位年度培训计划，并按照培训计划组织培训。《安全生产法》《煤矿安全培训规定》《黑龙江省煤矿其他从业人员安全生产培训大纲及考核标准》等规定：① 其他从业人员初次进行安全培训，带薪脱产学习不少于 72 学时，其中职业病危害防治 8 学时。② 其他从业人员每年按照所从事的工种、岗位进行再培训及职业病危害知识培训，带薪脱产学习不少于 20 学时，其中职业病危害防治知识 4 学时。培训单位按照计划制订开班报告、教学计划、课程进度表，并报公司安全监察局培训处审批。自主安全培训工作流程见图 2-9。

(2) 培训主要内容：① 有关安全生产的方针政策、法律法规、规章、标准、职业道德、行为规范和岗位安全生产责任制；② 有关煤矿生产的“七新”及其安全技术要求；③ 作业场所和岗位相应的安全生产知识及岗位危险预知；④ 矿井开采安全与当前主要灾害防治；⑤ 职业病危害防治；⑥ 应急预案、事故应急救援、应急处置和自救互救与创伤急救；⑦ 安全风险评估与事故隐患排查治理；⑧ 实验参观与现场实训；⑨ 煤矿典型事故案例分析；⑩ 军训和煤矿安全管理。

(3) 其他从业人员培训严格执行《煤矿安全培训规定》，参培人员必须全脱产参加培训，特殊情况不能参加的，必须由所在单位向煤矿培训中心于开班前递交申请报告，写明不能参加培训的原因。除特殊情况外一般不得请假，病假凭医生诊断证明。请假时间超过总学时 1/7 按退学处理，未经批准擅自不参加的，责令退学。其他从业人员经培训后进行理论考试和“三项技能”实操考核，理论考试合格分数为 80 分。考试不及格准予补考一次，补考不及格的必须重新培训。其他从业人员经考核合格后，由公司安全监察局培训处颁发煤矿其他从业人员安全培训合格证。

(4) 煤矿井下作业人员调整工作岗位或者离开本岗位一年以上重新上岗前，以及应用新工艺、新技术、新材料或者使用新设备人员，按照相关规定对其进行不少于 20 学时的安全

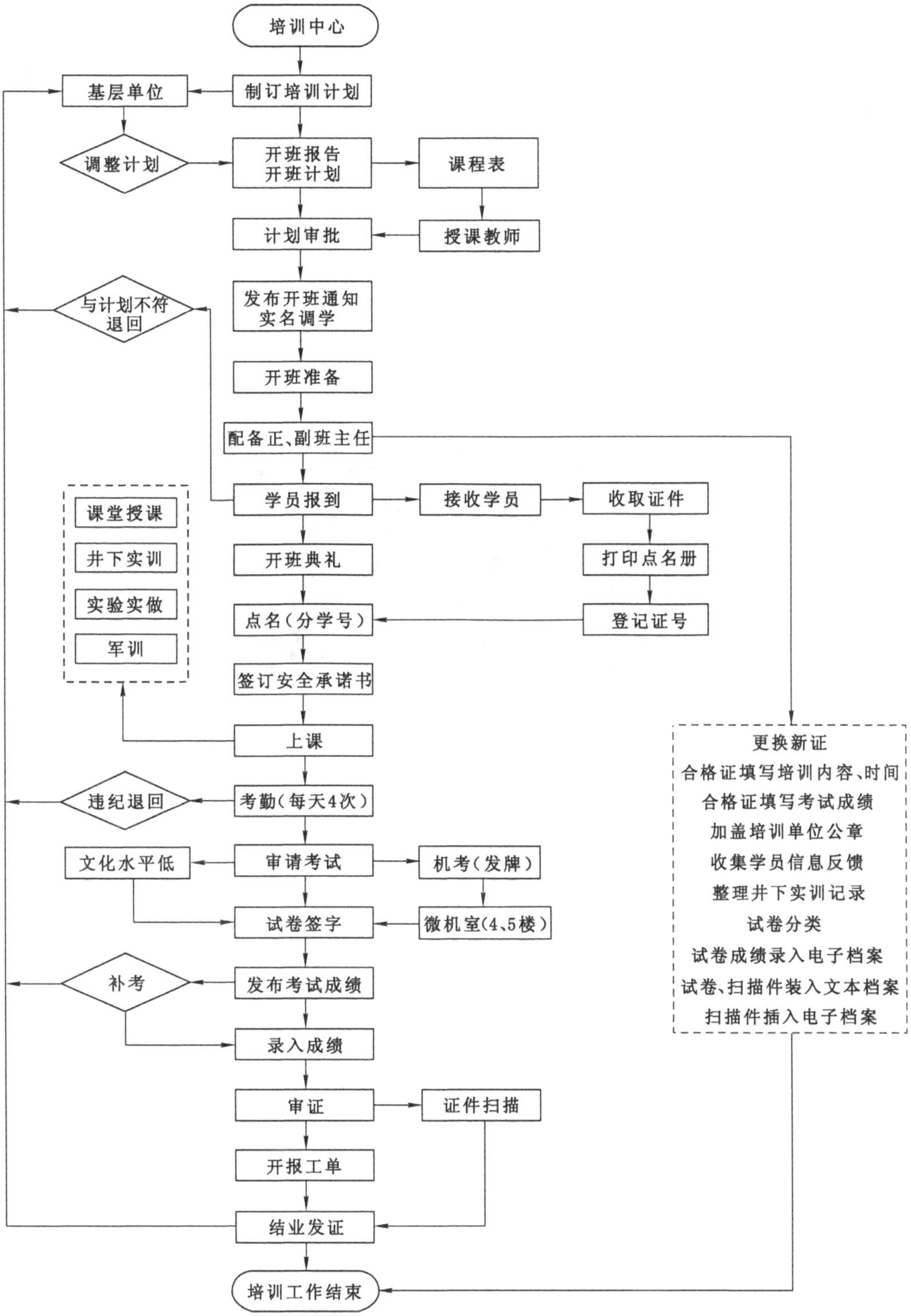

图 2-9　　自主安全培训工作流程

培训，经培训合格后，方可上岗作业。

（二）企业自主安全培训内容及方式

鹤岗矿业公司在企业自主安全培训方面，注重职工在作业中认识现场安全问题、分析现场安全问题、防范和解决现场安全问题的自觉与能力，聚焦现场条件变化，聚焦灾害预防和应急避险，彻底打破传统的、单纯的课堂式、说教式的教学模式，通过全员化、标准化、实效化、特色化的培训，有效解决了职工安全知识不足的问题。

1. 公司层面

（1）专题讲座培训。根据企业实际和需要，适时邀请业内专家、学者或者专业院校教授、讲师来公司举办专题讲座，拓宽视野，转变观念，深度学习，丰富职工安全知识。专题讲座培训现场见图 2-10。

图 2-10　专题讲座培训现场

（2）学术交流培训。紧密围绕科技创新和解决制约企业安全发展的瓶颈问题，在引进推广新技术、新工艺、新设备、新材料等方面，进行学术探讨与安全论坛交流，推动安全管理创新。

（3）外出学习培训。组织管理人员和专业技术人员参加国家应急管理部开展的"碳工程"专项培训、重大事故隐患判定标准培训和"学抓强"线上培训，中国矿业大学开展的总工程师、副总工程师"七新"培训，黑龙江矿山安全监察局开展的防冲、防治煤与瓦斯突出和防治水专项培训；组织中级管理人员参加龙煤集团管理人员安全素质能力提升培训，重点学习先进的安全理念、专业技术和管理模式。

（4）提素赋能培训。制定下发《鹤岗矿业公司关于煤矿中等职业教育人才培养办法的通知》，由公司职工大学分批次对具备初中学历、年龄 48 周岁以下的队长、班组长及准特种作业人员开展为期 3 年的学历教育培训，成绩合格后颁发黑龙江省教育厅注册的中等专业学历证书，切实提升煤矿班队长和准特种作业人员的知识水平、专业技能。

（5）针对性专项培训。由公司各系统领导牵头，定期组织开展针对灾害防治（防突、防冲、防治水、防灭火、应急处置、职业病危害防治、安全风险分级管控、事故隐患排查治理、专业技术、安全管理）专项培训，系统学习如何进行现场灾害治理、消除作业场所隐患和应急避险，提高事故易高发时段职工的安全意识、事故应急处置及防范能力。

（6）应用先进技术培训。为适应煤矿机械化、自动化、信息化、智能化发展方向，提高职工安全技能水平，充分运用先进的互联网技术和新型培训装备，推广应用煤矿安全技术可视化仿真培训系统、煤矿特种作业人员实操仿真培训系统和煤矿移动“e”课堂智慧云平台系统，对职工进行安全培训。

(7) 开展岗位练兵培训。从 2012 年开始，公司每年 4—10 月份，根据职工岗位实际操作水平及生产设备工艺要求，按照活动准备、全员培训、组织考试、实操演练、现场比武、综合答辩、总结表彰的推进步骤和流程，开展全员岗位技术练兵活动，激发广大职工学业务、提技能、强素质的工作热情。

(8) 正向引领培训。强化职业伦理道德和企业文化培训，开展“五星级”党员和金牌班组长、安全卫士等评选活动，广泛宣传先进典型事迹，引导职工树立正确的世界观、人生观、价值观，培育和弘扬“进取、实干、奉献”的企业精神，凝聚职工积极向上的正能量。

2. 煤矿层面

(1) 脱产安全培训。每年培(复)训期间，严格按照教学大纲要求，坚持理论与实操相结合，采取课堂讲授、实操演练、座谈研讨等方式，不断加大脱产安全培训力度。注重新技术、新工艺、新设备、新材料的培训，开展和推动互动式、启发式、参与式教学，不断提高教学质量。

(2) 入职集中培训。新工人入职前坚持先培训考核再录用的原则，新工人必须统一集中培训，逐步变招工为招生。新上岗的井下作业人员经煤矿安全培训考试合格后，在有经验工人师傅的带领下，实习满 4 个月，并取得工人师傅签名的实习合格证明后，方可独立工作。工人师傅一般应当具备中级工以上技能等级、3 年以上相应工作经历和没有发生过“三违”等条件。

(3) 班组管理能力培训。从事采煤、掘进、机电、运输、通风、防治水等工作的班组长由公司制订调学计划，安排到职工大学接受安全培训，取得安全培训合格证书，并鼓励支持班组长取得职业技能等级证书，积极参加公司举办的学历提升教育学习及安全技能提升专项培训。

(4) 专业技术培训。由煤矿各系统领导负责定期组织本系统专业技术人员进行业务培训，聘请技术业务能力强、经验丰富的专业系统领导和工程技术人员授课，提高专业技术人员对灾害分析、预测和防治的能力。

(5) 事故案例剖析培训。开展职工班前“警钟长鸣”授课活动，由培训中心对基层单位技术人员进行自救器的使用培训，技术人员在班前对职工讲解自救器的正确使用方法、《安全生产法》、《煤矿安全规程》、典型事故案例分析等内容，不断提高职工安全意识，规范职工安全行为，用身边的事故教育身边的人，引导职工牢固树立“自己的安全自己管，指望他人不保险”等安全理念。

(6) 现场安全培训。根据各岗位工种实际需求，改变传统的课堂授课模式，把培训从教室转移到现场，设立井下实训基地，选取管理好、质量好的工作面进行现场参观学习。突出井下危险性预测和危险源识别及应急处置等内容，现场讲授和示范。见图 2-11。

(7) 模拟教学培训。建立采、掘、机、运、通五大实验模拟教学室，通过实物演示教学，重点突出整个生产过程中各个环节的安全隐患及问题，充分发挥模拟教学的作用，增强教学效果。

(8) 职业危害防治知识培训。为切实保障职工生命安全和健康，预防职业病发生，根据《中华人民共和国职业病防治法》(以下简称《职业病防治法》)及有关规定，各煤矿结合实际，开展职业危害防治知识培训。

图 2-11　应急处置授课现场

(9) 应急安全知识培训。以煤矿应急预案为教材，对职工进行应急救援、应急处置能力演练培训，强化灾害防治、现场自救互救与创伤急救知识学习。

① 开展“自救器佩戴”专项培训。以“实际、实用、实效”为原则，将自救器使用方法编制成简明扼要、通俗易懂的“十四字”口诀：“一开、二挎、三四拔、五咬、六夹、七调退”，使职工乐于接受，熟记于心，并能按其步骤熟练操作。为保证全覆盖、无死角，参加自救器佩戴专项培训的技术人员，按照单位组织部门“一队一技”名单参加培训，技术人员回到单位后，在一、二、三班班前向职工详细讲解自救器的佩戴使用方法及注意事项，确保每名职工都能熟练使用，有效提高职工在突发事故面前的自救、互救能力。自救器授课现场见图 2-12。

图 2-12　自救器授课现场

② 组织从业人员开展防灭火消防应急演练。每年组织职工进行防灭火消防应急演练，共演练三个科目，分别是使用灭火器灭火演练、连接楼内消防栓灭火演练、假设教学楼发生火灾综合演练。通过演练，有效提高职工的安全防范意识，增强职工自我保护能力，使职工能够掌握应对突发火灾的应变、逃生技能并学会灭火，以及有序地进行人员的疏散处理。

(10) 工伤人员教育培训。建立工伤人员教育转化工作机制，工伤复工人员提前一周向矿安全监察处和培训中心提交复工计划，培训中心负责制订复工学习计划，矿安全监察处负责对工伤复工人员下发培训学习通知，培训中心组织学习，学习时间以矿安全监察处下发培训通知天数为准。主要学习安全生产法律法规、规程、标准、安全知识、案例警示教育等内容。培训合格后，由培训中心出具证明，方可重新上岗。各矿（处）定期或不定期对工伤群体进行结构性分析，从家庭状况、文化水平、工种、岗位、从业时间、日常工作表现，场所条件及安全状况，违章或受伤的地点、时段、类别、性质、占比等中，找出问题原因及其规律性，抓住重点问题，有针对性地对职工进行安全教育、培训和管理。

（11）安全警示教育培训。利用安全生产警示教育日和安全警示教育月开展警示教育活动。在职工上班必经的道路上开设“必知必会”知识考问台，鼓励职工积极参与抽签答题；组织安全宣讲，发放安全教育宣传单和煤矿安全知识顺口溜 100 句学习手册，不断强化职工安全意识；结合岗位有针对性地开展典型事故案例剖析精准培训，引导职工学会辨别岗位危险源，学会防灾避灾，提高职工安全意识，规范职工安全行为。

（12）领导干部上讲台培训。公司和煤矿副总工程师以上领导按照规定的次数、内容和课时上讲台授课，切实增强职工安全意识，丰富职工安全知识，提升职工安全技能。领导干部上讲台授课要将现场授课照片、视频交到培训中心存档备查。

（13）宣讲教育培训。成立安全宣讲答疑小分队，在元旦、春节、国家“两会”、国庆等重要时段，深入基层单位班前进行安全宣讲，内容包括安全知识、相关法律法规、上级文件等。

（14）安全意识提升培训。为强化职工安全意识，提高职工对自身行为与安全生产之间关系的认识，开展岗前安全宣誓活动，组织职工“照镜子”反思自己是否是容易发生“三违”的 20 种人之一，及时消灭职工心中的“三违”萌芽，使他们正视和规范自己在学习、工作、生产中的行为，实现以个体安全驱动整体安全，以细节安全实现整体安全（见图 2-13）。要求每名职工参加培训时，郑重签下“安全承诺书”，职工在培训结束后，在试卷的背面写出对企业、对家庭、对自己“理解安全、感悟幸福”的安全感悟，以此增强职工的安全生产意识，感悟生命的价值。为提升职工自救逃生能力，在职工培训机考试卷背面增加“自救逃生案例”题目，职工可在学习或复习井下自救逃生知识的基础上，通过关联案例加深理解与记忆，提高避灾和自保能力。

（15）“三违”人员警示教育培训。严格执行严重“三违”人员过七关教育，即处罚关、通报关、教育关、培训关、反思关、联保关、帮带关。特别是在教育关上，坚持对严重“三违”人员进行家访，避免个别职工隐瞒违章事实真相，动员家属共同参与帮教工作；在培训关上，对严重“三违”人员定期举办培训班，培训期间仅发放最低生活费，考试合格后方可重新上岗；在联保关上，“三违”人员上岗前，必须由所在单位区队长、班组长共同签订联保协议，如再次出现“三违”，追究连带责任。开展“三违”人员现身说法活动。组织“三违”人员在职工班前安全课上讲述“三违”的经过、教训，让广大职工接受教育，积极做好自主保安和互助保安，确保现场安全生产。发放反“三违”宣传单。以“三违”的危害、反“三违”的有关规定及反“三违”的 10 项对策为内容制作宣传单，发放给各基层单位区（科）领导，并要求组织人员在班前进行学习教育。开展事故案例警示教育。教师引用各类典型事故案例与学员一道分析，引导学员如何进行预防，教学方式方法灵活多样，简明易懂，激发学员学习安全知识的积极性和主动性。组织职工班前观看警示教育片。培训中心将警示教育内容列入班前学习计划，各基层单位利用班前学习时间为职工播放事故案例警示教育片，努力增强职工安全意识，杜绝

【照镜子】你是否是易"三违"的20种人之一？	
一是冒险蛮干的"可怕人"	十一是盲目服从的"糊涂人"
二是冒失莽撞的"危险人"	十二是单纯求效的"逐利人"
三是吊儿郎当的"马虎人"	十三是凑凑合合的"懒惰人"
四是满不在乎的"粗心人"	十四是身体欠佳的"疲惫人"
五是心存侥幸的"麻痹人"	十五是变化岗位的"改行人"
六是投机取巧的"耍滑人"	十六是酒后上岗的"破规人"
七是固执己见的"怪癖人"	十七是受了委屈的"气愤人"
八是牢骚满腹的"情绪人"	十八是不求上进的"抛锚人"
九是心事重重的"忧虑人"	十九是心神不宁的"心烦人"
十是急于求成的"草率人"	二十是习惯违章的"固执人"

【安全誓词】树牢"六零"理念，做到"四不伤害"

"三违"不除，矿无宁日。为了生命的尊严，为了家庭的幸福，为了企业的发展，我宣誓：

牢固树立零死亡、零容忍、零伤害、零缺陷、零失误、零超限安全理念，知行合一，从我做起，不违章指挥、不违规作业、不违反劳动纪律，坚决做到不伤害自己、不伤害他人、不被他人伤害、保护他人不受伤害。

宣誓人：

图 2-13 "照镜子"与"安全誓词"内容

"三违"行为。

(16) 准军事化训练培训。采取全员轮训方式对职工进行准军事化训练，引导职工自觉养成服从命令、令行禁止的习惯，增强职工的组织纪律性、服从意识和团队协作意识，促进全员安全行为养成，提高工作执行力。

(17) "必知必会"教育培训。深化岗位"必知必会"知识学习，通过煤矿移动"e"课堂智慧云平台系统，不断补充岗位"必知必会"知识，提高职工素质能力，并且利用平台系统每月定期组织一次职工必知必会考试，有效提升职工专业能力。

3. 区队层面

坚持以职工班前安全课为载体开展培训，无论是井区大班前安全课，还是段队小班前安全课，每月由区队组织上安全课不少于总班次的 75%，锲而不舍地提高从业人员的安全素质。

（1）每日一题培训。各矿（处）利用班前时间，由各区队技术员对当班入井职工每天讲解一道安全知识题，把避灾、自救、逃生演练作为“每日一题”的重要内容，重点对“零散”工种加强班前安全教育，组织实地避灾、自救、逃生演练，有效增强职工避灾自救能力。为确保每日一题培训质量，各矿（处）培训中心设专人定期进行抽查，使每日一题学习真正落到实处。

（2）轮流授课培训。突出专业特点，由煤矿专业领导、采区区长、总支书记、副区长与技术人员轮流为职工授课，进行系统培训，使其了解和掌握煤矿采、掘、机、运、通等多方面专业知识，并根据近期身边发生的、影响安全生产的实际案例，剖析生产过程中存在的安全隐患，有针对性地提出整改措施，对前期查处的生产过程中的“三违”行为，由违章人亲自现身说法，班子成员进行点评，让职工引以为戒。授课现场见图 2-14。

图 2-14　授课现场

（3）图示讲授培训。各矿（处）培训中心制作演示图片，由区队领导定期讲授，让职工理解危险源、隐患、事故、措施和管控之间的关系，从而警示职工预防危险源引发事故，并突出事前采取安全技术措施和管理措施的重要性，进而让职工深刻认识到人的不安全行为和管理上的缺陷所引发的严重后果，以此提升职工安全素质。

（4）帮带式培训。在各矿（处）基层区队、班组当中挑选党员干部、技术人员与文化程度较低的职工“结对子”，通过课堂学习、现场交流及日常上下班途中交流等方式，重点讲解岗位操作规程、当班注意事项及应急避险知识等内容，将课堂书面知识融入生产实践，以通俗易懂的日常互动方式传授。

（5）延伸式教育培训。建立职工微信平台，以段队为单位，建立职工手机微信群，由技术人员负责通过微信平台，以视频、课件、图表、问答、文档、短信等形式，定期群发安全法律法规、安全提示、注意事项、上级要求、安全知识、典型案例、“三违”通报等内容。每月开展微信教育培训不少于 5 次，增强内容的针对性和形式的多样性。

三、安全培训考核与奖惩

（一）定期考核

（1）“两级考”。公司每年对各矿（处）副总工程师及以上领导、区（科）级安全管理人员，每月对部分支部书记、段队班组长、特种作业人员、入井从业人员，进行一次随机安全知识抽查考试，通报考试成绩。各矿（处）每月利用煤矿移动“e”课堂智慧云平台系统，对本单位职工进行一次安全知识全员考试；每月至少对本单位一个区科进行一次安全知识抽查考试，通报考试成绩；矿（处）领导每次现场检查要对作业人员进行岗位"必知必会"素质考核，并有记录可查。

（2）逢查必考。国家和省安全监察部门每逢检查，都对主要负责人及安全生产管理人员进行抽查考试；龙煤集团每年都对煤矿副总工程师以上领导进行一次安全生产知识和管理能力抽查考试。

（3）定期全面考核。公司安全监察局培训处、党委宣传部、矿区工会是煤矿班前安全生产教育和培训主管部门，每季度以班前抽查、内业检查、现场核查、跟踪调查及考问、询问等形式，联合对各矿（处）班前安全生产教育和培训工作进行专项检查。其中，安全监察局培训处负责班前安全培训工作的监督检查，党委宣传部负责安全思想教育工作的监督检查，矿区工会负责职工心理疏导工作的监督检查。各矿（处）每月由党委副书记、安全副矿长牵头，组织党群工作部、安全监察处、培训中心等相关部门联合对基层单位进行全面检查，检查情况存档备案；按照煤矿班前安全生产教育和培训考核办法，对本单位区（科）单位的培训情况、调学情况以及培训效果等进行一次全面考核评比，考核结果在全矿安全生产教育和培训考评会上通报，并严格兑现奖罚。

（4）严格准入资格审查。各矿（处）人力资源部门、培训中心严把职工录用和岗前培训关，按照《煤矿安全培训规定》要求，新招工录用人员、劳务派遣人员必须达到初中及以上文化程度方可录用和岗前培训，对违反规定的相关责任人进行严肃处罚。

（5）补考规定。培训合格分数为 80 分，考试不合格准予补考一次，补考不合格的必须重新进行培训。安全生产教育和培训标准化考核评分细则见表 2-3。

表 2-3　安全生产教育和培训标准化考核评分细则

<table>
<tr><td>矿井名称</td><td colspan="2"></td><td>检查时间</td><td></td><td colspan="2">检查人</td></tr>
<tr><td>检查结果</td><td>累计扣分</td><td></td><td>实得分</td><td></td><td colspan="2"></td></tr>
<tr><td colspan="3">项目及标准</td><td>标准分</td><td>评分办法</td><td>扣分</td><td>扣分原因</td></tr>
<tr><td colspan="3">一、安全培训机构和培训条件</td><td>15</td><td></td><td></td><td></td></tr>
<tr><td colspan="3">1. 设置安全生产教育和培训领导机构及培训管理机构，健全安全生产教育和培训责任体系，有分工、有责任。培训中心独立设置</td><td>3</td><td>未设置领导机构，安全生产教育和培训责任体系不健全一票否决，未设置安全培训管理机构、配备专兼职管理人员扣 1 分，缺 1 项内容扣 1 分，每项内容不全扣 1 分。培训中心独立设置，否则扣 3 分</td><td></td><td></td></tr>
<tr><td colspan="3">2. 有采掘机运通模拟演示教学设备，专用教室、多媒体、机考室不少于 6 间，专用教室使用面积 100 m^2 以上，成人桌椅不少于 80 套。办公电脑 5 台、电脑上网，有复印机等设备，机考室 20 台以上（少 1 台扣 0.5 分）。有矿井安全监测监控装置、瓦斯抽采演示装置、煤与瓦斯突出演示或示意图。班前学习室有桌椅、黑板，区（科）学习室有投影仪、电化教学设备并管理规范</td><td>5</td><td>采掘机运通模拟演示设备缺 1 项扣 0.5 分，功能不全扣 0.5 分，特种作业实操设备不完好 1 台扣 0.5 分，少 1 间扣 0.5 分，教室面积低于 100 m^2 扣 2 分；桌椅不足 80 套扣 1.5 分，智能型瓦斯爆炸、瓦斯煤尘爆炸、组合式多种通风、灾变风流逆转实验装置等缺 1 项扣 0.5 分。班前教育设施不完备的扣 1 分；学习环境不整洁扣 0.5 分</td><td></td><td></td></tr>
</table>

表 2-3(续)

项目及标准	标准分	评分办法	扣分	扣分原因
3. 按系统配备专职教师和管理人员，大型矿井配备至少 7 人以上各系统专职教师；中小型矿井配备至少 5 人以上各系统专职教师，兼职教师必须达到 5 人以上，专职教师中必须有 2 人及以上取得注册安全工程师资格。专职管理人员不少于 3 人	5	专职教师少 1 人扣 1 分，兼职教师少 1 人扣 0.5 分，专职教师 1 人无证扣 1 分，注册安全工程师每少 1 人扣 1 分，管理人员少 1 人扣 0.5 分		
4. 教学手段先进，有教学软件，应用多媒体教学。教学软件应是国家局批准的标准教材，每个培训班均应有多媒体教学课，并有教学课件	2	未充分利用可视化仿真培训教学软件教学扣 1 分，未用多媒体教学扣 0.5 分		
二、安全培训管理制度	41			
1. 建立健全培训管理制度。有年度安全教育及“七新”培训计划(有各工种、各单位计划人数)，有安全培训考核评比办法，有完善的教学评估考核机制；有月份检查考核记录。有专为安全培训管理、考核、奖罚制定的文件	8	无年度培训计划和“七新”培训计划一票否决，无制度扣 2 分，制度不全每缺 1 项扣 0.5 分，无分工种、分单位计划各扣 0.5 分，无评比办法扣 2 分，无教学效果评估文件扣 2 分，没按文件认真考核扣 3 分，考核不认真每发现 1 处扣 0.5 分，弄虚作假扣 3 分，无月份检查考核记录扣 2 分		
2. 认真开展“学抓强”工作，按时上报工作情况	2	未制定“学抓强”活动方案的不得分，每月 30 日前未上报“学抓强”开展情况自评表的扣 2 分，自评表 1 处不合格扣 0.5 分		
3. 每年召开 1 次安全培训表彰会；每月召开 1 次安全生产教育和培训例会，有上月总结和下月计划，有会议纪要或会议原始记录，有表彰、有奖罚	2	每年未按规定召开 1 次安全培训表彰会和每月未按规定召开安全生产教育和培训例会一票否决，内容不全扣 0.5 分，缺记录扣 1 分，缺计划总结扣 1 分，表彰以文件和奖励发放名单为准，例会、表彰缺 1 次扣 1 分		
4. 有安全生产教育和培训专兼职教师进修管理制度。建立兼职教师库。有安全生产教育和培训学员管理制度。有优秀教师、优质课程评比奖励制度。有实验室管理制度，有特种作业人员培训实操实做、从业人员培训实验实做记录，每个学员都要亲自操作，并在记录上签字。有学员、教师签名	5	缺 1 项制度扣 1 分，未建兼职教师库扣 1 分，未进行评比奖励扣 1 分，实做记录学员、教师签字不全，缺 1 处扣 0.5 分		
5. 开班报告必须经安全副矿长或副书记、安全监察部审批。开班报告格式按省局下发的格式为标准，表内内容填写齐全完整，安全副矿长或副书记、安全监察局审批手续齐全	1	无报告 1 个班扣 1 分，1 次未审批或不全扣 0.5 分，内容填写不全 1 次扣 0.1 分。(开班报告符合省局的标准格式)		

表 2-3(续)

项目及标准	标准分	评分办法	扣分	扣分原因
6. 学员档案齐全,实现微机化管理。档案格式按省局统一样式,同时要求矿有按井区段队岗位划分的全员名册,名册中有身份证号码、文化程度、培训时间、培训成绩、持证情况等自然状况,名册中人员与同期工资台账相符,有以上情况的电子档案,实现微机查询,全部档案实现“龙煤学习兴矿”联网	6	企业安全培训档案,实行一期一档,内容包括:培训计划,培训时间、地点,培训课时及授课教师,课程讲义,学员名册、考勤、考核情况,综合考评报告等,每缺少1项扣1分。从业人员安全培训档案,实行一人一档,内容包括:学员登记表,包括学员的文化程度、职务、职称、工作经历、技能等级晋升等情况;身份证复印件、学历证书复印件;历次接受安全培训、考核的情况;安全生产违规违章行为记录,以及被追究责任,受到处分、处理的情况。无按岗位和单位划分名册各扣1分,自然状况不全、档案不全缺1人次扣0.5分,未实现微机查询扣1分,全部档案未实现“龙煤学习兴矿”联网扣3分		
7. 实行教师准入制、教学效果评估和差异化薪酬,教师有讲课教案或电子教案,教案内容及时更新,有教师授课信息反馈;有业务学习笔记、听课笔记,专职教师每人1本;1月1次	8	未实行准入制扣2分,培训中心调入调出没有到培训处履行审批手续,1人次扣2分,管理人员及专职教师不符合规定1人次扣1分。未实行教学效果评估扣3分,评比不实或流于形式扣2分,每一处不合格扣0.5分,差异化薪酬流于形式扣3分,每一处不合格扣0.5分。每名教师的教案每班做1次首页,在教案中填写增补新内容,没有扣1分。教案内容没及时更新每本扣1分,没有教师授课反馈信息扣1分,业务学习笔记、听课笔记每缺1本扣0.5分		
8. 专职教师每季度到现场调研1次,现场调研要有参加人员签字,参加人员要有调研报告。培训中心每月收集1次学员对授课教师讲课的建议,现场调研要有参加人员签字,参加人员要有调研报告	2	现场调研每少1次扣2分,少1人次扣0.5分,涉及井下现场的调研,专职教师必须下井(女教师除外),少1人次扣1分,调研报告针对性不强、签字不全每一处扣0.5分		
9. 教学手段先进,有班前安全教育培训监控系统和安全培训可视化网络教学系统;充分利用“龙煤学习兴矿”学习系统进行学习,全员考试实行机考	7	没有班前安全生产教育和培训监控系统扣3分,没有达到全覆盖每少1个基层单位扣0.5分,全月收看可视化系统4次以上,每少1次扣1分;“龙煤学习兴矿”参与率低于100%扣2分,参与每少1人扣0.2分,月考每少1人扣0.5分,每月“龙煤学习兴矿”排名前3名分别加3分、2分、1分,后3名分别扣3分、2分、1分。未实行机考扣3分		

表 2-3(续)

项目及标准	标准分	评分办法	扣分	扣分原因
三、安全培训资金	2			
矿设立安全生产教育和培训专项资金，保证安全培训投入，规范使用专项资金。按规定提取、使用。检查财务部门出具的逐月拨付票据。制定安全生产教育和培训基金管理办法。矿有安全生产教育和培训资金管理办法，明确资金审批程序、使用范围	2	未按规定足额提取安全生产教育和培训资金的一票否决。无安全生产教育和培训资金管理办法不得分，未按规定提取扣2分，未足额使用资金扣2分，审批程序不规范、使用不当1次扣1分		
四、安全培训奖罚	3			
1. 矿每月对各单位安全生产教育和培训工作考核一次，以通报为准，奖励以矿经营管理部门出具、领导签批的拨付票据为准，罚款以安监部门上报财务部门的票据为准。奖罚名单要有本人签字	1	查拨付票据和罚款单，没有不得分。无领导签批奖罚名单扣1分，无本人签字扣1分		
2. 上级调学获优秀学员称号给予奖励，本级培训定期评选优秀学员。以通报为准，奖励要有得奖人签字并查阅试卷。按时提取讲课费	2	查通报和奖励记录，上级调学取得优秀学员没按文件兑现奖励的，每一人次扣0.5分，本级培训没有兑现奖励的，每一人次扣0.5分，讲课费没提取扣1分		
五、实行准入制	3			
矿副总以上领导、井区长、班队长、特种作业人员符合任职条件。副总以上领导和安监处科长大专以上，井区长、段队长中专以上，特种作业人员高中以上，其他从业人员初中以上。由矿副总以上领导、区(科)长、特种作业人员电子档案可查学历情况、自然状况及持证情况	3	1人不合格扣0.5分		
六、结合实际、注重实效	30			
1. 结合矿井安全生产实际有针对性地开展专项技术培训	3	未开展专业、专项技术培训的不得分，专项培训的培训档案1处不符合要求扣0.5分		
2. 完成调学计划和从业人员培训计划。每月培训完成率达90%以上，全员持证率100%；按岗位人员名单、全员档案、培训班档案核对培训情况，现场检查持证上岗情况	6	集团调学缺1人不得分，公司调学缺1人扣2分，主要负责人、安管人员1人无证扣3分，特种作业、小工种及其他从业人员1人无证上岗扣2分。每月培训完成率达不到90%，每降1个百分点扣1分，培训期间有入井记录的1人扣2分		

表 2-3(续)

项目及标准	标准分	评分办法	扣分	扣分原因
3. 注重学习培训效果，将国家、省和龙煤集团等上级部门检查组织的“三项岗位”及其他从业人员抽考纳入考核	5	1人不合格扣1分，考试违纪1人扣2分		
4. 安全知识抽查考问和现场必知必会安全素质考问，井下5人，井上不少于15人。班前教育培训需有年及月份培训计划，计划要结合实际，有针对性，施工条件变化要及时修改，按计划实施可视化仿真培训，由培训中心审核。培(复)训有统计、有学习内容、教案、区领导听课笔记和职工班前学习笔记，区、培训中心每月检查审核1次，每月组织1次全员考试，班队长参加班前学习；班前培训班次要达到总班次的75%以上。每月上1次安全大课，安全大课内容丰富、规范、针对性强。每周1次案例教育。每半年区科单位要结合本单位实际，组织1次避灾演练	6	井下考问1人不及格扣1分，井上考问1人不及格扣0.5分。无年及月份班前计划分别扣2分和1分，无分级培训名册和教案扣0.5分，计划针对性不强扣0.5分，条件变化未针对性修改班前计划扣0.5分，未按计划实施可视化仿真培训扣2分，听课笔记少1次扣0.2分，职工班前学习笔记发现1人次代笔扣1分，少1人次扣0.2分，专业题、共用题不符的扣0.5分，月份不审核扣0.5分，未组织1次全员考试扣2分，试卷缺1人扣0.1分，班队长1人未参加学习扣0.5分，班前培训班次未达到总班次的75%以上扣1分。案例每少1次扣0.2分，安全大课每少1次扣1分，案例、安全大课教案每处问题扣0.5分，班前未悬挂避灾路线图的扣1分，没开展案例避灾路线学习的扣2分，没开展避灾演练的扣4分，业务学习缺少1次扣1分		
5. 每月利用“龙煤学习兴矿”学习系统组织1次全员考试	6	未组织全员考试扣6分，考试及格率达不到95%扣3分，达不到98%扣2分，达不到100%扣1分。参考率达100%，全员考试每少1人扣1分，每月全员考试排名前3名分别加3分、2分、1分，后3名分别扣3分、2分、1分		
6. 有安全事故的(重伤1人及重伤以上事故)取消评比资格	4	轻伤1人扣2分		
七、跟踪考核	4			
公司每年对矿副总及以上领导、区(科)级安全管理人员，以及支部书记、队长、班组长、特种作业人员和井下从业人员等15～20人进行抽查考试。矿每月组织现场“必知必会”考问不少于20人；矿每季度至少对从业人员井下现场安全素质抽查考试1次；实行师傅带徒弟制度	4	公司检查时抽查考试少1人扣1分，不及格每人次扣1分。替考、违纪每人次扣1分。矿副总及以上领导、管理人员、特种作业人员不及格1人扣2分，没组织扣2分；“必知必会”考问每少1人次或不及格扣0.2分，没组织扣2分；不实行师傅带徒弟制度发现1人次扣0.2分		
八、上报资料	2			
各种报表、统计分析、总结报告内容齐全、准确及时。季度报表及时准确以公司、龙煤集团和省局掌握情况为准	2	不及时扣1分，不准确扣1分		

（二）实行差异化薪酬和教学效果评估

每月拿出个人工资总额的30%作为绩效浮动工资，激发培训教师的工作潜能。采取调查法、观察法、测试法、课堂回顾法、访谈法、满意度测评、业绩评估等方法，从反应层、学习层、行为层、结果层对培训效果进行评估。在反应层方面，通过对参培人员及单位管理人员开展调查、座谈讨论等形式进行前期了解，掌握培训需求，有针对性地开展培训工作；在学习层方面，通过开展参培人员对授课教师教学内容、教学方法、教学态度、教学效果等满意度测评，以及书面考试、实际操作、学员优秀及合格率等方式检验学习成效；在行为层方面，通过了解参培人员培训合格后到现场的工作方式、操作技能和日常行为情况，对安全培训效果进行评价；在结果层方面，通过安全培训中心管理人员对教师衣着举止、备课准备、教学互动、教学方法、教学针对性和实用性等进行综合考核，结合学员优秀、合格率及学员满意度测评等得出教师综合评定结果，考评结果和绩效工资挂钩。

（三）培训奖惩

1. 先培训后上岗

各矿（处）从业人员上岗前必须培训，成绩合格，取得培训合格证明后方可上岗作业。公司安全监察局安管人员、矿安全监察处安检员每天深入井下现场时，要对各岗位特种作业人员以及从业人员持证情况进行检查，证岗不符的按照无证处理，除经济处罚外，对责任单位相关领导按规定问责。

2. 培训期间待遇

（1）参加上级培训机构组织的各类安全培训人员取得“培训合格证明”后，培训期间享受原岗位工资和奖金待遇。考试不合格或补考不合格，培训期间工资按当地最低工资标准发放，取消奖金，培训期间的培训费及差旅费不予报销，自费重新参加培训，并通报批评，补考不合格者调离本岗位。

（2）职工带薪脱产参加本级培训，培训期间工资采掘一线105元/天、井下辅助90元/天、地面工种80元/天。培训期间严禁上岗作业，严禁考勤，否则取消培训期间工资且不予报工，并重新参加培训。

3. 培训人员奖惩

公司安全生产教育和培训工作每月考核评分达到90分及以上，各矿（处）每月给予培训相关人员一定额度的奖励，培训中心主任、书记各1 000元，副主任及调学负责人各800元，其他安全培训人员每人500元。考核分数在80分以下，各矿（处）对相应培训人员处以同等额度的罚款。

4. 召开会议表彰

公司每年组织召开一次安全培训工作现场会暨总结表彰会，总结工作，推广经验，评选先进。奖励标准：先进单位30 000元，优胜单位20 000元，达标单位5 000元；先进区科3 000元；优秀管理人员、专兼职教师各2 000元。各矿（处）每年组织召开安全培训工作总结表彰会，对评选出的优秀安全生产教育和培训工作者给予适当奖励。

5. 优秀学员奖励

参加煤矿主要负责人和安全生产管理人员培训获得优秀学员称号的奖励500元，特种作业人员培训获得优秀学员称号的奖励300元，持证上岗的特种作业人员每月给予300元补贴。

（四）一票否决规定

基层单位有下列情形之一的，在培训考评中实行一票否决：

（1）各矿（处）区（科）单位未按要求设置安全生产教育和培训领导小组及兼职教师队伍。

（2）未根据安全生产实际情况制订年度培训计划。

（3）从业人员未持有效证件上岗作业。

（4）基层单位未按照规定安排有经验的师傅带领新上岗的井下作业人员实习4个月，或新上岗的井下作业人员未取得工人师傅签名的实习合格证明，就独立上岗作业。

（5）出现安全事故及月份有轻伤以上事故。

（6）未定期组织召开安全生产教育和培训工作例会，对培训效果未考核、奖罚。

（7）培训检查过程中发现提供虚假资料和作假行为。

四、安全培训档案管理

煤矿安全培训档案管理是煤矿安全培训教学与管理工作中不可缺少的重要环节。它是煤矿安全培训工作的痕迹见证，可以及时总结和掌握煤矿安全培训教学与管理工作，对探索和掌握煤矿安全培训工作内在发展规律具有重要的意义。

（一）“一人一档”管理

“一人一档”，即每位参加培训职工的个人档案，主要记录职工个人与培训相关的基本身份信息、参加培训情况，以及考试、考核成绩和违章、违纪处罚等情况，属于“企业从业人员安全培训档案”范畴。见图2-15。

图2-15　某矿“一人一档”培训档案室部分档案柜

1.“一人一档”管理的构成

“一人一档”由6种类别组成。通过安全培训档案6种类别，能够一目了然地了解和掌握职工培训、考核、奖惩等情况，全面提升“一人一档”管理质量，并在实践应用中不断完善创新。档案正本及目录见图2-16。

（1）第一类：煤矿企业从业人员登记表。此部分收录职工自然状况（包括职工姓名、性别、民族、政治面貌、学历、参加工作时间、毕业学校、所学专业、职称证或技能等级证、职务、联系电话、身份证号）和工作经历等情况。见图2-17。

（2）第二类：煤矿企业从业人员安全培训登记表。此部分收录职工历年来的培训情况（职工单位、姓名及安全培训合格证书号，培训时间、培训内容、期数、工种、理论成绩、实操考核成绩、补考成绩）等材料。见图2-17。

培 训 档 案 目 录

第1页　共3页

类号	材料名称	材料制成时间			页数	页码
		年	月	日		
一	煤矿企业从业人员登记表					
1	煤矿企业从业人员登记表	2018	12	30	1	1-1
二	煤矿企业从业人员安全培训登记表					
1	煤矿企业从业人员安全培训登记表	2018	1	17	1	2-1
2	煤矿企业从业人员安全培训登记表	2020	7	8	1	2-2
三	各类证件、证书复印件					
1	身份证扫描件	2018	1	17	1	3-1
2	学历证扫描件	2018	1	17	1	3-2
3	任职资格证书	2021	9	1	1	3-3
4	安全培训合格证书扫描件	2018	1	17	1	3-4
5	安全培训合格证书扫描件	2019	2	3	1	3-5
6	安全培训合格证书扫描件	2020	7	9	1	3-6
7	安全培训合格证书扫描件	2021	7	10	1	3-7

培 训 档 案 目 录

第2页　共3页

类号	材料名称	材料制成时间			页数	页码
		年	月	日		
四	煤矿企业从业人员历次安全培训考试试卷					
1	2018 年测量工初训考试试卷	2018	1	16	15	4-1
2	2019 年测量工复训考试试卷	2019	2	3	15	4-16
3	2020 年测量工复训考试试卷	2020	7	8	15	4-31
4	2021 年测量工复训考试试卷	2021	7	10	15	4-46
五	煤矿企业从业人员实际操作报告单					
1	自救器实验实做报告	2018	1	11	1	5-1
2	实验室参观与基本技能训练考核成绩单	2018	1	11	1	5-2
3	测量工现场实际操作考核表	2018	1	15	1	5-3
4	自救器实验实做报告	2019	2	3	1	5-4
5	实验室参观与基本技能训练考核成绩单	2019	2	3	1	5-5
6	自救器实验实做报告	2020	7	7	1	5-6
7	实验室参观与基本技能训练考核成绩单	2020	7	7	1	5-7

培 训 档 案 目 录

第3页　共3页

类号	材料名称	材料制成时间			页数	页码
		年	月	日		
六	煤矿企业从业人员其他材料					
1	煤矿从业人员安全生产违规违章记录	2019	1	4	1	6-1
2	观后感	2019	4	6	3	6-2
3	荣誉证书	2019	10	21	1	6-5
	习惯性违章行为记录					
	严重三违行为记录					

图 2-16　档案正本及目录

1

第 一 类

煤矿企业从业人员登记表

煤矿企业从业人员登记表

姓名	张	性别	男	民族	汉族	
政治面貌	群众	学历	大专	参加工作时间	2013.12	
毕业学校	鹤岗矿务局职工大学	所学专业	矿山地质			
职称证或技能等级证		职　务	工人			
联系电话	15904	身份证号	230231			
工作简历	2018 年 01 月—2018 年 09 月　振兴煤矿开拓区测量工 2018 年 10 月　振兴煤矿地测大队测量工					

2

第 二 类

煤矿企业从业人员安全培训登记表

煤矿企业从业人员安全培训登记表

姓名	张	性别	男	单 位	地测大队	
证号	093976					
培训内容	煤矿安全生产方针、法律法规 自救器的使用方法及操作 现场教学等	近期典型事故案例分析 矿井“一通三防”				

	时　间	期数	工 种	考核成绩				
				理论考试	自救器操作	心肺复苏试验	现场考核	补考
初训	2018.01.08 2018.01.16	1期	测量工	87	合格		合格	
	时　间	期数	工 种	考核成绩				
				理论考试	自救器操作	心肺复苏试验	现场考核	补考
复训	2019.02.01 2019.02.03	7期	测量工	80	合格		合格	
	2020.07.06 2020.07.08	7期	测量工	99	合格		合格	
	2021.07.08 2021.07.10	19期	测量工	100	合格		合格	

图 2-17　“一人一档”第一类和第二类内容展示

（3）第三类：煤矿企业从业人员各类证件、证书复印件。此部分收录职工各类证件、证书复印件（包括身份证复印件、学历证复印件、职业资格证复印件、历年安全培训合格证书复印件）等材料。见图 2-18、图 2-19。

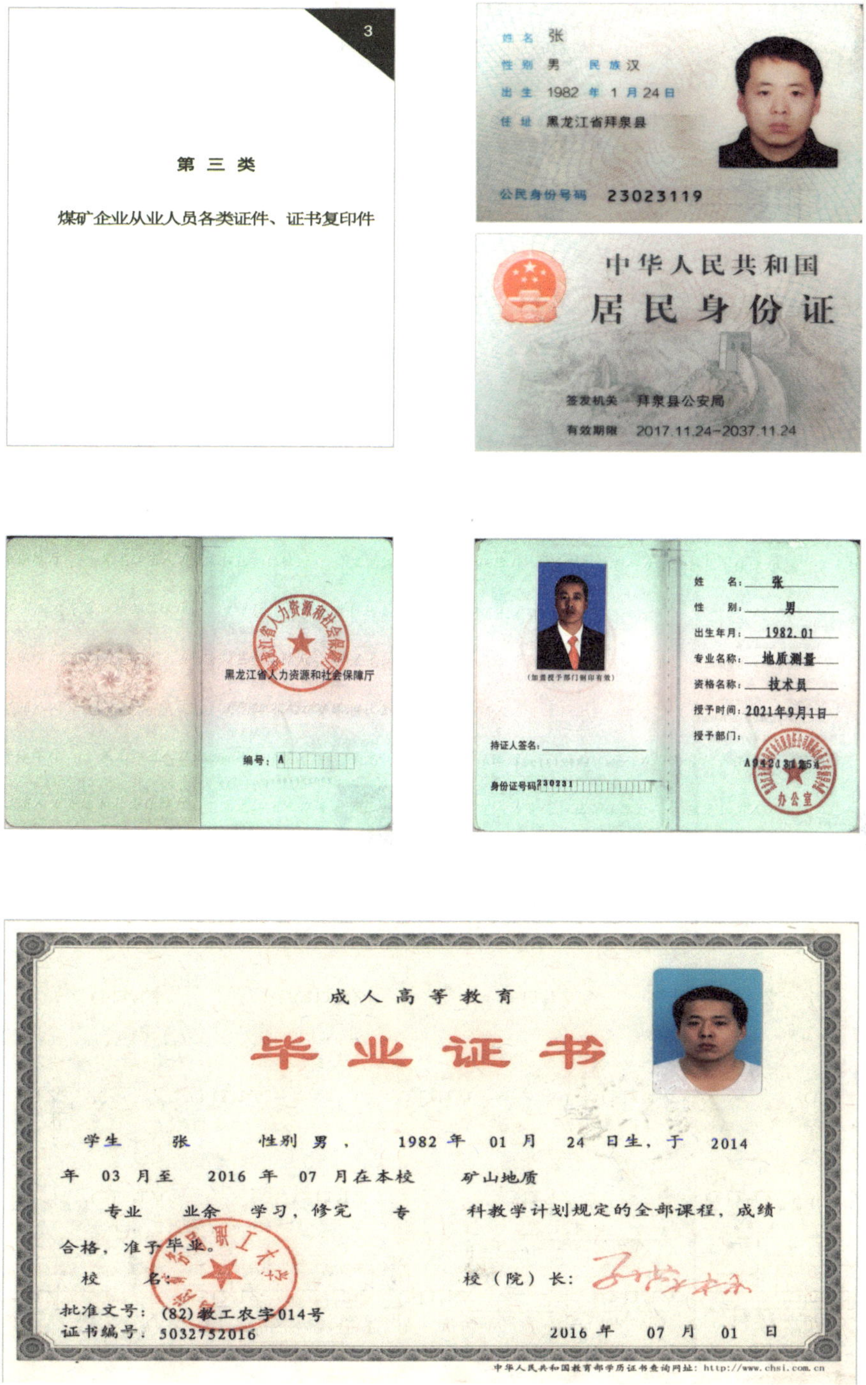

图 2-18　第三类：各类证件

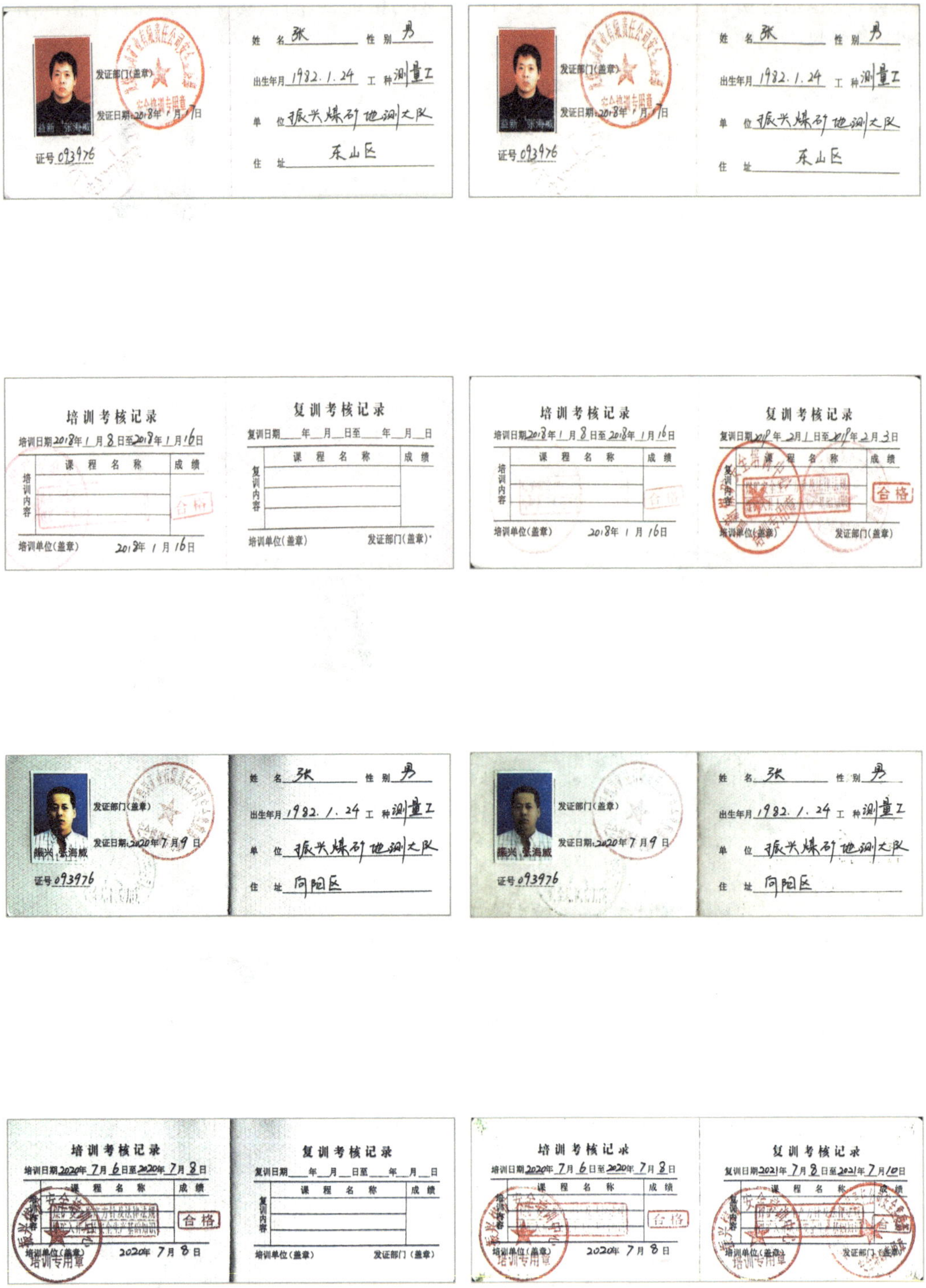

图 2-19 第三类:历次培训考核记录

（4）第四类：煤矿企业从业人员历次安全培训考试试卷。此部分收录职工历次接受安全培训考试试卷。见图 2-20～图 2-22。

4

第 四 类

煤矿企业从业人员历次安全培训考试试卷

2018 年测量工初训考试试卷

考生姓名：张　身份证号：230231　考试日期：18-01-16　分数：87.0

一、选择题（每题 1.0 分）

1、运送爆破材料时，跟车人员乘坐运送爆破材料专用车时，必须坐在（）内，必须在车停稳时上下，否则只准人工运送火工品。(B)
A、头车
B、尾车
C、中部车

正确答案：B

2、雷管在发放前必须发发（），脚线扭结成短路。(C)
A、检查
B、验收
C、导通

正确答案：C

3、对于大面积淋水或部分涌水、处理无效的地区适于使用（）支护。(A)
A、金属支架
B、砌碹
C、锚杆

矿长、通风副总工程师）在（）小时内到现场指挥处理。(B)
A、1
B、2
C、3
D、4

正确答案：A

8、采掘工作面供电系统不合理，或由于设备失爆产生重大隐患，发现一处，追究（）责任。(B)
A、通风副矿长
B、机电副矿长
C、生产副矿长

正确答案：B

9、煤炭企业劳动纪律要求职工坚守岗位，服从分配和管理，不得消极怠工和（），不得擅自脱离工作岗位。(A)
A、玩忽职守
B、违章操作
C、班中睡觉

正确答案：A

10、电钳工、测量工、轨道维修工、刮板修理工、安装工必须佩带工具袋，工具、零配件必须（）。(A)

A、入袋
B、手提
C、肩扛

正确答案：A

11、永久密闭用不燃性材料建筑，严密不漏风，墙体厚度不小于（）m。(B)
A、0.3
B、0.5
C、0.8

正确答案：B

12、密闭墙砌实后后再勾缝或抹面、墙四周要包边抹面，其宽度不少于(C)米，要求抹平，打光压实。
A、0.1
B、0.2
C、0.3

正确答案：B

13、一般说来，煤尘爆炸的下限浓度为（）g/m^3，上限浓度为 1000～2000 g/m^3。(B)
A、30～40
B、30～50
C、20～60

图 2-20　第四类：历次考试试卷（一）

2019年测量工复训考试试卷

考生姓名：张　身份证号：230231　考试日期：19-02-03　分数：80.0

一、选择题（每题1.0分）

1、倾斜煤层的角度是（）。(B)
A、小于8°
B、8°～25°
C、25°～45°
D、大于45°

正确答案：C

2、井下空气比较潮湿，而且机电峒室和巷道常有滴水及淋水，使电气设备和电缆容易受潮，而出现漏电现象，电气设备的绝缘材料应具良好（）。(C)
A、防爆性
B、防振性
C、防潮性

正确答案：C

3、井下变电所没有高压出线，可不设电源（）开关。(B)
A、进线
B、出线

正确答案：A

4、绞车道上车场变坡点以下略大于一列车长度处，必须装设（），并与上水平车场挡车栏联锁，其动作要自动。(A)
A、阻车器
B、挡车栏
C、防跑车装置
D、导向轮

正确答案：B

5、较严重“三违”行为第39条内容是（）电工打开在用电气设备的。(B)
A、专职
B、非专职

正确答案：B

6、作业人员违章（），严重空顶作业，醉酒从事特殊工种作业，掐风筒，支住风门，特种作业人员未经培训合格上岗操作，给予开除矿籍。(B)
A、指挥
B、作业
C、操作
D、放炮

正确答案：D

2020年测量工复训考试试卷

考生姓名：张　身份证号：230231　考试日期：20-07-08　分数：99.0

一、选择题（每题1.0分）

1、(　)是保护人身安全的最后一道防线。(B)
A 隔离
B 个体防护
C 避难
D 救援

正确答案：B

2、煤矿地质补充勘探工程应遵循（　　）相结合的原则。(B)
A 物探、巷探
B 物探、钻探
C 巷探、钻探

正确答案：B

3、煤矿地质类型每（　）年应重新确定。(A)
A5
B3
C1
D0.5

正确答案：A

4、合理的开拓部署和采掘设计来源于正确的（　）判断。(C)
A 井下
B 防水
C 地质
D 测量

正确答案：C

5、倾向线与其水平面上的投影线之间的夹角称为倾斜岩层的（　）。(C)
A 走向
B 倾向
C 倾角

正确答案：C

6、充水性大的矿井，巷道邻近（　）时，往往出现滴水、淋水和涌水现象。(B)
A 岩层
B 断层
C 煤层

正确答案：B

图2-21　第四类：历次考试试卷(二)

2021 年测量工复训考试试卷

考生姓名：张　　身份证号：230231　　考试日期：21-07-10　分数：100.0

一、选择题（每题 1.0 分）

1、( )是保护人身安全的最后一道防线。
A 隔离
B 个体防护
C 避难
D 救援

考生答案：B

2、煤矿地质补充勘探工程应遵循（　　）相结合的原则。
A 物探、巷探
B 物探、钻探
C 巷探、钻探

考生答案：B

3、煤矿地质类型每（　）年应重新确定。
A5
B3
C1
D0.5

考生答案：A

4、合理的开拓部署和采掘设计来源于正确的（　）判断。
A 井下
B 防水
C 地质
D 测量

考生答案：C

5、倾向线与其水平面上的投影线之间的夹角称为倾斜岩层的（　　）。
A 走向
B 倾向
C 倾角

考生答案：C

6、充水性大的矿井，巷道邻近（　　）时，往往出现滴水、淋水和涌水现象。
A 岩层
B 断层
C 煤层

考生答案：B

7、逆断层是指（　　　　　　）的断层。
A 上盘水平左移，下盘水平右移

图 2-22　第四类：历次考试试卷(三)

（5）第五类：煤矿企业从业人员实际操作报告单。此部分收录自救器实验实做报告单、各工种现场实际操作考核表等材料，收录职工培训现场考核等情况。见图 2-23、图 2-24。

5

第 五 类

煤矿企业从业人员实际操作报告单

自救器实验实做报告

姓　名	张	单　位	[illegible]	工 种	测量工
实验实做项目内容	ZH30D自救器的佩戴	实验地点		培训中心教室	
实验目的	学员通过亲自佩戴自救器，熟练地掌握佩戴自救器的方法和步骤，达到正确使用自救器的目的，以及在发生灾变时能迅速佩戴自救器撤离灾区。				
实验要求	在30秒内准确无误的完成自救器操作过程，视为合格				
隔离式自救器佩戴步骤及注意事项	一、佩戴方法 1、拉开护罩胶片，再用右手掰锁口带扳手至封印条断开后，丢开锁口带。 2、左手抓住下外壳，右手将上外壳用力拔下扔掉。 3、将挎带套在脖子上。 4、拔出启动针，使气囊逐渐鼓起，立即拔掉口具塞并同时将口具片放于唇齿之间，咬住牙垫，紧闭嘴唇（万一启动装置失灵，只需向气囊深呼一口气，自救器照样工作）。 5、将弹簧拉开，憋住一口气，使鼻夹垫准确地夹住鼻子。 6、调整挎带 7、退出灾区。 二、佩戴注意事项 1、佩戴自救器撤离灾区时，要冷静、沉着，最好匀速行走。 2、吸气时，比吸外界正常大气干热一点，这表明自救器在正常工作，对人无害，千万不可取下自救器。有时在佩戴时，感到呼吸气体中有轻微的盐味或碱味，也不要取下口具，这是由于少量药粉从药层中被呼吸气流带来而产生的，没有危害。 3、当发现呼气时，气囊瘪而不鼓，并渐渐缩小时，表明自救器的使用时间已接近终点。				
操作时间	26"	学员签字	张	培训单位盖章	盖 章 2018年 1月11日
实验效果	合格	教师签字	李艳		

（注：操作时间为15～20秒之间的学员，实验效果为优秀。操作时间为20～25秒之间的学员，实验效果为良好。操作时间为25～30秒之间的学员，实验效果为合格。操作时间超过30秒的视为不合格，需重新操作本实验直至合格为止。）

图 2-23　第五类：实际操作报告单(一)

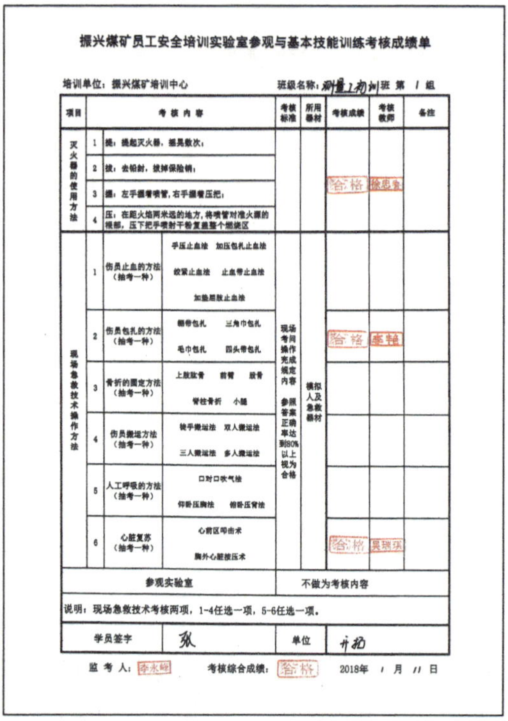

振兴煤矿员工安全培训实验室参观与基本技能训练考核成绩单

培训单位：振兴煤矿培训中心　　班级名称：测量工初训班 第 1 组

项目		考核内容		考核标准	所用器材	考核成绩	考核教师	备注
灭火器的使用方法	1	提：提起灭火器，摇晃数次；				合格	徐忠华	
	2	拔：去铅封，拔掉保险销；						
	3	握：左手握着喷管，右手握着压把；						
	4	压：在距火焰两米远的地方，将喷管对准火源的根部，压下把手喷射干粉覆盖整个燃烧区						
现场急救技术操作方法	1	伤员止血的方法（抽考一种）	手压止血法 加压包扎止血法 绞紧止血法 止血带止血法 加垫屈肢止血法	现场考问操作完成规定内容 参照答案正确率达到80%以上视为合格	模拟人及急救器材			
	2	伤员包扎的方法（抽考一种）	绷带包扎 三角巾包扎 毛巾包扎 四头带包扎			合格	李艳	
	3	骨折的固定方法（抽考一种）	上肢肱骨 前臂 股骨 脊柱骨折 小腿					
	4	伤员搬运方法（抽考一种）	徒手搬运法 双人搬运法 三人搬运法 多人搬运法					
	5	人工呼吸的方法（抽考一种）	口对口吹气法 仰卧压胸法 俯卧压背法					
	6	心脏复苏（抽考一种）	心前区叩击术 胸外心脏按压术			合格	吴瑞琪	
参观实验室				不做为考核内容				
说明：现场急救技术考核两项，1-4任选一项，5-6任选一项。								
学员签字		张		单位	井拓			

监考人：李永峰　　考核综合成绩：合格　　2018年 1 月 11 日

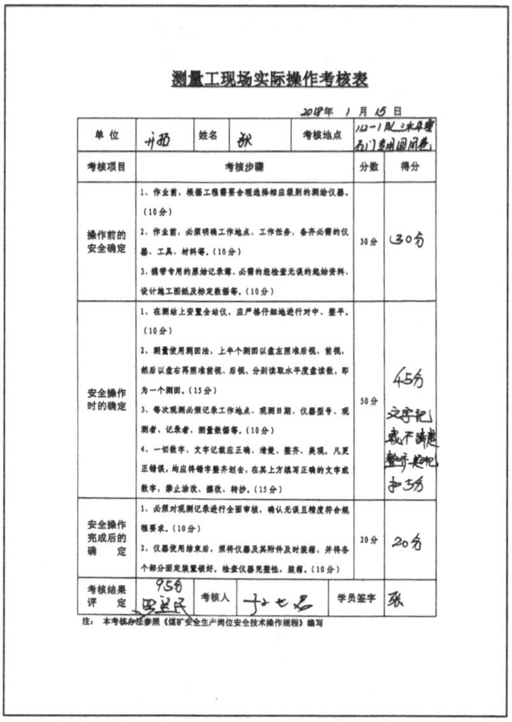

测量工现场实际操作考核表

2018年 1 月 15 日

单位	井拓	姓名	张	考核地点	112-1队三水平暗石门专用回风巷
考核项目	考核步骤			分数	得分
操作前的安全确定	1、作业前，根据工程需要合理选择相应级别的测绘仪器。（10分） 2、作业前，必须明确工作地点、工作任务，备齐必需的仪器、工具、材料等。（10分） 3、携带专用的原始记录簿、必需的经检查无误的起始资料、设计施工图纸及标定数据等。（10分）			30分	30分
安全操作时的确定	1、在测站上安置全站仪，应严格仔细地进行对中、整平。（10分） 2、测量使用测回法，上半个测回以盘左照准后视、前视，然后以盘右再照准前视、后视，分别读取水平度盘读数，即为一个测回。（15分） 3、每次观测必须记录工作地点、观测日期、仪器型号、观测者、记录者、测量数据等。（10分） 4、一切数字、文字记载应正确、清楚、整齐、美观。凡更正错误，均应将错字整齐划去，在其上方填写正确的文字或数字，禁止涂改、擦改、转抄。（15分）			50分	45分 文字记载不清楚整齐美观扣5分
安全操作完成后的确定	1、必须对观测记录进行全面审核，确认无误且精度符合规程要求。（10分） 2、仪器使用结束后，须将仪器及其附件及时装箱，并将各个部分固定装置锁好，检查仪器完整性，装箱。（10分）			20分	20分
考核结果评定	95分 [illegible]	考核人	[illegible]	学员签字	张

注：本考核办法参照《煤矿安全生产岗位安全技术操作规程》编写

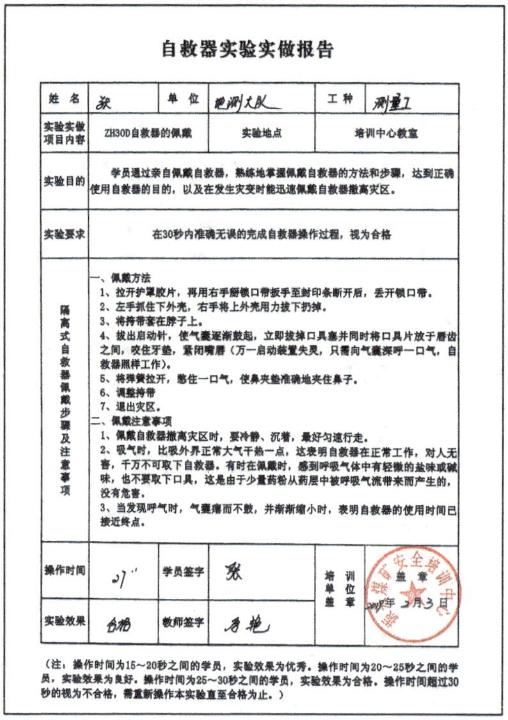

自救器实验实做报告

姓名	张	单位	地测大队	工种	测量工
实验实做项目内容	ZH30D自救器的佩戴		实验地点	培训中心教室	
实验目的	学员通过亲自佩戴自救器，熟练地掌握佩戴自救器的方法和步骤，达到正确使用自救器的目的，以及在发生灾变时能迅速佩戴自救器撤离灾区。				
实验要求	在30秒内准确无误的完成自救器操作过程，视为合格				
隔离式自救器佩戴步骤及注意事项	一、佩戴方法 1、拉开护罩胶片，再用右手掰锁口带扳手至封印条断开后，丢开锁口带。 2、左手抓住下外壳，右手将上外壳用力拔下扔掉。 3、将挎带套在脖子上。 4、拔出启动针，使气囊逐渐鼓起，立即拔掉口具塞并同时将口具片放于唇齿之间，咬住牙垫，紧闭嘴唇（万一启动装置失灵，只需向气囊深呼一口气，自救器照样工作）。 5、将弹簧拉开，憋住一口气，使鼻夹垫准确地夹住鼻子。 6、调整挎带 7、退出灾区。 二、佩戴注意事项 1、佩戴自救器撤离灾区时，要冷静、沉着，最好匀速行走。 2、吸气时，比吸外界正常大气干热一点，这表明自救器在正常工作，对人无害，千万不可取下自救器。有时在佩戴时，感到呼吸气体中有轻微的盐味或碱味，也不要取下口具，这是由于少量药粉从药层中被呼吸气流带来而产生的，没有危害。 3、当发现呼气时，气囊瘪而不鼓，并渐渐缩小时，表明自救器的使用时间已接近终点。				
操作时间	27″	学员签字	张	培训单位盖章	盖章 [illegible]年 2 月 3 日
实验效果	合格	教师签字	[illegible]		

（注：操作时间为15～20秒之间的学员，实验效果为优秀。操作时间为20～25秒之间的学员，实验效果为良好。操作时间为25～30秒之间的学员，实验效果为合格。操作时间超过30秒的视为不合格，需重新操作本实验直至合格为止。）

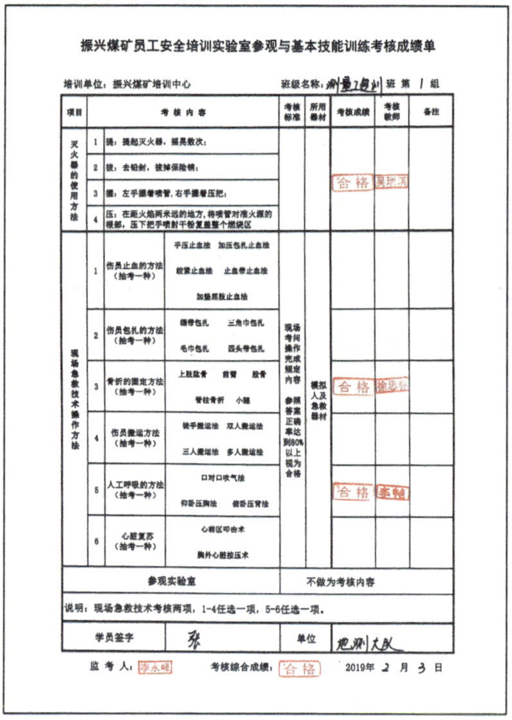

振兴煤矿员工安全培训实验室参观与基本技能训练考核成绩单

培训单位：振兴煤矿培训中心　　班级名称：测量工复训班 第 1 组

项目		考核内容		考核标准	所用器材	考核成绩	考核教师	备注
灭火器的使用方法	1	提：提起灭火器，摇晃数次；				合格	吴瑞琪	
	2	拔：去铅封，拔掉保险销；						
	3	握：左手握着喷管，右手握着压把；						
	4	压：在距火焰两米远的地方，将喷管对准火源的根部，压下把手喷射干粉覆盖整个燃烧区						
现场急救技术操作方法	1	伤员止血的方法（抽考一种）	手压止血法 加压包扎止血法 绞紧止血法 止血带止血法 加垫屈肢止血法	现场考问操作完成规定内容 参照答案正确率达到80%以上视为合格	模拟人及急救器材			
	2	伤员包扎的方法（抽考一种）	绷带包扎 三角巾包扎 毛巾包扎 四头带包扎					
	3	骨折的固定方法（抽考一种）	上肢肱骨 前臂 股骨 脊柱骨折 小腿			合格	徐忠华	
	4	伤员搬运方法（抽考一种）	徒手搬运法 双人搬运法 三人搬运法 多人搬运法					
	5	人工呼吸的方法（抽考一种）	口对口吹气法 仰卧压胸法 俯卧压背法			合格	李艳	
	6	心脏复苏（抽考一种）	心前区叩击术 胸外心脏按压术					
参观实验室				不做为考核内容				
说明：现场急救技术考核两项，1-4任选一项，5-6任选一项。								
学员签字		张		单位	地测大队			

监考人：李永峰　　考核综合成绩：合格　　2019年 2 月 3 日

图 2-24　第五类：实际操作报告单（二）

（6）第六类：煤矿企业从业人员其他材料。此部分收录安全生产知识考试成绩确认单、学员培训信息反馈表、学员信息登记表、优秀学员荣誉证书、观后感等材料，以及职工在工作中违规违章行为的奖惩记录等情况。见图 2-25、图 2-26。

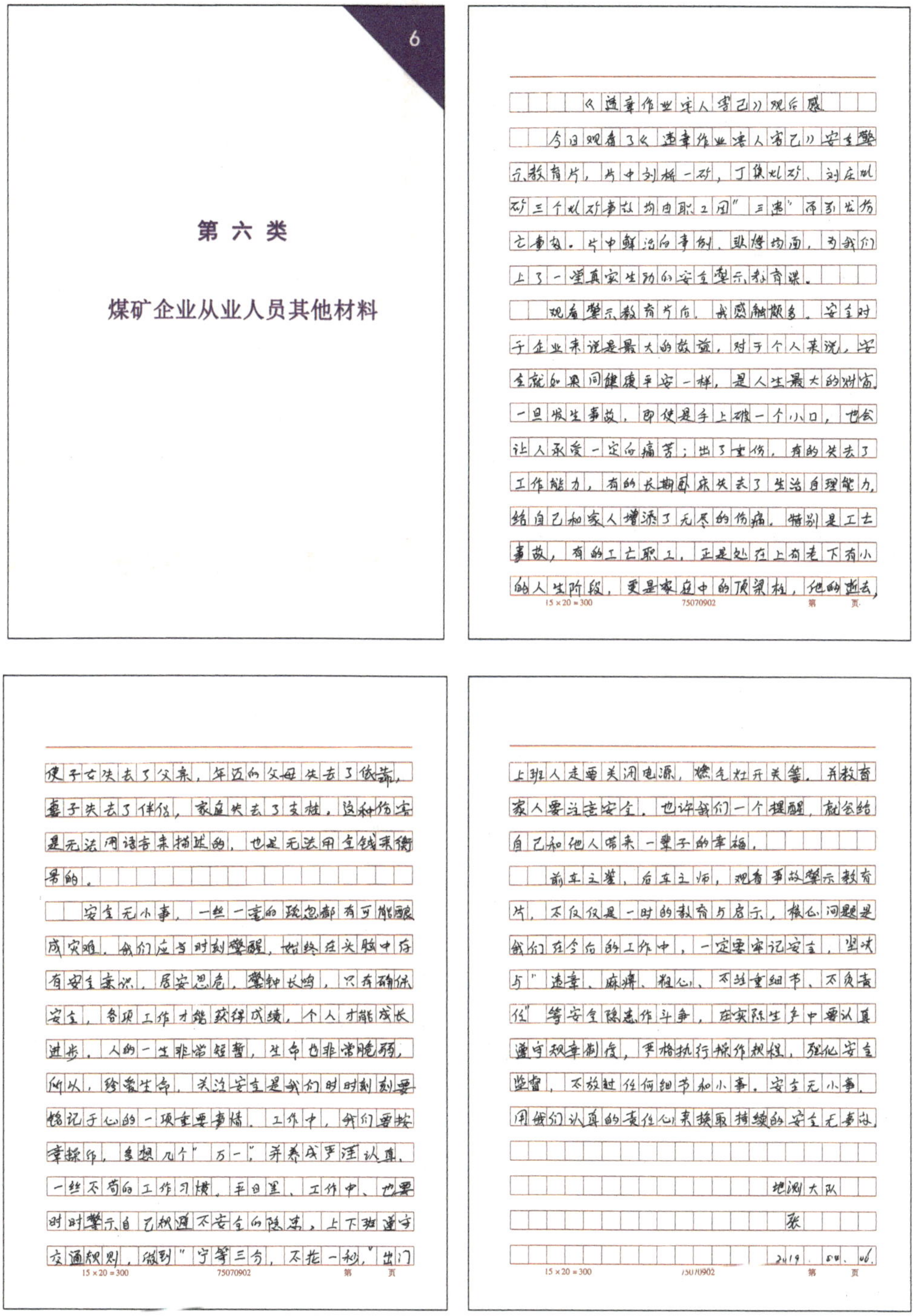
6

第六类

煤矿企业从业人员其他材料

《违章作业害人害己》观后感

今日观看了《违章作业害人害己》安全警示教育片，片中刘桥一矿、丁集煤矿、刘庄煤矿三个煤矿事故均由职工因"三违"而引发伤亡事故。片中鲜活的事例，悲惨场面，为我们上了一堂真实生动的安全警示教育课。

观看警示教育片后，我感触颇多。安全对于企业来说是最大的效益，对于个人来说，安全就如同健康平安一样，是人生最大的财富。一旦发生事故，即使是手上破一个小口，也会让人承受一定的痛苦；出了重伤，有的失去了工作能力，有的长期卧床失去了生活自理能力，给自己和家人增添了无尽的伤痛。特别是工亡事故，有的工亡职工，正是处在上有老下有小的人生阶段，更是家庭中的顶梁柱，他的逝去，使子女失去了父亲，年迈的父母失去了依靠，妻子失去了伴侣，家庭失去了支柱，这种伤害是无法用语言来描述的，也是无法用金钱来衡量的。

安全无小事，一丝一毫的疏忽都有可能酿成灾难。我们应当时刻警醒，始终在头脑中存有安全意识，居安思危，警钟长鸣，只有确保安全，各项工作才能获得成绩，个人才能成长进步。人的一生非常短暂，生命也非常脆弱，所以，珍爱生命，关注安全是我们时时刻刻要铭记于心的一项重要事情。工作中，我们要按章操作，多想几个"万一"，并养成严谨认真、一丝不苟的工作习惯。平日里、工作中、也要时时警示自己规避不安全的隐患，上下班遵守交通规则，做到"宁等三分，不抢一秒，"出门上班人走要关闭电源，燃气灶开关等，并教育家人要注意安全，也许我们一个提醒，就会给自己和他人带来一辈子的幸福。

前车之鉴，后车之师，观看事故警示教育片，不仅仅是一时的教育与启示，核心问题是我们在今后的工作中，一定要牢记安全，坚决与"违章、麻痹、粗心、不注重细节、不负责任"等安全隐患作斗争，在实际生产中要认真遵守规章制度，严格执行操作规程，强化安全监督，不放过任何细节和小事。安全无小事，用我们认真的责任心来换取持续的安全无事故。

地测大队

张

2019.04.06.

15×20=300　75070902　第　页

图 2-25　第六类：其他材料　警示教育观后感

煤矿从业人员安全生产违规违章行为记录

日期	习惯性违章	严重三违
2018年	无	无
2019年	无	无
2020年	无	无
2021年	无	无
2022年		
2023年		
2024年		
2025年		
2026年		
2027年		
2028年		

荣誉证书

张海威同志：

在参加2019年龙煤第一期地质技术人员素质提升培训班学习期间被评为优秀学员荣誉称号，特发此证，以资鼓励。

黑龙江龙煤矿业控股集团有限责任公司
黑龙江科技大学煤矿安全培训中心
2019年10月21日

习惯性违章行为记录

单位		违章人姓名		工种	
违章时间		检查人职务		检查人姓名	
违章情况					
违章性质					
处理结果					

严重三违行为记录

姓名：	单位：	性别：
违规违章地点		
何种违规违章行为		
违规违章界定		
追究责任、处分、处理情况		

是否过“七关”。

领导签字或盖章：
公章：

年　月　日

图2-26　第六类：其他材料　违规违章行为记录、荣誉证书

2.“一人一档”工作流程

“一人一档”工作流程图见图2-27。

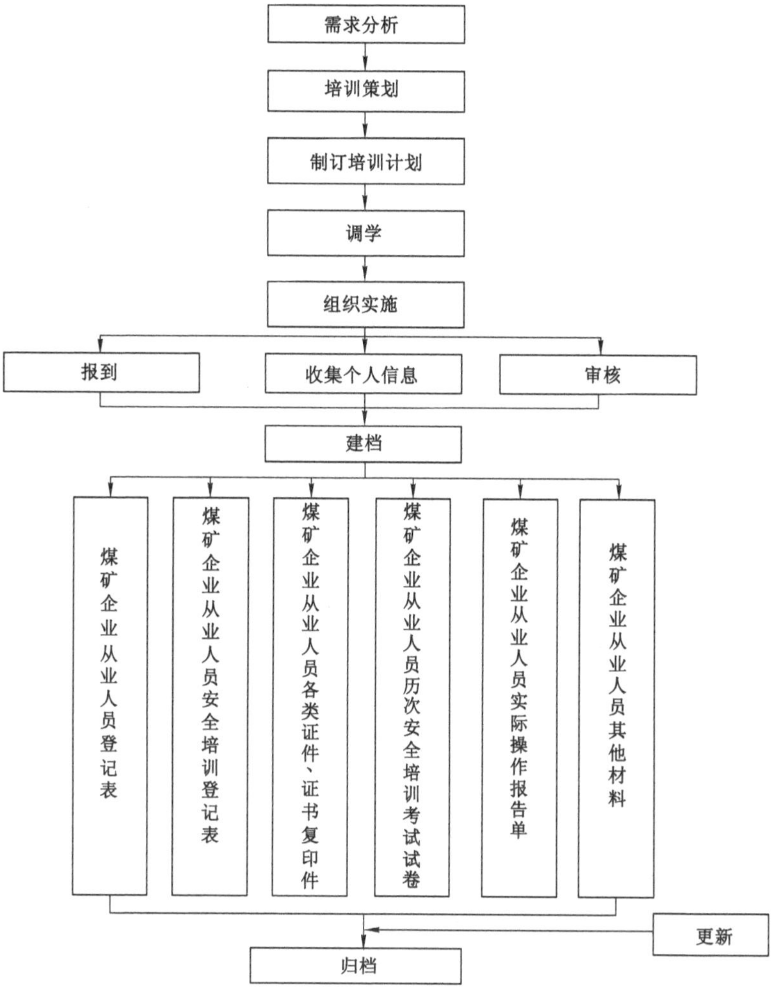

图2-27　“一人一档”工作流程图

3.“一人一档”管理在煤矿生产中的应用

(1)“一人一档”管理,可为企业人力资源开发提供依据。职工“一人一档”主要收录职工所在单位名称、姓名、性别、出生年月、文化程度、参加工作时间、工种或专业、职务或职称、技术级别、何种专业、参加培训情况等多项内容。通过职工档案可随时了解和掌握职工队伍整体状况、人才结构情况。在实际管理中,可以清楚地看到每个职工的培训情况,可以宏观到整个矿井,微观到一个区、一个队、一个人,通过“一人一档”均可以看到其中的变化。更为重要的是,可以依据安全培训档案进行人才结构分析与资源开发管理,对人才需求和教育培训进行预测,并且可以看出人力资源总体结构、总量分布、结构比例,可为企业制定科学的人力资源管理目标提供翔实可靠的资料和依据,这是其他人事档案所做不到或做不好的。

(2)“一人一档”管理,可为煤矿安全管理提供依据。2021版《安全生产法》第二十八条规定:生产经营单位应当对从业人员进行安全生产教育和培训,未经安全生产教育和培训合格的从业人员，不得上岗作业。“一人一档”管理能够全程记载职工参加安全生产教育和培训的情况，对于实施安全管理起到把关作用。例如：特殊工种、班组长、区队长安全培训合格证培训，可以起到持证管理的把关作用；专业培训，可以记载职工安全技术素质提高的程度；对培训时间、内容、成绩及证书进行建档，可以记载反映职工年度培训提高的程度，能够对职工安全技术素质提高情况进行动态反映和把握；对新工人培训可以起到把好安全生产第一关的作用，新工人岗前培训是安全培训管理的第一个环节，也是安全管理的第一道关口。“一人一档”档案，对每一位入职新工人的岗前培训记载详细，为日后继续进行安全培训和安全管理提供依据，对尚未参加培训的新工人不予记载。对于“三违”人员实施培训档案管理，可以起到记载“三违”人员违章后学习和接受教育情况；做好“三违”人员培训档案管理，可以为实施安全心理分析和有效安全管理，以及有针对性地开展安全生产教育和培训提供依据。

(3)“一人一档”管理，可为改进企业培训工作提供依据。“一人一档”既能为企业管理、安全管理服务，又能为煤矿培训服务。首先，连续、完整、准确的“一人一档”培训档案，可为培训工作提供翔实可靠的基础资料。例如：安全培训合格证、全矿持证人数、培训时间等，可为制订年度安全培训计划提供依据，从而避免培训计划的盲目性。其次，连续、完整、准确的“一人一档”培训档案，能够更好地指导培训工作的顺利开展，通过分析比较，可以看出哪些工种开展了培训、哪些工种没有开展培训或比较欠缺，尚需培训哪些内容等。在进行档案分析的基础上，有目的、有针对性地安排培训内容，开设培训科目，能使培训工作更具针对性、实用性和实效性，对于了解培训需求、提高培训质量和效果很有益处。最后，连续、完整、准确的“一人一档”培训档案，能够客观真实地记录培训管理工作中的得与失、优与劣，通过档案分析可以及时总结工作、发现不足、促进提高，更好地服务于培训工作。

(二)“一期一档”管理

“一期一档”是举办培训班的档案，主要收录培训教学过程内容。比如：培训计划、培训时间、地点、课程讲义等，属于“企业安全培训档案”范畴。

1.“一期一档”管理目录

目　　录(样板)

(1)……黑龙江省煤矿安全培训开班报告单

(2)……黑龙江省煤矿安全培训开班计划

(3)……调学通知单

(4)……签到簿

(5)……复训×期×班(××工)培训明细及成绩单

(6)……综合考评报告

(7)……班主任小结

(8)……龙煤集团鹤岗矿业有限责任公司从业人员培训结业报告单

(9)……讲义

(10)……其他有关情况

(1)黑龙江省煤矿安全培训开班报告单：内容包括培训机构名称、培训班依据、培训班名称、计划人数、学时数、期数、培训对象、需发证书、培训单位及主管审批、审批单位审批等信息。黑龙江省煤矿安全培训开班报告单(样表)见图2-28。

单位：振兴煤矿培训中心

培训机构名称		黑龙江龙煤鹤岗矿业有限责任公司振兴煤矿安全培训中心					
培训班依据		根据2021年鹤岗振兴煤矿教育培训工作方案		培训时间	2021年5月20日至2021年5月22日		
培训班名称	采煤工复训班	计划人数	7	课时数	24	期数	第十二期（一）
培训对象		采煤工			需发证书（本）		7
培训单位（公章） 主管领导（签字） 2021年4月23日				审批单位（公章） 负责人（签字） 2021年4月24日			
附件：1 开班计划							

图 2-28　黑龙江省煤矿安全培训开班报告单(样表)

（2）黑龙江省煤矿安全培训开班计划：内容包括开班名称、培训形式、期数、培训人数、培训对象、培训日期、学习地点、授课时数、培训天数、培训目的及要求、课程安排(时间、授课内容、课时、授课人)等信息。黑龙江省煤矿安全培训开班计划(样表)见表 2-4。

表 2-4　黑龙江省煤矿安全培训开班计划(样表)

开班名称	采煤工复训班	培训形式	脱产	期数	第十二期一班
培训人数	7	培训对象	采煤工		
培训日期	2021 年 5 月 20 日至 2021 年 5 月 22 日			培训天数	3
授课时数	24	学习地点	振兴煤矿安全培训中心		
培训目的及要求	1. 掌握矿井水害防治及煤与瓦斯突出防治措施。 2. 掌握井下避灾路线，自救、互救与创伤急救的基本知识，能熟练地使用自救器。 3. 了解煤矿安全生产方针、政策和法律法规，增强法制和安全意识。 4. 掌握本岗位的安全工作职责				
课程安排					
时间		授课内容		课时	授课人
20 日	7:30—8:15	矿纪矿规、观看警示教育片		1	李艳
	8:25—9:10	矿井概况、入井须知		1	卢玉江
	9:20—10:50	隐患排查治理		2	苏树国
	12:00—12:45	《煤矿安全规程》(防突部分及事故案例)		1	徐兴隆
	12:55—14:25	采煤工操作规程及岗位责任制、“三违”行为界定		2	卢玉江
	14:35—16:05	职业病防治		2	吴瑞琪

表 2-4(续)

时间		授课内容	课时	授课人
21 日	7:30—9:00	安全风险辨识	2	罗运民
	9:10—9:55	《煤矿安全规程》(防冲部分及事故案例)	1	解孝军
	10:05—10:50	《煤矿安全规程》(职业病危害防治部分)	1	吴瑞琪
	12:00—13:30	职业病防治	2	吴瑞琪
	13:40—15:10	事故应急处置、自救互救与创伤急救	2	李艳
	15:20—16:05	事故案例分析	1	卢玉江
22 日	7:30—8:15	“一通三防”安全基本知识	1	徐兴隆
	8:25—9:10	煤矿安全生产方针与法律法规	1	张子曦
	9:20—10:05	《煤矿安全规程》(应急救援部分)	1	李艳
	10:15—11:00	《煤矿安全规程》(防治水部分及事故案例)	1	殷木群
	12:00—12:45	《煤矿安全规程》(采掘部分)	1	卢玉江
	12:55—13:55	考试	1	崔瀛、李永峰
合计			24	

(3) 调学通知单(见图 2-29):

2021 年 5 月 20 日至 5 月 22 日开办采煤工培训班(复训第十二期一班),望综采一队、综一预备队认真组织,按时参加培训。

工种	单 位	参加培训人员名单	人数
采煤工	综采一队	张显华、陈培民、刘金宝、刘英春	4
	综一预备队	王全启、卢温福、王力宝	3
合计			7

要求:1. 报到时间:5 月 20 日 7 时。
2. 报到地点:振兴煤矿安全培训中心第一学习室。
3. 报到时必须携带安全培训合格证书原件。

振兴煤矿安全监察处
2021 年 4 月 23 日

图 2-29　调学通知单

(4) 签到簿:内容包括培训日期、期数、工种、姓名、单位、体温等信息,见图 2-30。

签到簿

培训日期：2021. 5. 20–2021. 5. 22　　期数：复训第十二期一班　　工种：采煤工

序号	姓名	单位	20日				21日				22日			
			上午	体温	下午	体温	上午	体温	下午	体温	上午	体温	下午	体温
1	陈培凤	综一	陈培凤	36.1	陈培凤	36.3	陈培凤	36.2	陈培凤	36.4	陈培凤	36.1	陈培凤	36.4
2	刘金宝	采一	刘金宝	36.2	刘金宝	36.4	刘金宝	36.1	刘金宝	36.2	刘金宝	36.3	刘金宝	36.5
3	刘英春	采一	刘英春	36.2	刘英春	36.3	刘英春	36.4	刘英春	36.6	刘英春	36.1	刘英春	36.3
4	王力宝	综采一预备队	王力宝	36.2	王力宝	36.1	王力宝	36.3	王力宝	36.2	王力宝	36.1	王力宝	36.3
5	张显华	综一	张显华	36.2	张显华	36.2	张显华	36.2	张显华	36.2	张显华	36.2	张显华	36.2
6	王金启	采一预备队	王金启	36.1	王金启	36.4	王金启	36.2	王金启	36.3	王金启	36.2	王金启	36.4
7	卢温福	综采预备队	卢温福	36.1	卢温福	36.3	卢温福	36.1	卢温福	36.2	卢温福	36.1	卢温福	36.3
8														
9														
10														
11														
12														
13														

图2-30　培训学员签到簿

(5) 培训明细及成绩单:内容包括期数、工种、培训日期、档案号、姓名、文化程度、单位、证书号、身份证号、成绩、实操成绩等信息。复训第十二期一班(采煤工)培训明细及成绩单(样表),见表 2-5。

表 2-5　复训第十二期一班(采煤工)培训明细及成绩单(样表)

序号	档案号	姓名	工种	文化程度	单位	证书号	身份证号码	成绩	补考成绩	自救器操作
1	0622	张显华	采煤工	初中	综采一队	070950	230＊＊＊＊＊＊＊＊＊＊＊＊334	79	82	合格
2	0639	陈培民	采煤工	初中	综采一队	070932	370＊＊＊＊＊＊＊＊＊＊＊＊238	81		合格
3	0600	刘金宝	采煤工	初中	综采一队	070783	230＊＊＊＊＊＊＊＊＊＊＊＊019	81		合格
4	0631	刘英春	采煤工	初中	综采一队	070655	230＊＊＊＊＊＊＊＊＊＊＊＊115	88		合格
5	0666	王全启	采煤工	初中	综一预备队	092161	372＊＊＊＊＊＊＊＊＊＊＊＊616	80		合格
6	0660	卢温福	采煤工	初中	综一预备队	070554	370＊＊＊＊＊＊＊＊＊＊＊＊257	82		合格
7	0659	王力宝	采煤工	初中	综一预备队	071272	230＊＊＊＊＊＊＊＊＊＊＊＊333	82		合格

培训日期:2021.05.20—2021.05.22。

(6) 综合考评报告:内容包括班级、期数、工种、班主任、培训人数、结业人数、培训日期、考试时间、考试形式、考试通过情况等,见图 2-31。

(7) 班主任小结:内容包括培训工种、培训时间、报到人数、考试人数、合格人数、发证人数、班主任评语(班主任对整个开班过程学员的表现、知识的掌握、班级纪律、卫生、授课教师仪表、内容、与学员互动情况进行详细总结)、培训中心审核班主任签字等信息,见图 2-32。

(8) 龙煤集团鹤岗矿业有限责任公司从业人员培训结业报告单,见图 2-33。

综合考评报告

<table>
<tr><td>班　　级</td><td colspan="2">采煤工复训班</td><td>期　　数</td><td>第十二期一班</td><td>培训人数</td><td colspan="2">7</td></tr>
<tr><td>工　　种</td><td colspan="2">采煤工</td><td>班 主 任</td><td>李艳</td><td>结业人数</td><td colspan="2">7</td></tr>
<tr><td>培训日期</td><td colspan="2">2021 年 5 月 20 日至 5 月 22 日</td><td>考试时间</td><td colspan="4">2021 年 5 月 22 日</td></tr>
<tr><td>考试形式</td><td colspan="2">机　考</td><td>监 考 人</td><td colspan="4">李永峰　崔瀛</td></tr>
<tr><td rowspan="2">理论考核</td><td colspan="2">一次考试合格</td><td>不合格</td><td colspan="3">一次补考合格</td><td>不合格</td></tr>
<tr><td colspan="2">6</td><td>1</td><td colspan="3">1</td><td></td></tr>
<tr><td rowspan="2">实操考核</td><td rowspan="2">自救器操　作</td><td>一次考核合格</td><td>不合格</td><td colspan="2">一次补考合格</td><td>不合格</td><td>指导教师</td></tr>
<tr><td>7</td><td></td><td colspan="2"></td><td></td><td>李艳</td></tr>
<tr><td colspan="4">培训中心
（盖章）</td><td colspan="4">主任（签字或盖章）

2021 年 5 月 23 日</td></tr>
</table>

图 2-31　综合考评报告

班主任小结

培训工种	采煤工	培训时间	2021. 05. 20 2021. 05. 22	报到人数	7
考试人数	7	合格人数	7	发证人数	7
班主任评语	本期采煤工复训班共计调学 7 人，实际报到 7 人。基层单位学员能够按调学计划参加调学，无迟到、早退、旷课现象。培训期间学员全程佩戴口罩。本期调学的学员是综采一队、综一预备队的采煤工。学员在培训过程中学习目的明确、学习态度端正。课堂上，学员踊跃发言，积极参与授课教师课堂互动，教学效果显著；课程结束后，学员主动打扫教室卫生，使学习环境整洁；在自救器实操考核中，7 名学员全部在规定时间内将自救器佩戴好；理论考核中，6 名学员一次通过机考，1 名学员经补考成绩合格，7 名学员成绩全部合格予以发证。通过三天的培训，学员对本工种的理论及实操知识掌握扎实，提高了学员安全意识，增强了学员自主保安能力，为我矿安全生产奠定了基础。				
培训中心	振兴煤矿安全培训中心 公章 班主任签字：李艳				

图 2-32　班主任小结

龙煤集团鹤岗矿业有限责任公司从业人员培训结业报告单

申报单位：振兴煤矿安全培训中心

培训机构名称	振兴煤矿安全培训中心							
培训班名称	期　次	计划人数	报到人数	考试人数	补考人数	合格人数	发证人数	所发证书名称
采煤工复训班	第十二期（一）	7	7	7	1	7	7	煤矿从业人员安全培训合格证书
合　计		7	7	7	1	7	7	

培训单位意见	单位（公章）： 负责人（签字或盖章）： 2021 年 5 月 22 日	审批单位意见	单位（公章） 负责人（签字或盖章） 2021 年 5 月 23 日

填报人：李　艳

图2-33　培训结业报告单

(9) 讲义:包括授课内容等信息。

2. “一期一档”管理的特点

(1) “一期一档”具有规范性。“一期一档”是依据相关法律法规,结合本单位工作实际建立的,“一期一档”设专人管理,内容涵盖面多,是职工培训的阶段性工作总结。规范的“一期一档”管理,能够充分发挥档案的基础资料作用。

(2) “一期一档”具有实效性。安全培训开班过程就是为“一期一档”建立提供材料的过程。“一期一档”包括开班报告单、开班计划、调学通知单、签到簿、培训明细成绩单、综合考评报告、班主任小结、结业报告单、讲义等9个方面内容,可以真实地反映职工在安全培训过程中的相关情况。“一期一档”的建立随着培训班的结束而成型,因此“一期一档”管理具有很强的实效性。

(3) “一期一档”具有真实性。“一期一档”管理,是安全培训教学与管理工作中不可缺少的重要环节,是煤矿安全培训工作的痕迹见证。作为建立档案的基础资料,做好“一期一档”管理,在一定程度上反映了煤矿安全培训机构的教学管理水平和教学质量,是培训工作的真实记载,在煤矿安全生产实践中发挥着积极作用。

五、应急救援知识培训

区(科)、队、班组长处于安全生产的最前沿,是煤矿生产现场的具体组织者,他们素质和能力的高低,直接影响着煤矿的安全生产。针对从业人员应急知识储备不足的实际,鹤岗矿业公司以一线管理人员为切入点,牢牢抓住兵头将尾这个重要环节,自2013年以来,坚持每年开展以区(科)长、队长、班组长为主的一线管理人员应急救援知识培训,有效提高了其危险源辨识和应急处置能力。

(一) 应急救援知识培训目的

(1) 实施及时有效的科学救援决策。煤矿井下系统复杂,空间有限,巷道纵横交错,灾害种类和诱发事故的因素比较多,出了安全事故,外部救援会受到很多客观条件的限制。因此,一旦事故发生后,只有迅速判断事故性质、做出正确决断、开展应急处置,并且现场作业人员对伤员迅速进行正确急救,才能尽最大可能进行自救互救,最大限度减少事故造成的损失。

(2) 掌握现场急救知识。现场急救是矿井事故救援体系的重要组成部分,也是降低事故危害和影响,减少人员伤亡和财产损失的最重要、最有效的举措。

(3) 熟练运用救援工具。开展现场急救常会用到一些工具和装置,在生产一线的职工,有必要学习和掌握这部分工具和装置的操作方法及要领。

(4) 安全快速逃生。很多事故表明,在井下灾害预兆显现或灾害突发的初始情况下,现场人员如何迅速正确合理地采取避灾逃生措施,用好各种现场避灾逃生设施,并沿避灾路线安全快速撤离,是避免或减少人员伤亡,防止事故损失扩大的关键所在。

(二) 应急救援知识培训内容

(1) 各类灾害事故的预兆、预防及现场应急处置原则。

(2) 各类事故现场自救、互救及现场急救。

(3) 自救器的正确使用和注意事项。

(4) 各类事故典型救援案例分析。

(5) 遇险人员苏生、人工呼吸基本方法,外伤急救包扎、止血、固定等现场急救方法。

(6) 开展现场演练，如何安全有序组织人员避险自救及正确选择避灾路线撤离。

(7) 如何成为一名合格的区(科)长、班队长。

(8)《矿山救护规程》《安全生产法》等法律法规解读。

(9) 应急救援与安全避险等知识。

(三) 应急救援知识培训办班情况

应急救援知识培训办班情况，见表 2-6。

表 2-6　煤矿一线管理人员应急救援知识培训情况一览表

序号	培训班名称	参训人员	培训时间	开班时间	培训期数	参训人数
1	煤矿班长应急管理和抢险救援专项培训班	煤矿一线班组长	2013 年	10—12 月	14 期	756
2	煤矿班长现场应急处置和个体救护专项培训班	煤矿一线班组长	2014 年	6—10 月	10 期	627
3	煤矿班长现场应急处置和个体救护专项复训班	煤矿一线班组长	2015 年	5—7 月	10 期	710
4	煤矿队长、书记应急管理和抢险救援专项培训班	煤矿一线队长、支部书记	2016 年	10—12 月	15 期	956
5	煤矿班长现场应急处置和个体救护专项复训班	煤矿一线班组长	2017 年	7—10 月	19 期	1 007
6	煤矿队长、书记应急管理和抢险救援专项培训班	煤矿一线队长、支部书记	2018 年	10—12 月	15 期	880
7	煤矿班长现场应急处置和个体救护专项复训班	煤矿一线班组长	2019 年	9—11 月	10 期	683
8	煤矿队长、书记应急管理和抢险救援专项复训班	煤矿一线队长、支部书记	2020 年	3—6 月	12 期	719
9	煤矿区(科)、队、班组长应急救援知识培训班	煤矿一线区(科)、队、班组长	2021 年	8—11 月	10 期	980
	合计					7 318

(四) 应急救援知识培训方式方法

1. 理论教学

充分发挥鹤岗矿业公司所属矿山救护大队(国家矿山应急救援鹤岗队)储备应急救援人才、应急救援装备和实训演练设施优势，开展理论与实践相结合的应急救援知识专项培训工作。

(1) 基础设施。建有培训楼 1 栋，内设多媒体教室 1 个、电教室 1 个、学员住宿标间 45 间，体能技能训练场馆 1 处，教师办公室及学员休闲、娱乐、运动、餐饮等相应设施齐全。体能技能训练场和多媒体教室，见图 2-34。

(2) 教职力量

图 2-34　体能技能训练场和多媒体教室

① 内部教学力量。鹤岗矿业公司总工程师、副总经理、专业副总工程师及救护大队大、中队指挥员亲自授课，做到理论讲授、实践操作、案例研讨等教学方法相结合。

② 外部兼职教学力量。国家矿山应急救援鹤岗队培训部是全国 7 个矿山应急救援培训基地之一。其他 6 个全国矿山救护培训基地分别是北京华北科技学院培训中心、四川芙蓉救护队、河南平顶山救护队、安徽淮南救护队、甘肃靖远救护队、河北开滦救护队。7 支队伍的培训部主要负责全国矿山救护大、中队指挥员的每年培训、复训、学习交流工作。已建立教职力量共享机制，可随时聘请全国应急救援顶级专业教学力量授课。

（3）教学科目

① 现场应急救援技能：现场应急救援应掌握的基本原则、时间的把握、人工呼吸前的准备及各项操作方法、出血及各项包扎急救操作、伤员骨折固定操作要领、井下触电、溺水、火灾等人员的急救现场应急处置基本要求。

② 避灾逃生应急救援技能：矿井灾害的形成、危害、征兆、施救方法及原则、班组长在避灾逃生中应发挥的作用。

③ 抢险救灾的各项应急技能。

④ 矿山救护新技术、新装备。

⑤ 矿山救护预防性安全检查。

⑥ 矿山主要事故处理新技术。

⑦ 矿山救护自我防护与自救技术。

⑧ 矿山救护装备及救援技术实训演练。

⑨ 各类典型事故救援案例分析。

⑩ 医疗急救等。

2. 实践操作

利用矿山救护大队实训模拟演练设施，模拟各类灾害事故，在灾区环境下，让受训人员佩戴自救防护装备，一线段队长、班组长等管理人员正确引导作业人员撤离灾区。同时，利用现场设备、设施进行事故控制，通过在灾变环境下的实训，提升作业人员灾害环境心理素质。通过现场演练，增强发生灾害时如何安全有序、忙而不乱地组织人员按正确避灾路线撤离的能力，有效控制事态恶化。

（1）基础设施

建有演习矿井 1 座、120°环幕投影系统 3D 推演厅、矿山救援虚拟灾害 VR 体验室等设备设施，具备能够实现模拟与现实灾变环境训练的条件。虚拟灾害 VR 体验如图 2-35 所示。

图 2-35　虚拟灾害 VR 体验

（2）实训课目

① 灾变环境人员自救器等装备的佩戴与使用。

② 灾变环境人员的避险逃生演练。

③ 人员外伤现场急救处置及抬运。

④ 军体训练（见图 2-36）。

图 2-36　体能训练及外伤现场急救处置

3. 教学管理

(1) 领导重视

鹤岗矿业公司党委书记、董事长和总经理亲自部署,公司分管领导亲自审核把关授课内容和教学课件,矿山救护大队组织专题会议进行教学任务的详细布置,并安排分管领导具体负责。

(2) 精心筹划

矿山救护大队培训部负责教学计划制订、课件编制、教师选择,并对教学期间管理的各阶段、各方面工作进行全程跟踪管理。

(3) 严格管理

① 对迟到、早退、课堂接打电话、课堂不注意听讲、晚自习溜号、不出早操,不列队前往餐厅、宿舍、教室,以及培训期间饮酒等现象有严格的处罚规定。

② 严肃课堂纪律、出勤纪律、准军事化训练纪律和生活纪律。

③ 授课学习培训期间,培训部管理人员全程在教室对学员进行监督和管理,确保教学环境和听课效果;公司安全监察局相关人员不定期对学员培训情况进行检查,结业时进行理论及实操考核。

④ 每期培训班增加与学员座谈环节,在交谈中了解学员所需所想,确保培训内容管用实用;每节课授课时都有学员与教师互动环节,切实增强培训效果。

⑤ 严格考试考核管理,每期培训班结束后,向学员所在单位通报学员在培训期间的表现和考试成绩。

第三节 安全技能提升

安全技能是指职工安全完成本岗位作业的技艺、技巧和能力,重在解决职工实际操作不正规、不熟练、不安全的问题。安全技能的基本内容主要体现在煤矿安全生产现场具体的作业操作之中,涵盖煤矿井上下生产的各岗位、各工种、各环节。多年来,鹤岗矿业公司通过技能培训、创新驱动、师傅带徒、安全确认、准军事化训练等方式,有效提升了职工安全技能。

一、技能培训

人力资源和社会保障部的统计数据显示,目前技能劳动者数量只占全国就业人口总量的 1/5,高技能人才不足 6%;同时,近年来,技能劳动者的求人倍率一直在 1.5∶1 以上,高级技工的求人倍率甚至达到 2∶1 以上。我国技能劳动者总量严重不足,技工短缺现象非常突出,鹤岗矿业公司也如此,这已成为制约企业发展的瓶颈问题。多年来,鹤岗矿业公司为解决高技能劳动者供给不足、职工岗位操作技能较低的问题,坚持素养为基、能力为本,发挥职工大学、各煤矿培训基地作用和教学优势,持续开展职业技能提升工作。

(一) 技能培训思路

1. 技能培训目的

(1) 通过培训使煤矿从业人员了解国家安全生产方针、有关法律法规、岗位安全责任制和企业安全规章制度。

(2) 了解煤矿作业的危险、职业危害因素,熟悉本岗位安全生产责任制和权利义务。

(3) 掌握本岗位安全操作规程和个人防护、避灾、自救与互救基本方法。

（4）了解安全设施、常见事故防范和应急措施基本常识。

（5）掌握个人劳动保护用品的使用和简单维护，以及职业病预防等知识。

（6）具备与其从事作业场所和工作岗位相应的安全生产知识、技能及事故应急处理能力。

2. 技能培训原则

（1）根据本企业安全生产实际、职工安全技能情况及需求，制订切实可行的技能提升培训计划。

（2）注重技能提升培训与加强安全生产教育和培训有机结合。

（3）保证特种作业人员、新职工、转岗职工，以及使用新技术、新工艺、新设备、新材料的职工，有计划地参加技能提升培训。

（4）对企业全体职工进行全面、有连续性的技能提升培训，对职工进行系统的安全理论、安全知识、安全操作技能培训。

（5）技能提升培训与日常安全生产实际相结合，与安全生产过程中暴露出的问题相结合，对职工进行有针对性的安全技能提升培训。

3. 技能培训对象

（1）从事煤矿井下采煤机、掘进机作业人员。

（2）从事煤矿井下爆破作业人员。

（3）从事煤矿井下机电设备的安装、调试、巡检、维修和故障处理，保证其安全运行的作业人员。

（4）从事煤与瓦斯突出的预测预报、相关参数的收集与分析、防治突出措施的实施与检查、防突效果检验，保证其安全运行的作业人员。

（5）从事煤矿井下安全监测监控系统的安装、调试、巡检、维修，保证其安全运行的作业人员。

（6）从事煤矿探放水的预测预报、相关参数的收集与分析、探放水措施的实施与检查、效果检验，保证其安全运行的作业人员。

（7）从事煤矿人员运送、设备提升，以及采用直径 2 m 及以上滚筒运送矿石、矸石和物料提升设备的操作，并负责巡检和运行记录的作业人员。

（8）从事煤矿井下瓦斯巡检工作，负责管辖范围内通风设施的完好及通风、瓦斯情况检查，按规定填写各种记录，及时处理或汇报发现问题的作业人员。

（9）从事煤矿安全监督检查，巡检生产作业场所的安全设施和安全生产状况，检查并督促处理相应事故隐患的作业人员。

上述作业人员应当具备高中及以上文化程度，具有煤矿相关工作经历，或者有职业高中、技工学校及中专以上相关专业学历。

（10）具备初级工、中级工、高级工、技师、高级技师条件的人员。

4. 技能培训要求

（1）从业人员必须参加技能培训，经考试合格后，方可上岗作业。

（2）新上岗的井下作业人员，技能培训合格后，在有经验的工人师傅带领下实习满 4 个月，并取得工人师傅签名的实习合格证明后，方可独立作业。

（3）工人师傅一般应当具备中级以上技能等级，3 年以上相应工作经历和没有发生过违章指挥、违章作业、违反劳动纪律的条件。

(4) 技能培训坚持理论与实际相结合的原则，加强案例教学，注重职业道德、安全法律意识和实际安全操作技能的综合培训。

(5) 充分考虑从业人员文化层次较低的实际，按照教学大纲的要求，加强安全生产意识、基础知识、基本方法和安全技能的培训，使培训内容通俗易懂，便于掌握。

(二) 技能培训内容

1. 煤矿安全生产法律法规知识

(1) 煤矿安全生产相关法律。

(2) 煤矿安全生产方针政策。

(3) 煤矿安全生产规章制度。

2. 煤矿安全生产管理知识

(1) 煤矿安全生产管理的基本知识、基本概念。

(2) 煤矿安全生产管理制度、本企业安全生产规章制度和劳动纪律。

(3) 煤矿作业特点，煤矿作业场所常见的危险、职业危害因素。

(4) 煤矿安全标志及其识别，安全设施的使用和基本维护要求。

(5) 煤矿“三违”及其危害。

(6) 全员岗位安全生产责任制和煤矿作业岗位危险预知与风险管控有关知识。

(7) 煤矿其他从业人员安全生产的权利和义务，职业道德及行为规范。

(8) 工伤保险知识。

3. 井工煤矿开采安全知识

(1) 矿井生产概况，包括矿井的建设与发展状况、开拓方式、生产系统和采煤方法。

(2) 井巷工程施工安全要求，包括井巷工程施工过程中存在的主要危险、职业危害因素，掘进、支护、顶板管理安全要求，矿井常见顶板事故征兆及防范措施。

(3) 采煤作业安全要求，包括采煤方法及其回采工艺过程中存在的危险、职业危害因素以及安全要求，矿井常见顶板事故征兆及防范措施。

(4) “一通三防”安全基本知识，包括矿井通风的作用及《煤矿安全规程》对井下空气的有关规定，瓦斯的危害、爆炸条件及其防治措施，煤(岩)与瓦斯(二氧化碳)突出防治，矿尘的产生、危害及其防治措施，矿井防灭火基本要求、监测监控系统等基本知识。

(5) 机电运输安全基本知识，包括矿井提升、运输作业存在的主要危险因素，用电安全基本知识及触电事故的防范措施，矿内运输常见事故的防范措施。

(6) 爆破安全基本知识，冲击地压防治基本知识。

4. 露天煤矿开采安全知识

(1) 露天煤矿生产概况，包括开采工艺概况、开采的基本安全要求。

(2) 露天煤矿开采作业安全要求，包括凿岩、爆破、采装、运输排卸及辅助作业过程中存在的主要危险，职业危害因素及其操作安全要求。

(3) 边坡安全管理基本要求及事故防范措施。

(4) 露天煤矿对防尘、防毒、防排水与防灭火的安全管理基本要求。

(5) 露天煤矿常见事故征兆及防范措施。

(6) 露天煤矿典型事故案例分析。

5. 煤矿职业病防治基本知识

（1）煤矿职业病的类型。

（2）煤矿劳动防护用品的使用和基本维护等要求。

（3）煤矿劳动过程中职业病防护与管理基本要求。

（4）职业病诊断与职业病患者保障的基本要求。

6. 煤矿事故避灾和自救互救基本知识

（1）煤矿生产安全事故类型、特点及辨识方法。

（2）煤矿生产安全事故应急预案相关规定。

（3）煤矿生产安全事故应急处置及避灾方法。

（4）自救、互救和创伤急救。

7. 现场参观与基本技能训练

（1）熟悉本矿作业环境。

（2）本矿常见危险因素的辨识。

（3）煤矿安全设施、劳动防护用品的使用和基本维护。

（4）事故应急处置和应急救援演练。

（5）自救器的使用与操作训练。

（6）所从事工种的基本技能。

8. 再培训内容

煤矿其他从业人员应按照有关规定，每年进行一次再培训。内容包括：

（1）有关安全生产方面新法律法规、新标准、新规程、新技术、新工艺、新设备、新材料等方面的培训。

（2）有关事故隐患排查治理、安全风险分级管控、职业卫生等方面的培训。

（3）典型事故案例分析。

9. 学时安排

（1）煤矿其他从业人员的培训时间露天煤矿不得少于40学时，井工煤矿不得少于72学时。

（2）露天煤矿、井工煤矿其他从业人员再培训时间不得少于20学时。

（三）技能培训方式

1. 讲解式培训

（1）直接、高效地讲解和传授安全技能提升的基本知识，主要是对规章制度、基本理论、专业知识讲解和政策文件的讲解。

（2）教师根据学员的特点，采用启发式教学，坚持实用性和灵活性相结合，增强教学的感染力和吸引力。

2. 案例式培训

（1）把案例引入培训课堂，通过对典型案例分析，提出解决问题的建议方案，提高学员分析问题和解决实际问题的能力。

（2）选择具有典型意义，具有一类事件共同特点的案例，为实际工作中有效处理问题提供借鉴。

（3）增强案例的真实性和影响力，使其在教学中产生共鸣的效果，有利于提高学员发现问题、分析问题和解决问题的能力。

3. 多媒体式培训

(1) 推行“互联网＋职业培训”等新模式，利用信息技术对文本、图形、图像、声音、动画、视频等多种信息进行综合处理，将原本枯燥的数字、文字等转化为视频、PPT 课件等网络媒体，激发学员的学习兴趣和学习热情。

(2) 利用多媒体教学，可使学员产生想象和情感活动，培养学员观察、思维、想象、记忆、分析、综合、判断和推理能力，以及运用所学知识提高解决实际问题的能力。多媒体授课现场见图 2-37。

图 2-37　授课现场

4. 讨论式培训

(1) 在教师的组织引导下，学员以小组为单位，通过相互交流互动式的方法进行讨论，寻求解决问题的有效办法。

(2) 讨论式培训学员参与度高，培训过程中各抒己见，能够进一步加深对问题的理解，更好地解决实际问题。

5. 即时培训

在工作现场，对职工作业中出现的不当操作，进行当场指导培训。

(四) 技能培训考核

1. 考核要求

(1) 按照《关于高危行业领域安全技能提升行动计划的实施意见》(应急〔2019〕107 号)文件要求，对煤矿从业人员进行全员技能提升培训和考核。

(2) 煤矿企业负责对从业人员的文化程度、年龄等条件进行审核，符合《煤矿安全培训规定》的方可进行考试，考试严格执行教考分离。

(3) 围绕提升职工技能水平和操作能力，岗位风险管控、安全隐患排查及初始应急处置的能力，构建有针对性的培训课程体系和考核标准。

(4) 分岗位对煤矿从业人员考核一遍，考核不合格的，按照新上岗人员培训标准离岗培训，考核合格后方可上岗。

2. 教师考核

(1) 围绕教师行为举止、备课准备、教学互动、教学方法、授课内容等方面，对其业务知识掌握是否熟练，教学时间分配是否合理，教学内容重点是否突出，演示是否清晰，操作是否娴熟，案例讲解是否具有针对性和实用性等方面进行考核。

(2) 建立教师准入制度，坚持优中选优原则，培训专职教师必须有 5 年以上一线工作经验，学历达到大专以上文化程度，对于任职达不到准入标准的，及时进行调整。

(3) 实行差异化薪酬分配制度和教学效果评估。每月从个人工资总额中拿出 30%作为绩效工资，激发培训教师的工作潜能和积极性。

(4) 结合学员优秀、合格率及学员满意度等得出教师综合评定结果，考评结果和绩效工资挂钩。

3. 学员考核

(1) 全程监控。培训期间，对整个培训过程进行全程监控，并将影音资料、学员考勤资料进行长期存档保存。

(2) 学员考勤。学员参加培训期间每天进行 4 次考勤，并进行不定时的人工点名抽查考勤。

(3) 学习纪律。对学员出勤及课堂纪律情况全过程进行掌控，对无故不参加培训的学员进行批评教育，并视其违纪情形进行处罚。

(4) 请销假制度。学员在培训期间严格执行请销假制度，请假学员须认真填写学员请销假审批表，注明请假原因、请假时长，班主任做出审批意见，再由培训部门负责人及主管领导审批方可准假。

(5) 成绩考核。考试时核验考生身份证件，确认考生身份，杜绝冒名顶替现象。截至 2021 年末，鹤岗矿业公司安全技能提升培训鉴定 51 181 人，其中初级工 36 932 人、中级工 11 169 人、高级工 2 607 人、技师 428 人、高级技师 45 人。现有考评员及高级考评员 103 人，其中考评员 38 人、高级考评员 65 人，可评价 32 个职业、138 个工种。

二、创新驱动

创新驱动是企业发展的不竭动力。多年来，鹤岗矿业公司坚持搭建创新平台，大力推进劳模工匠创新工作室创建，深入开展工匠带徒活动，带动全员开展技术攻关、推进科技创新，努力使职工对工匠精神形成情感上的认同，深层次影响职工思想认知和行为方式，最终将工匠精神内化于心、外显于形。2012 年以来，创建了以“许晓林创新工作室”“冯国春创新工作室”等为代表的 32 个劳模工匠创新工作室，围绕制约矿井安全生产的关键难题，广泛与煤炭高等院校和科研院所合作，开展联合攻关，上承专家科研，下启成果转化，培养了一批具备高阶能力的技能人才，解决了不少制约企业安全生产的技术难题。

(一) 劳模工匠创新工作室的目标方向

(1) 着力建设知识型、技能型、创新型劳动者大军，弘扬劳模精神和工匠精神，努力营造劳动光荣、知识崇高、人才宝贵、创新创造的企业风尚，着力培育一丝不苟、精益求精、独具匠心、持之以恒的敬业风气。

(2) 充分发挥劳模工匠创新工作室的集聚效应、辐射效应和品牌效应，积极组织广大职工参与创新工作室的各类创新活动，重点解决制约企业安全生产和效率效益提高的难点问题及工艺技术改进的关键问题，广泛提升职工的技能素质和创新能力。

（3）构建统一高效的技术协同创新机制，坚持问题导向和目标导向，优化劳模工匠创新工作室布局，合理配置资源和生产要素，强化专业分工和创新协作，搭建信息、技术、成果交流平台，上承高等院校和科研院所，下接生产一线，补齐创新短板，塑造完整创新链条，形成创新合力，促进科技创新、管理创新和成果转化，推动创新活动在重要领域和关键环节取得突破性进展。

（4）着眼于培养一大批爱岗敬业、业务精通、技能娴熟、创新钻研的专家型工匠人才，提升技能人才地位和待遇，强化引领、培养、帮带和实践锻炼，积极创造条件，支持技能人才创新创造，开展科技攻关，不断提升技能人才质量和层次。

（5）坚持以安全技术经济一体化思想为引领，立足于安全可靠、技术先进、经济合理，发挥工匠和技能人才在优化设计、灾害治理、科技攻关和提质、增效、降本等方面的重要作用，推动企业实现动力变革、质量变革和效率变革。

（6）以众多劳模工匠创新工作室为基地，强化对职工进行技术培训，坚持按劳分配与按生产要素分配相结合，吸引职工广泛参与技术革新、技术攻关，不断扩大创新工作室核心层、紧密层成员，从而推进人才总量有明显增加，人才素质有明显提高，人才结构进一步优化，高层次、创新型专业化人才逐年增加，满足企业安全生产和高质量发展需要。

（二）劳模工匠创新工作室的工作要求

（1）积极支持劳模工匠创新工作室开展技术攻关活动，将工匠人才培养发展列入企业重要工作议事日程，纳入企业技术创新和人才培养规划，鼓励劳模工匠创新工作室成员的创新创造工作热情，确保劳模工匠创新工作室创建工作取得实效。

（2）以企业发展需要为导向，以内部创新为主体，积极组织广大职工围绕企业重大安全生产技术创新的关键问题，开展技术攻关，切实提升产业技术创新能力，实现创新成果快速产业化。

（3）实现创新资源的有机融合，建立公共技术平台，促进交流合作，为劳模工匠创新工作室提供政策咨询、技术指导、创新支持、知识产权保护等专业服务。

（4）开展成果鉴定、成果展示、成果评选工作，举行技术推广、经验交流等活动，推荐优秀创新成果，促进创新项目孵化和成果转化。在此基础上，把业绩突出、实效明显的创新工作室遴选出来提炼可观摩、可借鉴、可复制的经验进行推广。

（5）开展有针对性的学习培训、岗位练兵、技术比武、师傅带徒等活动，培养和造就一批工匠人才，解决技术工人数量不足的问题。

（6）围绕企业安全生产中的重点难点问题，积极开展课题攻关，促进学习交流及技术骨干互学互鉴互促，多措并举完善和推进劳模工匠创新工作室建设，为企业提供强大的人才队伍支撑。

（7）有序推进劳模工匠创新工作室创新成果共享，构建完善现代信息化网络平台，充分发挥媒介作用和服务功能，利用各种媒体定期发布职工创新成果信息，促进项目成果推广和转化。

（三）劳模工匠创新工作室的政策支持

（1）建立发展激励机制。设立技术创新课题及项目研创基金，为劳模工匠创新工作室技术攻关团队提供资金支持，保证每个工作室年基本费用5～10万元。重大项目需增加研发资金的，由所在单位通过管理经费、科技经费等多渠道筹措，优先保证劳模工匠创新工作室的建设和课题研究。

（2）建立创效奖励机制。对创新创效取得突出业绩的劳模工匠创新工作室和先进个人进行年度表彰和奖励，按照《中华人民共和国促进科技成果转化法》及《黑龙江省促进科技成果转化条例》相关要求，对取得重要研发成果的劳模工匠创新工作室给予不低于项目所创效益 5%的奖励。

（3）建立培训鼓励机制。鼓励以劳模工匠创新工作室为平台，组织职工开展技能培训、师傅带徒等方式培养人才，对于承担培训任务的劳模工匠创新工作室成员，给予 100 元/课时的授课补助。以师傅带徒形式培养人才的要签订协议，培训期间给予师傅 500 元/月、徒弟 200 元/月的补助，"师带徒"期满合格后给予师傅 1 000 元、徒弟 500 元的奖励。

（4）建立人才发展机制。对劳模工匠创新工作室给予切实可行的政策支持，针对具体情况制定更加开放的激励、奖励政策，对业绩突出、考核优秀的劳模工匠创新工作室带头人，优先提拔重用、评优评先，促进劳模工匠创新工作室健康发展。

（四）劳模工匠创新工作室的攻关领域

（1）煤与瓦斯突出防治技术领域。健全矿区防突工作组织体系，研究多地质单元逐级区域预测方法和区域防范及局部防治相结合的煤与瓦斯突出防治技术，研发鹤岗矿区石门揭煤综合防突技术和低透气性煤层增透技术，形成了适合鹤岗矿区多厚煤层群开采及复杂地质构造条件下的综合防突技术体系。

（2）煤层自燃防治技术领域。健全矿区防灭火工作组织体系，实验研究鹤岗煤的低温氧化自燃特性，对比确定鹤岗煤自燃倾向性实验测试方法。建立鹤岗矿区现场实际最短自然发火期预测模型，确定鹤岗矿区煤层自然发火的综合预测指标气体，分析井下易发火位置及成因，明确易自燃煤层开拓开采设计，研发极短发火期煤层循环注水、灌浆覆盖、阻化剂优选、注氮合理工艺等高效防灭火技术，形成了鹤岗矿区煤层自然防治技术体系。

（3）冲击地压防治技术领域。健全矿区冲击地压防治工作组织体系，研究鹤岗矿区冲击地压发生规律，分析煤矿区冲击地压的主控因素，划分鹤岗矿区冲击地压类型，研究不同类型冲击地压发生的机理。建立煤矿区冲击地压分类监测预警技术体系，实施区域防范与局部防治相结合的防治技术，形成了鹤岗矿区冲击地压分类防治技术体系。

（4）矿井水害防治技术领域。研究鹤岗矿区含水层富水特性及充水规律，开展矿区受水害威胁程度综合分类与评价，构建充水水源水化学特征及水源快速识别系统。研究矿区覆岩隔水性能和综放开采覆岩破坏规律，分析多重水害突水致灾关键控制因素及致灾机理，研发多重水害综合精细化物探技术，建立基于大数据的物探及水害监测预警平台。研究鸟山煤矿千米副井注浆堵水加固治理技术，形成了鹤岗矿区多重突水灾害防控技术体系。

（5）耦合灾害协同防治技术领域。结合开采过程中可能存在的灾害耦合形式，研究多灾害耦合防治技术。在动态调整冲击危险区域及其冲击危险等级、采取防治冲击地压和自燃综合性措施基础上，研究冲击地压和自燃协同防治技术。研究冲击地压诱发煤与瓦斯突出机理，分析冲击地压诱发瓦斯异常涌出规律，研究冲击地压与瓦斯耦合灾害协同防治技术。分析采场瓦斯来源，研究不同通风参数、不同瓦斯处理方法以及惰化防火条件下的采空区瓦斯运移，分析采空区瓦斯与煤自燃耦合致灾机理，研究采空区瓦斯和煤自燃耦合灾害协同防治技术。分析冲击地压、自燃与瓦斯耦合致灾机理，研究冲击地压、自燃与瓦斯耦合灾害协同防治技术，形成了鹤岗矿区复杂条件耦合灾害协同防治技术体系。

(6) 煤矿物探勘探领域。研究和推广瞬变电磁、直流电法、瑞利波、超前地质探测、无线电波探测、槽波探测、井下测井、测斜等物探技术,建设综合物探平台,开展物探技术学习、培训和交流,培养专业人才,填补了鹤岗矿区矿井物探的空白。引进中石油“两宽一高”地震采集技术,解决了鹤岗矿区近地表巨厚砾岩对地震波的屏蔽难题,获得了高品质地震原始资料。成立物探研究所和物探工作室,研究和指导基层单位物探工作,通过物探工作与地质分析的结合,规范矿井物探工作,总结鹤岗矿区不同岩性声波的传播速度和物探各种经验数据,提高了分析准确性,形成了矿井物探全覆盖和常态化工作模式,为公司安全生产提供了物探技术保障。

(7) 机运设备改造技术领域。围绕煤矿机电运输设备机械化、自动化、信息化、智能化建设开展技术攻关,积极引进新技术、新工艺、新设备、新材料应用于生产实践。在带式输送机安装集中控制系统和巡检机器人;在主排水泵房、中央变电所、压风机房、主提升机、井下充电硐室、架空乘人装置等固定场所安装无人值守系统;在重要场所研究使用智能视频安全监控系统;推广使用压风机余热利用技术、变频控制永磁同步一体机技术以及先进节能型电气设备等;自行研发维修煤矿电气产品,解决安全生产中的技术难题,以满足安全高效矿井建设和减人提效的需要。

(8) 研究成果转化领域。综合运用研究成果,通过系统思维,探索出“采煤工作面全过程灾害风险预控工作法”,构建行之有效的管控机制,对水、火、瓦斯、顶板(冲击地压)、地质构造等五类灾害风险,按照采煤工作面设计、掘进、安装、生产、收尾五个阶段,实施全过程风险预控,从而实现科学释放安全经济产能。

(五) 创新驱动的激励政策

通过扩大劳模工匠创新工作室的数量和覆盖面,拓展工匠带徒方式和途径,生产要素投入参与收入分配,制定落实创新驱动激励政策,建立健全技能人才选拔、考评和任用机制,有效吸附和凝聚了广大职工积极参与技术攻关、创新创造。

相关激励政策如下。

1. 公司科技功勋工作者

(1) 被公司授予“科技功勋工作者”称号的人员由公司颁发荣誉证书,享受每月 2 000 元的科技津贴。

(2) 科技津贴享受时间直至该人员离岗或退休为止。

(3) 功勋科技工作者如获得其他荣誉称号并享受其他科技津贴,不影响该津贴的发放。

(4) 功勋科技工作者提拔中级副职管理人员后,取消津贴。

2. 公司优秀专家、优秀专业带头人、优秀工程师

(1) 凡被公司授予优秀专家、优秀专业带头人、优秀工程师的人员由公司颁发荣誉证书和发放津贴。优秀专家津贴每月 2 000 元、优秀专业带头人津贴每月 1 500 元、优秀工程师津贴每月 1 000 元。

(2) 对获得上述荣誉的人员,在评选优模、提拔晋升职务时同等条件下优先。

(3) 对获得上述荣誉的人员,公司下达技术攻关项目时,根据个人申报的项目及本单位需要,在同等条件下,公司将优先安排,并在科研经费、仪器设备、图书资料、学习培训、外出考察、助手配备等方面优先。

(4) 公司公布表彰结果后,津贴从公司下发文件当月起发放 2 年。

（5）累计3届获得优秀专家的非中级管理人员，可自动获得“科技功勋工作者”荣誉称号，并享受科技功勋工作者相关待遇。

3. 公司科学技术进步奖

（1）特等奖50 000元/项。

（2）一等奖20 000元/项。

（3）二等奖10 000元/项。

（4）三等奖6 000元/项。

（5）优秀科技论文奖奖励标准为600元/篇，论文稿件刊用奖800元/篇。

（6）先进科技带头人、先进科技工作者标兵奖励标准3 000元/人，先进科技工作者、科技管理先进个人奖励标准2 000元/人。

4. 公司杰出青年科技工作者

被授予公司“杰出青年科技工作者”称号的人员，由公司颁发荣誉证书及一次性奖励5 000元，并列入公司后备人才储备库，实施重点培养。

5. 公司专业技术人员

采取季度考评、年度评选的方式进行。优秀、称职的专业技术人员，每月实行400～800元的工资补助；年度优秀技术员，一次性奖励2 000元/人。

龙煤集团规定，被评为龙煤集团首席技术专家奖励20万元，专业技术带头人奖励10 000元，优秀工程师奖励5 000元，科技新星奖励3 000元，技术工匠奖励3 000元，先进科技工作者奖励3 000元。

（六）创新驱动取得的成效

通过劳模工匠创新工作室的广泛带动，极大地激发了职工学技术、搞创新的工作热情，涌现出一大批技能人才，取得了一大批技术攻关成果，实现了安全生产和经济效益双丰收。目前，公司有6个工作室加入龙煤集团劳模工匠创新工作室联盟，3个工作室荣获省级劳模和工匠人才创新工作室称号，7个工作室荣获鹤岗市创新工作室称号。

许晓林创新工作室

许晓林创新工作室成立于2012年9月，为省级创新工作室，现有成员12名。工作室是以鹤岗矿业公司峻德煤矿副总工程师许晓林命名的一个集技术人员学习交流、技术研讨、技能提升为一体的电气自动化控制技术攻关平台。

工作室成立至今，大力弘扬技术精湛、知行统一，精益求精、独具匠心，责任担当、德艺双馨的理念，坚持以增强职工团队创新能力、激发职工创新活力为出发点，在维修、研发自制、业务培训等方面所创造的产值平均每年达到1 000余万元，平均每年创造直接经济效益100～500万元。通过工作室这个平台，既保障了企业安全生产、节约了大量维修资金，又为企业解决了许多技术上的燃眉之急，也为企业培养了大批的高端技术人才。

工作室成立以来，维修业务不断延伸扩展，从最初的单一维修采煤机变频器、主控器，到如今对机车驱动盒、机车瓦斯断电仪传感器、语音报警装置、绞车电控、采煤机电控、瓦斯发电站电控、逆变电焊机、防爆开关、电缆等各类电气设备的维修，业务范围涵盖了煤矿采、掘、机、运、通等各个系统所涉及的各类电气设备。截至目前，工作室已研发自制30余类煤矿科技产品，并在投入使用后，得到了使用单位的一致认可和好评，同比厂家更具适用性、稳定性及灵活性。工作室带头人许晓林曾荣获全国劳动模范、黑龙江省劳动模范、“龙江工匠”等荣誉称号;2021年,“用于二极管故障检测的快检装置”“开关柜操作监视结构”“变压器漏油检测装置”科研成果荣获国家专利。创新工作室工作现场见图2-38。

图2-38　创新工作室工作现场

冯国春创新工作室

冯国春创新工作室成立于2015年7月,为省级创新工作室,现有成员12名。工作室带头人冯国春,现任鹤岗矿业公司生产技术部副主任工程师。工作室成立至今,始终坚持培育和弘扬工匠精神,推进工学结合、知行合一、德技并修,充分彰显了劳模工匠创新工作室在企业创新发展、职工成长成才中的引领和促进作用,提高了矿井的科技含量和安全把握程度。

工作室创新驱动领域为煤矿冲击地压防治技术领域。主要是依据《煤矿安全规程》《防治煤矿冲击地压细则》《煤矿安全生产标准化管理体系基本要求及评分方法(试行)》等相关规定要求,结合现场实际,强化冲击地压灾害治理的针对性和有效性,对有关采掘工作面防冲设计编制提纲进行重新调整、完善。依据《鹤岗矿区冲击地压防治技术管理体系》,按照煤矿安全生产设计前、掘进、安装、回采、回撤五个环节过程,阐述冲击地压操作全过程,编制《防治冲击地压安全技术操作流程》。

工作室成立以来,致力于开展煤矿冲击地压发生主控因素与分类防治技术研究,根据工作面具体情况分析出工作面的冲击主导类型,有针对性地采取防冲设计和防冲措施。目前,形成了以峻德煤矿为代表的负煤柱开采、兴安煤矿为代表的无煤柱开采、富力煤矿为代表的底板解放层开采为特点的防冲模式。通过综合施策,将强冲击地压危险工作面治理为无冲击危险,从根源上杜绝冲击地压事故发生。工作室带头人冯国春的“强冲击大构造空间煤柱条件下综放开采技术研究”,荣获中国煤炭工业协会科学技术奖二等奖;“煤矿区冲击地压发生主控因素与分类防治技术研究”,荣获中国职业安全健康协会科学技术奖。

(七)鹤岗矿业公司科技、管理创新等主要成果和荣誉

1. 省级以上专家

(1)享受国务院政府特殊津贴专家:钱立民、安昌山、王德华、徐良、于立恒、王顺祥、朱海洲、朱士成。

(2)全国煤炭行业党建思想政治工作专家、黑龙江省国资委“领军人才储备库”党建类专家:王玉波。

（3）享受省政府特殊津贴专家：赵有成、黄元明、房振江、刘鹏飞。

（4）龙煤集团首席技术专家：朱海洲、谭永福、许晓林。

2. 科技成果

（1）孙成坤等人研究成果“大倾角极坚硬顶板易发火煤层综放开采关键技术及装备”被评为中国煤炭工业协会科学技术奖三等奖（2015 年）。

（2）郭东明等人研究成果“鹤岗矿区岩巷深孔爆破机理及快速掘进技术研究”被评为中国煤炭工业协会科学技术奖三等奖（2015 年）。

（3）刘鹏飞等人研究成果“强冲击大构造空间煤柱条件下综放开采防冲技术研究”被评为中国煤炭工业协会科学技术奖二等奖（2016 年）；“高瓦斯强冲击无煤柱综放开采防火技术研究”被评为中国煤炭工业协会科学技术奖二等奖（2017 年）；“复杂条件老矿区千人矿井‘三核’驱动创新体系建设与实践”被评为中国煤炭工业协会科学技术奖三等奖（2020 年）；“鹤岗矿区安全文化‘6332’管理体系建设研究与实践”被评为中国煤炭工业协会科学技术奖三等奖（2021 年）；“采煤工作面全过程灾害风险预控工作研究及应用”被龙煤集团评为优秀科技成果三等奖（2021 年）。

（4）张俊杰等人研究成果“近距离煤层群底板穿层钻孔多用途防灾技术”被评为中国煤炭工业协会科学技术奖二等奖（2016 年）；“冲击地压灾害综合治理探索与实践”被龙煤集团评为优秀科技成果二等奖（2017 年）；“峻德煤矿南部主扇防冻蝶形风门改造”被龙煤集团评为优秀科技成果三等奖（2017 年）；“峻德煤矿安全出口注浆堵水工程”被龙煤集团评为优秀科技成果三等奖（2019 年）；“突出煤层一巷多用综合防灾布置模式”被龙煤集团评为优秀科技成果三等奖（2019 年）；“特厚煤层放顶煤工作面综合防灭火技术应用”被龙煤集团评为优秀科技成果二等奖（2021 年）；“岩巷机械化快速掘进系统在振兴煤矿的推广应用”被龙煤集团评为优秀科技成果三等奖（2021 年）。

（5）姜福兴等人研究成果“特厚煤层分层工作面冲击地压事故后复产及安全回采技术研究”被评为中国煤炭工业协会科学技术奖三等奖（2016 年）。

（6）朱海洲等人研究成果“鹤岗矿区煤层自然发火防治技术及管理体系”被评为中国煤炭工业协会科学技术奖二等奖（2017 年）；“鹤岗矿区巨厚砾岩等复杂条件下三维地震勘探技术”被评为中国煤炭工业协会科学技术奖一等奖（2019 年）；“鹤岗矿业公司煤与瓦斯突出防治模式研究”被评为中国煤炭工业协会科学技术奖二等奖（2019 年）；“煤矿区冲击地压发生主控因素与分类防治技术研究”被中国职业安全健康协会评为科技进步一等奖（2019 年）；“多煤层开采典型动力灾害发生机理及防治研究”被评为中国煤炭工业协会科学技术奖三等奖（2020 年）；“大倾角松软煤体易发火煤层综放开采关键技术及装备”被龙煤集团评为优秀科技成果一等奖（2017 年）；“冲击地压发生区与震源能量传递通路研究”被龙煤集团评为优秀科技成果一等奖（2017 年）；“鹤岗矿区益新煤矿井下放水实验效果评价研究”被龙煤集团评为优秀科技成果二等奖 （2017 年）；“基于防冲的多煤层协调开采设计关键技术及鹤岗矿区防冲技术管理体系”被龙煤集团评为优秀科技成果一等奖（2019 年）；“鹤岗矿业公司防治煤与瓦斯突出技术及管理体系”被龙煤集团评为优秀科技成果二等奖（2019 年）；“峻德煤矿大倾角、大采高安全高效综采工作面建设”被龙煤集团评为优秀科技成果三等奖（2019 年）；“鹤岗老矿区灾害源头治理规划设计的研究”被龙煤集团评为优秀科技成果三等奖（2021 年）。

(7) 孙锦华等人研究成果“向斜盆底区煤层群开采冲击地压防治成套技术”被评为中国煤炭工业协会科学技术奖三等奖(2017 年)。

(8) 马国彦等人研究成果“千米立井井筒建设构造带塌滑治理关键技术与工程实践”被评为中国煤炭工业协会科学技术奖二等奖(2018 年)。

(9) 易强等人研究成果“鹤岗矿区多重水害突水致灾机理及综合防控技术体系”被评为中国煤炭工业协会科学技术奖三等奖(2019 年);“竖井井筒三维激光扫描诊断系统及技术”被评为中国煤炭工业协会科学技术奖二等奖(2020 年)。

(10) 李建宏、王向华研究成果“峻德矿液压马达缠绳车研发创新设计”(2019 年),李建宏研究成果“操车系统电动机变频启动 PLC 控制创新技改”(2020 年)被评为中国煤炭工业协会全国煤矿优秀“五小”成果二等奖。

(11) 徐北晨等人研究成果“选煤技术经济一体化产品结构优化数学模型的研究与应用”被评为中国煤炭工业协会科学技术奖二等奖(2020 年)。

(12) 曹安业等人研究成果“煤矿冲击地压的区域判识预警与动态调控关键技术”被评为中国煤炭工业协会科学技术奖三等奖(2020 年)。

(13) 孙刚力等人研究成果“煤炭企业以专家会审为核心的岩巷掘进重大危险源防控”被黑龙江省企业管理现代创新成果审定委员会评为一等奖(2016 年)。

(14) 刘祥志研究成果“注浆加固技术在鹤岗矿区软岩巷道施工中的应用”被黑龙江省煤炭学会评为科学技术成果三等奖(2015 年);“基于化学剂制浆软岩构造地层围岩泥石流灾变综合控制技术研究”被中国煤炭工业协会评为煤矿支护技术创新成果三等奖(2021 年);“峻德煤矿北部专用回风系统改造设计”荣获龙煤集团第四届科技大会优秀设计三等奖(2021 年)。

(15) 李荣亮研究成果“液压破拆工具在矿山事故中的应用”被国家安全生产监督管理总局矿山救援指挥中心评为优秀奖(2015 年)。

(16) 井绪华研究成果“中职计算机有效课堂教学方法及其相关性研究”获得中国管理科学研究院教育科学研究所大课题科研成果一等奖(2022 年)。

(17) 赵晶《浅析互联网时代的物流管理》研究论文获得黑龙江省职业技术培训学会省职业技术培训优秀科研成果一等奖(2017 年)。

(18) 雷保军、陈淑娥、赵吉国《浅谈现代化技工计算机教学模式的创新》《多媒体技术在计算机教学中的问题及其对策》等研究论文获得黑龙江省职业技术培训学会省职业技术培训优秀科研成果一等奖(2016—2018 年)。

(19) 孔群“ZF12000/17/32 型大阻力综放支架及配套综采设备的研发与应用”项目被黑龙江省人民政府评为黑龙江省科学技术进步三等奖(2016 年)。

(20) 苏长胜等人研究成果“岩体加固灌浆技术在井巷修复施工中的应用”被龙煤集团评为优秀科技成果一等奖(2017 年)。

(21) 孙军等人研究成果“使用掘进机施工大倾角下山切眼在峻德煤矿的应用”被龙煤集团评为优秀科技成果二等奖(2017 年)。

(22) 赵文学等人研究成果“调整产品结构开发新产品提高经济效益”被龙煤集团评为优秀科技成果二等奖(2017 年)。

(23) 谭永福等人研究成果“两堵一注带压封孔在瓦斯抽采中的应用”被龙煤集团评为

优秀科技成果二等奖(2017年);“地质条件复杂区域瓦斯与火一体化防控体系研究与应用”被龙煤集团评为优秀科技成果二等奖(2017年)。

(24)吴永纯等人研究成果“鹤岗矿区导水断层发育变化规律研究”被龙煤集团评为优秀科技成果二等奖(2017年);“鹤岗矿区深部软岩巷道支护系统优化研究”被龙煤集团评为优秀科技成果二等奖(2019年)。

(25)吕继龙等人研究成果“3#煤层上覆石头庙子含水砾岩层的水害防治”被龙煤集团评为优秀科技成果三等奖(2017年);“矿区地下水化学特征及突出水水源识别研究”被龙煤集团评为优秀科技成果三等奖(2017年)。

(26)刘喜忠等人研究成果“兴安新九层材料井穿越流沙层施工”被龙煤集团评为优秀科技成果三等奖(2017年)。

(27)董海龙等人研究成果“热电厂3×220吨煤粉炉燃用劣质煤改造”被龙煤集团评为优秀科技成果三等奖(2017年)。

(28)葛明臣等人研究成果“老主井延深及设备改造工程”被龙煤集团评为优秀科技成果三等奖(2017年);“超大型单绳缠绕式提升机钩头连接部分设计与应用”被龙煤集团评为优秀科技成果二等奖(2019年);“斜巷绞车自动连锁控制阻车装置”被龙煤集团评为优秀科技成果三等奖(2019年);“带式输送机张紧力下降保护研究与应用”被龙煤集团评为优秀科技成果三等奖(2019年);“益新矿四水平泵房排水自动化研究”被龙煤集团评为优秀科技成果三等奖(2019年);“ABB进口提升机电控系统国产化改造”被龙煤集团评为优秀科技成果二等奖(2021年);“安全智能视频监控系统在主运带式输送机集中控制中的应用”被龙煤集团评为优秀科技成果三等奖(2021年)。

(29)胡晓波等人研究成果“暗斜井钢丝绳芯胶带机结构设计与安装”被龙煤集团评为优秀科技成果三等奖(2017年)。

(30)蔡德芳等人研究成果“瓦斯地质图在防突工作中的实践与应用”被龙煤集团评为优秀科技成果三等奖(2017年);“煤矿复合高风险灾害区域防治研究”被龙煤集团评为优秀科技成果三等奖(2019年)。

(31)赵新等人研究成果“立井揭煤防治突出技术的实践与应用”被龙煤集团评为优秀科技成果三等奖(2017年);“鹤岗矿区瓦斯管理体系”被龙煤集团评为优秀科技成果三等奖(2019年);“相邻四区间煤柱开采综合防灭火技术的应用”被龙煤集团评为优秀科技成果三等奖(2021年)。

(32)韩东阳等人研究成果“冲击地压短信报警管理系统研发与应用”被龙煤集团评为优秀科技成果三等奖(2017年);“鹤岗矿业公司科技管理系统开发与应用”被龙煤集团评为优秀科技成果三等奖(2021年)。

(33)张忠波等人研究成果“兴安煤矿坚硬顶板复合煤层大倾角工作面耦合灾害治理研究与实践”被龙煤集团评为优秀科技成果二等奖(2019年)。

(34)冯国春等人研究成果“严重冲击地压煤层优先开采底板解放层实践”被龙煤集团评为优秀科技成果二等奖(2019年)。

(35)连鸿全等人研究成果“鹤岗矿区冲击地压危险性微震监测预测预报定量分析研究及系统开发”被龙煤集团评为优秀科技成果三等奖(2019年)。

(36)侯玉成等人研究成果“易自燃厚煤层工作面低推进度开采防火技术实践”被龙煤

集团评为优秀科技成果三等奖(2019年)。

(37) 孔群等人研究成果"兴安煤矿强冲击大倾角人工干预智能化电液控工作面技术研究与应用"被龙煤集团评为优秀科技成果二等奖(2021年)。

(38) 唐印伟等人研究成果"富力、益新煤矿竖井提升机无人值守的改造"被龙煤集团评为优秀科技成果二等奖(2021年)。

(39) 姜文涛等人研究成果"煤矿矿井水处理研究与利用"被龙煤集团评为优秀科技成果三等奖(2021年)。

(40) 王玉波等人研究成果"e课堂智慧云平台的应用与实践"被龙煤集团评为优秀科技成果三等奖(2021年)。

(41) 赵海公等人研究成果"提升机重力下放应急系统在鸟山煤矿副井中的应用"被龙煤集团评为优秀科技成果三等奖(2021年)。

(42) 王子良等人研究成果"通用交流驱动器的研制及应用"被龙煤集团评为优秀科技成果三等奖(2021年)。

(43) 张涛等人研究成果"水泥窑炉废气余热发电研究与应用"被龙煤集团评为优秀科技成果三等奖(2021年)。

(44) 刘凯等人研究成果"选煤总厂降低洗煤介质消耗的改造"被龙煤集团评为优秀科技成果三等奖(2021年)。

3. 技能人才

(1) 峻德煤矿许晓林被黑龙江省总工会授予"全省职工创新标兵"荣誉称号(2016年、2018年)和"龙江工匠"荣誉称号(2017年);许晓林工作室被黑龙江省总工会授予"黑龙江省劳模和工匠人才创新工作室"荣誉称号(2018年)。

(2) 鹤岗矿业公司生产技术部开拓室刘祥志被中国煤炭工业协会授予"全国煤矿支护先进个人"荣誉称号(2017—2018年度)、"煤矿支护优秀专家"荣誉称号(2021年)。

(3) 富力煤矿冯国春防冲工作室被黑龙江省总工会授予"黑龙江省劳模和工匠人才创新工作室"荣誉称号(2017年)。

(4) 南山煤矿房振江被黑龙江省总工会授予"龙江工匠"荣誉称号(2017年)。

(5) 斯达公司石刚被黑龙江省总工会授予"龙江工匠"荣誉称号(2017年)。

(6) 鹤岗矿业公司通风技术部李仁国被黑龙江省人民政府授予"龙江技术能手"荣誉称号(2018年),被黑龙江省人力资源和社会保障厅授予"首席技师"荣誉称号(2019年),被黑龙江省总工会授予"名师带高徒""好师傅"荣誉称号(2020年)。

(7) 益新煤矿林万海被黑龙江省总工会授予"龙江工匠"荣誉称号(2018年、2020年)。

(8) 鸟山煤炭公司葛方军被黑龙江省总工会授予"龙江工匠"荣誉称号(2018年)。

(9) 新一选煤厂申永发被黑龙江省总工会授予"龙江工匠"荣誉称号(2018年)。

(10) 救护大队汪海忠被黑龙江省人民政府授予"龙江技术能手"荣誉称号(2018年)。

(11) 通风技术部李仁国、朱士成,兴安煤矿李金生,救护大队汪海忠被中国煤炭工业协会授予"煤炭行业技能大师"荣誉称号(2020年)。

(12) 兴安煤矿马超被黑龙江省总工会授予"龙江工匠"荣誉称号(2020年)。

(13) 富力煤矿王纪坤被黑龙江省总工会授予"龙江工匠"荣誉称号(2020年);电气自动化控制王纪坤工作室被中华全国总工会授予"全国工人先锋号"荣誉称号(2021年)。

（14）新陆煤矿陈关涛被黑龙江省人民政府授予“龙江技术能手”荣誉称号（2020年）。

（15）益新煤矿技术创新工作室被黑龙江省总工会授予“黑龙江省劳模和工匠人才创新工作室”荣誉称号（2020年）。

（16）峻发选煤厂李连国被黑龙江省总工会授予“黑龙江省好师傅”荣誉称号（2020年）。

（17）救护大队罗运国被黑龙江省应急管理厅连续两年授予“应急管理专家”荣誉称号（2020年、2021年）。

（18）斯达公司关晓技术创新工作室参加黑龙江省总工会“五小创新竞赛”被评为二等奖（2020年、2021年）。

（19）鹤岗矿业公司地质测量部丁宝国物探创新工作室被黑龙江省总工会授予“黑龙江省劳模和工匠人才创新工作室”荣誉称号（2021年）。

（20）选煤总厂于均被黑龙江省人民政府授予“龙江技术能手”荣誉称号（2021年）。

（21）救护大队袁新生被黑龙江省人力资源和社会保障厅等部门授予“黑龙江省首席技师”荣誉称号（2021年）。

4. 专利成果

（1）选煤总厂李海“一种选煤用集料箱除杂装置”获得国家知识产权局专利认证（2018年）。

（2）斯达公司宋洪秋“一种潜水电泵机械密封润滑结构”和“潜水泥浆泵”获得国家知识产权局专利认证（2018年）。

（3）斯达公司任彦霖“一种用于立式排沙潜水泵的机械密封件”获得国家知识产权局专利认证（2018年）。

（4）长安工贸公司褚一武“一种用于大倾角大断面下山施工切眼的设备布置系统”获得国家知识产权局专利认证（2019年）。

（5）矿建处张壮志“一种可调节安全支撑装置（2020年）”“一种安全支护杆快速固定器（2020年）”“一种隧道施工除尘装置（2021年）”“一种岩土挖掘装置（2021年）”获得国家知识产权局专利认证。

（6）新陆煤矿王天明“一种厚煤层导水裂隙带高度探测装置”获得国家知识产权局专利认证（2021年）。

（7）选煤总厂刘凯“一种内振式移角翻转弧形筛”获得国家知识产权局专利认证（2021年）。

（8）车管中心李滨“一种汽车工程车检修设备”获得国家知识产权局专利认证（2021年）。

5. 技能竞赛

（1）铁路运输部王平获得全国煤矿铁路运输联合会全国煤炭铁路司机技能大赛机车检修和车钩拆装专业比赛三等奖（2015年）；中国煤炭工业协会物资流通分会煤炭行业铁路技能大赛内燃机车司机专业比赛个人三等奖（2019年）。

（2）兴安煤矿马超获得黑龙江省国资委及国防工业系统企业职工技能大赛采煤机司机工种决赛第一名（2018年）。

（3）峻德煤矿赵国栋获得全国煤炭行业职业技能竞赛瓦斯检查工种个人三等奖（2020年）。

(4) 新陆煤矿柴国刚、益新煤矿徐双全获得全国煤炭行业职业技能竞赛安全仪器监测、安全防范系统安装工种个人三等奖(2020 年、2021 年)。

(5) 救护大队获得第一届、第二届黑龙江省应急救援职业技能大赛矿山救援竞赛团体第一名(2020 年、2021 年)。

(6) 救护大队刘东获得第一届黑龙江省应急救援职业技能大赛矿山救援竞赛个人一等奖(2020 年);第二届黑龙江省应急救援职业技能大赛矿山救援竞赛个人全能第二名(2021 年)。

(7) 救护大队耿鹤鹏获得第一届黑龙江省应急救援职业技能大赛矿山救援竞赛个人二等奖(2020 年);第二届黑龙江省应急救援职业技能大赛矿山救援竞赛个人全能第一名(2021 年)。

(8) 救护大队孙博超获得第一届黑龙江省应急救援职业技能大赛矿山救援竞赛个人优秀奖 (2020 年);第二届黑龙江省应急救援职业技能大赛矿山救援竞赛个人全能第八名(2021 年)。

(9) 救护大队尹冰获得第一届黑龙江省应急救援职业技能大赛矿山救援竞赛个人优秀奖(2020 年)

(10) 救护大队李天达获得第一届黑龙江省应急救援职业技能大赛矿山救援竞赛个人二等奖(2020 年)

(11) 鹤岗矿业公司获得全国煤炭行业职业技能竞赛团体三等奖(2020 年)、优胜单位三等奖(2021 年)。

(12) 鸟山煤炭公司李虹伟、兴安煤矿张磊获得全国煤炭行业职业技能竞赛瓦斯检查工种个人二等奖、三等奖(2021 年)。

(13) 救护大队李德宁获得第二届黑龙江省应急救援职业技能大赛矿山救援竞赛个人全能第三名(2021 年)。

三、师傅带徒

师傅带徒是传授实践知识、实践经验、实践技能最直接、最有效的方法,是确保新工人和转岗工人安全生产、培养合格职工和技能人才的有效途径,也是一种特殊培训形式。通过师傅对徒弟的“传、帮、带”,使徒弟在较短的时间内胜任本岗位工作。多年来,鹤岗矿业公司广泛开展师傅带徒活动,努力使徒弟在师傅的言传身教中获得精湛技艺和创新能力的同时,还在耳濡目染中渐渐习得做人诚实、做事专业的思想认识和行为准则。

(一) 带徒对象

(1) 大中专毕业生、技校和职高毕业生。

(2) 新录用的职工。

(3) 转岗职工。

(二) 带徒原则

(1) 带思想、带作风、带业务、带技能、保安全。

(2) 以身作则、言传身教,帮助徒弟培养扎实、勤俭、严谨、好学、守纪、兑规、协作、创新的良好作风。

(3) 提高徒弟岗位操作技能,提升自身综合素质。

（三）师徒协议

（1）师徒根据双方工作性质、岗位目标和师傅的实际工作能力，在双方自愿、双向选择的基础上，签订“师傅带徒”协议。

（2）明确各自的职责和义务，建立师徒关系。

（3）建立“师傅带徒”档案，并及时备案存档。

（4）结成“一帮一”对子相互交流、相互帮助。

（5）协议期满，徒弟取得所从事岗位中级以上技能鉴定证书，能够独立工作。

（四）带徒期限

师傅带徒弟期限为1年。

（五）师傅职责

（1）注重徒弟理论知识的培养和提高，徒弟看哪些方面的理论书籍，参加哪些工种的培训，理论水平应在哪些方面提高，达到何种程度等，师傅都要有具体明确的安排。

（2）有计划地安排徒弟进行实践锻炼，在安全生产实践中有目标、有计划地给徒弟压担子，让徒弟带着问题到实践中去寻求答案，做到理论与实践相结合，并鼓励徒弟积极参加岗位技能竞赛。

（3）做好师徒间的安全联保互保工作，师傅要经常教育和引导徒弟遵章守纪，确保安全生产无事故。

（4）根据不同阶段，对徒弟业务、技术水平和操作能力进行量化考核，使徒弟业务、技术素质和操作能力均有明显提高，达到独立作业。

（5）重点向徒弟传授本岗位的作业标准、安全技能、安全要求，及新设备、新工艺的使用、工作原理和故障排除方法。见图2-39。

图2-39　师傅向徒弟传授知识

（6）在日常工作中，师傅以身作则，教育和引导徒弟爱岗敬业，增强奉献意识和创新意识，使徒弟真正成为德才兼备的接班人。

（六）徒弟职责

（1）尊敬师傅，虚心学习，在日常工作中勤学苦练，积极完成师傅制订的学习计划。

（2）切实提高自身理论知识水平，主动完成师傅所指定的理论学习任务，积极参加各项技术培训，使理论水平达到预期要求。

(3) 加强实践锻炼，在师傅的指导帮助下，不断提高安全意识和操作技能，主动承担各项生产任务，增强独立解决和处理实际问题的能力。

(4) 思想上积极要求进步，不仅学习业务和技术知识，还要努力提高自身的政治修养，增强责任意识和遵章守纪意识。

(5) 争取提前完成学习任务，主动配合师傅，努力学习、刻苦钻研，按计划、有步骤地完成师傅安排的各项工作。

(七) 监管部门职责

(1) 各基层区(科)单位根据自身实际，提出师傅带徒活动的年度工作计划和目标。

(2) 采取多种形式激发徒弟学知求技的热情，增进师徒间的友谊。

(3) 在师徒结对之前，对师傅进行相关培训，提高师傅带徒能力。

(4) 建立师徒结对的详细档案，并对协议的执行情况进行跟踪检查，及时了解活动开展情况，做好组织协调工作。

(5) 负责对师徒活动进行考核，建立师傅带徒季度工作汇报考核制度，并将考核结果与日常考核进行汇总上报。

(八) 师傅选聘

(1) 本岗位工作优异，技能突出，思想品质好。

(2) 两年内没有受过党政纪处分。

(3) 两年内没有出现过严重“三违”行为。

(4) 具有为企业发展培养人才的强烈责任感。

(九) 教学培养

(1) 师傅根据工作实际，制订教学计划，采取灵活多样的教学措施，确定相应教学内容。

(2) 每月、每季度徒弟应根据自己的技能现状、师傅的专长及要达到的目标，在师傅的指导下制订详细的学习计划。

(3) 教学过程应注重理论教学与实践教学相结合。

(十) 监督考核

区(科)单位主管领导要对徒弟进行动态检查及实践技术考核，确认师徒是否认真履行协议。

(十一) 考评办法

实行动态考核、月份总结、季度检查、期满鉴定制度。根据教学计划，采取日常检查与定期考核相结合的方式。协议期满，如徒弟的水平达不到要求，则取消师傅的带徒资格，徒弟不能转正。具体考评办法如下：

(1) 协议签订后，每月徒弟应对自己的学习情况进行总结，师傅要对徒弟做出评价，每季度师傅将情况记录到“师傅带徒协议书”中。

(2) 根据本季度的学习情况和总体进度，安排下季度的培养计划。

(3) 考核采取自下而上的考核方式，先后由师徒所在区(科)、矿(处)、公司主管部门进行考核。

(4) 每季度由师徒所在区(科)考核小组对活动情况进行考核，季度考核成绩及格线为80分。

（5）协议期满后由本单位会同公司业务主管部门进行考核鉴定，徒弟经考核合格后方可出徒转正。

师傅带徒活动开展以来，鹤岗矿业公司已有万余名青年职工学成出徒，安全技能和岗位操作能力得到有效提升，为青年职工搭建了一条快速成长的通道，一批优秀师徒脱颖而出。特别是近几年，师徒结对数量稳步增加，师傅带徒效果不断显现。2021 年有 4 对师徒荣获黑龙江省“好师傅好徒弟”荣誉称号。

师傅带徒事例

师傅刘德彬，男，毕业于黑龙江科技学院采矿工程专业，曾任峻德煤矿掘进一区技术员，掘进二区、三区主任工程师，是一名专业技术过硬、勇于探索创新的技术人员。

徒弟王忠阳，男，毕业于鹤岗矿业公司职工大学采矿工程专业，毕业后来到掘进三区测量组工作。

他们结为师徒对子后，师傅经常带着徒弟到井下现场进行反复的勘测，掌握第一手资料，使徒弟对煤矿的设计、巷道的布置，有了较为全面的了解。

在师傅的帮助下，徒弟参与编制了《峻德煤矿二水平北 27-1 层作业规程》。在编制过程中，师傅坚持理论和实际紧密结合，从采煤工作面走向长度、倾斜长度、工作面煤层倾角等方面逐一进行认真讲解。在师傅的指导下，经过反复修改，《峻德煤矿二水平北 27-1 层作业规程》如期完成。

一年来，在师傅的“传、帮、带”下，徒弟的业务水平和综合能力显著提高，责任意识和爱岗敬业精神不断增强，较好地独立完成了各项工作任务，经考核成绩优秀，圆满出徒，师傅也获得了优秀师傅称号。

四、安全确认

对现场操作岗位进行安全确认，能够进一步强化职工按标准作业的行动自觉，提升职工的安全技能，养成良好的操作习惯，实现人、机、系统、制度的有机结合。多年来，鹤岗矿业公司坚持开展岗位操作“手指口述”和“岗位描述”安全确认，有效提高了职工安全自保互保的素养和能力。

（一）“手指口述”安全确认

1.“手指口述”安全确认的含义

“手指口述”安全确认，是通过心想、眼看、手指、口述等一系列行为，对工作过程中的每一道工序进行确认，使人的注意力和物的可靠性达到高度统一。

2.“手指口述”安全确认的作用

（1）通过“手指口述”安全确认，可以较好地纠正职工在工作中注意力下降、精力不集中时容易产生的马虎行为。

（2）通过“手指口述”安全确认，可以较好地纠正想当然行为、错觉和判断失误行为。

（3）通过“手指口述”安全确认，可以使大脑更加灵活，提高操作者的注意力，达到危险预知、改善安全环境的目的。

3.“手指口述”安全确认的原则

（1）与风险预控管理相结合。

（2）与危险源辨识相结合。

(3) 与精细化管理相结合。

(4) 与打造本质安全型矿井相结合。

4. “手指口述”安全确认的流程

(1) 班前课开始,管理人员对入井职工精神状态是否良好、有无饮酒及患病情况进行安全确认。

(2) 到达工作地点,组织职工在施工前进行安全确认,对存在的安全隐患进行危害辨识,隐患排除确认后再施工作业。

(3) 施工过程中,对每一道工序进行安全确认,待对存在的隐患排除后,再施工作业。

(4) 岗位多人作业,以及交叉作业的工序,由岗位人员集体进行安全确认。

(5) 当班作业结束后进行安全确认,发现问题及时处理,不给下一班留下安全隐患。

(二) “岗位描述”安全确认

1. “岗位描述”安全确认的含义

“岗位描述”安全确认,是对班队长、安检员、瓦检员及其他特种作业人员的职责与需要具备的资格、能力要求、工作条件和工作环境等情况的说明,对自我状况、安全责任、作业标准、作业环境、工艺流程、设备工具性能特点、协作配合等内容进行的描述。

2. “岗位描述”安全确认的内容

(1) 岗位名称、本人姓名介绍。

(2) 岗位职责描述。

(3) 岗位工作流程描述。

(4) 岗位常见的故障描述。

(5) 设备操作要求描述。

(6) 岗位危险预知描述。

(7) 排除常见故障描述。

(8) 所在岗位或矿井发生灾害避灾路线描述。

(9) 工作失误可能造成的后果描述。

(10) 日常安全生产教育和培训主要内容的描述。

3. “岗位描述”安全确认的作用

(1) 通过“岗位描述”,可以将安全知识熟记于心,提高职工安全操作技能和综合素质,使安全意识、安全知识、安全技能融会贯通。

(2) 通过“岗位描述”,可以将岗位安全作业知识与现场实际相融合,增强现场兑规作业、按标准施工的意识。

(3) 通过“岗位描述”,可以使管理人员更加明确自己的管理职责、管理权限和管理标准,能够更好地抓好现场安全管理。

(三) “手指口述”和“岗位描述”推广步骤

(1) 编写要领。在内容上突出各工种的作业程序、工作标准、安全防范重点;在文字上,简明扼要、通俗易懂,力求口语化,确保“手指口述”和“岗位描述”安全确认有用、管用、实用。

(2) 组织学习。采取集体学习与职工自学相结合的办法,通过制作宣传牌板、学习卡片、多媒体等形式,组织职工利用班前会、安全活动日,以及业余时间学习本工种“手指口述”和“岗位描述”操作要领,做到熟记于心。

（3）示范引领。在组织职工学习操作要领的同时，做好示范人员的培训工作。示范人员通过理论讲解与现场示范相结合的方式做好演示，引领职工学习和认知“手指口述”和“岗位描述”安全确认方法。

（4）全面推行。在班队长、安检员、瓦检员及其他特种作业人员中全面推行“手指口述”和“岗位描述”操作方法。通过班前辅导、班中指导、班后纠正，以及安管人员现场考问，使其按照“手指口述”和“岗位描述”操作方法要求做好安全确认。

（四）“手指口述”和“岗位描述”推进方式。

（1）示范引导与网络教学相结合。充分发挥示范人员、示范单位的领学、引学、帮学作用，引导职工认知并使用“手指口述”和“岗位描述”安全确认方法。

（2）班前学习与现场培训相结合。利用班前课时间，有计划地组织职工学习“手指口述”和“岗位描述”操作要领；在工作面现场开设井下学堂，对职工进行“手指口述”和“岗位描述”操作示范培训。

（3）学、练、赛相结合。在推行“手指口述”和“岗位描述”安全确认过程中，通过规范演示、竞赛比武等方式，调动职工学习使用“手指口述”和“岗位描述”的积极性。见图 2-40。

图 2-40　“手指口述”和“岗位描述”比赛现场

五、准军事化训练

人的良好思想意识、良好习惯、良好行为的养成，是在一定的制度约束、环境影响和教育训练中逐步形成的。多年来，鹤岗矿业公司坚持开展准军事化训练，实施准军事化管理，规范职工日常行为，培育职工团队精神，着力打造一支执行有力、作风优良的职工队伍。

（一）准军事化训练目的

（1）在思想方面。全面提高职工的思想政治素质，打造思想过硬、步调一致的优秀团队。

（2）在作风方面。全面培养职工勇于吃苦、乐于奉献、扎实进取的工作作风，做到工作脚踏实地、行动雷厉风行、落实有始有终、各项任务圆满完成。

（3）在纪律方面。全面增强职工的组织纪律观念，做到纪律严明、严谨务实、令行禁止，形成自觉遵章守纪、履职尽责、从严自律的良好风气。

（二）准军事化训练原则

（1）循序渐进原则。坚持总体规划、分步实施，遵循艰苦训练、自觉养成和逐步积累的渐进过程。

（2）注重实效原则。不搞形式主义、不做表面文章，坚持重实效、讲实效、求实效、见实效。

（3）从严训练原则。按照军事训练的部分科目标准，从严进行训练。

（4）合力推动原则。坚持公司党委统一领导、相关部门指导协调，基层单位党、政、工、团齐抓共管的工作格局，为开展准军事化训练提供坚强组织保证。

（三）准军事化训练安排

（1）各单位自行安排时间，组织职工开展准军事化训练。

（2）开办“三违”学习班、管理人员安全素质能力提升班、职工培训班等，必须每天保证有一节课对学员进行准军事化训练。课堂上学员要遵守纪律，包括但不限于上课要坐姿端正、纵横成线，关闭手机，不喧哗、不交头接耳、不随意走动，帽子、水杯、学习用品等整齐成线，学员表现量化成分值，计入本人培训综合成绩。

（3）每年公司举办一次职工准军事化演练大赛，集中展示各单位准军事化训练成果，对优秀团体和优秀个人予以表彰。见图 2-41。

图 2-41　准军事化演练大赛

（四）准军事化训练纪律

（1）坚决执行命令，做到令行禁止。

（2）态度端正，精神振作，严肃认真。

（3）按规定位置列队，听从指挥，动作迅速准确、协调一致。

（4）列队整齐，有事情时喊报告。

（五）准军事化队列训练

（1）整理着装，整齐报数。

（2）立正、稍息、跨立。

（3）行进间转法。

（4）齐步走、正步走、跑步。

（5）分列式、阅兵式、口号训练。

（6）军训时统一着装，列队统一出操、统一进餐、统一上课下课。

（六）准军事化训练作用

（1）有利于职工强健体魄，保持旺盛精力。

（2）有利于增强职工的团队意识、纪律意识和执行意识。

（3）有利于培育职工的果断、硬朗、高效的工作作风。

（4）有利于锻造职工良好的意志品质。

（5）有利于规范职工行为，养成良好习惯。

（6）有利于职工像军人一样完成任务。

（7）有利于职工塑造良好形象，提高企业的美誉度。

近年来，通过扎实有效地推进安全教育、安全培训、安全技能提升“三位一体”工作，从业人员安全素质不断提高，实现了“一个减少、两个全面掌握、五个提高”的良好效果。一个减少：即大幅减少了工伤事故和“三违”行为。两个全面掌握：一是能够全面掌握相应安全知识；二是能够全面掌握井下突发事故现场应急处置知识。五个提高：一是提高了对各类安全规程和措施的执行能力；二是提高了安全生产责任意识；三是提高了现场岗位操作能力；四是提高了应急处置能力；五是提高了安全生产管理能力。

第三章　用五项溯源治理提升职工安全素养

职工是煤矿安全生产的主体，其思想、行为、能力、素养如何，在很大程度上决定着企业的安全成效。鹤岗矿业公司深化安全培训供给侧改革，规范职工安全行为，培育职工安全素养和能力，着力推进五项溯源治理工作，提升矿井整体安全度。

第一节　深化安全培训供给侧改革　提升教学和培训质效

教师是安全培训的灵魂，是安全培训质效的保证。为切实解决多年来煤矿安全培训教师存在的整体专业性不强、创新意识不足、教学水平不高，无法满足职工安全培训需求的问题，公司不断加大安全培训改革力度，实行教师准入、差异化薪酬、教学效果评估，切实加强师资队伍建设，充分调动教师工作的积极性、主动性和创造性，提高教学和培训质效，真正使安全培训工作严起来、细起来、实起来和强起来。

一、实行教师准入

（一）实行教师准入的主要内容

按照原国家安全生产监督管理总局《安全培训机构基本条件》（AQ/T 8011）和《黑龙江省安全培训机构从业准则（试行）》规定要求，结合矿井安全培训实际，公司制定并严格执行了安全培训教师准入制度。

1. 安全培训教师的准入条件

（1）具备良好的职业道德、师德修养、责任意识、敬业精神，身体健康，为人真诚，热爱安全培训工作。

（2）具有一定的口语表达能力和沟通协调能力。

（3）专职教师必须具备大专及以上学历，并有5年以上相关专业工作经历。

（4）兼职教师必须具备专科及以上学历或具有中级以上专业技术职称，并在本专业领域有较高专业技术水平和5年以上专业经验或有特殊专业技能的人员。

（5）实操考核教师应具备工程师、讲师及以上专业技术职称或者技师及以上资格，实际从事采矿、矿建专业相关工作5年以上，熟悉相应的专业知识和操作技能，掌握考试标准。

（6）经培训考核取得教师考核合格证书。

（7）安全培训教师入职前，由一名指导教师按照培训工作的有关要求，对新教师在授课中的各个环节进行指导。经指导后，对新教师熟悉安全培训教学规律、掌握安全生产相关知识和技能等方面进行考核，并取得煤矿安全培训教师考核合格证书后方可任教。

2. 安全培训教师的考核流程

（1）由个人提出申请，基层单位培训中心对其学历、专业、职称、工作年限等信息进行审核，将符合条件人员的申请资料上报公司安全监察局培训处，对其基本条件进行审查，选出符合专业需要的申请者，见图 3-1。

教师申请表

姓名	×××	性别	男	年龄	32	民族	汉	照片
文化程度	本科	毕业学校	黑龙江科技学院	专业	采矿工程		
申请专业	矿井通风			职称	工程师		
参加工作时间	2010.08			政治面貌	党员		
现工作单位	兴安煤矿通风区			家庭住址	×××		
身份证号	×××			联系电话	×××		
个人简历	2010.08—2011.08　兴安煤矿通风区　见习技术员 2011.09—2016.07　兴安煤矿通风区　防灭技术员 2016.08—至今　兴安煤矿通风区　防灭工程师						
矿单位审核意见：（公章） ×年　×月　×日				鹤岗矿业公司安监局培训处单位审核意见：（公章） ×年　×月　×日			

图 3-1　“教师申请表”填写示例

（2）由基层单位教师准入考评委员会（矿领导、系统领导、职教科负责人、培训中心主任、专职教师组成）对符合条件的申请者进行面试，通过交谈、询问、专业知识提问等方式，考核申请者是否具备聘任安全培训教师的条件。

（3）由基层单位培训中心对符合条件的申请者进行岗前培训，使其了解公司及所在单位发展历史、灾害情况、培训中心基本概况、培训理念、机构设置、教师基本业务、实验观摩教学等内容。

（4）岗前培训结束后，进行理论考试，主要考核教师基本素养、基本业务掌握情况，教师专业知识、应急处置等内容，评选出合格者进行见习期培训。

（5）申请者通过理论考核后，在现任教师中选派一名教师作为导师，对新教师进行传帮带，即传授本岗位的基本技能，如教案编写格式、备课、授课、课程讲义的编制等内容；帮助指导解决新教师见习期间遇到的问题，引导新教师热爱本职工作，树立岗位创新意识；带领新教师有计划地参加授课实践锻炼、熟悉安全培训工作流程等。通过听课、观摩，新教师应在3个月内掌握本职工作内容、流程，并能独立完成本职工作。见习期内，导师按阶段对新教师基本业务进行考核，填写“考核进度表”，及时了解新教师学习情况，查缺补漏，见图 3-2。

考核进度表

第 1 月	
业务学习情况	在本月的工作学习中，该同志始终保持认真的态度，虚心向指导老师学习各种业务知识，包括教案编写、讲台授课、实验设备演练等内容。在具体的学习过程中，既学习理论知识，也进行实践演练，做到了理论与实践相结合，达到预期要求。
第 2 月	
业务学习情况	这个月主要是增加了实践演练方面的学习。通过指导，该同志能够尝试应用各种方法加强与学员的交流互动，及时总结，不断改进教学方法，并逐渐克服了自己授课时的紧张状态。
第 3 月	
业务学习情况	这个月主要学习内容为巩固提高业务知识。该同志在教学实操过程中，有效提高了自身的业务知识和应变能力，已能够独立编写教案，并在授课过程中自如与学员互动，掌握了安全培训的流程。

图 3-2 “考核进度表”填写示例

（6）见习期后，新教师由基层单位教师准入考核委员会进行综合考评，包括授课、教案编写、实验设备操作等内容。导师根据其业务掌握情况，填写“考评鉴定表”，见图 3-3。

考评鉴定表

导师的评语	该同志在见习期间表现良好，能够遵守单位的各项规章制度，工作态度认真，工作热情较高，具有较好的学习能力和接受新鲜事物的能力，不断改进教学方式方法，并能将所学知识灵活地运用到具体的工作之中。
考评委员会的鉴定	经综合考评，该同志具备了教师的基本素质，推荐参加教师资格培训班。

图 3-3 “考评鉴定表”填写示例

（7）通过考评的新教师，由所在单位向公司安全监察局培训处报备，上交申请表申请参加教师资格培训班，经考核合格后，取得教师考核合格证书，聘任为正式教师，见图 3-4。

安全培训教师岗位证书申请表

<table>
<tr><td rowspan="4" colspan="2">照
片</td><td>姓名</td><td>XXX</td><td>性别</td><td>男</td><td>年龄</td><td>46</td><td>煤矿工作
年　　限</td><td>27</td></tr>
<tr><td>文化
程度</td><td>本科</td><td>毕业
学校</td><td>黑龙江科技学院</td><td>所学
专业</td><td>电气
自动化</td><td>技术
职称</td><td>高级
工程师</td></tr>
<tr><td>工作
单位</td><td colspan="3">机电科</td><td colspan="2">现（拟）任
岗位（职务）</td><td colspan="2"></td></tr>
<tr><td>身份
证号</td><td colspan="3">XXX</td><td colspan="2">联系电话</td><td colspan="2">XXX</td></tr>
<tr><td colspan="2">个人简历及学习培训经历</td><td colspan="8">2016.07.22 — 2016.07.29　安全知识管理能力培训
2017.07.02 — 2017.07.09　黑龙江煤矿职业健康培训
2017.07.20 — 2017.07.27.　安全知识和管理能力培训
2018.08.25 — 2018.08.29.　煤矿安全生产质量标准化专题培训
2018.10.19 — 2018.10.21.　煤矿安管人员法制建设培训
2018.11.26. — 2018.11.30.　黑龙江煤矿职业健康培训</td></tr>
<tr><td colspan="2">从事煤矿生产工作经历</td><td colspan="8">1999.08 — 2004.07.　兴安煤矿三采区. 机电技术员.
2004.08. — 2011.05.　兴安煤矿机电科. 机电技术员
2011.06 — 至今　兴安煤矿机电科.　工程师

单位领导证明签字：XXX
X年　X月　X日</td></tr>
<tr><td colspan="2">送培单位审核意见</td><td colspan="4">（公章）

鹤岗矿业公司安监局培训处
审核意见：（公章）

X年　X月　X日</td><td colspan="4">（公章）

县、矿单位审核意见：（公章）

X年　X月　X日</td></tr>
</table>

图 3-4　“安全培训教师岗位证书申请表”填写示例

3. 安全培训教师的管理机制

为强化激励约束机制，优化教师队伍结构，在采取多种方式提高教师专业素质的同时，建立教学过程中的监督考核机制，对在职教师进行综合考核。

（1）提升教师综合素质。重点开展七项工作：

① 开展教案评比。要求教师在固定时间段，自行选取科目，进行教案默写，包括教学目的、教学重点与难点、板书设计、课时分配、教学内容、小结、后记等内容。参加评比教师按照活动要求，统一时间、统一地点进行教案默写，由组织者将默写完成的教案展示在公示板上，参与活动的教师按照“培训中心教师默背教案评分标准”（见图 3-5）对教案进行打分，组织者进行综合评审（见图 3-6），评选出优秀教案，并对相应教师进行奖励，对不能完成教案默写的进行处罚。

② 开展实操考核。要求教师熟练掌握自救器佩戴、灭火器使用、心肺复苏等实操考核内容，采用抽签方式决定考核顺序，实操考核中教师一边演练、一边讲解，由其他教师按照“安全培训教师实操课评记录”评分标准进行打分，并综合评价，评选出优秀实操教师，见图 3-7。

③ 开展听课评课。为引导教师相互学习、共同提高，进一步提升专业水平和业务能力，开展教师听课评课活动。每次听课后，都要对教师上课情况与特点进行分析评价，重点评价教学目的是否明确、内容是否正确、方法是否得当、分析讲解是否清楚明白、板书是否整洁、互动是否活跃、教学态度是否端正等，查找不足、补齐短板，见图 3-8。

④ 开展业务学习。每月开展一次教师业务学习，学习内容选取当月安全培训文件，上级对安全培训的新要求、新方法等内容。

⑤ 开展现场调研。每季度开展一次教师现场调研。在调研过程中，由两名教师组成一个小组共同提出调研题目、确定调研重点，根据调研题目，深入基层，通过实地考察、访谈、听取汇报等方式，广泛征求职工对培训内容、培训方法等方面的意见建议，了解掌握培训教学方面需要解决的主要问题、职工关注的突出问题，并以撰写调研报告的方式，促进教学方法改进和教学质量提升，见图 3-9。

⑥ 开展教学研讨。每月开展一次教学研讨。在教学研讨时，将教师分成若干小组，结合上级有关安全生产文件要求，以符合当前教学实际、取得最佳教学效果为目的，改进教学方法、更新教学内容、提升教学质量，见图 3-10。

⑦ 开展专项培训。采取现场参观、专家授课相结合的方式，在有计划安排教师到黑龙江科技大学“教师培训班”进修的同时，聘请专家到公司为教师授课，及时为其充电续航。

（2）强化约束管理。教师有以下行为，要及时调离培训岗位，不得再从事安全培训工作：① 未参加黑龙江科技大学举办的年度继续教育培训或者参加培训未取得教师考核合格证书，知识能力不能胜任教学工作的；② 不服从安全培训机构管理，在培训教学工作中造成严重影响的；③ 对培训教学工作不负责任或者造成严重后果的。

培训中心教师默背教案评分标准

为进一步完善安全培训制度，推动安全教育与管理工作进一步规范化，增强教师安全教育与管理的时效性，不断提高教师的理论水平与实际教学能力，结合工作实际要求，开展教师教案评选活动。具体评分标准如下：

序号	评分标准	满分100	得分	扣分原因
1	教案书写规范，字迹工整，文字简练。	5	5	
	板书设计、布局合理（包括大家所书写的教案的整个版面）。	5	5	
2	教案具备“九要素”（授课科目名称、教学目的、教学设计、重点与难点、教学基本内容、内容详解、特殊标注、作业、教学后记）每少一项扣2分，内容不扣主题，每一项扣1分。	25	23	缺少特殊标注。
	教案其他要求：授课教师、培训对象、课时、教学方法、班级名称、授课时间、使用教材及参考资料等，每少一项扣1分。	5	5	
3	课后作业不得少于3道，作业内容与教授内容不符扣2分。	5	4	课后作业少于3道。
4	后记要有本次授课总结及下一步改进方法，内容不完整扣2分。	5	4	后记内容缺少下一步改进方法
5	教学内容准确，详解条理清晰，要有独创性、实效性、总体做到“实用、好用、管用”，符合煤矿安全生产要求。每有一处错误扣2分。	20	20	
6	教学重点难点突出、目的明确，符合课程标准的基本要求，所教授内容重点每有一项不清晰扣2分。	20	20	
7	教学环节安排得当，时间分配合理、科学。	10	10	
8	奖罚：此次教案评选评出优秀教案前两名，每人奖励100元；对不能完成教案默写的、得分低于90分（不含90分）的罚款50元，并于次日重新默写，直至合格。			
备注			96	

课评教师：×××

图3-5 “培训中心教师默背教案评分标准”填写示例

教案审核表

审核时间	×××	审核人	×××
评选结果	合格		
审核建议	1. 缺少小结。 2. 教学目标、重点与难点顺序有误。 3. 时间设计不合理。		
整改内容： 1. 增加课程小结。 2. 调整教学目标、重点与难点编写顺序。 3. 合理设计课程分配时间。			

图 3-6　“教案审核表”填写示例

安全培训教师实操课评记录

授课时间：×××

考核人：×××　　　　授课类型：实际操作与演练

科目	操作步骤	分值	得分
自救器佩戴使用注意事项	【一开】 拉开护罩胶片，再用右手掰锁口带扳手至封印条断开后，丢开锁口带。左手抓住下外壳，右手将上外壳用力拔下扔掉。	10	10
	【二挎】 将挎带套在脖子上。	4	4
	【三、四拔】 拔出启动针，使气囊逐渐鼓起，立即拔掉口具塞。	4	4
	【五咬、六夹】 将口具片放于唇齿之间，咬住牙垫，紧闭嘴唇。向自救器里呼气。将弹簧拉开，憋住一口气，使鼻夹垫准确地夹住鼻子。	12	11
	【七调退】 调整挎带，长度适宜后，系在小圆环上。退出灾区途中感到吸气不足时不要惊慌，应放慢脚步，做深长呼吸，待气量充足时再快步行走。	10	9
心肺复苏操作方法注意事项	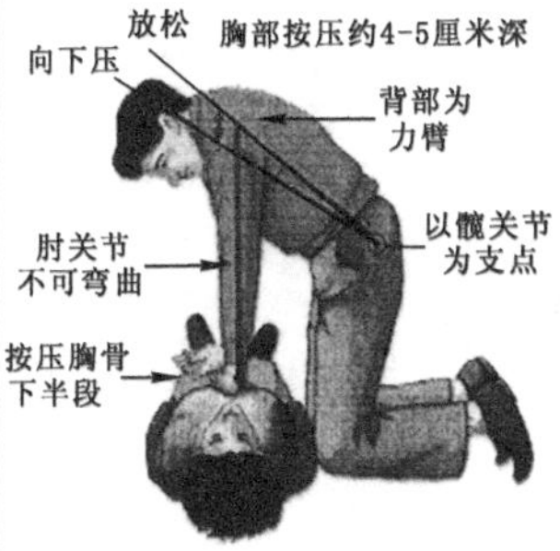 1、先把模拟人放平，头往后仰70～90°，形成气道放开，正确人工吹气2次。 2、在胸骨中下1/3交界处垂直下压3~4厘米，进行单人正确胸外按压30次。 3、再进行单人人工正确吹气（ 2 ）次。 4、连续进行正确胸外按压 30 次，正确人工吹气2次的（ 5 ）个循环。 5、最后显示器上正确按压显示为150，正确吹气为12次。即告单人操作按程序操作成功，操作结束，自动奏响音乐，颈动脉连续搏动，心脏跳，恢复心跳声音，瞳孔由原来的散大自动缩小，说明人被救活。	5	5
		5	4
		5	5
		20	18
		5	5
灭火器使用及注意事项	1、右手托着压把左手托着灭火器底部，轻轻地取下灭火器；	5	4
	2、除掉铅封；	3	3
	3、拔掉保险销；	3	3
	4、左手握着喷管，右手握着压把；	3	3
	5、在距火焰两米的地方，右手用力压下压把，左手拿着喷管左右摆动，喷射干粉覆盖整个燃烧区。	6	5
总分值		100	93
综合评价	自救器佩戴演示较好，应增加佩戴过程讲解。其它两项操作比较规范，讲解透彻。　考核人签字：×××		

图 3-7　“安全培训教师实操课评记录”填写示例

培训中心教师公开课意见反馈表

同志们：

为了不断提高教师水平，提升培训质量，培训中心现决定开展教师现场公开课活动。请各位老师认真听课、评课，提出真实合理的意见，并及时进行整改，促进安全培训工作顺利开展！

授课教师：X X X　　　　　　科目：X X X

教师课件	☑ 条理分明、内容具体	□ 一般
教师授课情况	☑ 语言生动、清晰	□ 一般
课程内容的实用性	☑ 非常适用	□ 不太适用
培训方式、方法	□ 好	☑ 一般
您对培训部门的评价	☑ 好	□ 一般
综合结果评定：□ 优秀　☑ 良好　□ 及格　□ 不及格		
针对实际谈谈您对培训中心教学和管理方面需要哪些改进。 1、培育一种轻松、愉快的学习环境，让学员在团结、平等、协作的氛围中互动学习。 2、改进教学方法，让学员多参加实操演练，培养学员的动手能力。		

图 3-8　“培训中心教师公开课意见反馈表”填写示例

（二）实行教师准入取得的效果

目前，鹤岗矿业公司共有专职教师74人。同时，为充实师资力量，建立了136人的兼职教师库，选聘理论水平高、业务能力强、实践经验丰富的管理人员和技术人员进课堂，壮大师资队伍。

1. 教师准入体系逐步完善

（1）建立了统一的教师准入考核流程，建设高水平教师队伍有了新的进展。如图3-11所示。

（2）按专业岗位需求配备专业教师，促进了师资队伍结构合理、配置科学。

（3）坚持公开、公平、公正的聘任原则，遵循按需设岗、平等竞争、规范程序、择优聘任要

培训中心教师现场调研记录

调研单位	兴安煤矿培训中心	调研时间	×年 ×月 ×日
调研课题	煤矿冲击地压矿井基本情况调研		
被调研单位	防冲大队		
调研方式	现场访谈		
调研对象	防冲大队技术人员及相关人员		

调研主要内容：

一、矿井基本概况。

兴安煤矿于1956年7月份投产，设计生产能力450万吨/年，核定生产能力270万吨/年，矿井现开采水平为三、四水平。

二、矿井防冲制度制定落实情况。

三、防冲设备配置及预警指标情况。

1、防冲系统配置情况。

2、防冲监测预警指标。

3、防冲治理设备配置情况。

四、采掘工作面加强支护方式及支护距离。

1、采掘工作面应力集中区加强支护方式。

2、回采工作面加强支护方式。

五、冲击危险治理情况。

图3-9 “培训中心教师现场调研记录”填写示例

培训中心教师现场调研记录

调研主要内容：六，矿井冲击地压防治存在的难题及建议。 七，矿井防冲现场设置及培训情况。	
调研教师签字	×××　×××
被调研人员签字	×××　××× ×××　×××
被调研单位意见	单位公章： 领导签字：×××

图 3-9(续)

求，严格考核流程，确保教师聘任的规范化、程序化、透明化，师资队伍建设取得明显成效。

2. 教师整体素质显著提升

(1) 师资水平逐步提高。一是教师整体学历水平有所提升。教师准入制度实施前，本科及以上学历占全部教师的60%，实施后本科及以上学历占比提升至85%以上。二是专业教师数量得到保证。教师准入制度实施前，基层单位专业教师无法满足分工种培训需求，由非专业教师讲授无法达到预期的教学效果，实施后按教师专业进行课程讲解，效果显著。三

培训中心教学研讨记录

研讨时间	x 年　x 月　x 日		
讲析教师	×××	研讨教师	×××
研讨课题	教师教学好习惯研讨		
研讨内容： 您认为教师的教学好习惯有哪些？ 1、坚持个性备课。 2、不忽视课前准备。 3、养成经常审视自己的习惯。 4、重视教学目标的达成。 5、细化课程教学内容，突出每个环节的教学重点。 6、上课时，要注意语言简练、深入浅出。 7、上课不拖堂。 8、坚持做到“学习中工作，工作中学习”。			
研讨总结： 教师应积极调动学员的学习兴趣，让学员积极参与到教学当中，想尽一切办法挖掘学员的潜能，变以教为主为以学为主。			

图 3-10　“培训中心教学研讨记录”填写示例

是教师高级职称比例得到提升。教师准入制度实施后，公司所属教师中拥有中、高级职称比例由原来的 51％提升至现在的 83％。

（2）授课水平不断提高。通过开展优秀教案评比、实操考核、听课评课等活动，教师的教学基本功更加扎实，授课水平不断提高。

（3）教师视野不断开阔。通过开展现场参观、专家授课、课堂观摩、教学研讨等活动，使

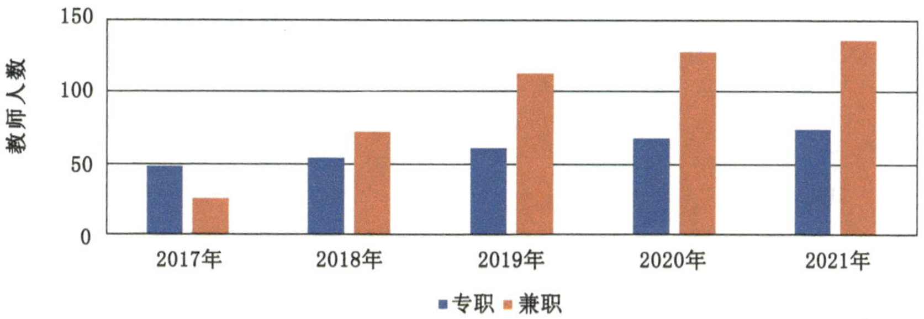

图 3-11　教师队伍建设统计图

教师认识到丰富的知识、创新的思维、高度的责任感是让课堂教学保持活力的前提，极大地激发了取长补短、学用结合的热情。教师利用工作和业余时间“充电”，将新学科知识融入本专业之中，有效提高了知识的复合性，进一步开阔了知识视野。

(4) 教学方式发生转变。通过持续开展教学研讨，教师不断创新教学方式，由传统的单一教学方式转化为多元化教学方式。教师根据不同的授课内容和学员状况，采用不同的教学方式，如研讨式、问答式、案例式、互动式、角色互换式、现场教学式等模式，把学员注意力吸引过来，由以教为主变为以学为主，由被动学习变为主动学习。

3. 学员安全素质显著提升

(1) 学员课堂参与率明显提升。教师通过上课观察和课后询问的方式，对创新教学方式后的变化情况进行总结，发现学员对互动式、研讨式、角色互换式等教学模式很感兴趣，并能积极主动参与教学活动。

(2) 学员理论知识掌握比较扎实。实施教师准入制度以来，学员一次考试通过率由原来的 84.5%提升至 96%(见图 3-12)，学员补考率由原来的 15.5%下降至 4%(见图 3-13)，说明学员对知识的理解与掌握程度有所提升。

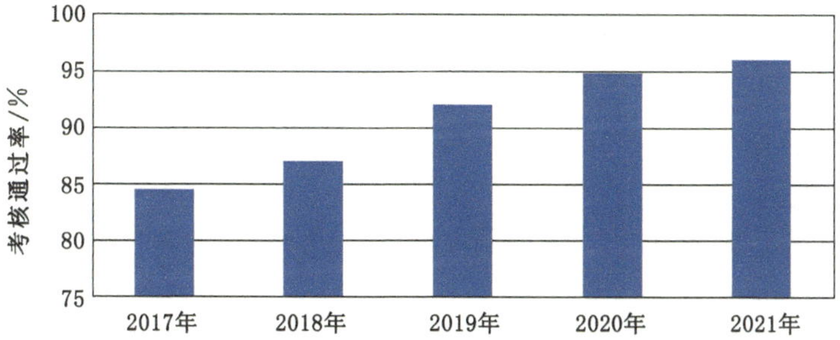

图 3-12　学员考核通过率统计图

(3) 学员安全意识和安全技能显著增强。通过培训后跟踪调查反馈，学员在工作岗位上的责任感、进取心有明显提升，安全意识和自保互保能力进一步增强，促进了安全生产。

二、实行差异化薪酬

为激励教师履行岗位职责，提高教学教研质量，培育优良师德师风，解决工作中存在的“干好干坏一个样、干与不干一个样”的问题，公司在安全培训教师队伍建设上，坚持以提高教学质量、促进教学相长为核心，以严格考核标准、严肃兑现奖罚为手段，实行差异化薪酬分配政策，引进竞争机制，激发工作活力，调动安全培训教师工作的积极性、主动性和创造性。

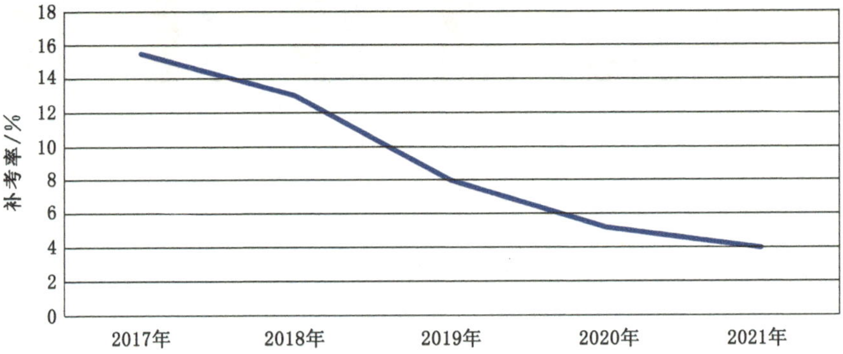

图 3-13　学员补考率统计图

（一）实行差异化薪酬的主要内容

1. 差异化薪酬的分配原则

（1）政策导向、激励为主的原则。用正确的政策舆论为导向，坚持激励为主、惩罚为辅，引导教师把主要精力用到备课授课、内业建设上来。

（2）多劳多得、优劳优酬的原则。以责任心、工作业绩和实际贡献为主要依据，将薪酬分配向班主任、骨干教师和超工作量教师倾斜，确保其付出与收入成正比。

（3）相对统一、各矿自主的原则。为有效推动差异化薪酬政策的实施，公司所属单位可依据本单位情况，充分发挥培训中心教学的自主性，制定体现本单位特点、科学合理的差异化薪酬分配方案。

（4）科学设计、公平公正的原则。科学设计差异化薪酬分配方案，坚持质效优先，优化操作流程，强化民主参与、民主监督，确保教师差异化薪酬分配公开、公平、公正。

2. 差异化薪酬的分配办法及标准

（1）成立差异化薪酬考核领导小组，做好绩效工资二次分配的解释、监督和执行工作，确保差异化薪酬分配顺利进行。

（2）制定差异化薪酬分配方案，明确差异化薪酬考核项目与权重，将分配重点向教学教研能力和履行职责倾斜。

（3）明确差异化薪酬分配标准，将教师总薪酬 30%作为差异化考核部分，与具体考核项目挂钩，每月进行一次差异化考核，月考核薪酬变动与浮动薪酬联动，年底综合考评与评优评先联动。

3. 差异化薪酬的考核项目及评分标准

在教师差异化薪酬分配考核中，评分标准为教学效果评估方面占 60 分、教学教研方面占 15 分、教师形象方面占 15 分、廉洁自律方面占 5 分、劳动纪律方面占 5 分。在具体考核中，对连续 3 个月考核分数低于 90 分的黄牌警告，对连续 6 个月考核分数低于 90 分的调离岗位，见表 3-1。

表 3-1　教师差异化薪酬分配考核项目及评分标准

评比教师：　　　　　　　　　　　　评分人：

项目	具体要求	得分
教学效果评估方面（60 分）	1. 具有较强的课堂组织、调控能力且授课过程中注重运用互动式、启发式、问答式、研讨式、座谈式等多种教学方式，教法灵活多样的，加 2 分。 2. 教学内容重点不突出，针对性不强，内容未紧扣专业的，扣 1 分。 3. 授课过程中没有案例讲解，或举例不得当的扣 2 分。 4. 实操授课演示不规范、不流畅的扣 1 分。 5. 学员培训后填写授课满意度调查低于 90 分的，扣 2 分。 6. 学员培训后工作中发生习惯性违章行为扣 1 分，发生严重“三违”行为的，扣 2 分。 7. 学员出现工伤事故，一次扣 3 分。 8. 学员在工作中受到表彰奖励，一次加 2 分。 9. 培训评估调查问卷分数低于 90 分，扣 2 分。 10. 学员考核合格率达不到 95%，一次扣 2 分。 11. 不重视学员的相关信息反馈，不及时采取措施整改教学方式、方法的，扣 2 分。 12. 不按时开展现场调研活动的，一次扣 2 分。 13. 教师公开课综合评定不及格的，一次扣 2 分。 14. 开展默写教案、实操授课评比排名末位的，一次扣 2 分。 15. 上级部门对学员抽查考核效果不达标的，扣 3 分	
教学教研方面（15 分）	1. 积极备课，按时更新教案课件，缺项或不及时的，每一条扣 2 分。 2. 参加知识更新活动，获取新知识、新信息，未参加或少参加的，扣 2 分。 3. 不积极参加教学研讨活动的，一次扣 1 分。 4. 参加本单位评课或参加上级部门组织的竞赛中获得名次的，加 2 分。 5. 未履行岗位职责，造成不良后果的，扣 5 分	
教师形象方面（15 分）	1. 办公区域内大声喧哗，办公环境差，一次扣 1 分。 2. 工作中未做到语言得体，着装整洁，举止文明，礼貌待人，热情服务的，一次扣 1 分。 3. 授课过程中声音不洪亮，语言表达不流利，读书式教学的，扣 2 分。 4. 及时处理突发事件，挽回、减少损失或影响的，加 1 分。 5. 同事之间不团结，沟通协调不畅，导致工作推进不力，影响单位形象的，一次扣 3 分	
廉洁自律方面（5 分）	1. 对待基层单位办事人员推诿刁难、态度蛮横的，扣 1 分。 2. 工作态度不端正，工作方法简单粗暴的，扣 1 分。 3. 利用工作之便，收受学员钱物或到基层单位吃、拿、卡、要的，一次扣 5 分	
劳动纪律（5 分）	1. 不按规定时间参加会议，一次扣 1 分。 2. 迟到早退一次扣 1 分，未办理请假手续旷工 1 天扣 2 分，事假、病假，一天扣 1 分，半天扣 0.5 分，未销假扣 1 分。 3. 上课迟到或提前下课一次扣 0.5 分，无故出现误课一次扣 1 分。 4. 工作时间违规饮酒，一次扣 3 分。 5. 工作时间做与工作无关事情发现一次扣 0.5 分，情节严重的一次扣 1 分。 6. 因工作需要延时下班加 0.5 分，双休日、节假日加班一天加 1 分	
总分		

(1) 给每位教师设定一个绩效工资基准值，这里是指教师薪酬中的浮动薪酬标准。

(2) 每月按照"考核项目及评分标准"，对每位教师进行考核，得到月考核分数。

(3) 计算公式：

$$工资总额=固定工资+\frac{浮动工资\times 单位总人数}{考核分数之和}\times 个人得分$$

(二) 实行差异化薪酬取得的效果

1. 加强了教师队伍建设

差异化薪酬是基于按劳分配原则基础上，通过量化考核指标，充分发挥工资杠杆的激励作用，综合衡量教师贡献价值的一种分配方式。这一制度的实施，有利于教师找到归属感，对自己准确定位，积极开展教研活动，不断提高自身综合素质。

2. 激发了教师工作积极性

实施差异化薪酬，能使教师实际付出与薪酬分配成正比，可以有效激发教师高效完成本职和领导安排的临时性工作，同时也有利于激发教师潜能，开展创新性工作。例如，公司所属兴安煤矿培训中心推行"双课型"教师队伍建设，实行教师在主讲一门主课的同时，任选一门其他科目作为副课进行教学，有效促进了复合型安全培训教师队伍建设，使教师做到了既能讲理论、教给学员专业知识，又能讲实操、指导学员实际操作；既能讲安全法规、引导学员在工作中兑规作业，又能讲自救互救知识、提升学员紧急情况下自保互保能力。

3. 提升了教师教学质量

结合培训效果、学员优秀率、合格率及学员满意度测评等内容，得出教师综合评定结果，对安全培训教师实行差异化薪酬分配，真正把教师的注意力引导到提高教学质量和效果上来，进一步增强了安全培训工作的针对性、实效性。

三、实行教学效果评估

教学效果评估是企业安全培训工作最有效，也是最重要的一个环节。主要是通过建立培训效果评估标准体系，把培训效果用定性或者定量的方式表示出来，考核学员培训是否达到预期目的、培训计划是否有效实施等内容，从而了解培训教学方法是否有效，学员安全意识、安全知识、安全技能是否提升，学员工作态度是否改变等。目前，国内外运用最为广泛的培训评估方法是美国学者柯克帕特里克在 1959 年提出的培训效果评估模型。他根据评估的深度和难度，将培训效果分为反应层、学习层、行为层、结果层 4 个层次进行评估。

(一) 反应层评估

心理学研究表明，当事物符合人的心理需要时，人会产生肯定的内心体验，持欢迎和接受的态度；反之，就易产生否定的内心体验，持较强的排斥态度。若使培训有效，首先要使学员对培训有积极反应，如果通过反应层评估发现，多数学员喜欢该培训项目，则说明培训的内容是学员能接受或欢迎的；否则，则说明学员不喜欢该培训内容，不会有兴趣积极主动参加培训，那么，对企业再有用的培训内容，也难以成为学员的知识或技能，更难以转化为学员的有效行动。

1. 反应层评估的方法

主要是评价学员对培训过程的意见和看法。了解学员对培训计划是否满意，培训内容是否与自身需求相符合，以及对培训的内容和方式、授课教师的水平、时间的安排等方面的反应。方法主要包括需求调研、问卷调查、座谈交流等。

(1) 开展培训需求调研。为提升学员工作技能和培训针对性，使培训工作真正体现职工所需。在每期培训班开班前，培训中心要对受训学员的年龄结构、文化结构进行分析，通过主动与学员交流、听取意见，在了解学员培训需求的基础上，由培训教师填写“培(复)训职工调查表”，及时调整授课内容、方式等，不断提高教学质量，见表 3-2。

表 3-2　培(复)训职工调查表

开班时间	×年×月×日			计划人数	60
本期职工年龄结构	30 岁以下	30～39 岁	40～49 岁	50 岁以上	合计
	3	10	32	10	55
文化程度	小学以下	初中	高中	高中以上	合计
	2	46	2	5	55

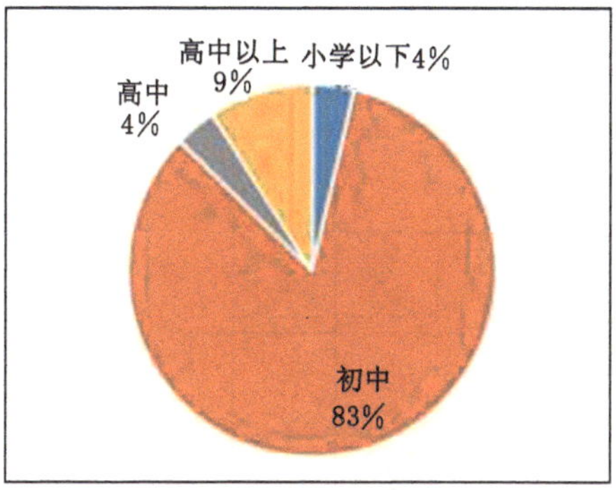

文化程度饼形分析图

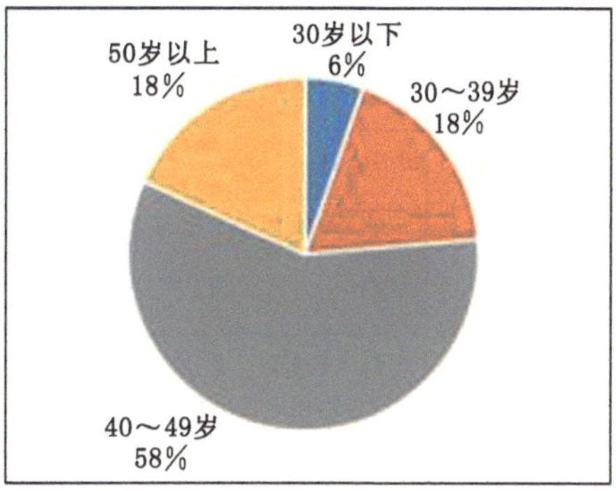

年龄结构饼形分析图

(2) 收集授课反馈情况。在每期培训班结束前，由班主任组织学员进行授课信息调查，由学员填写“教师课堂教学质量评估卡”，对教师授课内容、教学方法、教风教态、教学效果进行评分，教师按照学员评分情况查找授课内容和自身存在的不足，制定相应的改进措施，及时做好整改并存档备查，见图 3-14。

(3) 开展问卷调查。每期培训结束后，由培训中心结合培训内容针对性、培训方式适用性、课程设计合理性等进行满意度调查，通过学员反馈，对课程内容、方式方法等及时进行调整，见图 3-15。

(4) 与教师座谈交流。每堂培训课结束后，由班主任与授课教师进行交谈，记录授课过程中学员情绪、注意力变化情况，指导教师对培训过程中学员注意力降低时段的教学内容进行改进，积极引导学员有效学习安全知识。

2. 反应层评估的作用

(1) 可以让学员意识到，企业实施安全培训的目的，就是让其在确保安全的前提下，把本职工作做得更好。

(2) 培训中心通过了解学员的意见和建议，使其对培训效果做出评估，进一步明确培训内容是否对学员有效，以便于对相关项目做出调整或改进。

(3) 通过学员反馈，了解培训教师培训过程中学员的参与程度，改进培训方式。

(二) 学习层评估

学习层评估是衡量学员对原理、技能等培训内容的理解和掌握程度，主要目的是在培训

教师课堂教学质量评估卡

××××年××月 ×日　　　　授课教师：×××　　　　授课专业：×××

尊敬的学员同志们：

为了及时听取您对课堂教学的宝贵意见，提高教学水平，特制作教学质量评估卡。您的建议，将作为我们进一步改进教学工作的重要依据，请您认真如实填写，衷心地感谢您的支持与合作！

项目	评价标准	评分标准	学员评价	学员评价	学员评价	学员评价	学员评价
教学内容（35分）	突出重点，详略得当，讲清难点，阐明疑点，举例恰当。	10	10	10	10	10	10
	内容紧扣专业，针对性强，能分析和解决工作中的实际问题。	20	19	20	19	19	19
	内容充实精练，条理清楚、层次分明、实用性强。	5	5	5	5	4	4
教学方法（30分）	课堂组织、调控能力得当。	5	5	5	4	5	4
	密切联系实际，教法具有实效性，制作和运用多媒体课件进行授课。	10	9	9	10	9	9
	教法灵活，注重运用启发式、研讨式、互动式、案例式等教学方法，引导学员思考，语言生动，表达流畅。	10	9	9	9	9	9
	实验操作演示操作规范、流畅，达到理论与实际相结合。	5	4	5	4	5	4
教风教态（20）	仪态端庄，举止得体，作风严谨，讲授认真，完成教学任务。	10	9	9	10	9	10
	深入了解学员，主动与学员交流，虚心听取意见，不断提高教学质量。	10	10	9	9	10	9
教学效果（15）	补充知识，更新观念，提高职工安全防范意识和安全技能，减少事故和伤亡。	10	10	9	9	10	10
	转变观念，规范员工安全行为，增强全员安全素质。	5	5	5	5	5	5
总分值		100	95	95	94	95	93
教师改进措施	加强创伤急救、现场包扎方面的实验操作，提高员工操作技能。						

图 3-14　“教师课堂教学质量评估卡”填写示例

培训满意度调查问卷

您好，本期培训已经结束。为了解您的课后感受，进一步做好今后的培训工作，我们特进行此次问卷调查，以便根据您的意见与建议，更加科学、更加有针对性地设计、改进课程，更好地满足培训需求。

问卷采用不记名方式，希望您能够认真填写问卷。感谢您的大力支持！

班级名称：XXX　　　　培训日期：XXX

项目	调查事项	满意	不满意
培训内容针对性	课程与实际工作相符	✓	
	课程讲授和学习效果良好	✓	
	课程的学习对实际工作帮助很大	✓	
培训方式适用性	课程教学方法灵活，能合理有效利用多种教学方式		✓
	课堂中有适当的交流互动	✓	
	能有效调节课堂气氛	✓	
课程设计合理性	课程设计合理、有必要	✓	
	课程内容深度适中、易于理解	✓	
	授课进度时间分配合理	✓	

图 3-15　“培训满意度调查问卷”填写示例

结束时，了解学员知识、技能等方面是否得到提高。这一阶段的评估，要求对学员培训前后知识、技能测试结果进行比较，以了解其是否学到新的知识，同时也是对培训设计中设定的培训目标进行核对，体现培训教师的工作是否有效。

1. 学习层评估的方法

在实际培训中，公司主要采用笔试、机考、实操考核、全员考试和“必知必会”知识题卡考问等方法。

（1）笔试法。由矿考务委员会按照授课内容编制考试试题，试题设计应注意根据测试目的，采取不同的试题形式，试题的难易程度要适中。培训结束时，组织学员进行测试，为学员创造良好的测试环境，确保其发挥真实水平，并对测试结果进行汇总分析，找出学员知识掌握不足之处，及时调整授课重点。

(2) 机考法。这种方法是一种更规范、更科学、更便捷的方法。由矿考务委员会提前编制考试试题，录入计算机考试软件，试题分为公共试题和专业试题两部分。公共试题主要包括安全法律法规、职业病防治、自救互救、各种灾害防治等公共知识；专业试题主要包括煤矿输送机司机、电机车司机、小绞车司机等专业工种知识。在上机考试时，计算机根据学员专业工种，将公共试题和专业试题自动生成一套百分试卷，机考结束后计算机自动显示成绩、打印试卷。培训中心教师通过对比分析考试软件记录的学员历次机考成绩，掌握每名学员成绩变化情况，总结其接受安全培训的效果。

(3) 实操考核法。为提高学员岗位实际操作技能、岗位风险辨识、灾害预防和事故应急处理能力，在每次培训结束后，培训中心都对学员进行“三项技能”实操考核，主要包括自救器佩戴使用、灭火器使用和现场急救操作方法。通过分析学员“员工安全培训实验室参观与基本技能训练考核成绩单”，找出实操培训中的薄弱环节，调整授课内容比重，提升学员自救互救与应急救援的实操能力，见图 3-16。

(4) 开展全员考试。通过煤矿移动“e”课堂智慧云平台系统，重点练习“每日一题”“自测练习”“学抓强”等板块，月末通过“每月一考”板块检验学员的学习效果，促进学员安全意识、安全知识和安全技能的提升。

(5) “必知必会”知识题卡考问。考问时，主要采取两种方式：一是安全生产管理人员、安全检查人员、培训中心人员每月不定期到班前、井口或井下现场抽查考问；二是在开办培训班过程中，分工种进行随机抽查考问。通过加大考问力度和实行有效的奖惩措施，分析学员对“必知必会”知识的掌握程度，对掌握薄弱的部分有针对性地进行培训。

2. 学习层评估的作用

(1) 可以有效衡量培训教师知识完善和教学态度情况，这与学员学习效果有直接关系，如果学员没有在学习方面达到一定效果，就很难期望他们在实际工作中有所转变。

(2) 通过分析学员对某些问题答案的变化，帮助培训教师了解自己在哪些方面取得了成功，在哪些方面还存在不足，以便于下一期培训时进行改进，提高学员达成学习目的的概率。

(三) 行为层评估

行为层评估是对学员参加培训后，工作行为和在岗表现等方面变化进行评估。这一层级的评估，是考查安全培训效果的重要指标。其主要是通过了解学员对所学知识、技能的运用情况，确定学员参加培训后在多大程度上出现了行为改进。

1. 行为层评估的方法

一般来说，行为层评估数据的获得难度较大，但对改进安全培训工作的意义重大。多数情况下，行为层评估要在培训结束后的 3 至 6 个月内进行，由受训学员的领导、同事、下属观察其行为变化，看受训学员在培训前后是否存在行为上的改变，是否将培训中学到的知识、技能运用到实际工作之中。行为层评估可以通过对学员进行正式测试或非正式观察来实施，主要有跟踪调查法、调查问卷法、自我报告法、直接观察法等。

员工安全培训实验室参观与基本技能训练考核成绩单

培训单位：培训中心　　　　班级名称：×××　　　　班 第 2 组

项目		考核内容		考核标准	所用器材	考核成绩		考核教师	备注
						第1次	第2次		
自救器佩戴操作方法	1	一开：拉开护罩，掰锁口带，拔上外壳扔掉。		30秒之内完成视为合格	ZH30D化学氧自救器	28 秒	秒	×××	第2次为补考成绩
	2	二挎：将挎带套在脖子上。							
	3	三、四拔：拔出启动针，整理气囊，拔掉口具塞							
	4	五咬：将口具片放于唇齿之间，咬住牙垫。							
	5	六夹：鼻夹垫准确地夹住鼻子。							
	6	七调退：调整挎带，退出灾区。							
灭火器的使用方法	1	提：提起灭火器，摇晃数次。				合格		×××	
	2	拔：去铅封，拔掉保险销。							
	3	握：左手握着喷管，右手握着压把。							
	4	压：在距火焰两米远的地方，将喷管对准火源的根部，压下把手喷射干粉复盖整个燃烧区。							
现场急救技术操作方法	1	伤员止血的方法（抽考一种）	手压止血法　加压包扎止血法　绞紧止血法　止血带止血法　加垫屈肢止血法	现场考问操作完成规定内容　参照答案正确率达到80%以上视为合格	模拟人及急救器材				
	2	伤员包扎的方法（抽考一种）	绷带包扎　三角巾包扎　毛巾包扎　四头带包扎			✓			合格
	3	骨折的固定方法（抽考一种）	上肢肱骨　前臂　股骨　脊柱骨折　小腿						
	4	伤员搬运方法（抽考一种）	徒手搬运法　双人搬运法　三人搬运法　多人搬运法						
	5	人工呼吸的方法（抽考一种）	口对口吹气法　仰卧压胸法　俯卧压背法						
	6	心脏复苏（抽考一种）	心前区叩击术　胸外心脏按压术			✓			合格
参观实验室				不做为考核内容					
说明：现场急救技术考核两项，1-4任选一项，5-6任选一项。									
学员签字		×××		单位		×××			

监 考 人：×××　　　考核综合成绩：合格　　　×年　×月　×日

图 3-16 “员工安全培训实验室参观与基本技能训练考核成绩单”填写示例

(1) 跟踪调查法。主要是在学员培训结束后一定时间内，由培训中心教师深入学员所在单位进行培训效果跟踪考核，询问学员在工作行为上发生哪些良性的、可观察到的变化，由学员提出安全培训工作建议，填写“员工安全培训效果跟踪考核记录”，调研教师根据其所提出的建议，反馈给具体的授课教师，以便于授课教师改进授课内容和方法，以此提高培训教师的教学质量，见图 3-17。

员工安全培训效果跟踪考核记录

考核单位	培训中心	考核时间	× 年 ×月 ×日
被考核单位	×××	考核对象	入井从业人员
培训时间	× 年 × 月		
考核内容		学员的单位意见	
1、通过培训，员工的安全意识、安全行为是否有了进一步提升		有☑	没有☐
2、通过培训，员工的安全操作技能是否有了进一步提高		有☑	没有☐
3、通过培训，三违现象、安全事故是否有减少		有☑	没有☐
4、通过培训，员工的工作绩效是否得到了进一步提升		有☑	没有☐
5、员工培训后工作中是否受过表彰奖励		有☐	没有☑
6、通过培训，是否达到了培训效果要求		有☑	没有☐
被考核人签字	××× ××× ××× ×××		
对培训工作的建议要求	对有些课程需加入案例进行分析，用身边发生的事、身边的人，来帮助学员提高业务。 单位公章： 领导签字：×××		
培训中心整改措施	按照岗位工种，选取本矿相应的案例，增加到授课内容中，提高培训的实效性。		
考核人员签字			

图 3-17 “员工安全培训效果跟踪考核记录”填写示例

（2）调查问卷法。主要由送培单位观察学员培训结束后，回到工作岗位的表现。首先由其所在单位领导、同事填写“培训评估调查问卷”，分别从工作态度、工作技能、安全表现、任务指标、劳动纪律五个方面进行评分，再由培训中心收集调查问卷进行综合分析，了解学员在工作方面是否出现良性变化，见图 3-18。

培训评估调查问卷

学员单位：XXX　　学员姓名：XXX　　培训日期：XXX

调查类别	调查项目	分值（分）	得分
工作态度（15 分）	非常认真、端正	15	13
	较端正	13	
	一般	9	
	差	5	
工作技能（20 分）	非常熟练	20	18
	比较熟练	18	
	一般	12	
	不熟练	6	
安全表现（30 分）	安全意识非常强，无三违行为	30	30
	安全意识强，无三违行为	27	
	安全意识一般	18	
	有三违行为	9	
任务指标（20 分）	高质量、大幅超额完成	20	18
	超额完成	18	
	完成	12	
	没完成	6	
劳动纪律（15 分）	模范遵章守纪	15	13
	自觉遵章守纪	13	
	有时有迟到、早退现象	9	
	有旷工现象	5	
合计得分：			92

图 3-18　“培训评估调查问卷”填写示例

(3) 自我报告法。这种方法是一种主观色彩很浓的测评方法。自我报告法主要有两种作用:一是收集学员的运动反应、生理反应和认知反应等方面的资料;二是收集学员各个方面的经验或体验。

(4) 直接观察法。主要是通过直接记录学员在工作岗位中的行为,使观察者的主观偏见减至最少。直接观察法可以在角色扮演中进行,也可以在工作岗位中进行。

2. 行为层评估的作用

通过对学员行为的评估,了解其是否及时将培训中学到的知识、技能应用到实际工作之中,进而帮助培训中心的评估人员做出培训效果评价,总结培训的成功经验,改进培训的不足之处。

(四) 结果层评估

结果层评估要考察的不是学员的情况,而是上升到企业的高度,综合评估培训为企业带来了什么样的结果。这一层级的评估,可以通过一些安全指标来衡量,比如"三违"、事故、安全质量达标情况等。结果层评估在四个层级评估中难度最大,对企业的意义最为重要。

1. 结果层评估的方法

结果层评估主要是通过对某些指标进行分析,了解安全培训对企业安全带来的具体成效,主要有比较法、个案分析法、数据对比法等。

(1) 比较法。包括横向比较和纵向比较两个方面。横向比较,即将受训学员与未受训职工进行比较;纵向比较,即对学员培训前后的变化情况进行比较。通过横向和纵向的比较,掌握学员通过培训是否熟练掌握安全知识、手指口述、岗位描述等基本常识,是否把培训所学的知识和技能灵活运用到实际工作之中。

(2) 个案分析法。主要是通过学员自身发生的一些典型案例或行为习惯改变情况进行分析,以此掌握企业培训的实际效果。

(3) 数据对比法。主要是对某一类行为数据进行对比分析,从中找出职工工作中可能存在的某种不规范行为,以便于通过针对性培训,提高职工安全意识、安全知识和岗位操作技能。

2. 结果层评估的作用

通过结果层评估,企业可获得如下信息:检验培训项目是否达到目标要求,培训投资回报如何,找出培训的不足之处,发现新的培训需求,为管理者决策提供参考依据。

第二节　系统治理"三违"现象　提升矿井整体安全度

随着煤矿开采深度的增加,煤炭生产受水、火、瓦斯、煤尘、顶板、冲击地压、自然发火等潜在灾害的严重威胁,存在诸多不安全因素,客观上成灾风险性增大,职工工作中稍有疏忽,潜在的风险就会转化为隐患,进而可能导致事故发生。海因里希因果连锁理论指出,人的不安全行为是事故发生的主要原因。"三违"不反,事故难免;"三违"不除,矿无宁日。系统治理"三违"现象,是提升矿井整体安全度的重要环节。近年来,为有效遏制"三违"行为、减少各类事故发生,鹤岗矿业公司在不断加大"三违"整治力度,促进严重"三违"人员思想转化的同时,更加关注职工的身体、心理状况和行为习惯,尽可能减少职工工作中行为失常、失范现象的发生。

一、"三违"界定及处罚规定

"三违"是指生产作业中，违章指挥、违规作业、违反劳动纪律的三种现象。其中，违章指挥是指生产经营单位的管理人员违反有关安全生产的法律、政策、条例、规程、制度规定指挥生产的行为；违规作业是指职工违反劳动生产岗位的安全规章和制度的作业行为；违反劳动纪律是指职工违反生产经营单位劳动纪律的行为。

（一）"三违"界定

依据《安全生产法》、《煤矿安全规程》、操作规程、作业规程和《煤矿安全生产标准化管理体系基本要求（试行）》等，公司编制下发了10条安全生产红线名录，92条严重"三违"行为名录，205条习惯性违章行为名录。

1. 安全生产红线（共10条）

具体内容：① 瓦斯超限，拒绝执行停电、撤人指令，强行违章违纪作业。② 工作面应按防突管理而未采取防突措施；防突指标超标未采取消突措施而继续作业。③ 采区私藏发爆器或无瓦斯检查工在现场爆破的。④ 没有安全措施烧焊作业。⑤ 因措施落实不到位造成一氧化碳隐患升级封闭工作面。⑥ 采掘工作面防冲监控数值超标仍作业。⑦ 水患未解除的工作面进行作业。⑧ 井下各种监测监控数据以及现场观测采集的数据严重失真或造假；通过数据发现重大隐患未及时逐级上报。⑨ 开拓、掘进工作面前探钻不符合设计要求而作业。⑩ 升降人员设备保护不全或失效，司机违章作业。

2. 严重"三违"行为（共92条）

具体内容：分为公共部分20条；采掘专业17条；"一通三防"专业10条；机电运输专业27条；地测防治水专业7条；露天专业11条，见表3-3。

表3-3　严重"三违"行为表

公共严重"三违"（20条）	
1	酒后入井、井下岗位饮酒
2	携带烟酒、点火物品入井（有措施烧焊作业除外）
3	无设计、无措施安排施工
4	责令停止生产的工作面仍继续生产
5	特种作业人员班中脱岗或睡觉
6	因工作原因对安监员、瓦斯检查工、爆破工、防突工、防爆检查工等进行打击报复行为
7	安监员、瓦斯检查工不按规定时间和线路进行安全检查和瓦斯检查（除现场出现特殊情况外）。安监员、瓦斯检查工、爆破工、防突工发现作业地点存在安全隐患不立即提出整改意见或不立即制止作业
8	人为损坏"一通三防"、机电运输等安全生产设施
9	擅自进入盲巷、注氮工作面上（下）隅角或栅栏内
10	扒、蹬、跳车
11	干部发现违章不制止或带头违章
12	现场隐患不整改，继续作业
13	未按规定使用炮泥和水炮泥，工作面当班装药后未进行爆破
14	工作面放明炮或放糊炮，未按规定处理残瞎炮，在旧眼、残眼中打眼。未按设计规定设置爆破警戒

表 3-3(续)

15	爆破母线不及时收起,不短接,爆破线长度不够,爆破线有破口或接头继续使用
16	雷管脚线不吊挂不避开导体,擅自剪用雷管脚线造成雷管报废。雷管未按规定扭结成短路,雷管与导电体接触
17	不按规定制作、装配引药
18	火工品乱扔乱放,爆破材料箱未放置在警戒线以外,距机械和电气设备安全距离不足
19	剩余火工品及背运的火工品箱当班未返库
20	不执行“一炮四检”和“三人连锁爆破”制度
采掘专业严重“三违”(17 条)	
1	工作面承载单体支柱未按规定采取防倒措施或穿鞋
2	工作面端头或上下两道有连续三根失效(缺失)在用单体支柱,没有进行处理,棚梁少于一梁三柱支护
3	工作面及两巷超前联网质量差,切顶线处缺少单体支柱
4	工作面硬帮爆破,未对设备采取防护措施
5	采煤机滚筒上、下 3 m 机道范围内有人而启动采煤机;采煤机运行时,人员进入滚筒上、下 3 m 机道范围内
6	推移工作面输送机时,煤壁侧有人作业
7	转载机运行时,在未封闭段进行挑、翻棚作业
8	不经“过桥”而直接跨越运行中的运输机
9	翻棚作业时,未执行“先备后翻”或爆破崩棚子,恢复巷道不由外向里逐架施工
10	防冲、防突、防治水允掘牌板未按规定安设或填写
11	处理堵塞的喷浆管时,喷射枪口对准自己或他人
12	综掘机回转台前方有人而启动综掘机;综掘机运行时,人员进入回转台前方
13	耙装机耙矸时,人员进入耙斗运行范围内
14	耙装机的耙斗导向轮固定在支护锚杆或金属支架上
15	上山耙装机的固定未达到规程要求
16	围岩破碎时不及时使用前探支护
17	未进行敲帮问顶就进行作业
“一通三防”专业严重“三违”(10 条)	
1	无措施停局部通风机换风筒或断开风筒爆破
2	排放瓦斯未使用三通等采取限量排放措施
3	同时打开风门造成风流短路或用矿车等挤撞风门造成损坏或不能及时复位
4	作业地点未按规定悬挂便携仪;瓦斯传感器不按规定位置悬挂,吊挂不标准,故意将瓦斯传感器、便携仪悬挂在风筒出风或漏风处
5	矿长、矿总工程师、爆破工、采掘区队长、通风区队长、工程技术人员、班长、流动电钳工等下井时,未携带便携式甲烷检测报警仪;瓦斯检查工未携带便携式光学甲烷检测仪和便携式甲烷检测报警仪。安全监测工未携带便携式甲烷检测报警仪
6	没有按照设计要求打设超前钻孔,施工完的钻孔未按作业规程规定封孔
7	正面面对钻孔孔口,进行封孔或拆卸钻孔阀门或堵头

表 3-3(续)

8	抽采泵站无计划停泵、倒换泵;无措施调整抽采管路系统
9	工作面计划内停风不及时,通知监控中心
10	消火员检查密闭进入栏杆内没有执行 2 人一组
机电运输专业严重“三违”(27 条)	
1	带电搬迁非本安型电气设备
2	井下带电检修移动设备
3	用铜、铝、铁丝等代替保险丝
4	机电设备脱保运行
5	不按照设计,随意调整开关整定值
6	非专职人员操作电气设备
7	井下电气设备停电时未按要求从低压到高压逐级停电,越级停电
8	井下机电设备检修前,未切断上一级电源、电气开关未闭锁。检修电气设备未按规定检查瓦斯,不验电放电、不挂接地线、不执行停电挂牌制度和停送电制度,强行送电
9	采煤机检修时,未切断电源且未打开采煤机隔离开关和离合器,未对工作面刮板输送机施行闭锁
10	综掘机停止工作和检修以及交接班时,未将综掘机切割头落地、未断开综掘机上的电源开关、未断开磁力启动器的隔离开关
11	刮板输送机维护、检修时,刮板输送机、转载机等设备不停机闭锁,不断开隔离开关及离合器
12	刮板输送机机头机尾无防护板,转载机未封闭
13	6 kV 及以上的倒闸操作,电气工作人员不执行工作票制度、操作票制度(事故状态、应急处理除外)
14	操作井下高压电气设备时,操作人员不戴绝缘手套、不穿电工绝缘靴
15	未停电的情况下连接带式输送机输送带。不按规定使用带式输送机运送物件
16	带压处理风、水、液压管路故障
17	乘箕斗或吊桶人员不戴保险带
18	在井口 1 m 范围内或高空作业不戴保险带、使用的工具不采取防坠措施、抛接物件
19	斜巷提升拉车数量和重量超规定,以及不使用防脱销
20	倾斜井巷阻挡车装置不全,无跑车防护装置
21	倾斜井巷挡车装置不能保持常闭状态;倾斜井巷提放车后,不能及时关闭阻挡车装置
22	绞车不带电放飞车
23	绞车运行期间,人员跨越钢丝绳
24	绞车钢丝绳插接长度不符合规定继续使用
25	绞车地锚松动,绞车闸无拉杆用其他物件代替
26	电机车未停稳时,强行从车上摘取连接销、连接链或扳道岔
27	电机车司机离开座位时,不切断电源,不扳紧停车制动、关闭车灯
地测防治水专业严重“三违”(7 条)	
1	井下物探作业前未编制设计(不包括地质超前探测),或设计未由矿总工程师审批
2	物探施工结束后,未提交成果报告,或报告未由矿总工程师审批
3	掘进巷道未编制单帮素描图

表 3-3(续)

4	探放水钻孔位置未经测量人员提供，私自开孔
5	在预计水压大于 0.1 MPa 的地点探水未先固结套管、闸阀
6	矿井主要水平大巷至少有一组(不少于 3 个点)永久导线基点
7	破坏井下永久导线点、高程点
露天专业严重“三违”(11 条)	
1	炮区、卸载区不按规定插旗
2	露天火区爆破不按规定测孔温，高温孔没有降到规定值以下，而强行装药起爆
3	铲、钻、大型设备过空巷区，无措施、不按规定对空巷区探巷作业
4	炮区预装药超过两天
5	用钻眼的二爆车携带火药、雷管
6	露天爆破警戒距离不够或警戒人员不够
7	故意破坏工业广场内测量控制点及其设施
8	地质调查造假
9	受水害威胁未编制水害防治安全措施或有措施不执行
10	防排水工程没有按计划兑位施工，汛期没有按点线流程巡查
11	边坡巡查不及时或不按规定进行巡查

3. 习惯性违章行为(共 205 条)

具体内容：公共部分 9 条；采煤专业 29 条；掘进专业 40 条；“一通三防”专业 34 条；机电专业 22 条；运输专业 26 条；地测专业 20 条；露天专业 25 条，见表 3-4。

表 3-4　习惯性违章行为

公共习惯性违章(9 条)	
1	不随身携带自救器或穿戴化纤衣服入井，下井携带手机或其他电子物品(防爆仪器除外)
2	井下作业人员不佩戴劳动保护用品
3	拒不执行入井检身制度
4	违规乘车、罐笼、钢带机、缆车等，携带超长超重物件乘坐人车、钢带机、缆车等
5	违规走绞车道
6	违规乘坐电机车机头
7	敲帮问顶不使用专用工具
8	用过的棉纱、布头不用铁桶盛装，乱扔乱放
9	生产工作面手图未按规定及时对单帮、迎头、施工进展描述
采煤专业习惯性违章行为(29 条)	
1	有伞檐不处理而继续施工
2	两巷超前支护数量不够，梁上不接顶，初撑力达不到设计规定
3	采煤机割煤时喷雾不能正常使用
4	割煤时采煤机前方支架伸缩梁或护帮板未收回或收回不及时

表 3-4(续)

5	跟机拉架时,架前、架间、支架附近有人作业,盲目拉架
6	采煤机割煤后拉架跟不上,护帮板打不到位或用护帮板支护顶板
7	移架、推刮板输送机后,支架手把不及时回位
8	移架过程中不开架间喷雾
9	支架初撑力达不到设计规定
10	单体支柱防倒绳拴设位置不正确
11	两端头无措施规定超前或滞后放顶
12	转载机、带式输送机、刮板输送机司机在设备运行状态下处理堆煤和浮煤
13	刮板输送机、转载机搭接不合理,造成拉回头煤,刮板输送机转载点支架使用可燃性材料
14	拖移转载机时,施工人员站在危险范围内
15	刮板输送机出现卡矸、卡大块煤时,不及时停机处理
16	检修液压系统管路时,不停泵
17	更换支架液管后,不使用标准 U 型销子
18	液管跑、冒、滴、漏不处理
19	工作面上下回头顶板冒落不充分,未采取措施处理
20	工作面端头支架与巷道支护间距超设计规定
21	工作面支架间有浮煤、粉尘大
22	放顶煤工作面注水效果不好、粉尘大
23	采煤机械不整洁、有浮煤
24	采区内巷道未采取有效疏排水措施,积水上道
25	工作面前部或后部刮板输送机头尾过高距顶板间距小于 0.3 m、易卡大块
26	工作面硬帮片帮超过 0.5 m,不加打靠帮柱
27	采煤工作面两巷超前行人安全距离(宽度)小于 0.8 m,综采巷高小于 1.8 m,炮采巷高小于 1.6 m
28	工作面上下端头锚杆托盘、锚索托梁未按规定超前拆卸出现悬顶
29	大倾角工作面未按设计上齐挡矸网
掘进专业习惯性违章行为(40 条)	
1	用钻机钻进时,钻机前方有人作业
2	在无专项措施的情况下,采用反向装药爆破
3	干打眼
4	打眼、装药平行作业
5	炮眼数量、周边眼间距与规程不符
6	爆破前后,不洒水冲尘
7	装药不使用专用炮棍
8	爆破时不对设备、设施等采取保护措施
9	工作面迎头排水不及时造成积水
10	不采取措施造成电气设备淋水
11	综掘机照明灯不亮

表 3-4(续)

12	综掘机机身不挂瓦斯报警仪
13	综掘机司机不按规定切割程序割煤，超欠、挖严重
14	刮板输送机出现飘链、出槽、掉链、断链及连接环缺螺丝等情况下运转
15	锚索、锚杆外露过长或过短
16	工作面锚杆、锚索间排距及角度不符合设计规定
17	不按规定使用锚固剂
18	不按规定联网
19	缺锚杆、锚索不及时补打
20	平巷及下山耙装机的固定未达到规程要求
21	耙装机安全防护设施不全的情况下开机作业
22	耙装机耙货时未及时开启喷雾
23	耙装机钢丝绳磨损严重、断股仍继续使用
24	耙装机停机后，开关不闭锁
25	喷碹前不冲洗巷帮
26	喷浆不开喷雾
27	初喷厚度不够，未按规定施工喷碹厚度检查孔
28	架棚支护帮、顶未刹实、刹靠
29	架棚出现前仰、后翻、架斜等情况不及时处理
30	带式输送机、刮板输送机司机躺、卧
31	刮板输送机头尾未按规定打设压柱
32	浮货多、磨带式输送机，水煤上带式输送机
33	大块矸石装车
34	掘进工作面迎头 10 m 范围内的支护，在爆破前没有按规定进行加固
35	开拓、掘进工作面未按设计规定使用临时支护
36	锚喷支护巷道，锚杆托板未能紧贴煤岩面
37	锚杆支护巷道内，使用支护锚杆(索)起吊物件
38	不使用气扳机或力矩扳手及时紧固锚杆
39	接尘人员在产尘作业时未佩戴防尘口罩
40	浮煤、刮板输送机或带式输送机中有雷管、火药
“一通三防”专业习惯性违章(34 条)	
1	瓦斯检查工不在规定地点交接班
2	瓦斯检查牌板距迎头超过规定
3	风筒末端距工作面超过规定
4	风筒穿过风门时不使用铁质风筒过渡
5	风筒拐弯时没有用弯头或使用弯头不合格
6	风水管、电缆、支架等挤压风筒不及时处理
7	风门门墙上的电缆孔、管子孔未及时封堵

表 3-4(续)

8	电缆、风水管从密闭区或风门上留设的风窗穿过
9	拆除与构筑通风设施等遗留杂物未现场清理干净
10	回风巷道内随意堆放杂物超过断面三分之一
11	隔爆水袋破损、水量不足未及时更换或补水
12	施工人员站在综掘机上、风水管上、带式输送机上或设备上作业
13	各转载点喷雾不按规定使用
14	带式输送机头无洒水软管或洒水软管长度不达规定
15	不按规定使用净化水幕
16	更换风管、供水管路时将管口面向人
17	不按规定进行风机切换试验
18	不按规定填写瓦斯抽采牌板
19	不按规定进行煤层注水或煤体注水不合格,没有及时安装注水设施
20	砌筑通风设施未剪除两帮及顶部支护金属网或掏槽
21	在砌筑超过 2 m 的通风设施时不搭脚手架,不系安全带
22	新安装或拆除监控设备不及时填写清单
23	拆除监控设备电源不通知监控中心
24	消防器材配备不符合规定或使用过期消防器材
25	水仓无防护栏或警示标志
26	压风自救装置无风、微风、损坏、脏乱或位置不正确
27	防突参数测定工作,操作规范上明令 2 人作业,只安排单人作业
28	上下两巷的注水孔注水后不及时封堵
29	消火管路和抽采管路的螺丝不及时上齐
30	打钻施工前钻机没有打齐戗压支柱
31	钻机没有完全停止转动接卸钻杆
32	接卸钻杆站在水辫正下方
33	煤巷打钻无风水联动装置
34	灌浆时没有对钻孔进行固定或采取防窜孔措施
机电专业习惯性违章(22 条)	
1	泵站不按照规定管理,不使用乳化液自动配比装置;乳化液泵站长流水;乳化液配比浓度不达标,压力达不到规定标准;润滑油量不足;泵箱内添加乳化液后,不使用糖量计检测配比浓度
2	井下斜巷绞车、刮板输送机、带式输送机等机械设备开车前不发出警示信号
3	机械设备不按规定注油
4	设备、设施不使用专用销子
5	不按规定试验各种保护装置
6	接地母线、辅助接地母线、局部接地极连接地线不用耐腐蚀铁线或扁钢
7	操作高压电气设备主回路时,不使用绝缘用具
8	检修设备时开关不打到零位、不闭锁

表 3-4(续)

9	检修电气设备时,不使用瓦斯检测仪测瓦斯
10	电气设备检修、拆、接线单独操作
11	通信、信号电缆与高压电缆混挂在一起
12	用铁丝吊挂电缆
13	人员在电缆、电气设备上坐、卧
14	井下带电电缆盘圈存放(采煤机或机组拖曳电缆除外)
15	煤仓上口作业时,不系安全带
16	设备连接处的连接螺栓锈蚀、松动不及时紧固继续使用
17	带式输送机跑偏不处理,继续带病运转
18	处理导料槽、挡煤板、清扫器不停带式输送机
19	起吊设备不使用专用吊环,起吊锚链连接环未上螺栓
20	起吊设备选用的手动葫芦载荷能力小于所吊设备重量
21	起吊重物捆绑不牢固,重心偏移继续起吊。起吊重物时,人员在重物下方或吊臂下方或重物运行前方停留
22	电焊、气割作业时,人员没有穿戴或使用防护用品、用具;乙炔瓶、氧气瓶安全距离不够
运输专业习惯性违章行为(26 条)	
1	轨道铺设质量差,构件不全
2	材料设备距轨道安全距离不够
3	电机车起车不鸣笛,电机车会车、大巷弯道、交叉点、硐室口等地段或运行前方有人,不减速、不鸣笛
4	大巷推车过弯道、风门等地点不设警戒
5	电机车有隐患不处理运行
6	电机车司机超速行驶
7	运行车辆不使用红尾灯或尾灯不亮
8	顶车、顶运物料运行无人监护
9	绞车出绳方向与轨道中线不一致时,用板拨绳
10	机车运行司机将头或身体探出车外
11	电机车司机离开座位时,不取下控制手把,关闭车灯
12	提升运输时不正确使用声光信号
13	提升绳钩头鸡心环不完好拉车
14	绞车护绳板固定不可靠拉车
15	绞车钢丝绳排列不整齐
16	使用绞车运送物料拐弯时不使用导向轮
17	车辆停放不使用阻车器
18	拉放车物料捆绑不牢
19	野蛮卸车或利用惯性卸车
20	检修电机车、矿车及人车时,行车起吊后不支垫
21	人车运送人员时,超员乘坐
22	不使用专用车装运轨道、钢管等长物件

表 3-4(续)

23	停车超过警冲标，在道岔上停车
24	一次推多辆矿车
25	调向滑轮受力方向内侧有人
26	人力推车，距离保持不够
地测专业习惯性违章(20 条)	
1	未按要求对井筒、石门和穿层巷道见煤点进行描述
2	掘进巷道观测点间距不足
3	构造复杂区域未进行连续观测
4	井巷素描未做到每 20～50 m 编录一次迎头断面图
5	断层、褶皱、陷落柱等不良地质体观测未及时修改图件
6	井下观测记录 2 天内未整理上图或填写台账
7	煤层尖灭时，未对尖灭区域进行观测上图
8	穿煤巷道、全煤厚巷道未实测煤层柱状
9	生产矿井“四书”编制内容及完成时间不符合《煤矿地质工作规定》要求
10	地质预报月报超期，或未经地测部门审核发放
11	地质预报内容不符合《煤矿地质工作规定》
12	探放水时未安排专人监测钻孔出水情况
13	未按雨季巡视制度进行观测记录
14	对采空区物探异常点未使用钻探验证
15	未按规定对出水点进行调查观测
16	井下永久导线点、高程点的编号标注不明显，不清晰
17	采区控制导线超延长距离超过 100 m
18	中心腰线延长不及时
19	损失量计算图表每月未及时更新
20	分层开采煤层，首分层开采期间未编制探煤厚计算图
露天专业习惯性违章(25 条)	
1	骑摩托车不戴安全帽
2	高帮台阶下作业，帮上有伞檐危险浮石，不及时清理作业
3	电铲、挖沟机作业时在最大回转半径以内有人作业
4	电铲高吊勺斗或压车箱底板装车
5	电铲装车时，不控勺
6	电铲装车位置没有设安全车挡
7	电铲勺斗跨司机室、高压电缆装车
8	电铲、钻机高压线下走车，无人监护
9	在电铲内存放易燃易爆物品
10	二次爆破打眼、装药平行作业
11	遇坚硬岩块时，强行用斗齿挖掘

表 3-4(续)

12	钻车(泵车)行走无专人指挥,在坡道上行走不落起落架
13	钻机穿孔作业时,司机不佩戴防尘口罩
14	钻机穿孔作业过程中,不按规定清理岩粉
15	在有顺层滑坡危险区域穿凿边行孔时,不采用压碴穿孔
16	排土工徒手指挥翻车
17	排土工一人同时指挥两辆或两辆以上车辆同时翻车
18	夜间无照明指挥翻车
19	重型汽车翻车后不回斗起车运行或安全设施不全(掩车木、灭火器、报警器失灵)
20	在正常行驶中起落车斗
21	下坡行驶时空档运行
22	翻车后回斗不到位启车运行
23	车辆视线不清,依然猜测行驶
24	坡道上停车不使用手刹车制动,不采取防溜措施
25	运输道路上因故障停车时,车前、后 30 m 处未设置安全警示标志

(二)处罚规定

1. 触犯红线人员问责规定

对触犯红线的直接责任人,是初级及以上管理人员的撤职,情节严重的,依法解除劳动合同;是一般管理人员和普通职工的,依法解除劳动合同。对于触犯安全管理十条红线,造成严重后果的直接责任人,依法移交司法机关处理。在此基础上,对触犯红线直接责任人所在单位的相关领导,做出连带处罚。

2. 严重“三违”人员问责规定

按照严重“三违”行为处罚规定的具体标准处罚。党员和管理人员发生严重“三违”行为的,按相关规定给予党政纪处分。年度累计发生三次及以上严重“三违”的,是管理人员的撤职,进入创业培训中心;是普通职工的,依法解除劳动合同。

在此基础上,对严重“三违”人员所在单位的相关领导,做出连带处罚。

3. 习惯性违章行为问责规定

按照习惯性违章行为处罚规定的具体标准处罚。情节严重的加重处罚,年度内再度发生“三违”行为的,加倍处罚。

二、建立反“三违”工作机制

为强化安全管理,有效遏制“三违”现象发生,鹤岗矿业公司建立了反“三违”长效机制。

(一)成立反“三违”机构

为保障反“三违”工作深入开展并取得实效,公司成立反“三违”工作领导小组。

组长:党委书记、董事长,总经理;

副组长:党委副书记、总工程师、纪委书记、各分管副总经理;

成员:各系统副总工程师及公司安全监察局、生产技术部、机电装备部、通风技术部、地质测量部、党委组织部、党委宣传部、纪委、矿区工会、团委、辅业发展公司负责人。

公司反“三违”工作领导小组下设办公室，办公室设在安全监察局，并成立反“三违”仲裁小组，对“三违”人员及处理结果进行抽查，受理各类申辩和举报，对存在质疑公平、公正、合理的进行裁决。

公司所属单位也相应成立了反“三违”领导机构。

（二）落实反“三违”指标

每季度对各矿（厂）副总师及以上领导、有安全生产职责的初级副职及以上安全管理人员、安监处井下安全检查工等不同层级、岗位安全管理人员确定一定数量的反“三违”指标。

（三）开展“三违”行为处罚

(1) 各矿（厂）副总师及以上领导每季度反“三违”指标完不成，罚款 1 000 元；初级副职及以上安全生产管理人员（包括工程技术人员）季度反“三违”指标每少一人次，罚款 500 元；驻矿安全监察处井下安检员季度反“三违”指标每少一人次，罚款 300 元。

(2) 实行严重“三违”连带责任追究制度。对上级安全监察部门和公司安全管理部门发现的严重“三违”，除按规定对违章人员执行处罚外，对“三违”人员所在单位的相关领导连带处罚。

(3) 发生严重“三违”的，由矿（厂）负责组织其安全培训，培训期间按最低生活费发放工资，培训合格后方可上岗。

(4) 严肃“三违”查处纪律。各级管理人员、检查人员严禁在“三违”查处中存在“吃、拿、卡、要”等违规违纪行为，凡违反者给予调离工作岗位待岗一年处理。

(5) 严重“三违”人员学习期内，必须实行脱产学习，不得安排相关工作。擅自安排相关工作的，每人次罚所在单位党政负责人各 500 元，并通报批评。

(6) 在“三违”查处中，任何人不得利用职权或关系为“三违”人员说情和“做手脚”，导致变通处理、免予处理，如有违反的，经公司纪委查实，是管理人员的撤职，是普通职工的待岗一年。

（四）强化反“三违”考核

各矿（厂）反“三违”工作落实情况，纳入公司季度安全生产标准化验收范畴；各矿（厂）副总师及以上领导季度反“三违”指标完成情况，由公司安全监察局负责考核；各单位副总师以下管理人员季度反“三违”指标完成情况，由本单位负责考核，公司安全监察局跟踪督查。

三、推进严重“三违”人员教育转化

公司在汲取因“三违”导致的事故教训、分析“三违”人员心理状况、总结治理“三违”经验的基础上，对严重“三违”人员采取过“七关”的综合转化措施，系统治理“三违”现象。严重“三违”人员过“七关”，即过处罚关、通报关、教育关、培训关、反思关、联保关、帮带关等“七关”。

（一）达成严重“三违”人员过“七关”的思想共识

当事人、家属、所在区队对严重“三违”人员过“七关”形成思想共识，是严重“三违”人员过“七关”取得实效的前提。

1. 直接责任人理解认可，不偏激

“宁让职工流泪，绝不让职工流血。”严重“三违”人员过“七关”，其出发点是保护职工生命安全和企业经济不受损失，但对严重“三违”人员来说，确实需要承受较大的心理压力。因此，加强职工心理调解，引导职工正确理解，也是不可忽视的一环；否则，如果职工消极面对，被动配合实施了过“七关”，也不会收到很好的效果，特别是如果职工带有强烈的逆反心理，拒不配合或走极端，则会给职工、给企业造成很坏的影响。通过区队领导与其谈心，交流思想，沟通感情，理顺情绪，化解心结，正确认识严重“三违”人员过“七关”对本人和企业实现安全生产的重要意义，让严重“三违”人员心服口服，主动配合。

2. 单位区队长拥护支持，不阻挠

严重“三违”人员有的是平时工作表现不错的骨干，甚至有一部分是被称为“兵头将尾”的班组长。在对这部分人员帮教过程中，个别区队领导存在一定的“护短”心理，特别是当前岗位人员极限定编，严重“三违”人员脱产过“七关”，一般情况需要 3 到 5 天的时间，客观上造成生产人员紧张，个别区队领导就会抱着“大事化小、小事化了”的思想，阻挠制度执行。基层单位党委副书记、主管安全的系统领导与严重“三违”人员所在区队的区科长谈话提醒，使其正确理解和认识严重“三违”行为可能导致的严重后果，保证严重“三违”人员过“七关”制度得到刚性执行。

3. 当事人家属态度鲜明，不消极

当事人家属是否理解支持，是严重“三违”人员过“七关”的重要一环。对严重“三违”人员及早进行家访，赢得家属理解支持十分必要，也非常重要。过去，有的职工因违章被罚款，开工资时不敢或不愿对家属说出被罚款的真相，谎称被单位领导截留克扣，既造成职工家属对单位领导的误解，也抹黑了煤矿管理人员的形象。同时，家属因为信息不对称，对职工违章不知情，而忽视或放松对职工的安全叮嘱、亲情感化。通过严重“三违”人员所在区队领导家访，对其家属讲清违章一旦导致事故，对家庭将会造成的灾难性后果，让家属认识到严重“三违”的高风险性和严重的危害性，引导家属理解企业善意，体会单位用心，常吹安全枕边风，从而收到了更加实在的效果。

（二）严重“三违”人员过“七关”的操作流程及内容（见图 3-19）

（1）处罚关。矿（厂）安全监察处根据相关规定出具罚单，当事人在指定日期内亲自到矿（厂）财务部门缴纳罚金，指定日期内不缴纳罚金的，加倍处罚。

（2）通报关。通过会议、电子屏幕、公告栏等形式和手段，对严重“三违”人员进行通报。通报内容包括违章人员、违章时间、违章事实、经济处罚及党政纪处分等。

（3）教育关。坚持教惩结合、以教为主，由严重“三违”人员所在区队和矿（厂）安全监察处领导组织进行思想教育；由矿党委副书记、安全副矿长、区科书记进行谈心教育，主要是谈清违章经过、违章动机、可能造成的后果及今后保证措施等。所在单位要采取家访或将其家属请到单位的方式，由矿、区领导和家属共同对严重“三违”人员进行帮教，使其充分认识到违章的危害性，算好一旦出现事故的家庭痛苦账、生命价值账、经济损失账、社会影响账。

（4）培训关。由矿（厂）安全监察处下发严重“三违”人员停工学习培训通知，令其在规定时间内到矿（厂）培训中心报到，接受安全生产法律法规、“三程一标”、安全知识、案例警示教育等内容的学习培训，培训时间不少于 3 天。培训合格后，由培训中心出具证明，方可重新上岗。

（5）反思关。组织严重“三违”人员进行认真反思检讨，深挖思想根源，查找问题症结，制定整改措施，并撰写书面检讨，在区队班前进行现身说法，教育本人、警示他人。

（6）联保关。严重“三违”人员重新上岗前，必须由所在区科的区长、队长、班组长共同

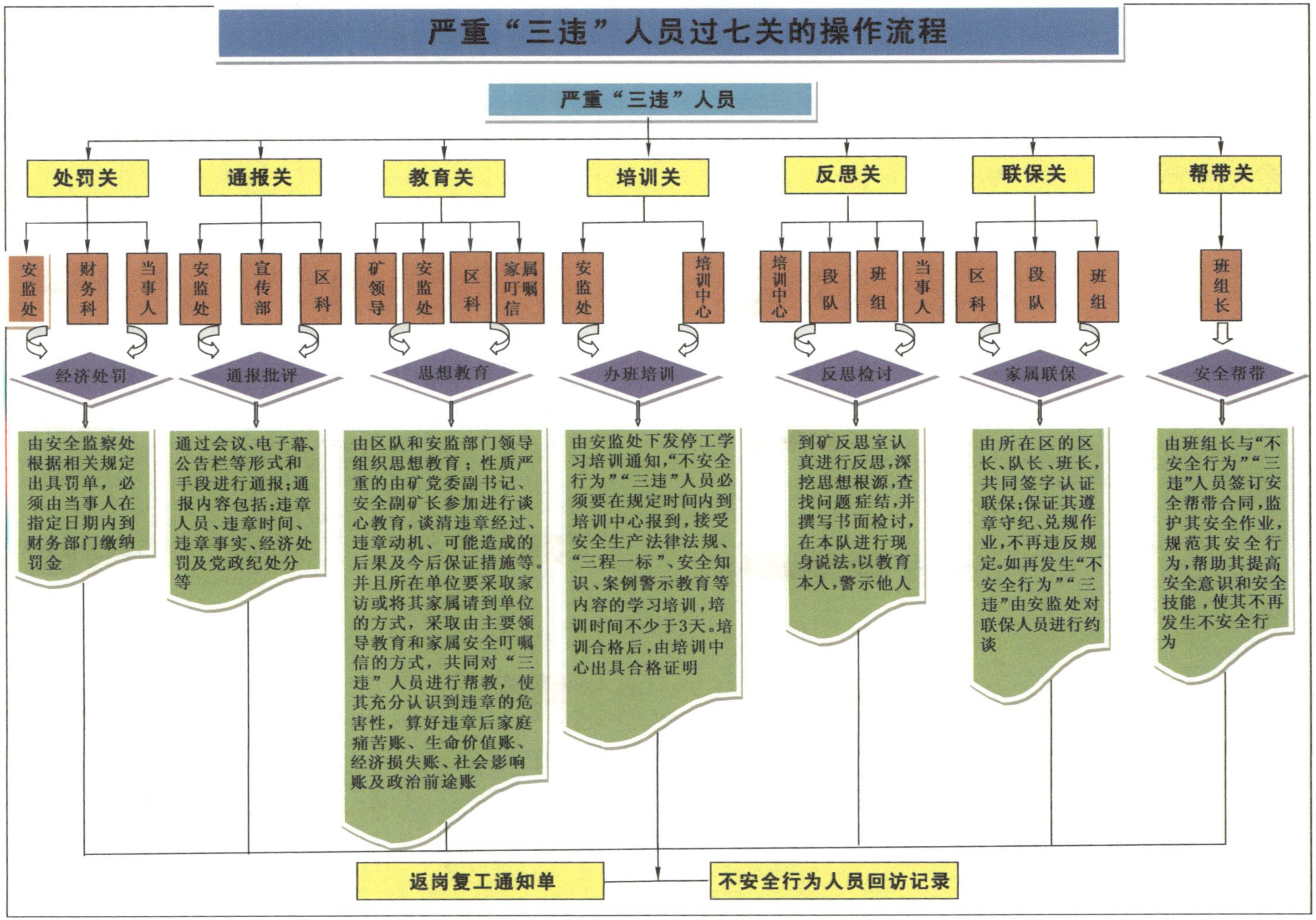

图3-19　严重“三违”人员过“七关”的操作流程

签字认证联保，保证其遵章守纪、兑规作业，不再违反相关规定。如再发生“三违”，由矿（厂）安全监察处对联保人员进行约谈。

（7）帮带关。由严重“三违”人员所在班组的班组长与其签订安全帮带责任书，监护其安全作业，规范其安全行为，帮助其提高安全意识和安全技能，使其不再发生“三违”行为。

（三）严重“三违”人员过“七关”取得的效果

通过开展“三违”整治，有效规范了职工的安全行为，收到了良好的效果。下面以鹤岗矿业公司某煤矿为例进行介绍。

1. 安全意识增强

通过实行严重“三违”人员过“七关”（见图 3-20），多数职工能够做到遵章守纪、兑规作业，全矿“三违”人数明显下降。“三违”人数从 2017 年的 72 人次下降至 2021 年的 25 人次、降幅 65.27％。其中，严重“三违”人数由 19 人下降至 3 人，降幅 84.21％，见图 3-21。

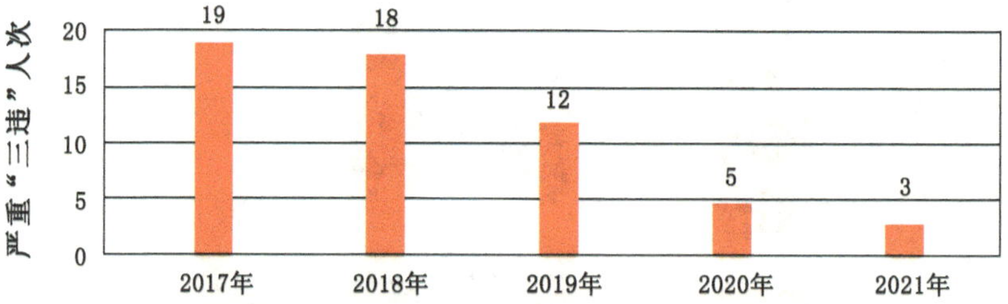

图 3-20　某煤矿 2017—2021 年严重“三违”过“七关”对照图

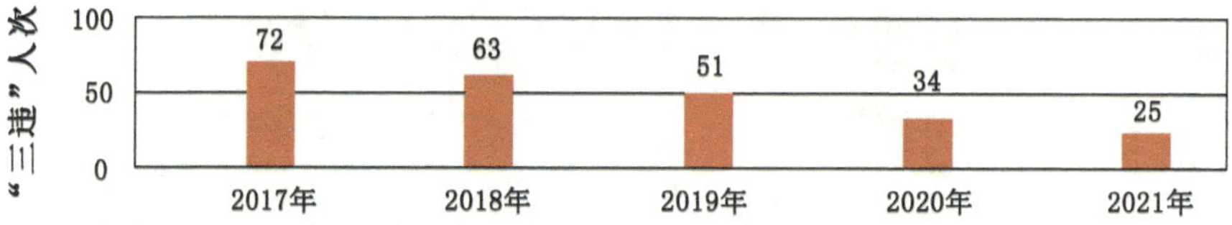

图 3-21　某煤矿 2017—2021 年“三违”人次对照图

2. 安全行为转变

2017 年以来，该矿杜绝了重伤以上事故，轻伤事故（多为磕手碰脚、扭伤等）从 2017 年的 48 起、48 人，下降至 2021 年的 16 起、16 人，降幅 66.6％，为建矿以来最低水平。2017 年，该矿被评为国家安全生产标准化一级矿井，龙煤集团安全生产教育和培训先进单位，见图 3-22。

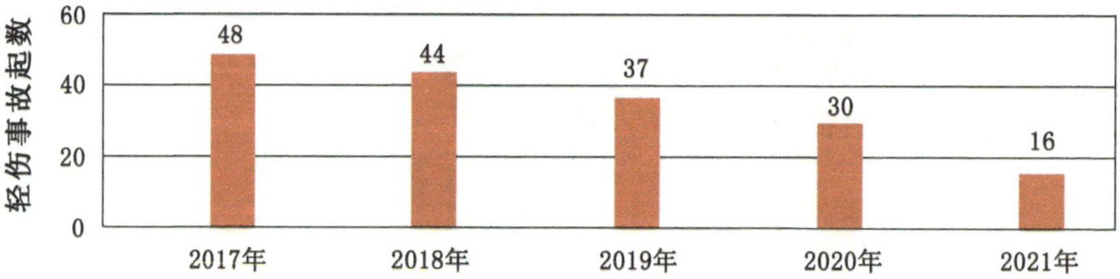

图 3-22　某煤矿 2017—2021 年轻伤事故对照图

3. 安全素质提升

通过严重“三违”人员过“七关”，职工不良习惯、不良行为逐渐减少，职工按规程施工、按标准作业的意识和能力普遍增强，业务操作能力不断提升。

（四）严重“三违”人员过“七关”实例

本部分是以龙煤集团鹤岗矿业公司峻德煤矿开展的严重“三违”人员过“七关”情况为实例，用档案资料形式展示出严重“三违”人员过“七关”的全部内容和流程。

展示的内容为：① 严重“三违”人员过“七关”人员档案封面；② 严重“三违”人员基本情况登记材料；③ 严重“三违”人员过“七关”证明材料；④ 严重“三违”人员过“七关”全部流程展示。

1. 严重“三违”过“七关”人员档案资料封面

HJ：2021001

龙煤鹤岗矿业公司峻德煤矿

严重“三违”过“七关”人员档案

（××队：×××）

峻德煤矿安全监察处

2021 年 1 月 10 日

2. 严重“三违”人员基本情况（见表 3-5）

表 3-5　严重“三违”人员基本情况

姓名	×××	年龄	53	照片
单位	三开拓区	队别	××队	
职务	班长	职号	××	
工种	掘进	培训情况	四级	
录用时间	×年×月	政治面貌	党员	
家庭住址	××区××社区××栋××单元××号			
联系电话	×××××××××			
违章时间	2021 年 1 月 4 日	违章地点	三水平北××区××层机道反上	
违章性质	严重“三违”	定性单位	安全监察处	
违章经过	2021 年 1 月 4 日一班，峻德煤矿三开拓区××队班长×××在三水平北三四区 23 层机道反上耙斗机出货时，站在耙斗机运行范围内。符合采掘专业严重“三违”行为界定第 13 条：耙装机耙矸时，人员进入耙斗运行范围内。根据规定，给予当事人×××罚款 500 元，并对其进行严重“三违”过“七关”			
领导批示	安全监察处负责人		签字	
	安全副矿长		签字	

峻德煤矿安全监察处（公章）
2021 年 1 月 5 日

3. 严重“三违”人员过“七关”证明（见表 3-6）

表 3-6　严重“三违”人员过“七关”证明

姓名	×××	单位	三开拓区	段队	××队
违章经过简述	2021 年 1 月 4 日一班，三开拓区××队班长×××在三水平北三四区 23 层机道反上耙装机出货时，站在耙装机运行范围内。符合采掘专业严重“三违”行为界定第 13 条：耙装机耙矸时，人员进入耙斗运行范围内				
处罚关	安监处	财务科	当事人		
	处罚人签字	收款人签字	签字		
通报关	安监处	党委宣传部	所在区科		
	负责人签字	负责人签字	负责人签字		
教育关	矿领导	安监处	所在区科	当事人家属	
	签字	负责人签字	负责人签字	签字	
培训关	矿领导	安监处	培训中心		
	签字	负责人签字	负责人签字		
反思关	区科	段队	班组	当事人	
	区长签字	队长签字	班长签字	签字	

表 3-6(续)

联保关	区科	段队	班组
	区科长签字	队长签字	班长签字
帮带关	帮带人		
	签字		

4. 严重“三违”人员过“七关”全部流程展示

第一关:处罚关操作流程

严重“三违”人员经济处罚,由矿安全监察处根据相关规定出具罚单通知当事人,严重“三违”人员在指定日期内亲自到矿财务科缴纳罚金,在指定日期内不缴纳罚金的,加倍处罚(见表 3-7)。矿财务科收到罚金后,出具罚款回执单,并在严重“三违”人员过“七关”证明单上签字,回执单返回到矿安全监察处存档。

表 3-7　严重“三违”人员过“七关”处罚情况表

单位	姓名	年龄	录用时间	联系电话
开拓区	×××	53	×年×月	***********
身份证号		******************		
经过	2021 年 1 月 4 日一班,三开拓区××队班长×××在三水平北三四区 23 层机道反上耙斗机出货时,站在耙斗机运行范围内			
处罚依据	符合采掘专业严重“三违”行为界定第 13 条:耙装机耙矸时,人员进入耙斗运行范围内			
处罚结果	根据规定,给予违章人员×××罚款 500 元,并执行严重“三违”人员过“七关” 处罚人(签字):			

第二关:通报关操作流程

(1) 矿安全监察处将违章人员的违章时间、违章事实、经济处罚及党政纪处分等情况形成材料,经矿领导审查签字后交到矿党委宣传部。

(2) 由矿党委宣传部负责在工业广场、井口电子屏幕滚动播放,并在公告栏张贴通报。通报示例如下。

通　　报

当前,全矿上下深入开展破两关(感情关、人情关)、两从严(从严管理、从严问责)安全专项整治行动,职工安全意识和企业安全管理意义明显增强,矿井安全生产标准化水平不断提高,安全生产保持了总体稳定的发展态势。然而,个别领导干部和职工安全生产意识不强,仍存在麻痹大意和侥幸心理,导致“三违”现象发生,严重威胁着安全生产。

下面,通报一起严重“三违”行为,望全矿各级领导干部和职工深刻吸取教训,举一反三、引以为戒,杜绝违章现象再次发生。

2021年1月4日一班，三开拓区××队班长×××在三水平北三四区23层机道反上作业时，在工作面用耙装机出货期间，站在耙斗机运行范围内观看，很容易造成人身伤害事故。矿安全监察人员发现后，当场制止了×××的严重违章行为。

该行为符合采掘专业严重“三违”行为界定第13条：耙装机耙矸时，人员进入耙斗运行范围内。给予×××罚款500元，执行严重“三违”人员过“七关”。

×年×月×日

第三关：教育关操作流程

（1）由矿安全监察处和所在区队领导对严重“三违”人员进行安全思想教育，矿党委副书记、安全副矿长、区科书记对严重“三违”人员谈心教育，谈清违章经过、违章动机、可能造成的后果及今后保证措施等。

（2）所在单位要采取家访或将其家属请到单位的方式，由主要领导和家属共同对“三违”人员进行帮教，使其充分认识到违章的危害性，算好一旦出现事故家庭痛苦账、生命价值账、经济损失账、社会影响账，见图3-23。

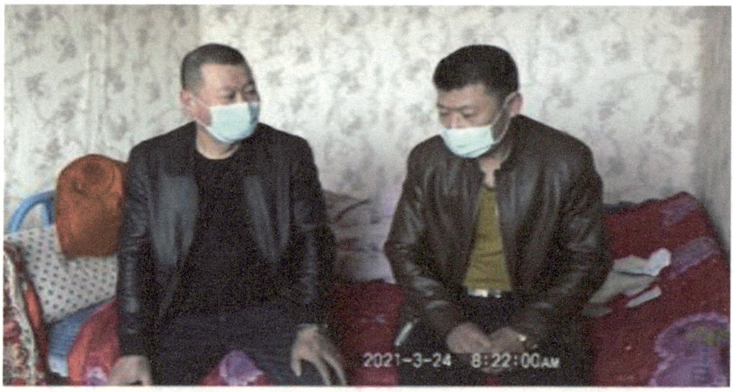

图3-23　区队领导家访谈心

（3）进行思想教育和对严重“三违”人员进行帮教时，要做好记录，并留有影像资料。见表3-8、表3-9。

表3-8　严重“三违”人员思想教育记录

被教育人姓名	×××	年龄	53	工种	掘进
参加工作时间	×年×月	单位	三开拓区	队组	××队
教育时间	2021-01-05		教育地点	矿安监处学习室	
教育人姓名	×××		职务	安全监察处总支书记	
谈话内容	1. 违章原因。2. 违章动机。3. 可能造成的后果				
教育效果	通过思想教育，转变了违章人员的思想认识，使其明确了今后在工作中杜绝“三违”的保障措施				

表 3-9　严重“三违”人员帮教记录

被帮教人姓名	×××	年龄	53	工种	掘进
参加工作时间	×年×月	单位	三开拓区	队组	××队
帮教时间	2021-01-08		帮教地点	违章人员家中	
帮教人姓名	×××、×××		职务	开拓区总支书记、队长	
帮教内容	1. 由区队领导对违章人员及其家属，阐述×××的违章经过。 2. 违章作业可能造成的后果以及危害性。 3. 一旦出现事故家庭痛苦账、生命价值账、经济损失账、社会影响账				
帮教效果	违章人员及其家属深刻认识到了违章作业的危害性				

第四关：培训关操作流程

（1）停工培训学习通知单。由矿安全监察处下发停工学习培训通知单，严重“三违”人员必须在规定时间内到矿培训中心报到，接受为期不少于 3 天的安全培训，见表 3-10。

表 3-10　严重“三违”人员停工培训通知单

被通知单位或个人	三开拓区
通知时间	2021 年 1 月 5 日
通知单位	矿安全监察处
通知内容	
你单位××队职工×××，2021 年 1 月 4 日一班，在三水平北三四区 23 层机道反上耙斗机出货时，站在耙斗机运行范围内观看，很容易造成人身伤害事故。安全监察人员发现后，当场制止了×××的严重违章行为。 该行为符合采掘专业严重“三违”行为界定第 13 条：耙装机耙矸时，人员进入耙斗运行范围内。给予×××罚款 500 元并执行严重“三违”人员过“七关”。 现通知你单位职工×××于 2021 年 1 月 5 日早 8 时到矿培训中心进行培训，培训时间 2021 年 1 月 5 日至 1 月 7 日。培训期间按最低生活费发放工资，培训合格后方可上岗	

峻德煤矿安全监察处

（2）严重“三违”人员学习培训。

① 在矿培训中心，按课程安排由教师讲解《煤矿安全规程》、安全生产法律法规、安全生产岗位责任制、自救互救及创伤急救、紧急避险、各专业“三程一标”和典型事故案例分析等专业知识，见图 3-24。

② 伤残体验模拟仿真。伤残体验活动共模拟五个场景，一是戴眼罩模拟双目失明人员绕障碍走路体验；二是用绑带将一只胳膊捆绑到身上穿外套的“独臂体验”；三是模拟右手受伤的职工用筷子夹乒乓球和吃饭；四是拄着拐杖走路的“独腿体验”；五是模拟受伤卧床生活无法自理的人员。通过让严重“三违”人员亲身感受违章作业发生人身事故后带来的痛苦及严重后果，促进安全培训取得实实在在的效果。

③ 严重“三违”人员上课需要有签到表，每节课授课教师和学员要留有影像资料，有考试试卷、考试成绩明细表。

(3) 矿培训中心出具培训合格证明。严重“三违”人员闭卷考试合格后，由矿培训中心出具培训合格证明。严重“三违”人员培训合格示例如下。

图 3-24　严重“三违”人员过培训关

严重“三违”人员培训合格证明

×年×月×日—×月×日，严重违章人员三开拓区××队×××，按照《峻德煤矿关于反“三违”管理办法通知》中关于严重“三违”过“七关”的规定，在矿培训中心参加安全培训，过“培训关”。

在安全培训中，培训中心教师陈某某、李某某、程某某、刘某某等讲解了《煤矿安全规程》、安全生产法律法规、岗位安全生产责任制、自救互救及创伤急救、紧急避险、各专业“三程一标”和典型事故案例分析等专业知识，并真实体验了伤残模拟仿真生活。

经考核，该同志笔试成绩合格，通过了“培训关”。

峻德煤矿培训中心
×年×月×日

第五关：反思关操作流程

按照《峻德煤矿关于反“三违”管理办法通知》中关于严重“三违”过“七关”的规定，严重“三违”人员到矿安全反思室和安全警示电教室进行认真反思教育，深挖思想根源，查找问题症结，并由本人撰写书面检讨，深刻反思造成严重“三违”行为的原因，对今后如何做好遵章守纪、兑规作业工作，作出书面保证，在所在区队班前进行现身说法，教育本人，警示他人，见表 3-11 和表 3-12。

表 3-11　严重“三违”人员班前现身说法活动签到表

时间：2021 年 1 月 10 日　　　　地点：三开拓区××队学习室

姓名	单位	姓名	单位

表 3-12　严重“三违”人员现身说法

姓名	×××	单位	三开拓区
时间	2021 年 1 月 10 日	地点	××队学习室
内容	我是三开拓区××队职工×××。今天，用我自己的亲身经历，警示大家在今后工作中，一定要把安全放在工作的首位。 2022 年 1 月 4 日一班，我在三水平北三四区 23 层机道反上耙斗机出货时，站在耙斗机运行范围内，耙斗机开始工作也没有离开，险些造成事故。我的行为违反了峻煤发〔2021〕12 号文件第六项严重“不安全行为”及“三违”行为界定第 13 条：耙装机耙矸时，人员进入耙斗运行范围内。当时我只想着快点把活儿干完，我在那儿看着心里好象能放心点，没考虑到我的行为是很危险的，属于严重“三违”，矿里对我进行了罚款和过“七关”。 我违章后，首先到矿安全监察处接受了处罚，然后到矿财务科交纳了罚款，随后矿领导、安监处领导、区队领导分别对我进行了思想教育。同时区队领导对我进行了家访，在家访时对我爱人和孩子讲了违章的危害性，细致地与我爱人和孩子算了由于严重违章导致发生事故后的家庭痛苦账、生命价值账、经济损失账、社会影响账，使我充分认识到了违章的危害性，也使我爱人和孩子感觉到，对我的严重违章行为进行处罚、过“七关”，不是小题大做，罚我是为了我好，更是为了我的家庭好。自从区队领导家访后，每天我再上班，爱人都会嘱咐一句：“注意安全，可别再违章啊！”这次过“七关”，特别是在培训中心培训期间，我学习了安全生产法律法规、安全生产岗位责任制、典型事故案例分析等知识，还进行了伤残体验模拟仿真的培训。矿培训中心老师先是把我眼睛蒙上，让我模拟双目失明的人绕过障碍走路；又让我拄着拐杖走路，体验一条腿受伤以后的情况。这个蒙眼、独腿体验经过了一个半小时的听课、行走过程。刚开始，我感到这不是折磨人吗，后来听老师一讲，才体会到领导和安全培训老师真是用心良苦。你说我就体验了这么一会儿，就感觉双目失明和没有一条腿是这么折磨人，如果因为违章真让我受到了这么重的伤害，这种“罪”真伴我今后一生，我将遭受多大的痛苦。想想真是后怕。 在过反思关时，培训中心老师还带着我到反思教育室进行了反思。给我讲解了咱们矿“9·22”“3·15”“9·25”事故的经过、原因和应该吸取的教训，同时看了矿里制作的“9·25”事故遇难者家属采访安全教育视频片——《泪满天》。事故中个别的遇难工友我也认识，事故虽然已经过去几年，但遇难工友的家属在谈到他们时，一提起来还是泪流满面，让人看着真是揪心。通过看这个视频片，也让我感觉到，事故对家庭真是灭顶之灾，对咱们的老人、爱人和孩子真是一辈子都忘不了的痛，我也对自己的这次违章，感到真是后怕和自责，同时也真得感谢安监处的同志，虽然他罚了我，但是他们的本意是让我安安全全，是为了保护我，更是间接地为了保护我的家庭，真的谢谢。 今天，我在这儿说这些，其实就是想以我自己的亲身经历，来让你们以此为戒，千万别学我。在工作中一定要严格按章作业、杜绝“三违”行为，树牢“红线”意识，把安全工作作为首要任务，可别为了图省事儿、节省时间，就把规定忘了。咱们矿上的那些规定，可真都是矿工用鲜血甚至生命写成的，咱们可得严格遵守，可别犯我这样的错误。希望你们都能牢记班前会上“高高兴兴上班来，平平安安回家去”的誓言，对企业负责，对家庭负责，对咱们自己负责。 最后，愿你们在今后的工作中，平安健康、工作顺利		

首先，参观矿反思教育室。由矿培训中心教师讲解曾经发生的案例：四采区 925 采煤工作面发生的“9·22”冲击地压事故、三水平北 17 层三四区综采工作面发生的“9·25”冲击地压事故和三水平北 21 层三四区发生的“3·15”冲击地压事故，介绍 3 起冲击地压事故的经过、原因和应该吸取的教训（见图 3-25）。在此基础上，观看矿制作的“9·25”事故遇难者家属安全教育采访视频片——《泪满天》。通过真实案例，让严重“三违”人员吸取刻骨铭心的教训，实现发自内心的改变，并撰写反思心得体会，见表 3-13。

图 3-25　严重“三违”人员过反思关

表 3-13　严重“三违”人员反思心得体会

姓名	×××	性别	男	单位	三开拓区	班组	××队
反思时间		×年×月×日		反思地点		反思室和警示电教室	

心得体会

2021 年 1 月 4 日一班，我在三水平北三四区 23 层机道反上耙斗机出货时，站在耙斗机运行范围内，险些造成事故。当矿安全监察处领导发现并制止了我的行为时，我才突然意识到，这是违反了峻煤发〔2021〕12 号文件第六项严重“三违”行为界定第 13 条：耙装机耙矸时，人员进入耙斗运行范围内。属于严重“三违”，矿对我作出了罚款 500 元和过“七关”的处罚。

对于单位的处罚我认罚，对自己的违章行为感到十分后悔，并决心改正。我对在机道耙斗机出货时，站在耙斗机运行范围内是严重“三违”行为，深刻反思，为自己的行为感到自责。

1 月 4 日一班，队长安排开耙斗机出货，由于时间紧、工作量大，要求用最短时间完成。我非常着急，想尽快完成工作任务。面对这么多工作，我只是一心想尽快干完活儿，就忘记了安全生产。工友开耙斗机前没有检查周围是否站人，也没放“正在工作，请勿靠近”的牌子。我心里想着就这一小会儿的活，快点干啥事都没有。当自己违章被抓时，我才醒悟过来，才后悔当时自己干的事。回想起当时的情况，现在都感到后怕：如果当时我被砸到了、受伤了，每个月的经济收入就会降低，这怎么养活一家四口，妻子没有收入，孩子上学，母亲身体不好，我这个家怎么办？这时我才感到后怕。这几天我在培训中心参观了“安全反思教育室”“安全警示电教室”，看到因为职工工作胡干、蛮干、图省事，对周围违章的人装作没看到而造成的一个个惨痛案例，让我深刻体会了违章操作的危害。在看“9・25”事故遇难家属采访录像时，看到遇难矿工妻子伤心的眼泪，看到给孩子带来的伤害，我也忍不住流下了眼泪。违章作业有这么大的害处，我的一个违章行为，就可能让最爱的亲人每天都生活在痛苦之中。

在此，我决心牢记这次的违章教训，在以后的工作中，一定努力做到：

1. 工作中不违章。以后的工作中任何违章的事我都不会干，并且对周围违章的人也会用自己的亲身经历进行帮助教育。

2. 在班前认真学习安全知识。学习“不安全行为”及“三违”行为界定的每个条款，因为，这些违章行为用我们采区书记教育我们的话来说：“都是用人的鲜血写成的。”对此，我必须要记牢，必须不能再犯。每周技术员都在班前讲各种案例，我也会好好学习，学会保护自己和他人，坚决不让事故发生。

3. 遵守纪律。以前我在工作中有偷懒的现象，怎么方便怎么干，有图省事的想法。现在知道这种想法的可怕之处，知道了把工作干好的前提是“安全第一”，没了安全，我们的生命就没有了保障。我保证今后工作中不违章，守纪律，好好学习，让领导和家人放心

安全培训中心(盖章)	反思室责任教师签字：

其次，参观矿安全警示电教室。由矿培训中心教师讲解图板区域和电子触摸屏区域的内容。图板区域内容主要包括集团案例、国内案例和其他案例。其中，集团案例主要是龙煤集团5起各种类型的重特大事故；国内案例主要是中华人民共和国成立以来国内6起最大的水、火、瓦斯、冲击地压和地质灾害事故；其他案例主要是其他行业领域2起重特大事故。电子触摸屏区域主要演示各类事故案例、警示教育视频、安全生产法律法规、“三程一标”、安全理念等内容，主要是通过“卧式悬空翻书仪”，使用红外触摸感应，隔空翻阅或触摸操作，为严重“三违”人员灌输各种安全理念、演示各类事故案例等，让其提升安全意识，时刻绷紧安全弦。

再次，在所在区队班前进行现身说法。严重“三违”人员在所在区队班前深刻反思造成严重“三违”行为的原因，对今后如何做好本职工作，做出书面保证。

严重“三违”人员检讨书示例如下：

严重“三违”人员检讨书

各位领导、同事们：

今天在这里我面对大家做出检讨，我不想为自己的错误找任何借口，我只想通过自己的检讨，得到大家的原谅。

2021年1月4日一班，我在三水平北三四区23层机道反上耙斗机出货时，站在耙斗机运行范围内，险些造成人员伤害。我的行为违反了峻煤发〔2021〕12号文件第六项严重“不安全行为”及“三违”行为界定第13条：耙装机耙矸时，人员进入耙斗运行范围内。这属于严重“三违”，矿里对我进行了罚款并过“七关”。

这次因严重违章受到查处，通过“三违”帮教过“七关”使我深受教育，内心感到愧疚和懊悔。反思自己违章的原因，根子还是“安全第一”的思想树得不牢，缺乏应有的安全意识。这有一个思想演变的过程。当我刚入矿下井工作的时候，家人对我千叮咛万嘱咐，煤矿井下“三块石头夹块肉”，时刻都有安全风险，一定要听领导的话，按规定办事，钱可以少挣、力可以多出，但绝不可违章违规作业，“一失足成千古恨”啊！生长在矿区，对矿区过往的安全情况也掌握不少，矿工的血、亲人的泪，让人难以忘记。那时，虽然我掌握的安全知识不是很多，但安全意识还是比较强的，在井下工作时时处处小心谨慎，不敢越雷池半步，生怕出事。因此，几年下来，自己毫发无损。

我在井下工作时间一长，觉得自己有安全知识，有实践经验，干活就不那么谨小慎微、循规蹈矩了，有时违章作业也盲目自信不会出事，实质是思想麻痹、心存侥幸。在“三违”学习班上，老师说：“一个人可以一时一事侥幸，但绝不会时时事事侥幸。常在河边站哪有不湿鞋的。你九次违章可能也没出事故，但你第十次违章就可能遭遇灭顶之灾。”其实，一次违章也可能带来致命的伤害。人不能靠侥幸活着，小心驶得万年船。侥幸，是一种赌注，一种生命的赌注，因为我们输不起，所以我们工作中不能心存侥幸。帮教人员在家访时说的话，对我触动很大：如果一个人长期以侥幸的心理违章作业，那么侥幸的最终结果就是不幸！帮教人员还举了一个例子，说有个蹬车大王，自恃自己身手好，常常违章蹬车，最后死在了车轮下。我一定要痛改前非，对自己负责、对家人负责、对工友负责，遵章守纪、兑规作业，做安全上的放心人。

前几天，矿上家属安全宣传服务站组织了一次讨论会，题目是：什么是家庭的最重要刚性需求？大家的最后结论是：矿工安全才是家庭最重要的刚性需求。矿工为人子、为人父、为人夫，是家庭的顶梁柱，他们的安危决定着家庭和亲人幸福与否。矿上领导因为我违章的事儿，到我家进行了家访。孩子得知情况，用诧异的眼光看着我。老婆得知情况，生气地说：“为了能让你安心上班、安全作业，不分心劳神，我几乎把家里家外的事情全包了，想不到你还违章作业，这多危险呀！我们也曾认识不少工伤人员和工亡家属，你没看到过他们的心酸苦痛吗？你要是有个好歹，让我们孤儿寡母怎么办呀！?”

现在，我意识到问题的严重性，在今后工作中坚决做到：虚心接受安全教育，增强安全意识，牢固树立安全为天的理念，时时刻刻注意安全生产；认真学习安全知识，做到入耳入脑，内化于心，外显于行；绝不再发生“三违”行为，无论在什么情况下，都不偷工减序，都不投机取巧，都不心存侥幸，都不马虎对付凑付，即使在没人监督的情况下也要兑规作业，确保安全生产；坚持做到“四不伤害”，不伤害自己，不伤害他人，不被他人伤害，保护他人不被伤害，强化自保互保，打造平安班组、平安区队。

检讨人：×××
×年×月×日

第六关：联保关操作流程

严重“三违”人员重新上岗前，必须由所在区的区长、队长、班组长，共同签字认证联保，保证其遵章守纪、兑规作业，不再违反规定。严重“三违”人员安全联保责任书示例如下：

严重“三违”人员安全联保责任书

为进一步加强安全生产工作，积极消除各类安全隐患和职工“三违”行为，建立完善安全责任体系及责任追究体系，形成以“自主保安，互助保安，联合保安”三位一体的安全管理机制，教育职工遵章守纪、兑规作业、杜绝“三违”，确保安全生产，特制定以下联保规定：

（1）监督严重“三违”人员按照安全技术操作规程操作和严格遵守煤矿各种规章制度。

（2）联保人员有责任对严重“三违”人员现场作业进行监督，发现违章作业及时制止。

（3）做好严重“三违”人员安全思想教育，促使其增强安全意识，树立“六零”理念。

（4）严重“三违”人员再次发生违章行为，对联保责任人根据文件有关规定进行处罚，并由矿安全监察处对联保人员进行约谈。

区长：
队长：
班长：
严重“三违”人员：
×年×月×日

第七关：帮带关操作流程

由班组长与严重“三违”人员签订安全帮带责任书，监护其安全作业，规范其安全行为，帮助其提高安全意识和安全技能，使其不再发生“三违”行为。严重“三违”人员过完“七关”后，由矿安全监察处出具复工通知单（见表3-14）返岗。

表3-14　严重“三违”人员返岗复工通知单

被通知单位	开拓区、工资科考勤室		
复工人员姓名	×××	单位	三开拓区××队
三开拓区××队职工×××，是严重“三违”人员，现已按规定过完“七关”，准予返岗			

峻德煤矿安全监察处
×年×月×日

严重“三违”人员帮带责任书示例如下：

严重“三违”人员帮带责任书

为确保严重“三违”人员能够遵章守纪，兑规作业，杜绝各类事故发生，在双方自愿基础上，建立帮带关系，在规定时间内掌握本岗位安全生产技能，特签订此帮带合同。

1. 率先遵守各项规章制度，认真传授本岗位技术、作业程序和作业要领，使被帮带人尽快掌握和熟知本岗位安全生产的基本知识。

2. 要教会被帮带人进入施工地点后，首先要进行安全检查，如何排查现场隐患，履行好安全生产权力和义务。

3. 在施工作业时，对被帮带人的安全必须起到监护作用，必须严格按照措施进行作业，按章操作，按措施施工，杜绝“三违”，确保安全。

4. 如在帮带期间，被帮带人再次发生“三违”现象，对帮带人根据文件有关规定和被帮带人同等处罚，在帮带期间被帮带人无违章现象，由所在单位给予帮带人300元奖励。

5. 被帮带人在帮带期间要服从帮带人的指挥，严格遵守各项规章制度，如不服从帮带人指挥，再次发生违章行为给予严肃处理，并加倍处罚。

6. 此帮带合同期限为三个月，从签订之日起至合同期满。

合同期限：　　年　月　日起至　　年　月　日
帮带人：
被帮带人：

×年×月×日

四、注重人文关怀

人文关怀是马克思哲学的重要维度之一，是企业管理不可或缺的内容。2021年版《安全生产法》第四十四条规定：生产经营单位应当关注从业人员的身体、心理状况和行为习惯，加强对从业人员的心理调解、精神慰藉，严格落实岗位安全生产责任，防范从业人员行为异常导致事故发生。美国知名安全专家皮特森对人的失误致因分析指出，在工作中人的不安全行为,受人的能力、工作压力、兴趣等因素影响,而这些因素又很大程度来源于人的心理、生理素质和精神层面。关注职工的心理状况、行为习惯和身体健康,强化职工身心健康管理,有针对性地进行疏导、干预、调节,是防范和减少"三违"现象发生的有效举措。

(一) 注重职工身心健康

中国科学院心理研究所教授祝卓宏表示,重视从业人员心理健康是安全生产的内在必然要求。近年来,鹤岗矿业公司高度关注职工身心健康,积极开展职工心理调解工作,体现了人性化的安全监管。

1. 开展职工心理调解的原则和主客体

(1) 心理调解的原则。

在开展职工心理调解上,必须结合企业实际,坚持把握六项原则:① 超前预防;② 平等交流;③ 分类施教;④ 解疑释惑;⑤ 维稳保安;⑥ 主动求实。

(2) 心理调解的主客体。

心理调解的主体是企业各级党政管理人员,重点是区科(车间)党总支(支部)书记、区科长(车间主任)、工会主席、团支部书记、段队党支部书记、段队长、工团负责人、班组长。

心理调解的客体是企业在岗职工,重点是存在各类心理、思想和情绪问题的在岗职工。

2. 开展职工心理调解的基本流程

重点是按照发现问题、分析问题、解决问题的闭合管理流程,开展职工心理、思想、情绪调解工作。

(1) 严格班前情绪梳理。以每天班前礼仪活动为切入点,通过班前职工聊天、点名、派班、入井更衣等环节,深入观察和掌握职工的情绪变化,捕捉职工思想动态,真正做到对本班到岗职工心理状态、思想情绪、身体和精神状况了然于胸,并及时填写"职工身心健康晴雨表",对存在问题的职工立即明确调解措施。

(2) 强化班中跟踪监督。对于心理状态、思想情绪和精神状况不佳或存在问题的职工,由当班带班区科、段队管理人员,职工所在班组班组长加强作业跟踪,观察其工作行为和操作行为,落实班中行为管控,确保其工作程序和作业行为兑规作业、符合标准,防止其因心理状态不佳、思想情绪变化、精神状态萎靡,导致行为失范,违规操作。

(3) 抓好日常调解化解。坚持心理调解日常化,根据职工存在的不同问题,逐一分析其产生的原因和症结,采取谈心谈话、家庭走访、思想帮教、情绪排解、心理调适、生活救助、解决困难等多种渠道和方式,有针对性地做好思想纠正、情绪化解、矛盾调处、生活帮扶、精神提振、排忧解难等工作,实现调解工作由单位到家庭、从工作到生活的全覆盖、常态化运行,做到问题不根除,心理调解不停顿。

(4) 注重调解结果问效。对于正在进行心理调适和情绪调解的职工,要定期进行效果检测,对效果不明显,状况或行为改变不大的,一方面要分析原因,及时调整调解的工作思路和方法;一方面调换调解主体,重点解决好主客体适应、融洽问题,确保调解工作能够处于协调、配合、适应、有效的良好状态,确保调解目的的达成。

3. 开展职工心理调解的方式方法

建立心理调解工作机制。健全完善的工作机制,是坚持做好心理调解、确保工作成效的重要前提和根本保证。积极构建"党委统一领导、行政主动参与、总支支部负责、工团日常管理、社区和家庭紧密配合"的职工心理调解工作运行机制。

(1) 组建职工心理调解领导机构。矿(厂)建立职工心理调解工作领导机构,负责统一领导协调调解工作,搞好调解资源调配;采区、段队和车间党总支(支部)成立职工心理调解工作领导小组,具体负责本单位存在各类问题职工的日常思想动态、心理状态、身体和精神状况的了解掌握,填写"职工身心健康档案",落实具体调解任务,并根据实际情况及时向矿(厂)党委反馈,确保心理调解各项措施及时跟进。

(2) 建立职工心理调解常态化制度。

① 建立心理调解工作登记制度。建立"职工身心健康晴雨表",每天班前根据询问、观察、了解的情况认真填报,确保职工动态掌握精准,行为约束规范。对需要心理调解的职工,在全面调查、掌握情况、分析原因的基础上,对职工家庭情况、本人存在问题、调解采取方式、具体调解责任人,以及调解工作完成时限等进行限定和明确。

② 建立情绪失控暂停工作制度。对身体状况、思想情绪、精神状态存在异常,思想情绪波动过大,甚至失控的职工,按照"维稳保安"的原则,及时阻止其进入工作场所;已经进入工作场所的,要及时劝离,并派人跟护升井,防止其因情绪失控,导致操作行为失常或独自升井期间发生过激行为,进而引发安全生产事故。

③ 建立心理调解工作责任制度。建立基层党总支(支部)负责人心理调解工作责任制,明确区科(车间)、段队党总支(支部)负责人为心理调解第一责任人,具体负责本单位职工心理健康调解工作;班组长为本班组职工心理调解直接责任人,全面负责本班组成员的心理调解工作;"结对"包保调解的结对人,为调解直接责任人。对于调解工作成效,依据公司"月检查、季考核、年总评"的规定,进行考核奖罚。

④ 建立调解工作长短线结合制度。针对职工不同情况、不同问题、不同原因产生的各种心理问题,本着"结合实际、因人而异,抓住关键、化解矛盾"的思路,采取持续化解和及时化解相结合的方式,建立长线调解和短线调解相结合的制度。对于一般性家庭矛盾、思想疙瘩、情绪失常等小问题,及时进行调解化解;对于重大家庭矛盾、思想偏执、认识错误、沾染恶习、道德缺失等大问题,确定相应调解思路和策略,采取长线持续调解,直至问题解决。

⑤ 建立调解工作井区与社区协同制度。为保证全时段、全方位、闭合式做好调解工作,建立以单位为主、社区职工家属服务站为辅的职工心理调解工作制度,使调解工作做到职工在岗疏通调适和班后家庭化解引导无缝连接、全方位覆盖,确保调解工作的连续性和持续性。

⑥ 建立聘请心理调解师制度。鼓励基层单位聘请兼职心理调解师、咨询师,定期组织开展心理健康辅导讲座和重点问题职工专项调解,通过专业人士运用心理学以及相关学科的专业知识,应用心理咨询的技术和方法,重点帮助存在思想偏执、道德缺失、沾染恶习的职工解除各类心理问题或心理障碍。

⑦ 建立访谈了解制度。常言道:知己知彼,百战不殆。心理调解亦是如此。清楚了解调解客体的情况是保证调解成效的前提和基础,"访、谈"则是做好调解的手段和途径。只有全面了解和掌握调解客体的真实情况,准确把握产生症结的原因,才能对准病灶、对症抓药,因势利导、事半功倍。

(二) 培养职工安全行为

职工行为习惯是否规范、是否标准,直接影响企业安全生产。在企业生产建设中,职工是保证安全生产的主体,只有职工的行为安全了,才能避免绝大多数的安全生产事故。由此可知，企业要确保安全生产、实现长治久安，重点还是要通过提高职工的安全意识、安全责任、操作技术和防范能力，使职工习惯性按章操作，习惯性上标准岗、干标准活，达到不伤害自己、不伤害他人、不被他人伤害、保护他人不受伤害的目的。

1. 落实安全行为标准

充分发挥企业内部“岗、网、站、哨”作用，重点抓好职工按本工种规章制度作业、按规定职责完成当班工作量、佩戴劳动保护用品、保护安全设施、及时汇报险情等安全行为，做到遵纪守法、文明礼貌、团结友善、爱岗敬业。同时，为确保安全行为标准得到执行落实，区科、段队管理人员每月还要对职工工作情况进行写实、对职工行为表现进行考核，不断规范职工安全行为。

2. 强化安全理念灌输

在充分利用广播、电视、板报、墙报等传统媒介的同时，重视发挥微信、微博、QQ 等新兴媒介作用，采取安全教育高潮日、事故案例教育、伤残职工现身说法、安全漫画展等形式，向职工灌输“安全第一、预防为主、综合治理”“治理隐患，防范事故”“行为源于意识，违章险于隐患，预防胜于处罚，责任重于泰山”等安全理念，使职工牢固树立“以人为本、生命至上、安全第一”思想，在安全与生产、安全与效益、安全与发展发生矛盾时，坚持把安全摆在第一位，真正做到不安全不生产、先安全后生产。

3. 做好安全培训工作

坚持以特种作业人员和其他从业人员培训为重点，以班前安全培训为补充，本着“干什么、学什么，缺什么、补什么”的原则，针对不同工种、不同岗位，采取脱产培训与班前培训相结合的方式，组织职工重点学习“一规程、四细则”和岗位操作规程、全员岗位安全生产责任制，牢记“必知必会、必禁必做”，使职工遵章守纪、兑规作业成为一种习惯。

4. 正向引导和反向约束相结合

为促进职工安全行为养成，坚持开展“五星党员”、金牌班组长、安全卫士、优秀职工等评选活动，促进安全行为文化建设和职工文明素养的提高。与此同时，扎实做好严重“三违”人员过“七关”工作，增强职工安全意识，约束职工作业行为，久久为功，使职工养成安全生产习惯。

5. 推进安全行为文化建设

坚持“立道、铸魂、固本、对标、塑形”理念，打造以人为本、以价值观塑造为核心的安全文化管理模式，弘扬“三种风气”，实现“六个转变”，推进安全行为文化建设。三种风气，即认真学习的风气，求真务实的风气，积极探索的风气。六个转变，即深化安全行为养成训练，由注重课堂考问向注重手指口述、岗位描述转变，由注重说教灌输向注重现场观摩、内心体验转变，由注重行为纠偏向注重强化实训、提升技能转变，由注重强化约束向注重内省自律、积极主动转变，由注重减少灾害损失向注重减轻灾害程度转变，由注重事后补救向注重超前预控转变。

（三）关注职工身体健康

1. 开展职工健康疗养

由于煤矿工作节奏快，劳动强度大，加之井下特殊的作业环境，使一些长期在井下工作的职工患有骨质疏松、风湿和肠胃、皮肤等方面具有职业特征的疾病。为贯彻落实《中华人民共和国安全生产法》和全国总工会关于加强职工疗休养工作的相关要求，关心关爱职工，切实保护职工身心健康，公司坚持常态化开展职工健康疗养。职工疗养集体照见图 3-26。

图 3-26　职工疗养

(1) 疗养时间。本着“人性化、科学化、舒适化”的原则，公司坚持每年开展一次职工健康疗养。职工健康疗养一般集中在温暖舒适、适宜疗养的 5 月份至 9 月份分期进行，整体时间为 5 个月，每个月安排 3 期至 4 期，每期为 7 天、50 人左右。

(2) 疗养地点。从适合气候特点，适宜职工休养，符合生活习惯，有益职工职业性疾病康复的目的出发，分别选择山海关、威海、南戴河等职工健康疗养定点接待地。特别是对患有骨质疏松、风湿病、皮肤病、肠胃病的职工，一般安排到五大连池，患病职工通过矿泉水疗、泥疗等辅助治疗方式，使病患得到一定程度的治疗。

(3) 人员构成。① 疗养对象为身体状况适合参加疗养的在岗职工。② 重点组织公司特等劳动模范，公司和基层劳动模范代表，公司和基层技术状元、技术能手、科技创新带头人、劳模工匠创新工作室代表，优秀党员、安全标兵、金牌班组长、优秀群监员，以及生产一线苦脏累险岗位工作优异、业绩突出的各类先优代表。③ 优先安排患有慢性病、职业病、工伤等需要疗养康复和从事有毒有害等特殊工种的在岗职工。在此基础上，劳模和优秀职工家属也可自费陪同参加职工健康疗养。

(4) 费用保障。职工健康疗养费用根据疗养地点和场所收费标准以及疗养期间活动项目不同而不同，由公司统一支付。

(5) 组织安排。职工健康疗养在公司党委和基层党委的领导下，由两级工会共同组织落实。公司工会负责每年职工健康疗养文件下发、健康疗养地点选择、疗养活动项目确定、人员综合费用确定。基层工会负责本单位参加疗养职工的选定、审批和纪律教育。每期疗养指派一名组织能力和责任心强的工会干部带队，具体负责疗养职工疗养期间的生活后勤、安全教育和活动组织等等，确保职工疗养期间能够吃好、玩好、休息好，让职工身体疾病得到治疗、工作压力得到缓解、职业疲劳得以消除，提升职工的获得感和幸福指数，使职工切实感受到组织的关怀和企业的温暖。

(6) 相关要求。① 强化组织领导。按照“谁组织、谁负责”的原则，要求公司工会和基层工会高度重视劳模、优秀职工健康疗养工作，制定活动方案，宣传疗养政策，做好疗养职工的推荐、组织等工作，同时要求带队的工会干部与定点疗养院搞好对接，全程陪同，跟踪服务，保证疗养人员在疗养期间的服务质量和安全。② 严把疗养对象资格审核关。要求基层工会严格审核疗养人员资格，重点安排在企业安全生产、科技创新、技能工匠、发展稳定中作出突出贡献的劳模和优秀职工，优先安排生产一线，特别是在条件艰苦、劳动强度大、有毒有害岗位工作和重大工程、重点科研项目中发挥骨干作用的一线优秀职工，对患有重大疾病、不适合参加户外活动的人员要做好甄别工作。③ 严格监督检查。从严做好健康疗养的督促检查，公司工会不定期派人对疗养活动期间的工作纪律、工作作风、工作落实等情况进行检查，要求参加疗养的人员积极配合接待单位的各项活动，在疗养期间不经本单位同意，不得擅自去其他城市。④ 加强安全管理。要求各定点疗养接待单位严格执行收费标准，不得随意增加项目收费，对疗养可能涉及的人员、食品、车辆、场所、设施安全问题制订相应应急预案，提高抗风险能力，预防各类事故发生。

2. 强化职工职业病防治

全面贯彻落实《职业病防治法》及国家卫生健康委员会《工作场所职业卫生管理规定》，进一步加强职业病危害防治工作，使公司生产作业环境符合国家职业卫生标准和要求，保护职工身心健康及其相关权益。

(1) 指导思想。

坚持“以人为本、预防为主、防治结合”方针，牢固树立“职业健康与生命安全同等重要”“职业健康零伤害”理念，积极开展前期预防、中期治理、防治结合，进一步强化职业病危害防治基础建设，建立和完善职业病防治管理体系、职业病危害防治工作长效机制，确保常态化落实职业病危害防治工作，维护职工职业卫生权益和生命安全。

(2) 工作目标。

① 职业病危害告知率、警示标识设置率、培训率、危害因素检测率达到100%，确保职工职业健康检查周期符合规定，新增职业病例同比减少3%，消灭重大急性职业病危害事故。

② 生产矿井达到龙煤集团职业病防治示范矿井建设水平。

(3) 领导机构。

① 成立公司职业病防治领导小组。

组长：党委书记、董事长、总经理。

副组长：公司副总以上领导。

成员单位：安全监察局、生产技术部(采掘室、开拓室)、通风技术部、机电装备部、地质测量部、财务部、人力资源部、物资供应部、矿区工会。

公司职业病防治管理办公室设在安全监察局职业病防治管理处，主任由公司安全监察局副局长兼任。

② 防治职责。

党委书记、董事长和总经理是公司职业病防治的第一责任人，贯彻国家有关职业病防治的法律、法规、政策和标准，落实各级职业病防治工作职责，对公司职业病危害防治工作负领导责任。

公司其他系统领导负责分管系统的职业病危害防治工作；公司职业病防治管理办公室具体负责职业病危害防治计划和方案的实施，职业病危害防治监督、考核、指导等业务；其他成员单位根据部门业务职能积极支持配合好职业病危害防治工作。

(4) 工作重点。

年度以深入开展好“七个一”活动为主线，全面推动煤矿职业病危害防治工作提档升级。

① 开展一次职业病危害防治调查活动。由煤矿安全监察处负责，对煤矿接触职业危害人数、工作地点个数、设施设备及资金投入、个体防护用品配备、体检及诊断人数等情况进行调查，从而掌握底数，发现问题，找出症结，精准施策。

② 开展一次职业病危害防治宣传周活动。由煤矿安全监察处牵头，培训中心、工会、党委宣传部等联合行动，根据国家规定，于 4 月末的最后一周，对全员开展一次《职业病防治法》《工作场所职业卫生管理规定》等法律法规的学习、宣传、培训活动。

③ 开展一次职业病危害因素告知活动。由煤矿安全监察处和工资科负责，根据鹤岗市卫生健康委员会的要求，重新对接触职业危害因素人员进行一次职业病危害因素告知。

④ 开展一次职业病危害防治知识培训活动。由煤矿安全监察处和培训中心负责，对新上岗职工及从事职业病危害严重岗位的职工开展一次专项职业卫生培训；对原有在岗职工进行定期职业卫生培训，普及职业病防治知识，督促劳动者遵守职业病防治法律法规、国家职业卫生标准和操作规程。

⑤ 开展一次职业病危害防治大排查活动。由煤矿领导和安全监察处负责，组织对职业病危害防治工作开展一次大排查，建立相关活动记录台账，落实相关问题的整改措施、整改资金、整改时间、整改责任人等，全面推动职业病危害防治工作提档升级。

⑥ 开展一次职业卫生专兼职管理人员知识竞赛活动。由煤矿安全监察处、培训中心负责，各科室、采区配合，采取笔试或竞赛等方式，对煤矿职业卫生专兼职管理人员掌握职业病危害防治管理知识及综合素质等情况，进行一次全面考核评比。

⑦ 开展一次职业病危害示范矿井建设学习观摩活动。积极参与职业病危害示范矿井建设学习观摩活动，交流总结好的做法，全面促进煤矿职业病危害防治工作。

（5）工作要求。

确保做到十个到位：

① 防治思想认识到位。煤矿职业病危害防治是促进安全生产标准化矿井建设、切实保障职工身体健康的一项重要工作。各单位充分认识其必要性和重要性，牢固树立“职业健康与生命安全同等重要”的理念，不断增强抓好职业病防治工作的责任感和紧迫感，按照源头治理、科学防治、严格管理、依法监督的要求，与安全生产同步部署、同步落实、同步推进，确保取得实实在在的效果。

② 领导组织管理到位。严格按照《职业病防治法》及国家卫生健康委员会《工作场所职业卫生管理规定》要求，建立健全职业病危害防治领导组织机构，矿长是煤矿职业病防治工作的第一责任人，各专业、各系统、各相关部门具体负责。设置职业病危害防治管理机构，配备专职职业卫生管理人员，以及个体监护档案管理员、个体防护用品管理员、职业危害因素检测员等专兼职管理人员，保证职业病危害防治工作的正常开展。

③ 规章制度执行到位。根据国家相关要求，结合煤矿工作实际特点，进一步完善职业病危害防治责任制度、职业病危害警示告知制度、职业病危害项目申报制度、职业病防治宣传教育培训制度、职业病防护设施维护检修制度、职业病防护用品管理制度等，并严格对照相关规章制度开展具体工作。

④ 资金投入使用到位。结合本单位实际，超前制订职业病危害防治专项经费计划，保证投入计划的科学性和针对性，同时加强资金投入使用管理，建立健全资金投入使用记录台

账，定期进行分析解剖，确保把有限的资金用在刀刃上。

⑤ 各类档案建立到位。全面加强职业病危害防治内业管理工作，建立健全本单位职业病卫生管理档案、职工个体监护档案、职工教育培训档案、职业病危害因素检测检验管理档案等，并定期开展好职业危害项目申报工作。

⑥ 公告警示告知到位。在醒目位置设置公告栏，定期公布有关职业病防治的规章制度、操作规程、职业病危害事故应急救援措施和工作场所职业病危害因素检测结果等，保证职工的知情权。

⑦ 设施维修维护到位。严格落实职业病防护设施维护检修制度，加大对职业病防护设备、应急救援设施等的经常性维护、检修和保养力度，定期检测其性能和效果，确保其处于正常状态，不得擅自拆除或停止使用。

⑧ 防护用品配备到位。按照相关规定要求，为职工提供符合国家职业卫生标准的职业病防护用品，并督促、指导职工按照使用规则正确佩戴、使用，严禁以发放钱物替代发放职业病防护用品的行为。定期对个体防护用品进行维护、保养，确保防护用品有效。

⑨ 监督检查落实到位。切实把职业病危害防治工作纳入本单位安全管理范畴，每月至少组织开展一次职业病危害防治自检自查工作，并形成相关记录备查。公司安全监察局职业病防治管理处每季度组织一次职业病危害防治专项监察，以及不定期抽查，对整体工作推进不力的单位，将依据考核办法通报问责。工会组织依法对职业病防治工作进行监督，用人单位制定或修改有关职业病防治的规章制度要听取工会组织的意见。工会组织通过职工代表视察、职工满意度测评等方式，强化民主监督，推动问题整改，维护劳动者依法享有的职业卫生保护的权利。

⑩ 防护知识宣传到位。定期组织开展职工在岗期间的职业卫生培训，对上岗前或因变更工艺、技术、设备、材料及岗位调整接触职业危害因素发生变化的，以及职业病危害严重的岗位，适时组织开展职业卫生专项培训，普及职业病危害预防和控制的基本知识，使广大职工真正了解职业病的危害性，准确掌握国家职业卫生标准和操作规程。

(6) 考核办法及细则。

① 考核范围。公司各煤矿、矿建处。

② 考核依据。《职业病防治法》《工作场所职业卫生管理规定》《煤矿作业场所职业病危害防治规定》《黑龙江煤矿安全监察局、黑龙江省煤炭生产安全管理局关于开展煤矿职业病防治示范矿井建设的通知》《煤矿安全生产标准化基本要求及评分方法(试行)》等相关法律法规和文件，以及龙煤集团、鹤岗矿业公司职业病危害防治计划和实施方案等。

③ 考核方法。公司安全监察局职业病防治管理处采取专项监察、每月不定期抽查、井上下联合检查、每季度定期综合检查验收相结合的方式，每季度对各单位职业病危害防治工作进行综合评比、排名。

④ 考核奖罚。公司安全监察局职业病防治管理处依据季度综合评定结果，季度考核评分达到 90 分以上、排名前三名的单位，公司给予矿长 2 000 元奖励、安全副矿长 1 500 元奖励、安全副总 1 200 元奖励，矿安全监察处职业病防治办主任 1 000 元奖励、职业病防治办管理员 800 元奖励。季度考核评分 80 分以下的单位，将给予以上人员对等处罚。奖罚资金在公司安全效益工资中支取或扣除，并视整体工作推进情况，给予公司相关人员及安全监察局职业病防治管理处适当奖励。各单位可结合工作实际，自行制定本单位职业病危害防治考

核奖罚管理办法。

⑤ 考核细则。考核负面清单内容包括：

a. 未制定完善职业病危害防治各项管理制度。

b. 未制订职业病防治规划、年度计划和实施方案。

c. 未分年度建立健全企业职业卫生档案，本年度职业卫生档案内容不完善。

d. 未进行职业病危害项目申报。

e. 未按要求制订年度职业病危害防治专项经费计划并落实使用。

f. 未将职业病危害防治工作纳入日常检查。

g. 职业危害因素检测率未达到98%以上。

h. 未对职业病患者及职业禁忌证患者进行调离安置。

i. 未按标准及时配备、发放个体防护用品，记录不全，未按规定使用。

j. 未进行职业危害告知、设置公告警示。

k. 作业场所职业病危害防治设备、设施缺失或不能正常使用，以及未定期维护、检修、更换。

l. 每月至少开展1次全矿(处)职业病危害防治自检自查工作，未按要求定期开展的或自检自查、闭合整改等资料不全。

m. 未建立职业病危害因素检测队伍，配齐配全粉尘、噪声等检测人员，未经培训合格后上岗。

n. 未将职业健康检查结果书面告知职工或告知不全面、不规范。

o. 职工个体监护档案不健全、管理不规范、保存不妥善、内容不达标。

p. 未建立健全个体监护档案管理台账，职业健康检查结果台账，职业病患者、疑似病例、职业禁忌证管理台账，相关调离安置记录等内业资料。

q. 未安排疑似职业病病人进行诊断。

r. 职业病诊断、伤残等级鉴定等资料保存不完整。

s. 未如实、及时提供职业病诊断、伤残等级鉴定所需资料。

t. 未建立健全劳动保护监督检查委员会，并依法开展职业病危害防治工作监督活动，或监督活动没有针对性、记录不真实。

u. 主要负责人和职业卫生相关管理人员，未定期参加职业卫生培训。

v. 未制订职业病危害防治专项培训计划或未按要求开展。

对以上负面清单项目制定扣减单位效益工资、处罚相关责任人的标准或额度；因工作推诿、治理不到位，发生上述问题并造成较为严重后果的，给予相关责任人党政纪问责。

鹤岗矿业公司建设并投入使用的口罩厂，如图3-27所示。

3. 提供营养均衡的班中餐

小小一份班中餐看似微不足道，发挥的效用却不小。井下职工如果吃不上班中餐，就会肚子饥饿心里发慌、体力不济动作迟缓，或者会出现为了早点升井吃饭，工作中偷工减序以及违章扒、蹬、跳运输工具等现象；如果吃不好班中餐，就会心中有怨气，带着情绪工作，导致职工行为失常、失范，甚至因此发生事故；特别是井下职工如果长期吃不上班中餐或者能吃上班中餐但班中餐不讲究营养，也会影响其身体健康。这方面，鹤岗矿业公司还有其特殊性。据统计，截至2021年末全公司共有井下职工11 216人，其中采掘工4 319人。通过了解得知，当前井下职工有一些是单身或离异。据益新煤矿一采区职工反映，全区共有110名职工，其中单身或离异职工占全区人数的五分之一左右；兴安煤矿综采一区大班60多人，有一多半人在家不吃早餐，指望着当班的这份班中餐。对此，鹤岗矿业公司从让职工吃好班中餐，使其保持充沛体力和良好精神状态，减少行为失常、失范现象发生的角度出发，始终坚持为井下职工提供营养均衡的班中餐。

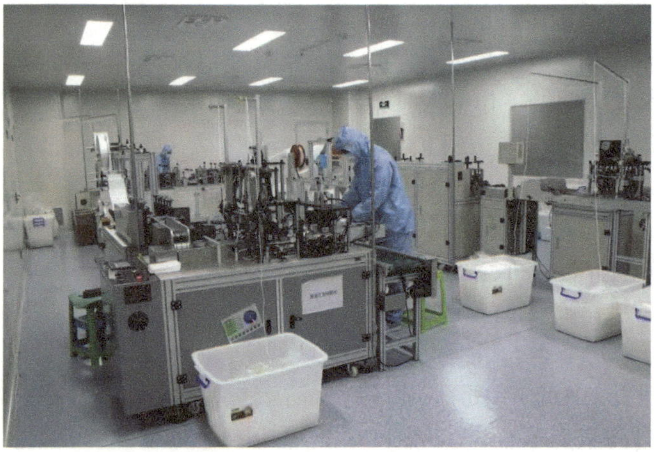

图 3-27　口罩厂生产车间

（1）班中餐发放形式。

据调查，目前多数煤矿企业都在坚持为井下职工提供班中餐，但各煤矿根据自身的不同情况，共有四种班中餐提供形式：一是以现金补贴的方式打入职工工资之中；二是设立井口食堂，职工升井后到食堂就餐；三是引入经营者，在企业内部设立摊位，井下职工凭卡购买就餐；四是成立班中餐制作中心，将班中餐送到井下，职工在井下吃班中餐。目前，鹤岗矿业公司采用的是统一制作班中餐，并及时运送到井下，让职工在井下班中享受这份应有的福利待遇。

（2）班中餐整合过程。

1996年前，公司井下班中餐都是由各矿食堂分散加工，虽然能够保障供应，但存在制作标准不统一、制作方式五花八门、品种质量差别很大等问题，更重要的是因制作成本高，导致班中餐难以达到营养标准。1996年，公司对医疗、运输、供应、保健“四大系统”进行整合，组建了统一制作班中餐的保健食品公司，将各矿分散制作班中餐的职能由保健食品公司集中行使。此后，保健食品公司在各矿成立了驻矿食堂，形成了集中制作、统一配送、窗口发放模式，保证了职工在井下吃到可口、热乎、营养均衡的班中餐。

（3）班中餐保供品种。

针对物价不断上涨、原料价格过高的问题，公司在经营形势十分困难的情况下，先后两次调整了班中餐费用投放标准，并为职工配送到井下作业场所。

保健食品公司在确保企业投入的每一分钱都花到职工身上的同时，积极在配餐合理、营养均衡、增加花样上下功夫，针对井下职工长时间井下作业，体能消耗大，需摄入一般人员两倍热量的实际，在主食上以自制加工面粉制成的馒头、包子、面包等为主，为矿工提供优质碳水化合物、蛋白质、B族维生素和矿物质；针对井下职工常年井下作业，光照时间短，容易缺钙、缺乏维生素 A 和 D 的实际，在副食上以肉制品、酱鸡肉类、干炸鱼类等食品为主，并在入井前给每名职工免费发放一袋牛奶，为矿工补充优质蛋白质，钙、钾、锌等矿物质，以及 A、D、B 族等维生素，达到保护视力、减少夜盲症，增加骨骼钙质，增强皮肤抵抗力的目的；针对井下作业环境中粉尘危害较大，长期井下工作容易引发矽肺病等实际，在炒菜中增加黑木耳、冬瓜、萝卜、豆制品等，用于清肺和补充维生素 C、矿物质及粗纤维，达到预防各类职业病的目的。特别是在主食制作方面，未成立驻矿保健食堂前，主要以馒头、面包为主，副食以炸花生米、火腿肠、咸鸭蛋、咸菜为主，因运输距离远、配送不及时，有时馒头、面包发到矿工手中已经变凉；成立驻矿保健食堂后，由驻矿食堂分班次加工制作馒头、花卷、包子等主食，增加了花样、保证了温度。在副食制作方面，由驻矿食堂现场加工炒菜，副食品加工厂统一承担香肠、炸鱼、炸鸡腿、酱鸡块等副食品加工。为确保副食品的及时配送，鹤岗矿业公司购置了两台配送车辆，矿区南部和北部食堂各一辆，及时将副食品配送到驻矿食堂统一发放，使班中餐主副食品种由单一化向多样化转变，受到了矿工的一致好评。

（4）确保班中餐均衡营养的主要做法。

① 广泛开展调研。为更好提升班中餐口感和保证营养均衡，保健食品公司组织相关人员在深入采区班前、面对面与职工交流的基础上，到驻矿食堂领取室与领取班中餐的职工交流，咨询班中餐发到职工手中情况；同时，为使调研更深入、更准确，他们精心设计下发了 3 000余份班中餐调查意见表和征求意见表，分发到煤矿采、掘和其他系统采区、段队职工手中（见图 3-28、图 3-29）。特别是为亲身体验井下职工井下用餐情况，该公司领导又深入各矿重点工作面，与职工在井下共同食用班中餐，真实感受职工作业环境和就餐条件。通过系

班中餐意见调查表

单位：峻德煤矿三井

现状调查				
班中餐的卫生状况	非常满意☑	满意□	一般□	不满意□
班中餐的质量状况	非常满意☑	满意□	一般□	不满意□
班中餐的服务态度	非常满意☑	满意□	一般□	不满意□
评　价				
您对目前班中餐标准的评价？	物超所值☑	物有所值□	便宜但质量一般□	又贵质量又差□
您对目前班中餐整体评价？	非常满意☑	满意□	一般□	不满意□
改善意见				
您希望增加哪些种类班中餐？	主食类□	炒菜类□	副食类☑	
您希望从哪些方面改进班中餐？	包　装□	班中餐种类☑	服　务□	
其他方面的改善意见？	炒菜上花样较多，希望在副食方面增加些小菜等的风味。			

图 3-28　“班中餐意见调查表”填写示例

班中餐质量征求意见表

（“红色领航工程”为引领，结合安全生产深入基层）

被征求意见单位	新陆煤矿生产准备区		
时　间	2021年7月20日	参加人数	120人
对班中餐评价			
馒　头	满意	基本满意	不满意
	√		
包　子	满意	基本满意	不满意
	√		
炒　菜	满意	基本满意	不满意
	√		
面　包	满意	基本满意	不满意
	√		
生日蛋糕	满意	基本满意	不满意
	√		
香　肠	满意	基本满意	不满意
	√		
火　腿	满意	基本满意	不满意
		√	
其它副食产品	满意	基本满意	不满意
	√		
对班中餐有何意见或建议			
希望继续丰富班中餐花样品种，让我们煤矿工人吃的更加营养健康。			

注：请在您的意见下面打√，例如满意就在满意下面打√。

图 3-29　“班中餐质量征求意见表”填写示例

列调研，井下职工对班中餐的意见主要集中在品种比较单一、花样较少上。对此，保健食品公司以驻兴安煤矿食堂为试点，为副食品加工厂购置了酱锅，采购了整鸡、肘子等食材，增加了酱烧鸡、酱肘子等产品，经过反复试验确认，将新增产品进行推广，有效提升了井下职工用餐满意度。职工班中餐制作实景，见图 3-30。

② 改造基础设施。为进一步提升食品加工标准，确保食品质量和安全。2005 年，公司投资 400 余万元，对保健食品公司副食品加工厂进行了升级改造，重新铺设了白钢材质的生产车间墙体、屋面和棚面，购置了较为先进的灌肠机、滚揉机、高温灭菌罐等设备。2006 年，投资 180 余万元，在购置食品配送专用保温箱式货车，为各驻矿食堂添置或更换了和面机、馒头机等设备的基础上，建成了食品包装袋包装厂，结束了塑料袋包装的历史，开启了餐盒包装的新模式，使矿工用餐更安全、更放心。2008 年，投资 30 余万元，成立食品化验室，购置了先进的化验检测设备，定期对班中餐进行检测，保证了班中餐的品质。

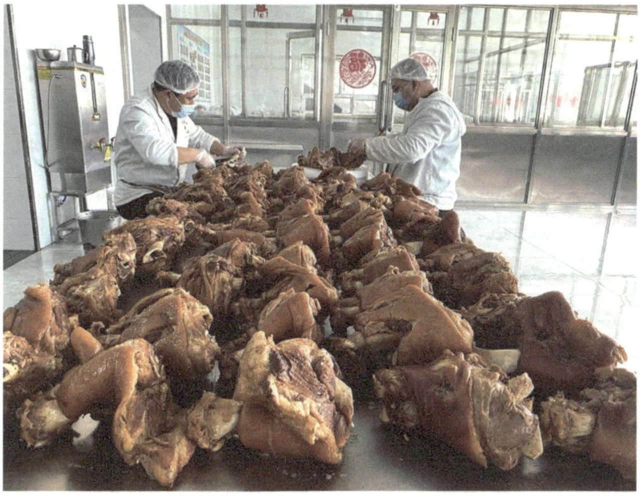

图 3-30　职工班中餐制作实景

③ 强化职工培训。坚持常态化培训，制订详细的年度培训计划，在利用班前班后时间组织安全培训的同时，针对不同岗位、不同层次职工，分批次进行专业培训，培训覆盖率达到 100%。坚持系统化培养，深入开展岗位练兵活动，以蒸制、炒制、烤制三个项目为主，各岗位职工主动参加，由经验丰富、技术过硬的主任担任评委，邀请上级部门监督指导，对练兵成绩突出的职工给予物质和精神奖励。坚持泛在化学习，利用企业微信群每日发送安全教育小视频，制作各类安全教育和食品加工知识 PPT 课件，深入各生产车间对不同岗位职工面对面授课，时刻提醒职工确保生产和食品安全。坚持组织化提能，在与东北农业大学联合开办以食品加工专业为主的成人专科班的基础上，对各级管理人员、岗位技术人员开展为期两年的学习培训，有效提高了管理人员和岗位人员理论和实践水平。岗位练兵活动见图 3-31。

图 3-31　保健食品公司职工岗位练兵考场

④ 发挥降本优势。实施集中采购，实行大宗物资原产地采购、重要物资货比三家选购，采购过程中尽可能选择信誉好、品牌知名度高、运输距离短的厂家，最大限度降低采购成本、减少资金支出。开展自制加工，先后建成面粉加工厂、副食品加工厂、面包烘焙厂和制作主食、炒菜的驻矿食堂。其中，面粉加工厂采用传统复式磨辊碾压技术，选用山东优良小麦，不

添加增白剂、防腐剂、强筋剂，最大限度保留麦香精华和营养成分，并制作成馒头、花卷、面包等各类主食，为职工提供优质的蛋白质、碳水化合物、B族维生素和矿物质。副食品加工厂具备加工红肠、黑胡椒肠、俄式系列肠类产品，以及加工鱼类、鸡类、骨类等产品的炸、酱制能力。面包烘焙厂引进国内先进的热风式旋转烤炉及烘焙设备，负责为职工加工制作各种不同种类的面包和生日蛋糕。驻矿食堂为职工加工炒菜和制作主食，主要生产各种应季炒菜和水饺、米饭等主食品种。推进绿色养殖，2009年鹤岗矿业公司投入近7 000万元，建成了集种植、饲养、加工、屠宰、分割为一体的养殖基地，为职工班中餐提供养殖周期长、干物质丰富、风味氨基酸含量高、胶原蛋白含量多、肌内脂肪松软度优的肉制品。经多年发展建设，目前养殖基地年可出栏生猪1.5万头。2012年，屠宰加工厂获得了国家出口食品生产企业许可证；2020年，经北京专业检测机构认定，该基地生猪达到了无抗标准，成为东北三省无抗生猪生产基地之一。

⑤ 严格检查考核。明确检查标准，2019年龙煤集团和鹤岗矿业公司分别制定了“关于进一步加强和规范煤矿‘两堂一舍’及班中餐管理工作的通知”“关于加强食品安全管理的通知”，全面加强班中餐考核管理，使班中餐考核标准更加明确、更加规范。健全操作规则，为确保食品质量安全，保健食品公司先后制定出台了“四条禁令”“五项铁规”等特殊规定，建立了全员安全生产责任制和“生产加工管理办法”“安全质量管理办法”“原材料保供管理办法”等制度，从原料采购、生产加工、产品出厂等环节逐层把关。加大检查力度，公司要求矿区工会定期按相关考核细则，采取动态与静态相结合的方式，通过开展“红色领航”工程考评、职工代表视察等活动，对班中餐质量实行月检查、季考评，确保班中餐管理达到精细化、规范化。保健食品公司加强班中餐物资管控，检查基层单位账、卡、物是否相符，发放数量是否真实；每月至少开展一次联合大检查，将检查结果进行排名，对季度排名前三名的进行奖励，排名末位的进行处罚，确保班中餐的食品安全和质量，见表3-15。

表3-15　班中餐质量测评汇总表

时间：2022年2月22日

品种		峻德矿	兴安矿	富力矿	新陆矿	振兴矿	益新矿	鸟山矿	小计	有效票数	占比/%
主食	满意票数	49	47	50	50	48	50	46	340	350	97.14
	基本满意票数	1	3	0	0	2	0	4	10	350	2.86
	不满意票数	0	0	0	0	0	0	0	0	350	0.00
副食	满意票数	48	44	50	50	48	50	46	336	350	96.00
	基本满意票数	2	6	0	0	2	0	4	14	350	4.00
	不满意票数	0	0	0	0	0	0	0	0	350	0.00
炒菜	满意票数	49	47	50	50	46	49	46	337	350	96.29
	基本满意票数	1	3	0	0	4	1	4	13	350	3.71
	不满意票数	0	0	0	0	0	0	0	0	350	0.00

⑥ 提升服务效果。近年来，保健食品公司以不同方式向职工表达情意、传递爱心，先后

开展了节日祝福暖人心、小小灯谜送开心、安全警示安人心、凉茶热饮聚人心、幸运抽奖振人心等活动，有效提高了职工对班中餐的满意度。从2017年开始，为让一线职工愉快地工作、体面地劳动、有尊严地生活，鹤岗矿业公司开展了为井下一线职工“庆生日、送祝福”活动，职工生日当天可获得200元生日红包、一份生日蛋糕和精美贺卡，段队或班组在班前课上以简洁的仪式为职工送上生日祝福，职工带薪休假一天，让一线职工切实感受到了企业的温暖和关怀（见图3-32、图3-33）。从2018年开始，在新春佳节坚持为井下职工送面粉、猪肉、肠类等产品的同时，不定期为安全管理好、生产任务完成好的单位井下职工发放面粉、豆油、猪肉、红肠等物资奖励。前些年，公司召开职工代表大会时，关于提高和改进班中餐质量、品种的提案多达数十件。通过改进提高，近两年职工代表提案中，关于班中餐的提案仅有2～3件，且内容都是保持班中餐质量的建设性意见。

图3-32　为职工制作的庆生蛋糕

图3-33　送给职工的庆生红包

第三节 进行“三违”和工伤结构性分析 提升安全管控精准度

煤矿企业多为地下作业，采场多变，条件艰苦，系统复杂，潜在的安全风险比较高，加之职工劳动强度大，劳动时间长，生产整体协调性和规范性要求高，导致“三违”和工伤呈现多因一果的特点。进行“三违”和工伤结构性分析，目的在于提升安全管控的精准度，尽可能消除导致“三违”和工伤发生的因素，从而保证企业安全生产。

一、“三违”和工伤结构性分析的流程

（一）组建专业团队

对相关数据进行综合分析，不但要有科学的手段，还要配备足够的专业人员，以便更准确地找出其内在的规律和特点。对“三违”和工伤进行结构性分析，同样如此。对此，鹤岗矿业公司在进行“三违”和工伤结构性分析前，要求煤矿生产建设单位首先组建专业的分析团队，其成员必须具备一定的专业知识和丰富的现场经验，并熟知相应的工作流程。专业分析人员，一般选择具备资质的安全工程师、企业安全管理人员，以及专门从事事故调查的人员。在实际工作中，参与数据分析的团队成员必须参加“三违”和工伤追查。

（二）收集整理数据

（1）上报收集。分析团队成员直接与相关部门、基层单位沟通，获取“三违”和工伤数据。数据一般包括：“三违”和受伤人员的时间、地点、班次、类别，以及姓名、年龄、工种、违章动机、受伤部位、所在单位等信息。

（2）现场调研。分析团队成员通过深入基层，向现场人员和管理人员了解“三违”和工伤情况，以及日常安全管理和安全防范落实情况，用于验证日常管理举措和安全防范措施是否有针对性、实效性，以便推广经验或改进不足。

（3）数据整理。分析团队成员一般采取 Excel、WPS 电子表格或 Access、FoxPro 数据库软件或其他专业分析软件等进行数据整理，以保证数据统计的科学性、准确性，缩短统计周期。Excel、WPS、Access、FoxPro 软件如图 3-34 所示。

图 3-34 Excel、WPS、Access、FoxPro 软件

（三）进行分析研判

各类数据整理汇总后，首先组织专业分析团队成员召开专题会议，按照“三违”和工伤发生时段（月份、班次）、发生单位、违章地点、违章动机、事故类别，以及当事人年龄、文化、工种、安全培训、从业时长等情况逐项进行分析，查找“三违”和工伤发生的普遍性规律，并根据数据分析的结果，制定有针对性的防范措施，以此加强日常安全管理，提升矿井安全保障能力。

（四）做好汇总总结

分析团队在最终确认分析结果后，由其成员撰写结构性分析报告，并经有关领导审阅确认后，下发到基层单位落实改进安全管理的措施。“三违”和工伤结构性分析报告一般包括：数据汇总、分类对比、原因分析、改进措施等内容。为确保贯彻执行效果，公司及煤矿生产建设单位的安全生产部门在对基层检查督导过程中，将“三违”和工伤结构性分析报告的落实情况作为日常检查项目。

1. 数据汇总

在“三违”和工伤结构性分析报告中，应先将分析内容按月份、季度、年度等进行划分，以简要列表形式进行汇总，以便于与同期分析数据进行对照。

以年度工伤分析为例，应先将本年度各起工伤情况进行梳理列表，相应信息一般包括：单位、时间、姓名、性别、年龄、职务或工种、文化程度、受伤部位、伤势程度、事故类别、事故经过简述等信息。×年度工伤事故登记表（样表），见表 3-16。

表 3-16 ×年度工伤事故登记表（样表）

序号	单位	时间	姓名	性别	年龄	职务/工种	文化程度	受伤部位	轻/重	事故类别	事故经过简述

2. 分类对比

在数据对比中，首先应将分析周期对象与上个周期数据进行对比，再分类、分项对本周期数据进行对比，以便查找出分类、分项中的规律性问题。如进行年度“三违”和工伤对比时，应先将本年度各月份工伤人数进行统计，再与上年度各月份进行对比，计算出各月份之间工伤人数的增减情况，找出一般规律。上年度与下年度“三违”及工伤人数统计对比表（样表），见表 3-17。

表 3-17 上年度与下年度“三违”及工伤人数统计对比表（样表）

月份	1月	2月	3月	4月	5月	6月	7月	8月	9月	10月	11月	12月	小计
上年度													
本年度													
增减对比													

注：“－”表示减少，“＋”表示增加，“±”表示无增减。

分类、分项统计中，应注意所分析项目的类别、因素界定的规范性、统一性，以保证结构性分析报告及改进措施的针对性、实效性。同时，在确定分析项目时，应遵循客观、公正、科学解析的原则，保证确定的分析项目能够真实反映“三违”和工伤发生的原因和规律。

在事故类别划分上，可按照企业内部管理的实际情况，确定事故的类别，也可按照《企业职工伤亡事故分类》（GB 6441）规定进行界定。《企业职工伤亡事故分类》将事故类别划分为物体打击、车辆伤害、机械伤害、起重伤害、触电、淹溺、灼烫、火灾、高处坠落、坍塌、冒顶片帮、透水、放炮、火药爆炸、瓦斯爆炸、锅炉爆炸、容器爆炸、其他爆炸、中毒和窒息、其他伤害等共20类。

在人身伤害程度上，可参照《人体损伤程度鉴定标准》规定进行界定。

在职工劳动能力鉴定上，可参照《劳动能力鉴定 职工工伤与职业病致残等级》(GB/T 16180)规定进行界定。

3. 原因分析

主要应从"人、机、环、管、策"五个方面，查找"三违"和工伤出现的原因。

(1) 人的不安全行为。此项工作主要是查找"三违"和工伤人员在生产过程中，是否存在因抢任务、抢进度，出现冒险违章；是否存在因对操作流程、操作技能不熟练，盲目蛮干，出现无畏违章；是否存在因图方便、图省事或看惯了、干惯了、习惯了，出现习惯性违章；是否存在因已经意识到危险，但认为危险程度不大，能够掌握，出现侥幸违章。

(2) 设备的不安全状态。此项工作主要是查找"三违"和工伤是否存在与设备的不安全状态有关联，是否存在各类安全保护不全、不灵敏可靠，机械设备带病作业，防护设施安设不当、使用不及时，设备设施及相应安全保护参数值是否合理等。

(3) 环境的不利因素。此项工作主要是查找作业环境中，可能导致"三违"和工伤的因素：是否存在水、火、瓦斯、顶板、煤尘等客观风险源，影响到职工作业或施工流程导致违章；是否存在作业空间不符合要求、施工设计不满足作业条件、作业地点选择失误等原因，出现人为因素影响的不能兑规作业问题。

(4) 管理的缺陷不足。此项工作主要是查找各级安全管理人员是否做到了安全管理的精细化，安全管理的方式方法是否单一、手段是否落后；安监人员是否存在责任心、专业深度、实践经验，以及发现问题、解决问题的能力缺失，是否存在形式主义、官僚主义，以及职责不清、分工不明、制度不健全等问题。

(5) 工资分配的导向偏差。此项工作主要是查找工资分配政策对职工安全作业行为的影响，是否存在因工序单价分配不合理，导致职工作业中的不安全行为。

4. 整改措施

通过各类数据分析，对于经常出现的问题，应从制度上查找原因，完善制度规定，堵塞管理漏洞；对于反复出现的问题，应从规律上查找原因，找出发生的一般性规律，研究制定有针对性的改进措施。整改措施一般包括：

(1) 安全教育方面。应从"三违"和工伤人员行为、违章动机入手，完善安全教育、安全培训的方式方法，从而提高安全生产教育和培训的质量，提升职工自主保安意识，规范职工业务保安行为。

(2) 环境治理方面。应从完善施工设计、硬件配套设施、现场安全管理等方面入手，发挥技术人员现场指导作用，及时根据现场环境变化，修改调整施工设计，确保作业环境安全。

(3) 日常管理方面。应从调整单价、完善制度、规范管理、落实岗位责任等方面入手，强化现场监督管理，提升施工单位综合管理水平。

(4) 监督考核方面。应从安全绩效、岗位责任、责任追究等方面入手，敦促职工落实岗位职责，落靠制度执行，确保兑规作业。同时，强化业务部门、管理人员双控职责落实，强化生产全过程监督指导，确保隐患问题及时发现、及时处理。

"三违"和工伤结构性分析工作流程，如图3-35所示。

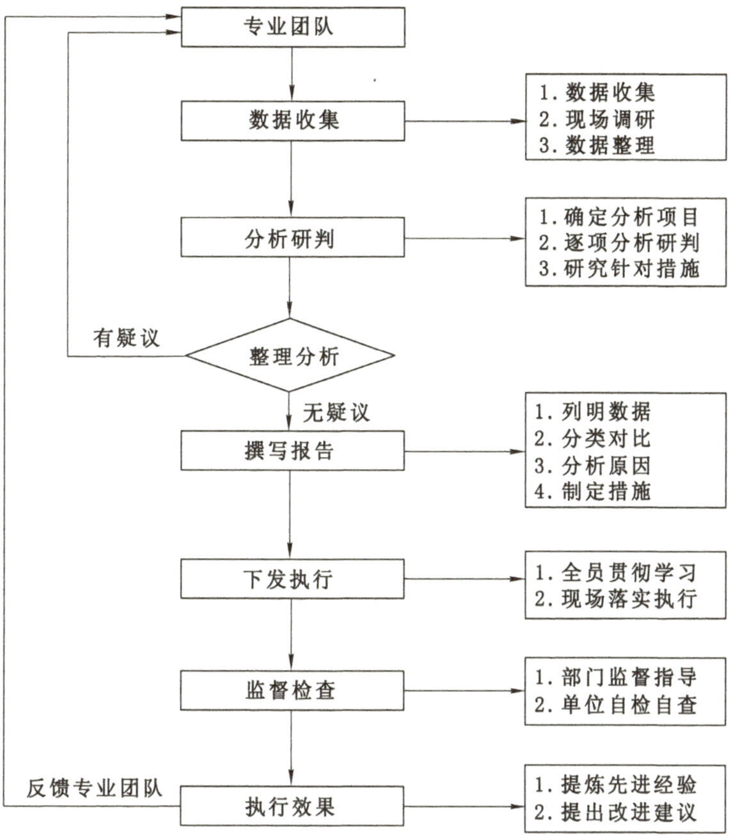

图 3-35　“三违”和工伤结构性分析工作流程图

数据统计分析，可根据企业安全生产情况和安全防范措施的落实效果，每月、每季度、每半年、每年进行，最终形成计划（Plan）、执行（Do）、检查（Check）、行动（Act），周而复始的PDCA 循环改进模式，运用这样螺旋式上升模式，不断改进企业安全管理、逐步根除顽疾，减少“三违”和工伤。PDCA 循环改进模式示意图，如图 3-36 所示。

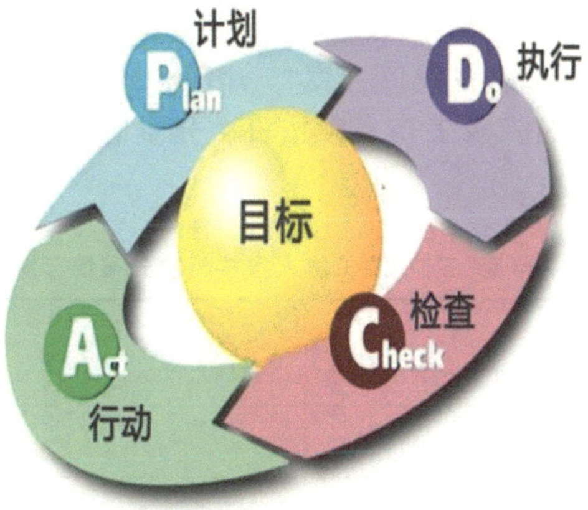

图 3-36　PDCA 循环改进模式示意图

二、“三违”和工伤结构性分析的方法

（一）“三违”和工伤情况分析

1．发生时段分析

（1）按月份分析。找出“三违”和工伤发生的月份特点，是否因节假日、旅游旺季影响职工情绪，造成职工对工作专注度下降，导致发生“三违”和工伤。此项也可结合上年度月份“三违”和工伤进行对比分析，并以表格和图表形式进行展示，以利于增强分析的直观性。2017年度各月份“三违”及工伤人数分布情况统计表（样表）见表3-18，2017年度各月份“三违”及工伤人数分布情况统计示意图（样板）如图3-37所示。

表3-18 2017年度各月份“三违”及工伤人数分布情况统计表（样表）

月份	1月	2月	3月	4月	5月	6月	7月	8月	9月	10月	11月	12月
“三违”及工伤人数	2	7	1	2	2	2	3	3	0	2	0	2
占比/%	7.7	26.9	3.8	7.7	7.7	7.7	11.5	11.5	0.0	7.7	0.0	7.7

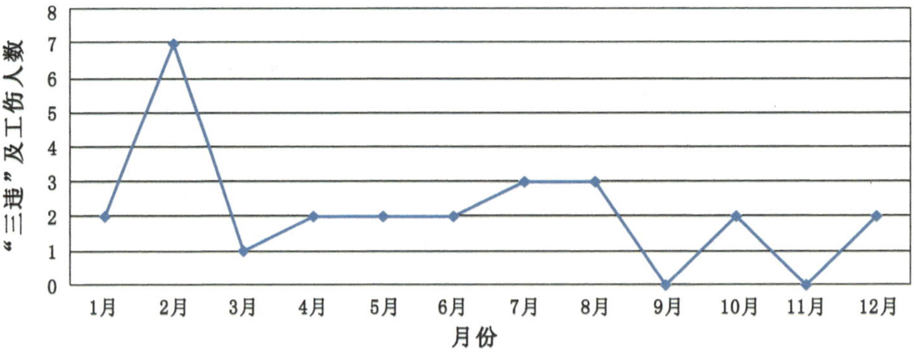

图3-37 2017年度各月份“三违”及工伤人数分布情况统计示意图（样板）

（2）按班次分析。找出“三违”和工伤发生比例较高的班次，看是三班（16:00—24:00）、一班（24:00—8:00）这种夜间职工容易疲乏时段发生比较多，还是二班（8:00—16:00）作业人员或零散人员入井多时比较多。2017年度“三违”及工伤人数按班次分布情况统计表（样表）见表3-19，2017年度“三违”及工伤人数按班次分布情况统计示意图（样板）如图3-38所示。

表3-19 2017年度“三违”及工伤人数按班次分布情况统计表（样表）

事故班次	一班 （24:00—8:00）	二班 （8:00—16:00）	三班 （16:00—24:00）
“三违”及工伤人数	5	15	6
占比/%	19.2	57.7	23.1

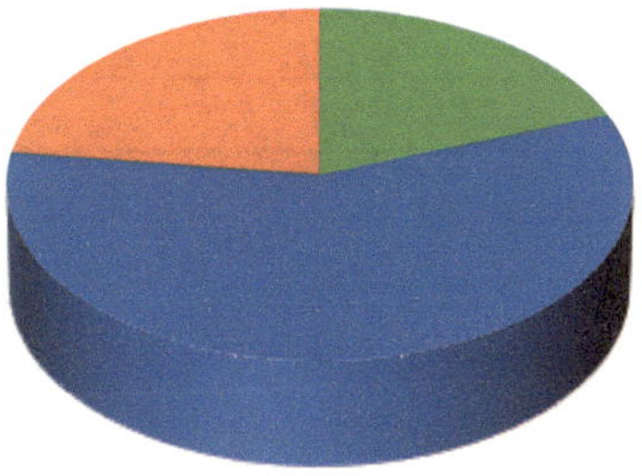

图 3-38　2017 年度“三违”及工伤人数按班次分布情况统计示意图(样板)

2. 所在单位分析

根据“三违”和工伤所在单位占比,找出相关单位在日常管理、人员配备、作业环境、安全设施等方面存在的不足。2017 年度各单位“三违”及工伤人数分布情况统计表(样表)见表 3-20,2017 年度各单位“三违”及工伤人数分布情况统计示意图(样板)如图 3-39 所示。

表 3-20　2017 年度各单位“三违”及工伤人数分布情况统计表(样表)

事故单位	一开拓区	二开拓区	一采区	整备区	其他单位
“三违”及工伤人数	15	7	4	0	0
占比/%	57.7	26.9	15.4	0	0

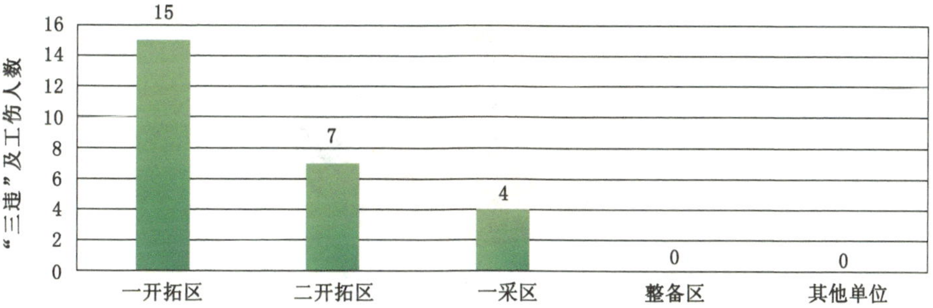

图 3-39　2017 年度各单位“三违”及工伤人数分布情况统计示意图(样板)

3. 发生类别分析

通过分析“三违”和工伤发生的原因,找出是否存在人员操作水平不高、安全配套设施不全、作业环境影响、安全保护不灵敏、设备设施带病作业等方面原因。2017 年度“三违”及工伤人数按事故类别统计表(样表)见表 3-21,2017 年度“三违”及工伤人数按事故类别统计示意图(样板)如图 3-40 所示。

表 3-21　2017 年度“三违”及工伤人数按事故类别统计表(样表)

事故类别	起重	顶板	运输	物体打击	其他
“三违”及工伤人数	2	2	2	9	11
占比/%	7.7	7.7	7.7	34.6	42.3

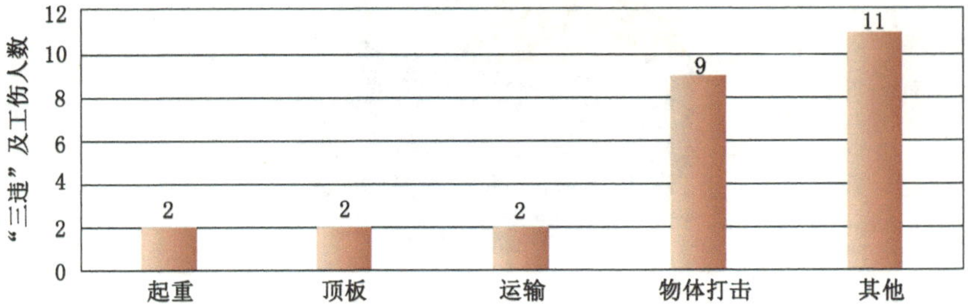

图 3-40　2017 年度"三违"及工伤人数按事故类别统计示意图(样板)

4. 动机原因分析

主要从"三违"和工伤人员是否存在马虎大意、操作不当、偷懒耍滑、操作技能差、有意为之等方面查找原因。2017 年度"三违"及工伤人数按事故违章动机统计表(样表)见表 3-22,2017 年度"三违"及工伤人数按事故违章动机统计示意图(样板)如图 3-41 所示。

表 3-22　2017 年度"三违"及工伤人数按事故违章动机统计表(样表)

人员行为	违章作业	被动受伤害	马虎大意、操作失误
"三违"及工伤人数	4	6	16
占比/%	15.4	23.1	61.5

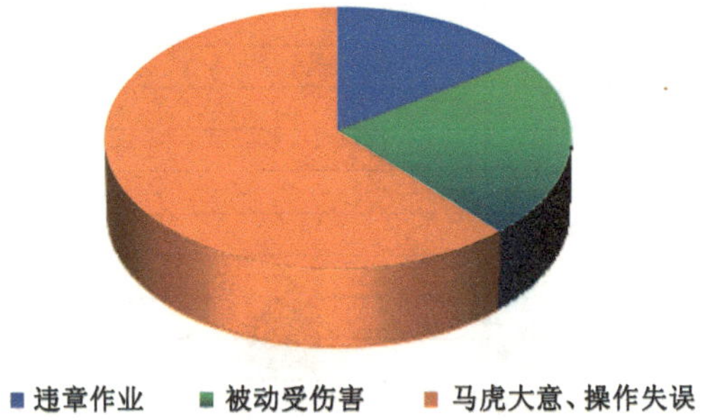

图 3-41　2017 年度"三违"及工伤人数按事故违章动机统计示意图(样板)

5. 发生地点分析

通过分析"三违"和工伤容易发生的具体作业地点,找出哪类作业环境、作业地点出现的频次较高,是上下山作业、平巷施工作业、工作面作业、看管设备独立作业,还是临时零散作业等。2017 年度"三违"及工伤人数按违章、受伤地点统计表(样表)见表 3-23,2017 年度"三违"及工伤人数按违章、受伤地点统计示意图(样板)如图 3-42 所示。

表 3-23　2017 年度"三违"及工伤人数按违章、受伤地点统计表(样表)

受伤地点	工作面	绞车道	地面	大巷(工作面后其他地点)
"三违"及工伤人数	8	7	1	10
占比/%	30.8	26.9	3.8	38.5

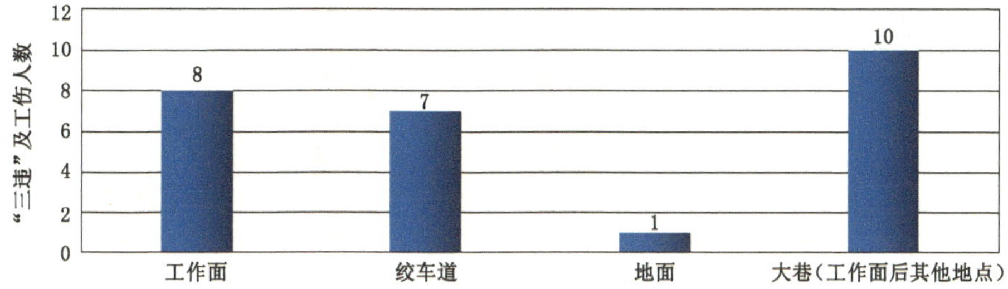

图 3-42　2017 年度“三违”及工伤人数按违章、受伤地点统计示意图(样板)

6. 受伤部位分析

通过统计工伤人员受伤部位,找出现场作业环境、劳动保护、现场操作等方面造成事故的原因。2017 年度工伤职工受伤部位情况统计表(样表)见表 3-24,2017 年度工伤职工受伤部位统计示意图(样板)如图 3-43 所示。

表 3-24　2017 年度工伤职工受伤部位情况统计表(样表)

受伤部位	头部	眼部	胸部	手部	腰部	尾椎	脚部
工伤人数	1	2	1	10	5	1	6
占比/%	3.8	7.7	3.8	38.5	19.2	3.8	23.1

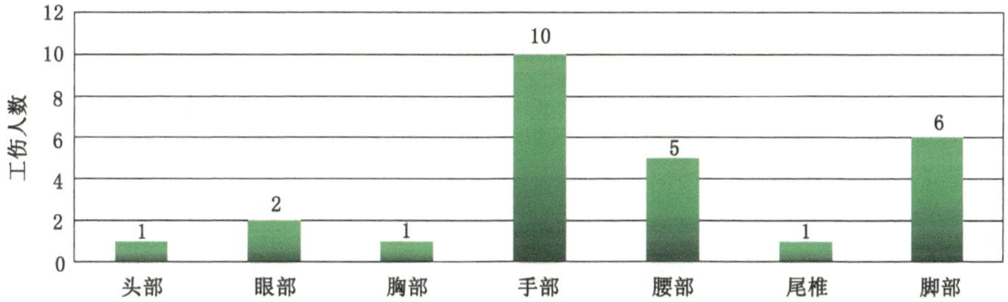

图 3-43　2017 年度工伤职工受伤部位统计示意图(样板)

(二)行为人自然情况分析

1. 年龄结构分析

此项可按企业现有年龄结构状况,以 5 岁或 10 岁作为 1 个年龄结构区间进行分析,重点找出不同年龄区间职工思维意识、社会环境、三观思维方面的差异和对事物理解、判断能力的差异与“三违”的关系。2017 年度“三违”及工伤人数按受伤职工年龄区段统计表(样表)见表 3-25,2017 年度“三违”及工伤人数按受伤职工年龄区段统计示意图(样板)如图 3-44所示。

表 3-25　2017 年度按“三违”及受伤职工年龄区段统计表(样表)

年龄区段	30 岁以下	31～40 岁	41～50 岁	51 岁以上
“三违”及工伤人数	1	11	11	3
占比/%	3.8	42.3	42.3	11.5

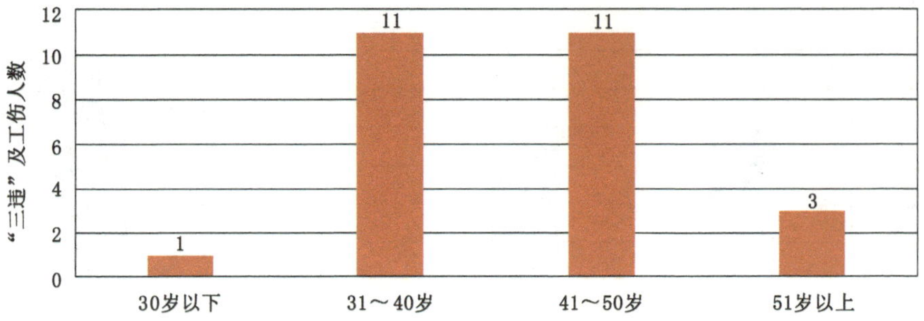

图 3-44　2017 年度“三违”及工伤人数按受伤职工年龄区段统计示意图(样板)

2. 文化程度分析

不同文化程度职工对事物的接受能力、理解能力、掌握能力不同,此项分析重点找出职工文化程度对安全生产的影响。2017 年度“三违”及工伤人数按受伤职工文化程度统计表(样表)见表 3-26,2017 年度“三违”及工伤人数按受伤职工文化程度统计示意图(样板)如图 3-45所示。

表 3-26　2017 年度“三违”及工伤人数按受伤职工文化程度统计表(样表)

文化程度	初中以下	初中	高中	中专	大专	大专以上
“三违”及工伤人数	0	20	3	1	2	0
占比/%	0	77	11.5	3.8	7.7	0

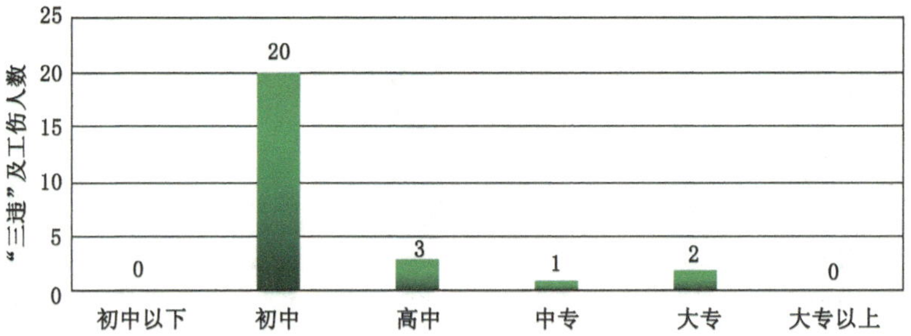

图 3-45　2017 年度“三违”及工伤人数按受伤职工文化程度统计示意图(样板)

3. 从事工种分析

此项主要是通过对“三违”和工伤职工的工种统计,了解企业对不同岗位工种日常管理的效果,以及相应岗位工种职工业务素质的高低。2017 年度“三违”及工伤人数按工种统计表(样表)见表 3-27,2017 年度“三违”及工伤人数按工种统计示意图(样板)如图 3-46 所示。

表 3-27　2017 年度“三违”及工伤人数按工种统计表(样表)

工种	班长	掘进工	信号工	绞车司机	钻工
“三违”及工伤人数	3	16	3	1	3
占比/%	11.5	61.7	11.5	3.8	11.5

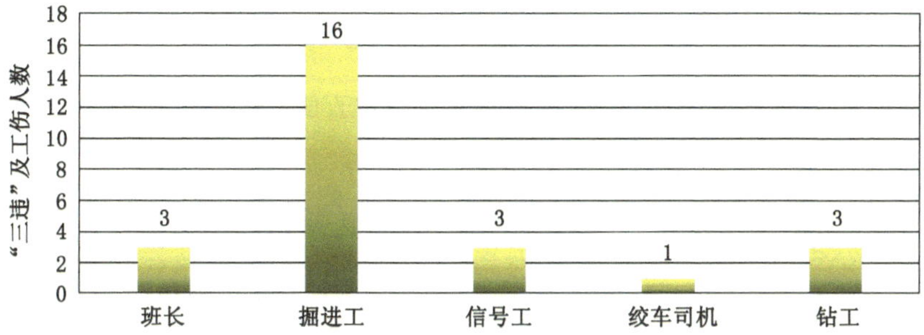

图 3-46　2017 年度“三违”及工伤人数按工种统计示意图(样板)

4. 从业时长(工龄)分析

此项主要是通过对职工从业时间(工龄)长短来分析,查找职工是否存在“干惯了、看惯了、习惯了”的思想,便于有针对性地开展教育培训。2017 年度“三违”及工伤人数按从业时长(工龄)统计表(样表)见表 3-28,2017 年度“三违”及工伤人数按从业时长(工龄)统计示意图(样板)如图 3-47 所示。

表 3-28　2017 年度“三违”及工伤人数按从业时长(工龄)统计表(样表)

工龄区段	5 年以下	5～10 年	11～15 年	16～20 年	20 年以上
“三违”及工伤人数	2	13	9	0	2
占比/%	7.7	50	34.6	0	7.7

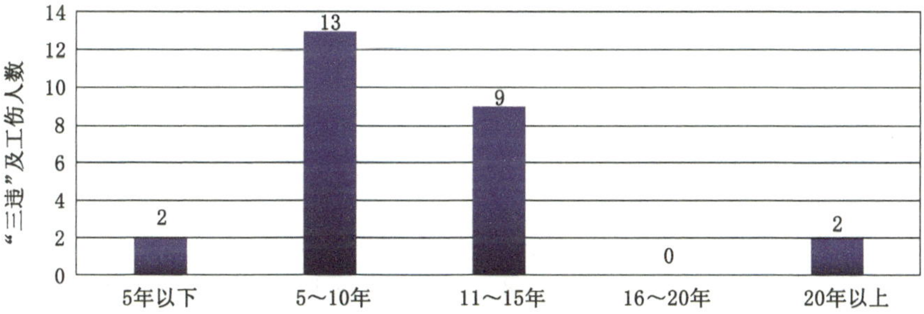

图 3-47　2017 年度“三违”及工伤人数按从业时长(工龄)统计示意图(样板)

(三) 管理缺陷情况分析

此项主要是通过分析管理制度建设和具体执行情况,查找管理制度缺失和管理工作缺陷,重点看实体性制度和程序性制度的制定和执行存在的问题。实体性制度,多为原则、标准、技术规范以及职责、职权、罚则等内容;程序性制度,是实体性制度的具体实现形式,要解决的是如何把实体性制度贯彻落实好,操作性更强。

例如,某矿采煤工作面实行沿空留巷,工人在砌筑石墙过程中,发生石墙局部垮塌事故,导致一名正在作业的工人受重伤。该矿通过“三违”和工伤结构性分析,发现该起事故的主要原因是石墙砌筑过程中质量管控不力,没有实现质量动态达标,致使石墙砌筑质量低劣,导致事故发生。“三违”和工伤结构性分析团队通过举一反三,查找出安全质量管控缺失的三个主要问题，并提出了相应的改进措施：

1. 安全管理和安全检查不细致、不精准

除了安全管理人员责任心和作风因素外，主要是检查手段和方法落后，导致问题难以被发现。

分析团队提出，安全管理人员下井必须携带安全质量检查工具、检测仪器，做到安全检查精细化。其好处至少有三条：一是携带工具仪器检查安全隐患和工程质量，使安全检查更具全面性、客观性、真实性，可以透视安全问题和质量缺陷，防止因检查不细致、不具体、不精准、不到位，遗留安全隐患，酿成安全事故。煤矿安全问题具有特殊性、复杂性、隐蔽性、顽固性、反复性的特点，学会认真和注重细节，是抓好安全生产的题中应有之义。没有对细节管理的制度设计，“小、微”责任就无法落到实处；没有对细节的控制，事故就可能起于忽微；没有对细节数据的分析，就很难揭示问题的确切成因。魔鬼藏在细节之中，细节可以决定成败。二是因为携带工具仪器，可以现场处理一些安全问题和隐患，防止隐患整改久拖不决，小事拖大，大事拖炸。有些安全隐患的处理很简单，可谓举手之劳，但如果没带工具就无法处理，只能按要求层层整改，如果执行力不强，就会使简单问题复杂化，复杂问题离奇化，最终导致事故发生。三是安全管理人员下井检查安全质量携带工具仪器，本身就表明了对安全工作的一种态度，有利于形成求真务实的工作作风，有利于职工安全行为的养成，有利于推进安全精细化管理。应根据各类管理人员、安全检查人员的工作职责和岗位特点，制定具体下井携带安全质量检查工具和检测仪器的规定，并将其作为强化管理人员作风建设的重要内容，严格督查，跟踪问效，狠抓落实。

2. 生产过程中质量控制和动态达标的利益导向机制缺失

一些区队管理粗放，生产过程中的每道工序、环节无具体质量标准和具体单价，致使许多工作或工程有量无质，经常出现安全隐患，甚至造成安全事故。

分析团队指出，生产过程中的质量动态达标是安全的可靠保证。要细化计件工资单价，由原来整体单价计资转变为工序环节单价分解计资，切实解决生产过程中工程质量没有保证，安全基础不牢的问题。每项工程的基本单价，要细化为若干工序环节单价，工序环节单价之和为基本单价。如采煤工作面沿空留巷砌筑石墙的基本单价由石墙规格尺寸、水泥标号、金属网拉筋、清水搅拌、使用模板、砌筑严实、护墙柱管理等具体工序环节单价构成。为推进生产过程中质量标准化建设，要遵循商品交易原则，坚持工序环节无质则无价的原则，每道工序、每个环节都要有具体的质量标准，并严格执行小班质量验收制度，不达标的环节工序，不能计入工资，以促进生产动态达标。此个案具有操作层面的意义，可举一反三。

3. 注重实体性制度建设，忽视程序性制度建设

注重实体性制度建设而忽视程序性制度建设，虽然让安全质量管理制度看起来多而全，但在具体工作中“严不起来、落实不下去”的问题突出。

分析团队指出，各单位要注重程序性制度建设，把干部职工的安全责任落实到现场和关键时段，真正兑规作业，实现安全生产。比如，在有突出危险性的石门揭煤之前，矿领导必须按程序分工负责到现场落实防突措施。总工程师负责到现场检查是否按规定数量、孔径、深度、角度打钻，瓦斯压力、瓦斯含量等参数是否降到规定值，是否具备揭煤的基本条件；通风副矿长或通风副总负责现场检查压风自救系统、通风系统是否正常，防突门是否安全可靠，安全技术措施是否落实；机电副矿长或机电副总负责现场检查机电设备是否完好、断电，爆

破线、发爆器、爆破距离是否符合安全需要；掘进副矿长或掘进副总负责现场检查炮眼情况，火药雷管是否潮湿、变质、失效，爆破线径长度是否符合要求，装药是否使用化学炮泥、黏土炮泥，是否正向装药、按规定封堵，顶板和帮壁支护是否到位。只有所有系统领导验收合格，并在石门揭煤验收单签字后，方可组织揭煤，并且矿通风系统领导、掘进系统领导要在现场亲自组织揭煤。矿领导的安全意识、安全经验、安全技术、安全知识以及面对特殊情况的应变能力，是职工所不具备的。因此，规定矿领导现场组织揭煤是必要的。要着眼于防范和治理瓦斯、煤尘、水、火、冲击地压等重大事故，强化安全管理程序性制度建设，确保安全重点环节万无一失。

分析团队提出的三项改进措施，经相关技术、生产、安全、人力资源等部门修订、完善，履行相关程序后实施，收到了较好的效果。

（四）工资政策情况分析

此项主要是通过分析工作量或工程量单价的具体情况，按工序列出各生产环节单价，通过对比，判断是“生产型”单价还是“安全型”单价。“生产型”单价制定时，体现向劳动强度大和生产难度大的环节倾斜；“安全型”单价制定时，体现向安全关键环节和安全重点部位倾斜。

例如，某矿一个掘进工作面，因为工人违章空顶作业而导致工伤事故。“三违”和工伤结构性分析团队从工资分配管理方面查找问题的症结，他们发现该掘进队的工资单价分配属于“生产型”的。掘进队的小班计件工资单价分解偏重于生产难度大、劳动强度大的施工环节，而安全关键环节、重点部位的具体施工单价比较低，导致职工常常偷工减序，威胁安全生产。掘进的基本生产流程为打眼、装药、爆破、临时支护、出货、打锚杆（锚索）、铺道等。这其中支护并不是劳动强度大和工作难度大的工序环节，但顶板管理确是安全管理的重点，如果支护环节单价低，就会因为职工不愿意打锚杆（锚索）而出现空顶作业现象，留下安全隐患。

分析团队提出，该掘进队要认真剖析小班工资单价构成情况，在原有工资单价不变的情况下，把安全关键环节、重点部位的具体施工单价确定在有利于安全生产的高价位上，变“生产型”单价为“安全型”单价，由原来单价分解向生产难度大、劳动强度大的施工环节倾斜，转变为向安全关键环节、重点部位倾斜。

安全隐患和问题伴生于生产过程。实行“安全型”单价，有利于安全生产，因为职工主观上可能是为了挣钱，但客观上保证了安全。因此，抓安全必须从生产入手。重视生产、轻视质量、忽视安全的思想和行为，是导致事故的重要原因，其根源在于人们对于自身利益的不合理追求。现实利益是职工行为的风向标。把安全利益最大化体现在生产过程中，有利于职工自觉地兑规作业。

强化煤矿安全生产基础管理工作的首要问题，是坚持物质利益原则，通过建立有利于保障安全质量的利益导向机制和生产管理规范，使干部职工形成追求安全质量就是追求自身利益最大化的共识，积极主动地推进每个岗位、每一环节的安全生产标准化建设，促进安全生产。

三、“三违”和工伤结构性分析取得的效果

通过实践探索，鹤岗矿业公司总结形成“三违”和工伤结构性分析法，并分月份、季度、年度定期对“三违”和工伤进行结构性分析，从中找出问题产生的原因和普遍性规律，有针对性地强化安全生产教育和培训，完善安全管理制度，制定切实可行的安全措施，并通过政策导

向、制度安排和督导检查、跟踪问效，落实到现场实际工作之中，有力地保证了安全生产。特别是通过现身说教、模拟工伤体验等方法，使“三违”和工伤人员从现身说教中感受到违章对个人、对家庭带来的危害，从模拟工伤体验中体验到因违章致残所带来的痛苦，使“三违”和工伤人员从内心深处受到教育，提升安全意识，改掉“三违”行为，养成兑规作业、遵章守纪的良好从业习惯。通过持续加强“三违”和工伤人员管理，督促职工从自身岗位做起，干标准活，上标准岗，“三违”行为得到有效遏制，工伤事故大幅度下降，职工正在从“我要安全”向“我会安全、我能安全”转变。

四、工伤统计分析报告实例

××矿业公司B企业2021年度

工伤统计分析报告

二零二二年一月制

为进一步深刻吸取以往工伤事故教训，深入剖析成因和规律，超前谋划有针对性的防范措施，改善安全生产环境，更好地强化企业安全生产管理，增强职工安全生产思想意识和责任意识，现结合本矿 2021 年度各起工伤事故情况，统计分析如下：

1. 2021 年度工伤情况及与上一年度对比

（1）2021 年工伤情况（见表 3-29）

表 3-29　2021 年全年共计发生工伤事故统计表（样表）

序号	时间	单位	姓名	性别	年龄	职务/工种	文化程度	受伤部位	轻/重	类别	事故简述
1	3 月 6 日	三开拓区 041 队	汪某	男	32	班长	中专	右膝	轻	顶板	在工作面敲帮问顶时，被工作面顶板掉落的岩石刮倒碰伤右膝
2	5 月 2 日	三开拓区 042 队	刘某清	男	33	班长	初中	左脚踝部、腰部	轻	片帮	在工作面敲帮问顶时，被工作面迎头片落的岩石刮倒碰伤左脚踝部、腰部
3	6 月 9 日	一开拓区运输队	梁某金	男	43	机车司机	初中	左手食指、中指	轻	运输	在井下摘钩作业时，被牵引绳挤伤左手食指和中指
4	6 月 28 日	整备区预备队	唐某民	男	53	掘进工	初中	左脚二趾	轻	物体打击	在井下往花栏车里装道木时，道木碰到车沿上回落，砸伤其左脚二趾
5	7 月 9 日	一开拓区运输队	张某鹏	男	40	补修	初中	左足第 1 跖骨	轻	物体打击	在地面收拾库房搬配件时，被倾倒的配件砸伤左脚第 1 跖骨
6	8 月 12 日	整备区机电队	马某斌	男	42	技术员	初中	右手拇指	轻	物体打击	在井下开风门时，被风门挤伤右手拇指
7	9 月 13 日	一开拓区 011 队	王某国	男	48	掘进工	初中	右膝	轻	其他	在井下工作面撤钻时，扭伤右膝
8	12 月 12 日	一开拓区 015 队	张某清	男	43	班长	中专	右手拇指	轻	机械伤害	井下工作面领钎作业时，手套在被钎杆缠住，卷伤右手拇指

（2）与上一年度同期对比

2021 年全矿消灭了重伤以上人身事故，杜绝瓦斯超限及其他安全生产事故，全年共发生轻伤事故 8 起、8 人（含地面 1 起、1 人），工伤总人数较上年同期相比增加 1 人，同比增长 14.3%，未完成年初制定的“工伤总人数同比下降 18%”的工作目标。2020 年与 2021 年工伤数据统计表（样表）见表 3-30。

表 3-30　2020 年与 2021 年工伤数据统计表(样表)

月份	1月	2月	3月	4月	5月	6月	7月	8月	9月	10月	11月	12月	小计
2020年				2		1		2				2	7
2021年			1		1	2	1	1	1			1	8
增减对比	±0	±0	+1	−2	+1	+1	+1	−1	+1			+1	+1

注:"−"表示减少,"+"表示增加,"±0"表示无增减。

通过 2020 年与 2021 年工伤数据对比,2021 年度工伤人数和事故率有所上升,全年只有 5 个月无工伤事故,其他 7 个月均有工伤事故。特别是在 5 月至 9 月连续发生工伤事故。2020 年与 2021 年工伤人数对比情况示意图(样板)如图 3-48 所示。

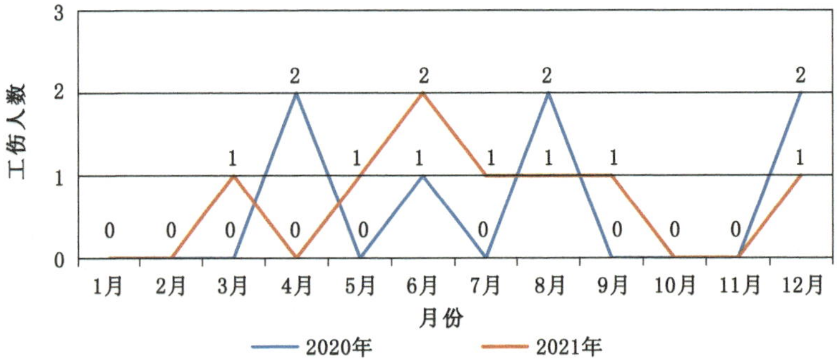

图 3-48　2020 年与 2021 年工伤人数对比情况示意图(样板)

2. 2021 年度各类工伤事故分类统计分析

(1) 从发生月份分析

2021 年度各月份发生工伤情况统计表(样表)见表 3-31,2021 年度工伤人数分布统计示意图(样板)如图 3-49 所示。

表 3-31　2021 年度各月份发生工伤情况统计表(样表)

月份	1月	2月	3月	4月	5月	6月	7月	8月	9月	10月	11月	12月	小计
工伤人数			1		1	2	1	1	1			1	8
占比/%			12.5		12.5	25	12.5	12.5	12.5			12.5	

二季度和三季度连续发生工伤事故,工伤人数占全年工伤总人数的 75%;二、三季度应作为安全生产事故重点防控区段。

(2) 从事故单位分析

2021 年度各单位发生工伤情况统计表(样表)见表 3-32,2021 年度各单位工伤人员分布情况示意图(样板)如图 3-50 所示。

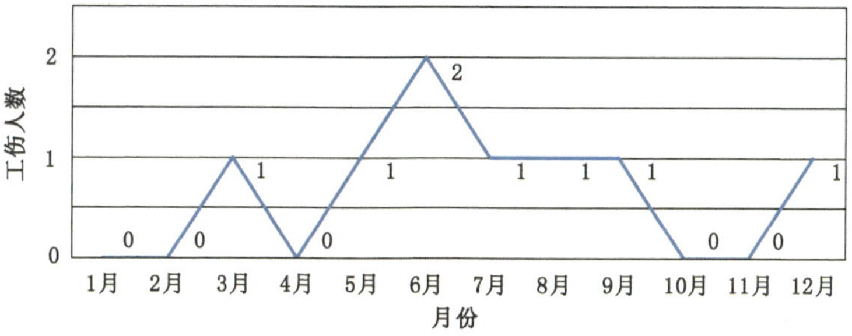

图 3-49　2021 年度工伤人数分布统计示意图(样板)

表 3-32　2021 年度各单位发生工伤情况统计表(样表)

事故单位	一开拓区	二开拓区	三开拓区	整备区	机电安装区	其他单位
工伤人数	4	0	2	2	0	0
占比/%	50	0	25	25	0	0

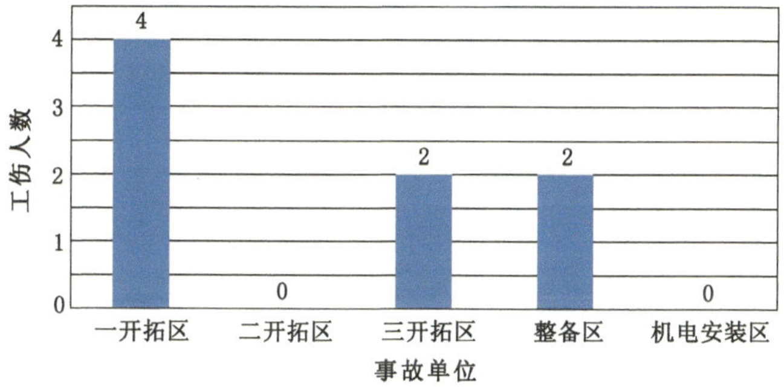

图 3-50　2021 年度各单位工伤人员分布情况示意图(样板)

首先是一开拓区工伤事故占比较高,占全矿工伤事故总人数的 50%;其次是三开拓区和整备区分别占全矿工伤事故总人数的 25%,其他单位较好,未发生工伤事故。这反映出一开拓区在日常安全管理上还比较薄弱,较其他单位差距较大。

(3) 从发生班次分析

2021 年度工伤事故发生班次情况统计表(样表)见表 3-33,2021 年度事故班次统计示意图(样板)如图 3-51 所示。

表 3-33　2021 年度工伤事故发生班次情况统计表(样表)

事故班次	一班 (00:00—8:00)	二班 (8:00—16:00)	三班 (16:00—24:00)
工伤人数	1	7	0
占比/%	12.5	87.5	0

全年的工伤事故均发生在二班和一班,其中二班尤为突出;也侧面反映由于二班出勤人

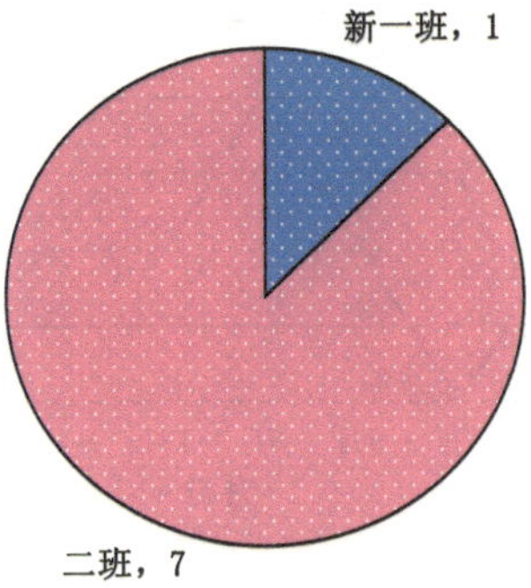

图 3-51　2021 年度事故班次统计示意图(样板)

员多，入井干零散活的人数也比较多。今后，应将二班作为事故多发时段，加强日常安全管理和安全监督检查工作。

(4) 从伤者年龄区段分析

2021 年度工伤事故发生年龄段情况统计表(样表)见表 3-34，2021 年度工伤事故伤者年龄区段统计示意图(样板)如图 3-52 所示。

表 3-34　2021 年度工伤事故发生年龄段情况统计表(样表)

年龄区段	30 岁以下	31～40 岁	41～50 岁	50 岁以上
工伤人数	0	3	4	1
占比/%	0	37.5	50	12.5

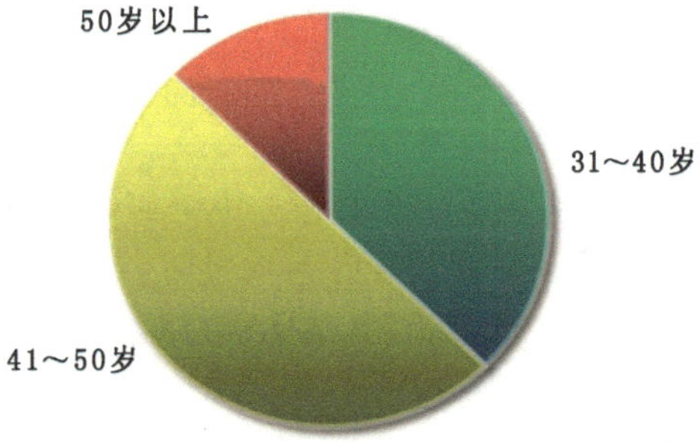

图 3-52　2021 年度工伤事故伤者年龄区段统计示意图(样板)

31～40 岁和 41～50 岁这两个年龄区段的职工发生工伤占比较高，占工伤事故总人数的 87.5%。这反映出这两个年龄区段的职工易凭借年龄优势、业务优势出现个人英雄主义及偷懒耍滑、违章作业等情况。今后，应注重此年龄段的职工管理，杜绝违章现象发生。

(5) 从伤者工龄时段分析

2021 年度工伤事故发生工龄段情况统计表(样表)见表 3-35，2021 年度工伤事故工龄区段结构统计示意图(样板)如图 3-53 所示。

表 3-35　2021 年度工伤事故发生工龄段情况统计表(样表)

工龄区段	5 年以下	6～10 年	11～15 年	16～20 年	20 年以上
工伤人数	0	2	2	2	2
占比/%	0	25	25	25	25

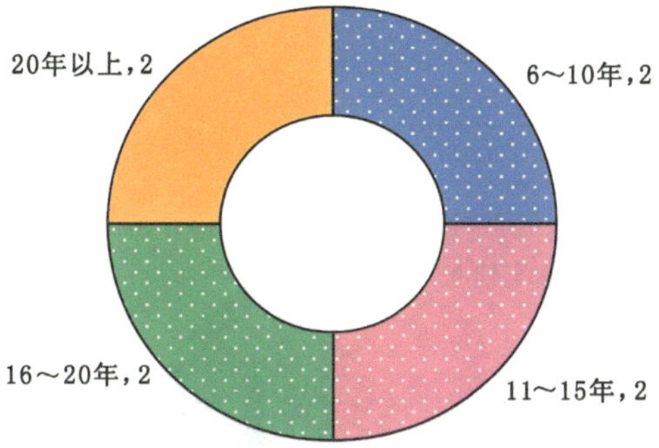

图 3-53　2021 年度工伤事故工龄区段结构统计示意图(样板)

全年发生各起工伤事故的职工均为有 6 年以上工作经验的老工人，且各工龄区段职工发生工伤事故的占比较为平均。这反映出这些职工在作业过程中，易凭借有一定的工作经验偷工减序，忽视安全。今后，应强化此类职工的安全教育。

(6) 从文化程度分析

2021 年度工伤事故伤者文化程度情况统计表(样表)见表 3-36，2021 年度工伤事故伤者文化程度统计分析示意图(样板)如图 3-54 所示。

表 3-36　2021 年度工伤事故伤者文化程度情况统计表(样表)

文化程度	初中	高中	中专	大专	大学本科
工伤人数	6	0	2	0	0
占比/%	75	0	25	0	0

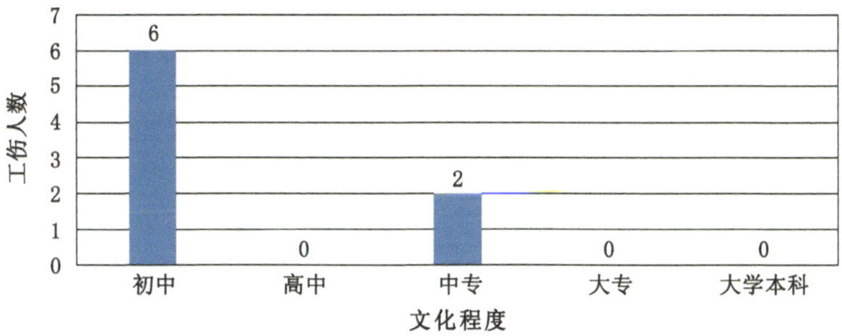

图 3-54　2021 年度工伤事故伤者文化程度统计分析示意图(样板)

初中学历的工伤职工占事故总人数的 75%，反映出这个文化层面上的职工由于文化底子比较薄，在新知识和管理新举措接受方面较为缓慢。今后，应强化该层面职工的安全生产教育和培训。

(7) 从伤者安全培训情况分析

2021 年度工伤事故伤者安全培训情况统计表(样表)见表 3-37,2021 年度工伤人员安全培训情况统计示意图(样板)如图 3-55 所示。

表 3-37　2021 年度工伤事故伤者安全培训情况统计表(样表)

安全培训情况	班长培训	特种作业人员培训	其他从业人员培训	小工种培训	地面岗位培训
工伤人数	3	1	2	1	1
占比/%	37.5	12.5	25	12.5	12.5

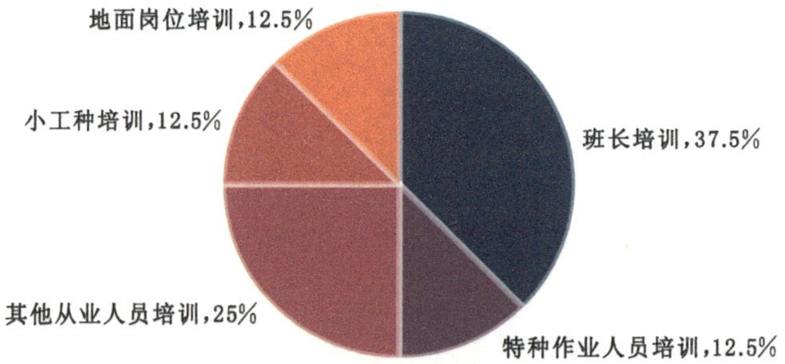

图 3-55　2021 年度工伤人员安全培训情况统计示意图(样板)

班长和其他从业人员发生工伤的占比较高,占事故总人数的 62.5%。今后,应加强此类人员的培训工作,及时改进教学方案,确保培训发挥实效性作用。

(8) 从伤者工种分析

2021 年度工伤事故伤者分工种情况统计表(样表)见表 3-38,2021 年度工伤事故伤者分工种情况统计示意图(样板)如图 3-56 所示。

表 3-38　2021 年度工伤事故伤者分工种情况统计表(样表)

工种	技术员	班长	电机车司机	掘进工	补修工
工伤人数	1	3	1	2	1
占比/%	12.5	37.5	12.5	25	12.5

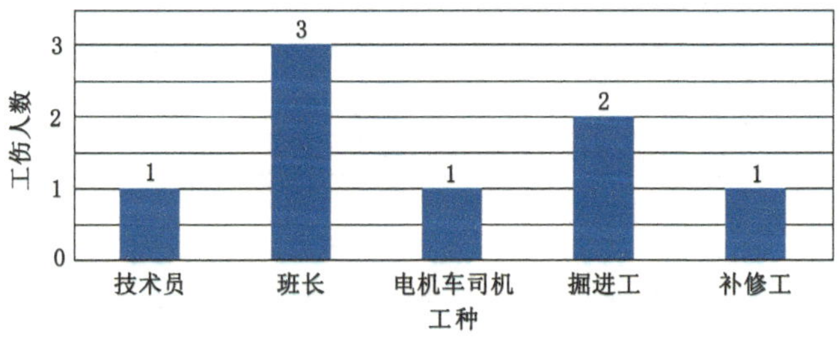

图 3-56　2021 年度工伤事故伤者分工种情况统计示意图(样板)

班长、技术员等一线管理人员发生工伤的占比较高,占事故总人数的 50%,反映出安全周期一长，一些管理人员在安全思想方面就有些放松。今后，应加强一线管理人员的安全生产教育和培训工作。

（9）从受伤部位分析

2021年度工伤人员受伤部位情况统计表（样表）见表3-39，2021年度工伤人员受伤部位统计示意图（样板）如图3-57所示。

表3-39　2021年度工伤人员受伤部位情况统计表（样表）

受伤部位	腰部	膝部	手指	脚部
工伤人数	1	2	3	2
占比/%	12.5	25	37.5	25

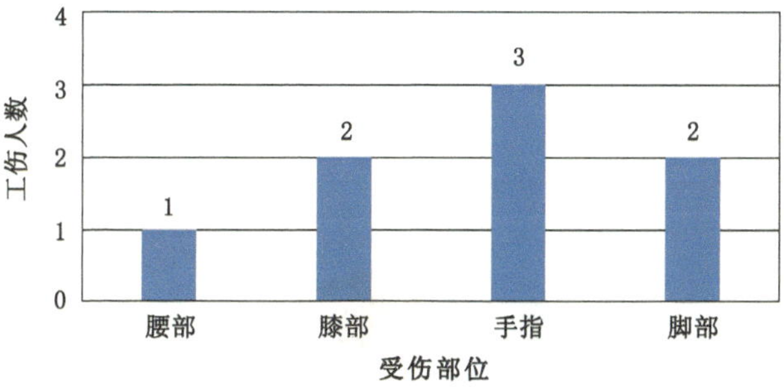

图3-57　2021年度工伤人员受伤部位统计示意图（样板）

磕手碰脚、扭伤等工伤较多，反映出事故单位在现场细节管理方面还有欠缺。今后，应加强职工安全风险知识培训，提高职工知风险、防风险、控风险的综合能力和自主保安水平，以杜绝类似事故发生。

（10）从事故类别分析

2021年度工伤事故性质分类情况统计表（样表）见表3-40，2021年度工伤事故性质分类统计示意图（样板）如图3-58所示。

表3-40　2021年度工伤事故性质分类情况统计表（样表）

事故类别	顶板	片帮	物体打击	机械伤害	运输	其他
工伤人数	1	1	3	1	1	1
占比/%	12.5	12.5	37.5	12.5	12.5	12.5

全年的工伤事故以物体打击工伤占比较多，占工伤事故总人数的37.5%，反映出职工在日常使用工具、操作设备方面还不够熟练。今后，应加强操作流程、操作技能的培训和日常监督，消除职工马虎大意和麻痹思想，提高职工兑规作业能力。

（11）从伤者行为分析

2021年度事故人员行为情况统计表（样表）见表3-41，2021年度事故人员行为统计示意图（样板）如图3-59所示。

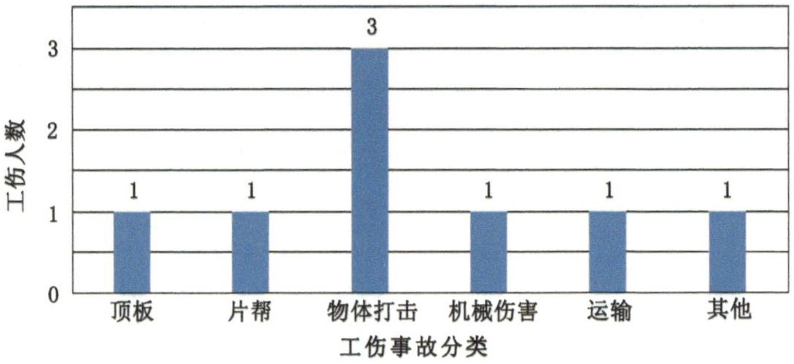

图 3-58　2021 年度工伤事故性质分类统计示意图(样板)

表 3-41　2021 年度事故人员行为情况统计表(样表)

人员行为	违章作业	操作不当	马虎大意
工伤人数	4	3	1
占比/%	50	37.5	12.5

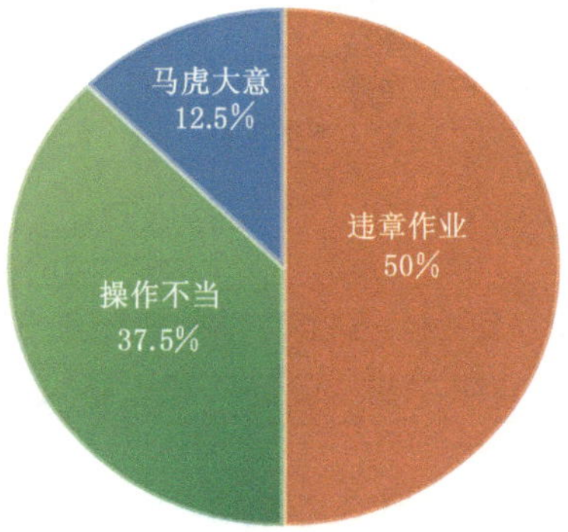

图 3-59　2021 年度事故人员行为统计示意图(样板)

因违章作业、操作不当造成工伤的占比较多,占事故总人数的 87.5%,反映出职工自我保安意识不牢。今后,应在加强职工安全教育的同时,加大现场隐患排查和"三违"查处力度,杜绝违章操作,消除事故隐患。

3. 事故原因分析

通过统计分析梳理,可以看出全年工伤事故虽然在事故经过、受伤对象、事故原因等方面略不相同,但也存在一些共性的问题和可寻的规律。

(1) 安全生产意识不牢固。通过对"3・6""5・2"敲帮问顶伤人事故、"6・9"违章摘钩挤手事故、"12・12"违章戴手套领钎卷手事故分析,各起事故中伤者均存在违章作业情节,在作业过程中忽视安全防护,简化操作流程,缺乏现场安全评估。这也从侧面反映出工伤事故单位在职工安全培训、风险教育等方面的力度不够,方式方法上还有欠缺,安全教育的成效还不明显,安全培训的质量还有待提高。

(2) 日常隐患治理不到位。如"8・12"开风门挤手事故中,由于矿井巷道配风不合理,长时间存在因风压影响风门难开的情况,所在单位发现该问题后未及时反映,也未及时采取有效的治理措施，导致该事故发生。反映出事故单位在治理隐患上工作不认真，重视程度不够，落实隐患闭合管理工作滞后。

(3) 日常安全监管不到位。分析全年发生的各起事故，违章作业、操作不当、隐患治理不到位诱发工伤的案例较多。反映出事故单位在日常安全管理、隐患检查工作中存在不严不细、责任落实不到位等问题，在“三违”治理上手段不硬，在隐患排查上流于形式，在隐患治理上拖延滞后，导致重复性违章、重复性事故的发生。

(4) 侥幸心理和惰性思维仍然存在。如“3·6”顶板落石伤人和“5·2”片帮落石伤人两起事故中，伤者均为班长，受伤地点也均为同一地点的上山工作面，受伤原因也均为敲帮问顶作业时被掉落岩石碰伤，而且事故均发生在同一区队。在短短不到两个月的时间里，同一单位、同一地点、同一人群、同一项操作发生两起同样的事故，不但反映出事故单位在管理上的松懈、在落实事故防范措施上的轻视，同时也反映出相关管理人员、作业人员在思想上麻痹、在行动上懒惰、在管理上侥幸。

4. 今后防范措施

(1) 深化安全教育，增强安全生产意识。一是创新教育方法。结合职工年龄结构、文化结构特点和现场施工实际需要，克服成人记忆力差、思想固化等难题，及时改变教学思路，积极发挥影视教育、多媒体教学、实训教育阵地作用，研究制定职工易懂爱学、容易接受的教育模式，提升教学质量。二是强化风险教育。认真落实安全生产标准化管理体系关于安全风险培训的要求，按时、按量做好安全风险专项培训；强化班前五级培训管理，结合施工环境、关键岗位实际情况，丰富培训内容，加强环境、岗位的安全风险培训，提升职工知风险、防风险、除隐患的综合能力。三是开展针对性教育。各单位要结合本单位施工特点，及时梳理施工工艺、操作规范、注意事项、安全防范措施等方面存在的要求不严格、落实不到位、督查整改不及时的问题，在安全培训教学中进行重点强调和讲解，进一步提升安全培训的针对性、实效性。四是加强安全培训督查。充分发挥党政负责人、专业部门负责人、教学负责人的岗位职能作用，及时开展日常检查和阶段性分析，查找安全培训存在的漏洞，完善安全培训相关制度，使其真正发挥应有作用。

(2) 建立双重预防机制，推进安全关口前移。一是加强作业环境风险研判。严格落实“1＋4”工作举措，通过年度、专项安全风险辨识评估，及时辨识施工区域和安全生产过程中的各类安全风险，落实管控负责人，完善管控措施，确保各类安全风险可防可控。二是做好岗位安全风险防控。充分发挥各级管理部门职能作用，结合所辖专业岗位人员作业特点，认真对照作业环境、操作规程，及时梳理岗位作业中存在的安全风险，完善风险清单及防控措施，落实岗位风险告知卡管理举措，提升作业人员风险辨识和防控能力。三是做好隐患排查和安全检查。严格落实企业月度、系统上下半月及各类专项隐患排查制度，分阶段、分专业及时查摆安全生产过程中存在的各类不安全因素，从专业角度认真总结分析，找出管理和落实上的不足，及时完善改进措施，保证安全生产。四是加强岗位隐患排查。严格落实管理人员入井写实、班组长双控检查单、岗位安全确认单、小班安全评估单等管理制度，发挥各类人员岗位隐患排查职责作用，完善隐患排查台账，落实隐患闭合管理，确保安全隐患及时发现、及时整改。

(3) 强化技术指导，改善生产环境。一是完善技术设计。在技术设计时，充分考虑地质条件对作业环境的影响，合理选择施工工艺、安全防护设备设施，确保支护强度、质量达标，安全防护设备设施完善，行人、通车及设备运行安全。二是确保硬件设施投入。配齐配全各类工具、安全防护设备设施，为职工安全生产提供硬件保障。三是注重设备安全运行。加大各类安全设施、机械设备检修维护力度，确保各类设备运行安全稳定、灵敏可靠。

(4) 注重现场监管，强化全过程安全管控。一是强化关键环节管控。加强揭(过)煤层、断层、地质构造带、上下山提升运输、贯通、过旧区旧巷、爆破等环节的监督检查，确保各项安全措施落实到位，现场兑规作业。二是强化重点时段管控。加强一班、二班等容易出现违章的特殊时段检查，特别要重点加强对二班入井干零活人员的管理，及时消除不安全因素。三是强化小班作业管控。加强小班安全管理制度落实情况检查，及时督促小班落实落靠班组建设各项管理制度，确保小班生产全过程安全管理到位，筑牢安全第一道防线。

(5) 严肃治理“三违”，提升安全管理水平。一是加强反“三违”考核。敦促各级管理人员严格落实反“三违”工作职责，确保真抓、真管、真罚，杜绝凑指标、走形式等现象，提高反“三违”工作质量。二是强化反“三违”教育。积极运用现身说法、安全大课、安全简报、微信群、公告板等手段，做好“三违”现象曝光工作，积极开展警示教育活动，引导职工认清“三违”的危害性。三是加大“三违”人员和相关责任人追责力度。落实互保联保和责任连带追究机制，对于严重“三违”人员严格落实过“七关”举措，对于造成事故的“三违”人员，不但要追究本人责任，还要追究班组、区队相关人员责任，利用经济处罚、追责等手段，在做好“三违”惩戒的同时，发挥其警示教育作用，敦促各级各类人员落实安全生产职责，全力消除人的不安全行为。

鹤岗矿业公司鸟山煤矿工业广场如图 3-60 所示。

图 3-60　鹤岗矿业公司鸟山煤矿工业广场

第四节　深化职业教育培训　提升从业人员素养和能力

人力资源是第一资源，是企业持续健康发展的根本保障。近年来，鹤岗矿业公司根据形势发展和安全生产需要，以提升职工职业知识、技艺和能力为根本，以培养技能型人才为重点，以创新职业教育培训工作机制为动力，利用和整合各种职业教育培训资源，深化职业教育培训工作，努力建设知识型、技能型、创新型职工队伍，促进了人力资源开发，推动了企业安全发展。

一、职业教育培训规划

公司职业教育培训规划主要针对井上下技术性、专业性工种岗位开展，规划目标分为短期规划目标和中期规划目标。短期规划时间为2018—2023年，中期规划时间为2024—2030年。

（1）根据当前技术性、专业性职工的年龄结构、技能等级、技术水平、专业素质等情况，制定出台技术工人培训规划。培训规划分年度、分期、分工种、分班次进行培训，以此不断提升职工队伍素质。

（2）根据当前技术性、专业性各工种缺员情况，按照新增人员数量小于自然减员数量的要求，有计划地进行补充。公司减员提效目标未落实前，即2023年前逐年按自然减员的80%进行补充；公司减员提效目标落实后，即2024年后逐年按自然减员的90%进行补充。所补充人员坚持“变招工为招生”，面向社会招收应往届高中以上学历毕业生及适龄青年，定向招生、定向分配。

（3）按照国家规定的晋级年限，保质、保量地组织初、中、高级技术工人培训、考核评定和晋级工作，技术工人比例按年均15%左右递增。

（4）利用各种平台，整合各种资源，深化职业教育培训，全面推进从业人员素养能力建设，至2024年安全管理人员安全生产知识和管理能力考核合格率达到100%，特种作业人员储备充足，至2030年初中及以下文化程度职工下降40%。

二、职业教育培训推进方式

（一）开办煤矿中等职业教育班

2018年以来，公司利用其所属职工大学的办学资质，积极打造企业内部职教平台，连续5年开办了煤矿中等职业教育班，共有1 484名准特种作业人员、班队长完成了成人中专学历教育。此举有效解决了准特种作业人员、班队长学历低的现实问题，提升了一线作业人员的整体文化层次，增强了煤矿一线生产骨干的岗位荣誉感，特别是准特种作业人员和班队长通过“带薪充电”，实现了“增值赋能”，保证了“有序接续”。

1. 煤矿中等职业教育班的办班方式

煤矿中等职业教育班主要面向公司煤矿生产建设单位招生，以队长、班长和准特种作业人员为主，原则上由煤矿生产建设单位按计划选调年龄在48周岁以下的学员，由职工大学向省教育厅注册备案。采用分区域集中与分散自学相结合的方式授课，并针对学员年龄结构和工作特点，按照“缺什么学什么、差什么补什么”的原则，围绕完成实习任务和毕业设计，调整课程设置比例，作业以开放式讨论为主，考试以开卷为主，实习任务以现场必知必会为主，毕业设计以运用基础知识为主。

（1）授课流程

教师在教学过程中，主要采取环境模拟的方式展开教学，引用知识点进行讲授。参加培训的学员，每4人划分为一个学习小组，使学员在接受理论知识的同时，共同讨论完成教师布置的作业，最后由教师点评考核。疫情期间，为落实疫情防控措施，省内出现疫情时，立即改为线上教学，利用鹤岗市教育系统职教集中学习平台，考核学员线上课时量。疫情防控形势允许时，再进行分区域集中授课，答疑解惑，个别辅导。

（2）班级管理

为解决工学矛盾，煤矿中等职业教育班采取就地或就近分片办班的方式，上课地点选设在峻德矿、兴安矿、富力矿、益新矿和南山矿。采取煤矿生产建设单位与职工大学双重管理机制，由煤矿生产建设单位指定一名中级副职具体负责，组织部门督导，安监部门监管；职工大学与煤矿生产建设单位共同研究班级分配、班主任选定。班级管理以办学点为主。

采取教学目标与教学管理并重的方式，在保证课程质量的前提下，加大对学员学习纪律、工作表现和学习质量的考核。对于课时不够、不完成作业、学习期间出现重大违章行为的，一律不准参加考试，不予毕业发证。煤矿中等职业教育班开办以来，共有 4 名学员因不符合考核要求，办理了退学手续。

2. 煤矿中等职业教育班的办班原则与考核标准

该班共开设煤矿开采技术和矿山机电两个专业，免试入学，学制三年，毕业后颁发成人中专学历证书。

(1) 设置原则

针对学员年龄偏大、基础较差的实际情况，由职工大学制定专项培训规划，公司安全监察局、党委组织部、人力资源部共同把关审核。

① 贴近现场实际。职工大学选调工程部、安全培训部教师共同研究教学大纲、制作课件，注重授课内容与生产现场实际相结合，通过情景式教学使学员易于接受。

② 适合学员特点。针对学员为井下作业人员的特点，授课地点以到煤矿现场授课为主，授课时间以双休日升井后为主。

③ 符合考核标准。语文、英语、数学、体育、思政等课程分别以自学、赏析、了解为主，重点加大专业课比例，既符合教育主管部门的课程考核要求，更注重学员安全技能的提升。

④ 坚持学以致用。注重课上、课下的师生互动，引导学员将所学知识及时应用到生产实践，并有针对性地加入工匠精神、企业文化、职业道德、安全教育等内容，使学员在学习专业知识的同时，提升其综合素质。

(2) 考核标准

煤矿开采技术专业确定 10 门重点考核课程，矿山机电专业确定 7 门重点考核课程。

① 基础部分：主要是通过学习培训，使煤矿开采技术专业、矿山机电专业毕业的学员共同具备应用文写作、计算机应用、体育健康、数学方面的基本能力，达到有较强的语言和文字表达能力，熟练的计算机操作能力，自主锻炼、自我保健、自我评价、自我调控意识和逻辑思维计算的标准。

② 专业部分：通过学习培训，煤矿开采技术专业毕业的学员应具备机械制图、煤矿测量、综采工艺、机械基础方面的专业能力，达到能绘制复杂的电气系统原理图、接线图和常用的机械零件图、装配图，煤矿地质、巷道施工测量，炮采、普采、综采、刨煤机采煤、放顶煤工艺，一定的机修、铆焊知识的标准；具备输送机操作、巷道施工、煤矿生产技术、矿井通风方面的岗位能力，达到掌握各类刮板输送机、转载机、带式输送机的运行与维护，岩石性质与工程分级、破岩方法、巷道断面、巷道支护，开采方法、准备方式、井田开拓和采区通风、瓦斯、煤尘、火灾、水灾与冒顶事故及防治、矿山救护的标准。矿山机电专业毕业的学员应具备机械制图、电工基础、电力拖动与控制、机械基础的专业能力，达到能绘制复杂的电气系统原理图、接线图和常用的机械零件图、装配图，应用电工原理分析设备电控系统的工作状态，分析故障和解决问题，一定的机修、铆焊知识的标准；具备机械维修、电气维修、变配电、矿井提升

方面的岗位能力，达到机械工、矿山电工、发电厂和变电所工、机电设备使用和维护工能力的标准。

3. 煤矿中等职业教育班取得的效果

通过举办煤矿中等职业教育班，鹤岗矿业公司有效解决了制约准特种作业人员、班队长培训的"学历门槛"瓶颈，依靠立足自身、内涵挖潜，为"老字号"国有煤企解决人力资源接续进行了有益的探索和实践。

(1) 解决了准特种作业人员的学历问题

通过连续五年的中等职业教育，公司准特种作业人员高中以上学历占比由15%提高到96%（见图3-61），11个特种作业人员工种和班队长实现了应培尽培，彻底解决了特种作业人员青黄不接、后继乏人的问题，为安全生产提供了可靠保障。

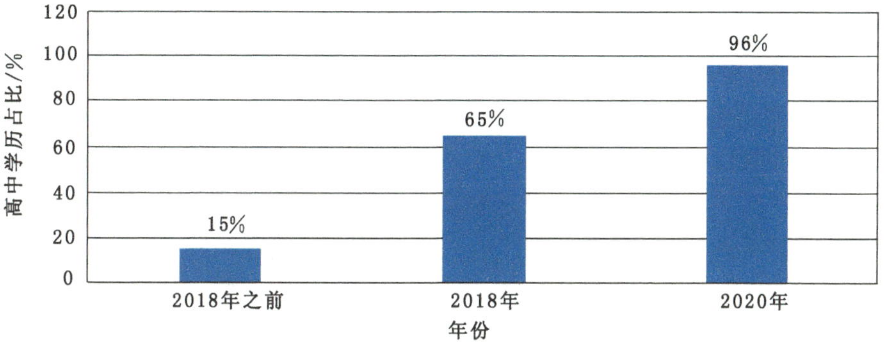

图3-61 准特种作业人员高中学历占比变化图

(2) 提高了从业人员的专业理论水平

准特种作业人员和班队长通过系统学习，将自身实践经验与理论知识相结合，实现了实践经验上升到专业理论再指导工作实践的转变，井下准特种作业人员和班队长的专业知识得到了提升。兴安矿电钳工金某某说：三年的学习使我收获很大，过去只知道该怎么干，但不知道为什么这么干，通过学习实现了融会贯通，对做好本职工作有很大帮助。

(3) 增强了职工爱岗敬业的荣誉意识

生产一线选派有培养价值的职工参加煤矿中等职业教育班培训，而且由企业承担学费，参加学习的学员感到在单位和家庭都很有"面子"，做好本职工作的主动性、荣誉感更强了。矿建处电钳工付某某说：没想到这个年纪了，单位还给了一个上中专的机会！

(4) 打通了优秀基层人员晋升通道

煤矿中等职业教育班的开办，为企业积蓄了后备力量，为工作表现优秀的基层人员发展提供了条件，特别是基层班队长通过参加相关专业的职业教育，取得中专学历后，达到了继续进修的学历要求，有59人主动参加全国成人高考，继续完成成人专科相关专业的学习，如图3-62所示。

(二) 变招工为招生

自2017年开始，公司结合产业发展方向和用工需求，在人力资源接续上全面实施"变招工为招生"政策，通过持续推进素质提升工程，有效提高了行业入职门槛，保证了人力资源有序接替，为煤矿推广"四新"、实现"四化"提供了可靠的队伍保障。

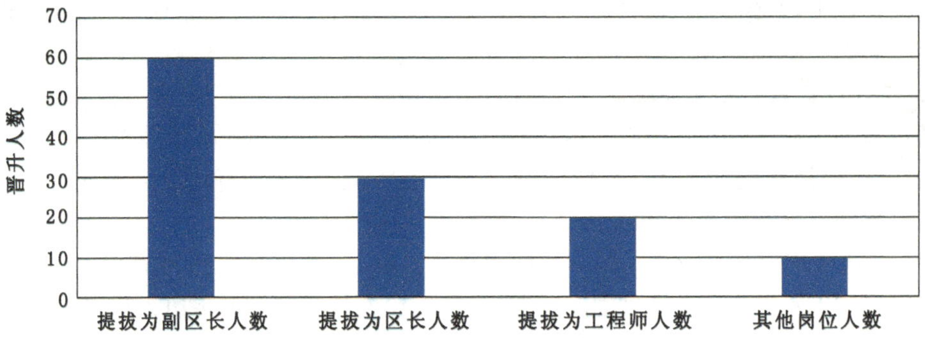

图 3-62　晋升人员情况图

1. 变招工为招生的现实意义

(1) 产业发展形势所需。国家对煤炭产业“十四五”期间的发展给出了明确定位，龙煤集团已将煤矿智能化建设纳入企业“十四五”发展规划。鹤岗矿业公司当前职工队伍的年龄结构、知识结构、专业结构已明显不适应产业发展要求。优化现有职工队伍存量、拓展技能人才增量是企业推进自动化、信息化、智能化建设的现实需要，也是顺应产业发展形势、实现可持续发展的必然选择。

(2) 当前用工环境所迫。煤矿传统的生产组织方式以劳动密集型为主，在现行煤矿安全监管政策下，单纯依靠增人增面达到增产增效的目的已没有可能，只能依靠提高矿井科技含量和提升职工素养、技能来实现。而煤矿特殊的作业环境又缺乏对高学历、高技能人才的吸引力，“招不来、留不住”已成为煤矿招工的常态，企业只有通过发挥自身办学资质优势，以招生方式培养所需人才。

(3) 地区人员结构所限。近年来，东北三省人口流失严重，鹤岗市作为祖国东北边陲的煤城，年轻人返乡就业创业比例不容乐观。过去企业用工以周边农村、省内外乡村进城务工人员为主，但随着乡村振兴等战略持续推进，招录农民工难度越来越大。只有通过招录非矿山专业的社会未就业青年，经过在校系统学习和岗前培训，补充企业各岗位从业人员。

2. 变招工为招生的培训步骤

(1) 招生条件

职工大学具备国家级高级技工学校办学资质，由其面向鹤岗市发布招生简章。招生起始学历为应往届高中毕业生，年龄在 18 周岁至 35 周岁，身体健康，热爱煤炭事业，服从工作分配。

(2) 招生步骤

招生步骤共分三步：① 选拔透明化。首先由公司人力资源部门提出用工申请，经公司系统领导和主要领导审批后，由职工大学组织报名登记，封闭出题进行笔试及阅卷，按成绩进行排名。考试、阅卷及分数录入全过程录像，纪检部门全过程监督，杜绝人为操作。② 招生订单化。达到录取分数线的，由公司人力资源部门、用人单位和职工大学共同组织面试，合格后由指定医疗机构进行体检，等额招录，定向分配。③ 培训规范化。由职工大学向黑龙江省教育厅注册学籍，制订培训计划，选派专业教师、班主任。在校文化课及实习课考核比例为 4∶6，达到毕业标准的颁发毕业证书，并由公司人力资源部门履行正规合同制录用手续。

3. 变招工为招生的教学特点

企业招收的技工生学制两年，根据所学专业和岗位需求，在保证思政课比例达标的前提下，压缩在校文化课学习比例，注重培养学生的实践操作能力。

在已完成的13个专业的技工班中，有7个专业在校学习一年，有5个专业在校学习半年，其中智能化、机械化专业在校学习3个月。其余时间全部以“准职工”身份到本专业岗位进行实习，由公司人力资源部门按照本地最低工资收入的1.2倍发放实习补贴，既保证了学生在实习期间有一定的工资收入，又使学生提早适应工作环境，掌握岗位技能，入职即能成为合格的产业工人。

职工大学发挥企业综合培训基地的教学优势，选派公司党校教师组织开展“党史进课堂”“企业精神解析”“工匠精神解读”等课程，对学生开展入职前的企业文化培育，增强学生的爱国爱党、爱企爱岗意识，系好入职前的“第一粒扣子”。

4. 变招工为招生取得的效果

自2017—2021年五年间，通过落实“变招工为招生”政策，公司共开办了13个专业、23个班次的技工班，招录适龄青年959人，已有931人分配到岗工作。特别是充实到峻德煤矿智能化、机械化一线岗位的技工生，表现出可塑性强、适应环境快、易于接受新生事物的潜质特征，已成长为重点采煤队组生产骨干。落实技工教育“双证”制度，对技工生毕业的技术等级进行综合鉴定，共有931名毕业生达到初级工等级，280名毕业生达到中级工等级。目前，公司高级工及工人技师中，技工生占比近80%。

（三）大力开展校企合作培训

近年来，公司为深入贯彻人才强企战略，加强人才队伍建设，提高职工综合素质，主要通过两种方式开展培训。

1. 到中国矿业大学脱产培训

2016年以来，按照龙煤集团《关于开展煤矿优秀一线管理人员、工程技术人员集中脱产培训的通知》要求，公司共派出6批、247人到中国矿业大学脱产培训。

（1）培训范围

培训范围主要包括煤矿生产设计单位工程技术人员，以及经营管理、人力资源和财务管理等方面的专业人员。

（2）培训内容

培训内容主要包括煤矿安全、采矿工程、地质测量、企业管理、财务管理、人力资源管理等方面内容。

（3）培训方式

中国矿业大学遴选授课师资、安排课程，分核心课程、学术报告、前沿讲座、现场教学、拓展训练等五个模块，向学员提供技术咨询和交流平台。

（4）培训要求

① 实行学员自主管理。每期培训班由学员自主挑选热心为班级服务的同志，成立班委领导小组。在培训期间，小组成员的主要任务是：辅助班主任完成班级纪律管理，保障学员日常学习生活，更好地为学员服务，及时解决学员遇到的实际困难。

② 加强日常考勤管理。每期培训班开学后，中国矿业大学责成班主任及助教轮流跟班听课，负责班级的日常管理。培训期间，班主任对参训学员进行考勤，并将考勤情况记录在

案，要求学员在培训期间不得请假，如有特殊原因必须请假的，按规定向班主任请假，假满后需及时销假；对不履行请销假手续或超假者一律按旷课处理，培训期间旷课累计达 3 天以上者，取消其培训资格。

③ 成立安全检查小组。学员入学后，由中国矿业大学教育培训处成立安全检查小组，对学员所在宿舍进行安全检查，一旦发现异常情况，小组成员及时记录并汇报给学校及龙煤集团。为保障进修学员人身安全，经学校与龙煤集团协商，培训处特别制定了“培训期间出行安全告知事项”，要求学员外出填写“学员出行情况记录表”，明确学员外出必须至少 2 人以上同行。

（5）培训考核

学员考核分为日常考勤、专业课考评和结业考评三部分，共 100 分。

① 日常考勤评分标准 30 分。全勤为 30 分，每天上下午上课前签到，未签到一次扣 3 分；班主任不定期检查上课情况，查到早退者一次扣 3 分；旷课一次（半天）扣 5 分，出勤情况与龙煤集团考核挂钩。

② 专业课考评标准 40 分。由专业课老师考评，重点考核基础知识、分析能力、综合能力等 30 分，日常考核课堂现场问答、课后作业完成、课后总结等 10 分。

③ 专题讲座、学术报告 20 分。由班主任考评，以小论文形式进行总结。

④ 结业考评 10 分。每人提交一篇书面学习收获。

2. 成立龙煤学院合作培养

2019 年，为积极响应省委、省政府推进四煤城转型发展要求，从解决龙煤集团人才不足的实际出发，龙煤集团鸡西、鹤岗、双鸭山、七台河四个矿业公司分别与黑龙江科技大学签订合作办学协议，正式成立龙煤学院，为四个矿业公司定向输送工程技术人员。

（1）入学条件

定向培养的工程技术人员必须是参加全国统一高考，达到本科录取标准和条件，并同意委托培养定向就业的考生，学制四年。

（2）专业设置

结合企业实际，共开设采矿工程、机械电子工程、地质工程、测绘工程、矿物加工工程和安全工程等专业，龙煤学院招生规模为每学年 320 人左右。

（3）政策待遇

① 由企业承担定向培养学生每年 5 000 元的培养费，其中学费 4 000 元、住宿费 1 000 元，并于每年 9 月 30 日前存入黑龙江科技大学账户。

② 企业在定向培养学生取得黑龙江科技大学颁发的毕业证和学位证后，负责在本企业为其提供相关就业岗位。

③ 企业全程参与定向培养学生的培养，参与人才培养方案的制定、课程体系和培养体系的构建，选派优秀的管理人员、工程技术人员兼职任教，开展专题讲座，指导学生实习、实训、设计等。同时，企业为定向培养学生提供一线实习、实训条件，并安排优秀管理人员、工程技术人员等给予指导，有针对性地帮助其提升专业能力。

④ 企业设立龙煤奖助学金，鼓励定向培养学生刻苦学习，提升专业能力。当定向培养学生家庭经济确实困难时，帮助其完成学业。奖学金标准为：一等奖学金每生每年 2 000 元，覆盖同年级学生人数的 3%；二等奖学金每生每年 1 500 元，覆盖同年级学生人数的

6%；三等奖学金每生每年1 000元，覆盖同年级学生人数的10%。助学金标准为：每生每年500元，覆盖全体学生。根据招生人数，企业将奖助学金在每年9月30日前存入黑龙江科技大学账户。企业与黑龙江科技大学在每学年结束时，依据相应的奖助学金发放办法向定向培养学生发放。

（4）约束机制

企业指导监督黑龙江科技大学对定向培养学生的培养，并及时了解其在校培养期间的学习及日常表现等信息。企业在定向培养学生有以下行为时，可以解除委托定向培养，并要求其在承担企业已支付的培养费外，还需支付已缴纳培养费总额1倍的赔偿金，弥补企业因其对专业人才需求空缺而造成的影响和损失：① 定向培养学生在校期间未能自觉遵守黑龙江科技大学各项管理规章制度，没有按期完成学业并达到毕业标准和学位授予标准；② 未经企业允许，在校期间私自转换专业或转学；③ 定向培养学生毕业后未依约到企业就业，首次劳动服务合同期未满8年。

（5）取得效果

龙煤学院为全日制统招本科，采取定向委托培养的方式进行招生，重点强化煤炭方面的通识教育课程和环境熏陶，开展有针对性的学术、实践及文化活动。同时，为更好地促进定向培养学生的培养，龙煤集团选派了一名中级副职担任龙煤学院副院长，协助学院开展学生管理工作。

目前看，该种培养方式实施产教融合和校企合作，能够充分发挥企业主体作用，促进人才培养供给侧和产业需求侧结构要素的全方位融合，全面提高教育质量，扩大就业创业，推进经济转型升级。有助于企业人才接续。可以充分利用学校的优势资源，依托协同创新中心平台，加大合作办学力度，持续加快创新技术开发，实现校企双方互相支持、双向介入、优势互补、资源互用、利益共享，为实现企业发展战略目标提供人才、技术、科研保障。有助于发挥院校作用。以“企业需要作为转型发展的先行先试考虑”为原则，围绕“大矿业”和支持、服务企业，使院校成为企业发展不可或缺的人才库和知识库，让更多优秀人才留在企业，为龙江全面振兴、全方位振兴积攒人才“家底”。有助于保证学生就业。按照培养计划，学生就读期间就能够实现工学结合，按照企业实际生产和服务要求参加工作实践，走进企业、走进现场，向一线管理人员、技术人员、工人师傅学习，面对面了解企业发展情况、掌握企业发展难题、把握未来发展趋势，增强对岗位、职业的感情，尽快融入企业之中。

（四）不定期聘请专家教授开展讲座

为提升管理人员的工作能力和业务水平，适应当前企业改革及转型需要，龙煤集团和鹤岗矿业公司聘请清华大学、中国矿业大学、黑龙江科技大学等专家教授，对各级管理人员进行现场培训。

1. 培训范围

培训范围包括公司副总以上领导、公司机关及所属二级单位副总以上领导，并应根据培训内容调整参加培训的公司机关及所属单位的专业管理人员。

2. 培训内容

（1）安全工程知识：安全生产基础知识、安全事故的原因分析、安全生产定律法则，特别是《煤矿安全规程》《安全生产法》《刑法修正案（十一）》等国家相关法律法规。

（2）企业管理学：管理的基本概念、职能、基本理论、基本方法，计划、组织、领导、控制的主要流程及具体方法，企业管理存在问题及发展趋势。

（3）经济法学：公司法、公司治理结构、合同法、招标法、劳动法等有关法律的基本概念及实际应用案例。

（4）人力资源管理及实务：人力资源的基本理论、招聘、培训、绩效、考核、聘用合同等。

（5）财务报表分析及应用：资产负债表、利润表、现金流量表的主要内容，公司偿债能力分析、盈利能力分析、资产管理能力分析。

（6）企业战略管理及实务：公司定位、远景、使命，以及战略管理主要工具、战略制定、战略分析、战略实施、战略保障等。

（7）国企改革政策及途径：国有企业改革相关政策、国企改革方向模式，以及应注意的关键问题。

3. 培训效果

自 2017 年 3 月以来，先后聘请清华大学、中国矿业大学、黑龙江科技大学等各专业资深专家教授，对公司管理人员进行现场培训，共有 5 100 余人次参加。培训过程中，授课专家倾囊相授，用精辟的理论、独到的见解、大量的信息、翔实的案例，为参加培训人员进行了十分精彩的讲解。通过培训，公司各级管理人员开阔了眼界，拓宽了思路，提升了理念，增长了知识，学到了方法，并将所学知识运用到工作实践之中，做到了与完成年度工作目标相结合，与推进企业改革脱困发展相结合，有效提高了各级管理人员的综合素质。

（五）借助平台深造培训

2018 年以来，公司共组织 3 000 余人分别参加了黑龙江省国资委龙江国资共享学院大讲堂、黑龙江矿山安全监察局和黑龙江省煤炭生产安全管理局安全培训班、龙煤集团在黑龙江省委党校组织的中高级管理人员能力素质提升班、龙煤集团中级管理人员安全素质提升班，学习新思想、新知识、新技术、新经验、新方法，优化思维方式，完善知识结构，提升专业素养，不断解决干部职工思想僵化、能力弱化和知识老化问题，增强了在实际工作中的原则性、系统性、预见性和创造性。鹤岗矿业公司职工大学实习实训楼如图 3-63 所示。

图 3-63　鹤岗矿业公司职工大学实习实训楼

第五节　开展岗位技术练兵　提升职工岗位技能

岗位技能专指那些帮助劳动者在工作岗位上提高生产效率和安全把握程度的职场技能，包括安全熟练使用生产工具、运用科技手段等。职工岗位技能不高和高技能劳动者供给不足，是阻碍企业安全发展、高质量发展和产业转型升级的重要因素。鹤岗矿业公司为提升职工岗位技能，结合职工实际操作水平和技术、装备、工艺要求，以学中干、干中练为基本形式，坚持开展常态化的职工岗位技术练兵活动，全面提升了职工岗位技能，以及应对日益复杂的生产条件和处理各种突发问题的能力。

一、开展岗位技术练兵的好处与作用

岗位技术练兵是指在工作、生产岗位上提高职工操作基本功的比武活动。主要是结合岗位职工实际操作水平及生产设备工艺要求，以生产建设单位区科、段队为核心，以提升职工岗位操作技能为目的，安排各岗位工种学习培训、比武练兵。在模拟演练或现场实操过程中，由经验丰富、技术熟练的工人技师或工程技术人员现场把关。

（1）通过职工岗位技能展示，能够掌握职工岗位技能状况，为企业后续有针对性地强弱项、补短板提供依据，并通过改进教育管理、提素赋能工作，有效提升从业人员的素质和能力。

（2）为职工搭建了切磋技艺、交流心得、取长补短的平台。岗位练兵、技术比武实质是比技能、比技巧、比规范操作、比科学方法、比创新能力、比意志品质、比敬业精神。练兵比武是职工学习提高的机会，能够使职工从多个侧面看到自身的差距和不足，从而明确自身努力的方向和目标，调动职工学理论、学业务、学技术的积极性、主动性，全面提升职工的岗位技能，并在深层次上影响职工的思想认知和行为方式。

（3）能够发现高技能人才，有针对性地开发人力资源。通过“牵手”行动和“扩源”工程，培养更多的具有高阶能力的技能人才，为安全生产提供人才支撑。具有高阶能力的技能职工可以灵活分析、转换、运用已有的知识和技能，应对日益复杂的工作情况、不断变化的生产条件和各种突发问题，是企业的宝贵财富。

二、岗位技术练兵的方法步骤

（一）岗位技术练兵的组织方法

1．练兵比武和技能大赛，实行公司和矿（厂）“两条线”推进的方式

公司层面由采、掘、机、运、通各系统负责全程掌控基层单位职工岗位技术练兵和比武进展情况，并根据基层单位练兵比武大赛完成的时间节点，在系统统筹、综合平衡的基础上，研究决定公司职工岗位技能大赛举办时间，超前做好公司职工岗位技能大赛的组织准备工作。基层单位层面主要负责本单位岗位练兵和技术比武活动组织开展，根据练兵比武活动进展情况和年度时间安排，适时组织举办本单位职工岗位技能大赛。

2．练兵比武和技能大赛，采取理论与实操并行的方式

实行理论知识和实际操作“双向”考核、综合评定的比赛体制；在岗位工种全员培训的基础上，以岗位技术理论知识考试、现场实际操作考核、个人能力综合答辩三项成绩综合得分，选出技术状元 1 名、技术能手 2 名。比赛总成绩为 100 分，其中岗位技术理论知识考试为

30分，现场实际操作考核为50分，人个能力综合答辩为20分。纳入公司练兵比武项目的岗位工种，先由基层单位进行练兵比武，经综合评定评出前三名，参加公司组织的职工岗位技能大赛；未纳入公司练兵比武项目的岗位工种由基层单位统一组织。

（二）岗位技术练兵的推进步骤

1. 活动准备

（1）组建机构

建立规范统一的组织机构，统筹练兵比武和技能大赛的组织领导工作。成立公司和基层两级由党委副书记、系统领导和总工程师任组长，各系统副总工程师任副组长，系统相关部门负责人任成员的职工岗位练兵和技能大赛领导机构。① 公司岗位练兵领导组主要负责对技能大赛工作的统一组织、领导、协调、谋划；负责各工种基层单位比武大赛和公司技能大赛的考试命题、实操裁判、综合答辩的规则制定、试题范围选定、考试难度确定和技能大赛筹办等工作。② 基层单位岗位练兵领导组具体负责本单位的职工岗位大练兵、岗位知识培训、理论知识考试、技术比武大赛活动组织、领导和相关赛事的筹办工作。③ 公司、基层领导组分别下设岗位知识培训、岗位知识考试命题、岗位技能答辩专家、岗位实操比赛裁判四个小组。一是岗位知识培训组。具体培训工作由公司工会和基层工会统筹，由基层单位矿（厂）牵头，党委副书记、安全副矿（厂）长和系统副矿（厂）长及职能科室负责人具体负责相关岗位工种知识培训工作。二是岗位知识考试命题组。由公司总工程师牵头，党委副书记、各系统副总经理及职能部室负责人共同负责。三是岗位技能答辩专家组。公司层面由总工程师牵头，党委副书记、各系统副总经理及职能部室负责人共同负责；基层层面由矿（厂）长牵头，党委副书记、各系统副矿（厂）长及职能科室负责人共同负责。四是岗位实操比赛裁判组。公司层面由公司副总工程师和职工大学教师担任评审裁判；基层层面由基层副总工程师和职能科室科长担任评审裁判。

（2）制定政策

在开展练兵比武和技能大赛过程中，为发挥政策的杠杆激励和调动作用，公司每年年初制定“关于开展百工种岗位技能大赛的通知”，赛后对基层单位职工技术练兵、公司技能大赛，以及荣获上级练兵比武荣誉的职工进行奖励。

（3）宣传发动

增强职工积极参与、主动参与的自觉性是活动深入开展的关键。在制定政策、下发文件的基础上，充分利用职工班前宣传阵地、文化阵地、新闻媒体等，广泛开展练兵比武和技能大赛的宣传动员，积极引导职工树立“要想富，学技术”的意识和理念，增强职工学习业务、钻研技术的自觉性、主动性。

2. 全员培训

每年4月至5月，根据不同系统、不同工种，由公司业务主管部门划定参加培训的岗位工种和人员范围，确定具体培训涉及的法律法规知识、岗位基本知识、技术理论知识等内容和重点；由基层区科（车间）负责组织本单位的岗位工种人员，根据具体工作特点和特性，采取集中培训、分散学习、岗位自学等方式，进行全员岗位知识学习。基层单位的业务主管部门人员、技术负责人、技术人员适时深入到职工当中，开展岗位工种理论知识重点讲解、疑难问答、专题辅导，着力促进职工学习的深入和深化。同时，基层单位有关部门强化对区科（车间）岗位工种全员培训的督导，既看学习组织形式，又查培训实际效果，确保各岗位工种职工真学、真记、真提高。

在岗位全员培训的基础上，按照既定的时间节点，每年5月末组织开展基层岗位工种的理论知识考试。岗位理论考试重点考核职工对岗位基本知识、基本理论、操作规程、安全知识等岗位基础理论知识点和工作要领的掌握情况，是对岗位基础理论知识和个人文化知识的考核。例如：有的职工基本理论知识掌握很好，平时培训学习很认真，也能记得比较牢固，但是每年考试得分都很低，其原因是个人文化水平不高，每次考试不是答不完试卷，就是错字连篇，结果成绩很差；有的职工自身操作能力很强，操作水平不亚于状元和能手，但基础理论知识掌握不好，综合成绩较低。

基层岗位工种理论考试分两个部分：一是未纳入公司练兵比武项目的岗位工种，由基层各系统统一命题；二是纳入公司练兵比武项目的岗位工种，由公司各系统统一命题。理论考试过程中，由基层纪委和业务主管部门派专人监考，采取不同系统、不同工种，错时集中闭卷考试，严肃考场纪律，严禁徇私舞弊，考试完毕集中封卷，再由基层系统业务主管部门选派专业技术人员集中封闭判卷，并及时公布考试成绩、排出名次，上报公司相关专业系统和矿区工会。

公司层面岗位工种理论考试，由公司各系统统一命题，公司纪委和业务主管部门派人员监考，考试完毕集中封卷，再由公司系统业务主管部门集中封闭判卷，并及时公布考试成绩、排出名次。理论考试现场如图3-64所示。

图3-64　**理论考试现场**

3．实操演练

每年6月至7月底进行岗位技能实操演练。实操演练以职工岗位自身练兵为主，坚持“干中学、学中练”的基本活动思路，以区科（车间）、段队为单位，结合职工岗位工作实际，采取自我演练、师傅带徒弟进行岗位技术“传帮带”对练，以及区科（车间）、段队“擂台赛”“对抗赛”“挑战赛”等形式，开展岗位实操演练。同时，注重实操演练中的重点提升和疑难破解，适时组织公司和基层单位相关系统的技术专家、技术骨干、工匠、大师深入基层练兵区科（车间）、段队，就相关技术重点、疑难问题进行技术指导、工艺讲解、技术传授，使实操演练活动的层次和深度不断拓展，科技含量不断提高。实操演练现场如图3-65所示。

4．现场比武

在实操演练、技能提升的基础上，按照“自主决定、分别举办、统一裁判”的原则，基层单

图 3-65　实操演练现场

位现场比武从 8 月份开始，综合基层现场比武进展情况，公司每年 9 月份组织举办年度职工现场比武（见图 3-66）。公司年度职工现场比武以系统为单位，重点组织井下采、掘、机、运、通等 5 大系统、18 个工种，地面组织 6 个通用工种进行比赛。井下工种采取分场地比赛、集中打分的方式进行；井上工种采取集中考试、现场判定、现场评分的办法。目的是保证现场比武整体环境一致、现场条件一致、器材规格一致、裁判规则一致、判罚标准一致，确保现场比武的规范性和公平性。现场比武重点考核选手实际操作能力和水平，是对选手岗位基本专业技术功底、操作规程掌握、安全防范措施把控、机械故障排除等自身专业技术能力的检验。

图 3-66　年度比武现场

5．综合答辩

在理论考试、现场比武的基础上，公司和基层练兵比武、技能大赛设置“综合答辩”项目。综合答辩由公司和基层相关系统具有高级职称的技术专家组成考核组，采取临场抽签方式进行。主要考核选手岗位基本知识、基础理论、专业技术实践操作水平，认识问题、分析问题、判断问题的能力，以及思维逻辑、语言阐述表达能力，是对选手自身综合素质的整体测试。只有理论考试、实际操作、综合答辩实力相对均衡，综合素质优秀者才能取得好成绩，项目偏科严重者很难取得优秀成绩。例如：每年都有很多选手，有的理论考试成绩优秀，有的实际操作优秀，有的综合答辩能力很强，最终因为专项强而综合成绩不理想，未被评为技术状元和技术能手。还有的甚至连续两年理论考试和实际操作都很优秀，结果综合答辩成绩不好，最终落选。例如，2013 年兴安煤矿一名采煤机司机第一次参加公司技能大赛时，实操成绩优异，但由于理论考试和综合答辩成绩不好落选。2014 年，他第二次参加公司技能大赛，理论成绩上来了，但综合答辩依旧没能取得好成绩，结果只获得了技术能手称号。2015 年，他第三次参加公司技能大赛，经过两年的不懈努力，终于赢得了公司采煤机司机技术状元荣誉，做到了实至名归。截至 2021 年，该同志连续 7 年保持了技术状元荣誉，成为公司职工岗位技能大赛的一个“传奇”。综合答辩现场如图 3-67 所示。

图 3-67　综合答辩现场

6. 总结表彰

表彰练兵比武和技能大赛中的先进典型，发挥先进典型的示范引领作用，是推动职工岗位大练兵、技术大比武和岗位技能大赛深入开展的有效方法。每年职工练兵比武和技能大赛结束后，公司都及时组织召开“年度职工岗位大练兵、技术大比武和岗位技能大赛总结表彰大会”，认真总结工作经验和特点，查找短板和不足，安排部署下年度的工作重点，对在练兵比武和技能大赛活动中表现突出的单位、个人和年度技术状元、技术能手予以表彰奖励，有效发挥了激励引导作用。

（三）岗位技术练兵的政策兑现

1. 物质奖励政策

对获得年度技术状元和技术能手的职工，由公司人力资源部按照年度练兵比武和技能大赛文件规定，在表彰奖励决定下发后的下一个月给予岗位技术津贴，发放期限为一年，按时足额计入工资发放。同时，由公司人力资源部和党委组织部超前做好获奖职工优先晋职晋级、优先组织发展等相关待遇落实的准备工作，保证相关奖励政策及时到位。

（1）相关政策的调整

① 2012 年规定：公司岗位技能大赛 17 个工种取前三名，获得技术状元且具备条件的，可优先推荐晋升技师职级，给予一年岗位技术津贴 500 元/月的奖励，第二名给予一年岗位技术津贴 400 元/月的奖励，第三名给予一年岗位技术津贴 300 元/月的奖励。基层单位第一名给予一年岗位技术津贴 300 元/月的奖励，第二名给予一年岗位技术津贴 200 元/月的奖励，第三名给予一年岗位技术津贴 100 元/月的奖励，其他条件不变。

② 2019 年规定：一是基层单位奖励名次及标准。各单位练兵比武和技能大赛评选出

的前三名选手由本单位自行表彰奖励。奖励标准：公司确定的20个工种（见表3-42），各工种第一名给予一年岗位技术津贴400元/月的奖励，第二名给予一年岗位技术津贴300元/月的奖励，第三名给予一年岗位技术津贴200元/月的奖励。公司确定的20个工种之外的其他工种，由基层单位参照公司奖励政策给予适当奖励。二是公司级奖励名次及标准。公司练兵比武和技能大赛取前三名，获得各工种第一名的选手，由公司命名为技术状元，具备条件的可优先推荐晋升技师职级，给予一年岗位技术津贴800元/月的奖励；获得第二名、第三名选手命名为岗位能手，第二名给予一年岗位技术津贴600元/月的奖励，第三名给予一年岗位技术津贴400元/月的奖励。三是公司以上级奖励名次及标准。凡由公司选拔的选手参加公司以上级组织的职工技能大赛，荣获参赛工种前十名的选手，享受公司制定的为期一年的岗位技术津贴待遇。标准为：第1～3名的选手岗位技术津贴800元/月，第4～6名的选手岗位技术津贴600元/月，第7～10名的选手岗位技术津贴400元/月。四是标准待遇期限。岗位技术津贴发放从本人荣获荣誉的下月份起执行，为期12个月；荣获公司各工种练兵比武和技能大赛的技术状元、技术能手在岗期间享受岗位技术津贴，如转换工种岗位或提职为管理人员，不再享受本工种岗位技术津贴待遇。同时，为激励岗位职工学技术、争一流，规定连续两年获得公司各工种技术状元的人员，将每月800元岗位技术津贴变为固定奖励，直至该人员改变岗位工种或退休。

表3-42　鹤岗矿业公司2020年职工岗位技能大赛工种表

系统		工种	工种数
生产	采煤	井下采煤机司机、液压支架工	2
	掘进	锚杆打眼工	1
开拓		喷碹工、耙装机操作工、双臂凿岩台车操作工	3
机电运输		绞车操作工、采掘电钳工、矿井轨道工、矿井维修电工、焊工（含厂处）	5
选煤		采制样工、煤质化验工、浮选工	3
通风		矿井测风工、瓦斯检查工	2
地质测量		地质测量员、矿山测量员	2
安全监察		煤矿安全检查工	1
物资供应		业务员（煤矿、厂处）	1
合计			20

（2）奖励资金来源

技术状元、技术能手的岗位技术津贴资金不占用本单位工资指标，公司单独投放，由基层单位工资科向公司人力资源部单独审批，加入本人工资之中。发放标准以最高荣誉为准，不兼得。

2．荣誉激励政策

对获得公司级和公司以上级职工技术大赛荣誉或称号的职工，给予优先晋职晋级、优先列入组织发展对象，具备条件的列入后备干部人选，录入公司技术人才库。同时，开展技术人才工作、事迹和创新创造集中宣传，进一步增强技术状元、技术能手和优秀人才的荣誉感、获得感。

三、岗位技术练兵取得的效果

（一）技术工种人数和技术等级大幅度提高

连续十年的辛勤努力和不懈奋斗，公司重点岗位技术工种获得技术等级的职工人数和技术等级晋升人数大幅增长。从 2011 年的初级工、中级工相对较多，高级工、技师凤毛麟角，高级技师空白，到目前的初级工全面普及，中级工迅速增长，高级工快速发展，技师形成规模，高级技师不断增加，职工队伍技术素质得到全面改善和优化。2011 年与 2021 年职工技术等级人数对比表见表 3-43。

表 3-43　2011 年与 2021 年职工技术等级人数对比表　　单位：人

项目 年度	职工技术等级				
	初级工	中级工	高级工	技师	高级技师
2011 年	1 445	1 296	99	102	0
2021 年	5 961	3 332	1 659	353	26

（二）职工技术水平和岗位能力得到提升

通过公司持续开展练兵比武和技能大赛，各岗位工种职工的操作技能得到明显提升。近年来，有多名职工获得了全煤行业级和省级职工职业技能大赛的相关荣誉。2018 年，在黑龙江省国资委及国防工业系统企业职工技能大赛中，鹤岗矿业公司荣获瓦斯检查工团体第一名、个人第一名，采煤机司机团体第二名、个人第一名；2020 年，在全国第九届“陕煤杯”煤炭行业职工职业技能大赛中，荣获团体三等奖和 1 个监控监测工个人三等奖、1 个瓦斯检查工个人三等奖、1 个安全仪器监测工个人三等奖；2021 年，在全国第十届山西“焦煤杯”煤炭行业职工职业技能大赛中，荣获团体三等奖和 1 个瓦斯检查工个人二等奖、1 个瓦斯检查工个人三等奖、1 个安全防范系统安装维护员个人三等奖；国家矿山应急救援鹤岗队在黑龙江省应急管理厅组织的 2020 年第一届、2021 年第二届应急救援技能大赛中，均获得了团体第一名和个人全能前三名的优异成绩。2012 年以来，公司先后有 4 人获得“全国煤炭行业技能大师”、3 人荣获“黑龙江省首席技师”、5 人被授予“龙江工匠”、3 人被授予“鹤岗工匠”称号。

整洁明亮的井下中央变电所如图 3-68 所示。

图 3-68　整洁明亮的井下中央变电所

第四章　用七项管控措施规范职工班前安全课

煤矿井下生产系统复杂，地质条件、作业场所和工作环境经常变化，致灾因素多，随时随地会出现新情况，遇到新问题，形成新的安全风险，对从业人员的安全素质提出了更高的要求，仅仅依靠脱产培训和既有的认知、经验、手段，无法适应不断变化的井下客观条件和安全生产需要。因此，必须坚持上好职工班前安全课，使职工班前安全课成为安全生产的第一道工序、安全入井的第一道关口、安全教育的第一课堂、安全管理的第一道防线，牢牢把住小班安全生产关。职工班前安全课具有四个方面作用：

一是收心定神。职工班前安全课，分为区(科)大班前安全课和段队小班前安全课。以职工班前安全课的形式，开启工作模式，使职工迅速凝神聚力，在入井之前就进入工作状态和岗位角色。

二是安全提示。针对井下现场情况和工作中可能遇到的安全问题进行安全风险提示，讲清防范措施、关键环节、注意事项、各岗位安全责任和小班安全检查、安全质量验收的重点，严把小班安全关。

三是教育培训。组织职工按月度班前安全生产教育和培训计划，对职工进行安全教育和安全培训，日积月累，持之以恒，久久为功，不断提升职工的安全素质。

四是行为养成。通过班前安全课提高职工的组织纪律性和执行力，促进职工安全行为的养成。实践证明，凡是职工班前安全课坚持好、质量高的区(科)或段队，职工遵章守纪的意识和安全生产的自觉性相对都比较强，“三违”尤其是严重“三违”现象都比较少，安全生产工作都比较好。

针对现实中一些单位对班前安全课重视程度不高、随意性较大，职工上班前安全课“三天打鱼、两天晒网”，纪律松弛，参加人数少，内容脱离现场实际，甚至出现了“职工点卯、安全戴帽”应付、对付的现象，以及班前安全课流于形式，缺乏有效的管理和监督机制等问题，鹤岗矿业公司组织相关人员，通过深入现场、充分调研、反复研究，结合实际制定了职工班前安全课七项管控措施，即：坚持上好职工班前安全课、坚持全员参加职工班前安全课、坚持矿区两级领导干部和技术人员轮流授课、坚持组织职工记学习笔记并定期进行全员考试、坚持有针对性地开展班前安全生产教育和培训、坚持开展职工班前心理疏导、坚持对职工班前安全课情况督导考评。通过有效实施，实现了职工班前安全课系统化、机制化、常态化、长效化，切实增强了安全生产教育和培训工作实效，提高了从业人员安全素质，促进了矿井安全生产。

第一节　坚持上好职工班前安全课

上好职工班前安全课是安全生产管理的一项重要基础工作，必须常抓不懈、久久为功，不能产生厌倦心理，更不能走形式，否则就发挥不了班前安全课收心定神、安全提示、教育培训、行为养成的作用，达不到预期的管理效果。为保证上好职工班前安全课，公司从建立职工班前安全课保障机制入手，突出重点，活化方式，规范流程，通过班前阵地，有针对性地开展安全生产教育和培训，做好安全提示，规范行为养成，有效提升了职工安全素质，促进了企业安全生产形势稳定。

一、建立职工班前安全课保障机制

（一）健全工作机构

为保证上好职工班前安全课，煤矿实行“党政统一领导、部门分工负责、协调有序运作”的工作机制。成立由矿党委书记、矿长任组长，党委副书记、安全副矿长任副组长，矿培训中心、安全监察处、宣传部、工会、组织部、财务科等部门负责人为成员的领导小组，负责制定工作规划、资金投入、物资保障、督导考评、落实奖罚等工作。

（二）严格规定要求

(1) 月份井区（科）或段队上班前安全课不少于总班次的75%，另外的25%作为职工倒紧班、开队会、开展准军事化训练和室外安全宣教等其他活动的时间。

(2) 根据不同时期和形势需要，有针对性地组织开展有煤矿特色的职工安全生产教育和培训、班前安全礼仪活动。

(3) 做好安全提示，对当班应注意的安全事项，做到“一班一提醒”。

(4) 上齐班前监控系统，全程监控职工班前安全课情况。

(5) 职工班前安全课做到制度化、规范化、程序化。

（三）落实奖罚政策

每月由矿领导牵头，相关部门负责人参加，按照“煤矿生产建设单位职工班前安全课基本要求和考核评分表”，对基层各单位职工班前安全课进行综合考核评分，按规定落实奖罚政策。

（四）配齐硬件设施

为保障职工班前安全课有效开展，为区（科）、段队班前学习室配备桌椅、黑板、笔记本电脑、投影仪、资料盒等硬件教学设施设备及网络系统，并提供相应的书籍、光盘、软件等教学资料。

二、持续开展班前七项礼仪活动

煤矿班前礼仪活动严格按照班前点名、情绪观测、教育培训、工作讲评、分工派班、理念诵读、岗前宣誓七项流程开展。

(1) 班前点名。班前设立点名册，由段队、班组管理人员负责在班前点名，确认班前到岗人数，并做好每班考勤记录。

(2) 情绪观测。段队、班组管理人员点名的同时，针对每名职工的情绪状态进行观测，重点做到“三问三察”：一问上班前是否饮酒和睡眠休息情况，观察本人的神态、言语等状况是否正常；二问身体健康状况，观察是否有疲倦、劳累或其他健康问题；三问精神状态能否正常工作，有无帮助解决和处理的矛盾问题，观察行为是否存在异常、情绪是否稳定等，并认真填写“职工身心健康晴雨表”，切实做到“一人一观测、一班一填表、一班一分析、一事一调适”，并装订成册、存档备查。

(3) 教育培训。坚持开展“每日一题、每周一案、每月一课”三个一活动；每月由技术员讲解一次避灾路线，工作场所变化或遇到特殊情况及时讲解，并带领职工走一次新的避灾路线；

定期观看本单位职工涉及岗位工种的可视化教学软件，播放安全生产法律法规、职工现身说法等视频；每月由段队、班组管理人员组织必知必会考问，检查安全生产教育和培训效果等。

(4) 工作讲评。由当班段队、班组管理人员对本班职工讲评上一班生产任务完成、现场安全状况、工作面质量等情况，并指出工作中存在的问题，需要落实的措施，以及需要注意的事项等。

(5) 分工派班。每班班前安全课前，井下带班段队、班组管理人员通过工作现场电话告知井下现场安全风险和危险源，当班工作任务，及当班需要提醒的注意事项和整改的问题等。根据告知情况，当班段队、班组管理人员在班前课上，一是讲清当班安全工作重点；二是讲清规程措施和应当注意的事项；三是讲清当班任务和具体要求。

(6) 理念诵读。由段队、班组管理人员带领职工诵读“六零”安全理念，即：安全生产“零死亡”、隐患控制“零容忍”、现场作业“零伤害”、企业管理“零缺陷”、履职尽责“零失误”、瓦斯治理“零超限”。

(7) 岗前宣誓。由主持人(段队、班组长)带领宣誓，参加班前课全体人员站立，共同发声，严肃、庄重地进行岗前安全宣誓，如“为了我和家人的幸福，我决心认真履行安全生产义务，自觉接受安全管理人员的监督；严格按‘三程’作业，不违章，不蛮干，确保安全生产”，如图 4-1所示。

图 4-1　职工岗前宣誓

三、突出强化班前安全生产教育和培训

根据不同时期、不同形势、不同工种、不同人群的特点，采取观看警示教育片、工伤人员现身说法、事故案例剖析、算好安全账等灵活多样的方式，开展班前安全生产教育和培训活动，特别是在深入学习习近平总书记关于安全生产的重要论述、安全法律法规、安全生产理念、典型事故案例、安全先进典型等内容的基础上，重点强化职工对“一规程四细则”、煤矿重大事故隐患判定标准、危险源辨识和管控、应急技能等重点知识的学习。

(1) 学习《煤矿安全规程》。采用常规学和重点讲的方法。每天每班利用一定时间，组织职工逐章逐节进行学习，大体利用半年至一年时间，保证所有职工通学一遍，普遍了解和掌握《煤矿安全规程》相关内容。当生产过程中遇到或预测到工作面过断层、冒顶、顶板破碎等特殊情况时，对照《煤矿安全规程》和作业规程及补充措施，向职工重点讲解特殊情况处理时的技术规定、相关标准和安全防范措施，保证兑规作业，确保安全生产。

(2) 学习《防治煤与瓦斯突出细则》。组织职工学习突出煤层、突出矿井鉴定、防突管理的相关规定，熟悉采掘过程中典型的响煤炮声，喷孔、顶钻、煤壁外鼓、掉渣，瓦斯忽大忽小等突出预兆和监测手段，了解突出区域和“四位一体”综合防突措施，重点掌握局部工作面防突具体措施，以及在采掘过程中一旦遇到特殊情况或判断发生突出预兆，应按照规定的程序要求，采取的工作措施和安全防护办法等。

(3) 学习《煤矿防治水细则》。组织职工学习井下透水一般有煤岩壁发潮发暗、挂汗、挂红，酸味大，巷道气温降低，顶板压力增大、淋水增大，底板鼓起有渗水等征兆，熟悉水害应急预案内容、应急职责、应急处置程序和措施；认真对照《煤矿防治水细则》，让职工了解采掘工作面遇到接近水淹或者可能积水的井巷、老空等情况必须进行探放水，重点掌握顶板水、底板水、老空水等防治的方法和措施，特别是在探放水打钻钻进时发现煤岩松软、片帮、来压或者钻孔中水压、水量突然增大和顶钻等突水征兆时的具体应对办法等。

(4) 学习《防治煤矿冲击地压细则》。组织职工学习了解冲击地压的现象、需要鉴定的情形、冲击危险评价的方法、“区域先行、局部跟进、分区管理、分类防治”的防治原则，以及冲击地压危险性预测、监测预警、防范治理、效果检验、安全防护等综合性防治措施；坚持个体防护、材料设备固定生根，重点掌握煤层钻孔卸压、煤层爆破卸压、煤层注水、顶板爆破预裂、顶板水力致裂、底板钻孔或爆破卸压等有针对性的局部防冲措施。

(5) 学习《煤矿防灭火细则》。组织职工学习了解内因火灾、外因火灾发生的现象和原因，火灾监测监控的使用仪器和方法，熟悉注浆防火、惰性气体防火、均压防火、密闭防火等防治火灾的技术措施，掌握内因火灾、外因火灾发生的处置方法，井下火区的管理等措施，特别是在工作面出现火灾时，火区封闭应采取的安全措施，能够判定火区启封的条件，以及启封火区前采取的安全措施，启封火区时具体操作注意事项和达到恢复生产的条件等。

(6) 学会弄通危险源辨识。组织职工认真了解在煤矿生产过程中、现场实际作业中人的不安全行为、机(物)的不安全状态和环境的不安全因素，以及管理中的缺陷四个方面的具体表现，使其更好地辨识危险源；根据本单位工作现场实际，有针对性地讲解煤矿采煤工作面支护作业、顶板管理、传动机械作业有哪些主要危险源，掘进工作面有哪些主要危险源，煤矿机电、运输作业主要有哪些危险源，煤矿“一通三防”、防治水作业有哪些危险源，并掌握具体的防控措施。

(7) 学习《煤矿重大事故隐患判定标准》。组织职工学习、了解和掌握国家应急管理部公布的《煤矿重大事故隐患判定标准》，包括：超能力、超强度或者超定员组织生产；瓦斯超限作业；煤与瓦斯突出矿井，未依照规定实施防突措施；通风系统不完善、不可靠；有严重水患，未采取有效措施；超层越界开采；有冲击地压危险，未采取有效措施；自然发火严重，未采取有效措施；使用明令禁止使用或者淘汰的设备、工艺等 15 个方面的内容。对每个方面的重大隐患的具体情形加以解释，让职工能够准确认定煤矿重大事故隐患，切实提高职工对重大事故隐患的认知能力。

(8) 学习掌握必要的应急技能知识。组织职工认真学习现场急救技能，掌握人员发生骨折、触电、烧伤、溺水、机械伤害、有害气体中毒或出现窒息情况时，现场进行人工呼吸、心肺复苏、止血、创伤包扎、骨折临时固定和伤员搬运等操作要领，以及现场急救中常用的自救器、灭火器材、搬运工具的操作方法；有针对性地向职工讲解发现水、火、瓦斯、冲击地压等灾害预兆，或灾害突发的初始情况下，现场职工如何迅速、正确、合理地采取避灾逃生行动，用好各种现场避灾逃生设施，安全快速撤离的避灾逃生方法和技巧等知识。

四、注重抓好班前安全提示

安全提示是班前安全生产教育和培训的一个重要环节，对规范职工操作行为，合理组织当班生产，有效防范事故发生等方面，有着不可替代的作用，是强化安全管理一项重要的基础性工作。班前安全提示要做好超前准备，做到信息对称，当班段队、班组管理人员根据上一个班井下传递反馈的安全工作信息，在班前及时提示职工，掌握当班井下现场存在的安全隐患和安全风险，有针对性地落实防治措施，明确作业注意事项等，确保安全生产。

如采煤工作面安全提示：

(1) 针对工作面硬帮煤壁处于破碎状态，提示作业人员采煤机割煤后及时移架伸出顶梁，打开护帮板护住帮顶，防止煤壁片帮面积扩大，必要时上双网、加打靠帮柱；人员进入硬帮前必须停机，确认安全后方可进入工作面处理硬帮；工作面倾角大时，在作业地点上方用挡矸网沿走向设好挡矸设施，防止飞块伤人。

(2) 工作面采高不够，采煤机不能顺利通过时，提示作业人员采取挑顶措施，挑顶时要防止顶板出现错茬，硬帮严禁留伞檐；放煤时控制好煤量，防止放煤量过大导致顶板抽漏，造成工作面倒架。

(3) 当班工作面液压支架不正，提示作业人员先将架子移到位，根据工作面超前状态，必要时采用单体支柱配合调整架型，调整后将架子升到平行接顶，防止架子升不到位，造成支架下倾或尾梁下甩重复调架。

(4) 遇到工作面上隅角有单体支柱需回撤时，需安排至少 2 人作业，应提示作业人员 1 人回撤、1 人观察顶板状况，发现不安全情况立即停止作业，回撤的单体支柱要运到超前支护以外，支护顶板的，拴好防倒绳，防止伤人。

(5) 工作面刮板运输机与顺槽转载机搭接高度达不到规定要求，需采取拉底卧转载机尾措施，防止拉循环煤，提示作业人员注意观察工作面顶板状态，检查尾部周围瓦斯、煤尘情况，打好压顶子，系牢单体支柱防倒绳等防护措施后进行拉底处理。

(6) 当遇到机道转载机缺刮板需补齐防止漂链时，应提示职工作业时首先切断电源，将启动开关断电闭锁，检查周围无瓦斯积聚，清理好作业地点后开始作业。

(7) 针对机道超前高度不符合规定要求时，安排专人负责巷道拉底工作，提示作业人员检查超前单体支柱是否牢固，并系牢所有单体支柱防倒绳，防止伤人，拉底后及时将单体支柱重新升压，确保单体支柱的初撑力能够满足支护需要。

(8) 当遇到工作面过旧巷时，提示职工弄清工作面与旧巷的关系，提前掌握旧巷内气体情况，防止瓦斯和其他有毒有害气体异常涌出，严禁采煤机割旧巷内的木垛，注意支架与旧巷的层间位置，严禁反复升降支架，防止出现支架下陷。

五、实施职工班前安全课全程监控

为督促各单位上好职工班前安全课，切实解决班前安全课信息不对称、监督不到位等问题，各矿相继安装了职工班前安全课监控系统，终端分别连接到矿领导手机和矿培训中心、安监部门、调度室。

(1) 通过监控系统，可以随时掌握和调看各单位上班前安全课情况，发现问题，及时提醒，及时纠偏，对整改不力的责任人落实罚款，进行约谈，全矿通报。

例如，某矿一名矿领导利用监控视频检查班前安全课开展情况时，发现综采一队在上班前安全课时，有两名职工聊天，不认真听讲，其中一人还偷偷吸烟。发现这种情况，矿领导连线该队对其管理人员进行了批评，要求其及时纠正，并按照考核评分要求中的“未严肃执行纪律要求”扣 3 分，全矿通报批评，如图 4-2 所示。

图 4-2　某矿领导查看职工班前安全课开展情况

(2) 通过监控系统，以视频观摩、听课的形式可以精准指导职工班前安全课，提高职工班前安全课的质效。

(3) 通过监控系统，经电脑存储回放，可以克服主管领导因下井、开会等不能亲自参加而造成的不能有效监督职工班前安全课的弊端。

(4) 通过监控系统，使班前安全课置于有效的监督之下，推动了班前安全生产教育和培训工作制度化、常态化、规范化。

第二节　坚持全员参加职工班前安全课

煤矿零散作业人员、安全不放心人员是“三违”和事故多发人群，是危害安全生产的一大难题。根据“木桶原理”，一只木桶能盛装多少水，并不取决于最长的那块木板，而是取决于最短的那块木板。要最大限度地增加木桶容量，发挥木桶的作用，必须着力补足短板。煤矿安全哲学是“99＋1＝0”，假如有 100 个人在井下作业，其中 99 人都能够遵章守纪、兑规作业，仅有 1 人违章蛮干，矿井的整体安全度就可能为零。煤矿安全生产实践印证，坚持全员参加班前安全课，对于不断提升职工的整体安全素质具有重要作用。对此，公司要求各矿职工班前安全课必须坚持全员参加，特别是对从事临时性“零星”工程以及日常“零散”作业人员必须强化管理，抓实一招一式的规范、抓严一点一滴的养成、抓好一人一事的教育，促进全员安全素质持续提升。

一、建立班前全员安全课制度

为确保班前安全课规范有序开展，提升全员参加班前安全课组织性、纪律性，各单位建立健全了相关制度规定，以确保全员在无特殊情况下，按时参加职工班前安全课。一个人比较成功，一定是他比较认真，假如一个人还没有成功，一定是他还不够认真。学会认真，要从签到点名，参加班前安全课做起。

（一）签到点名制度

（1）每班的全体职工一律到班前签到，点名负责人为当班班长或队长。区（科）、段队管理人员班前现场签到，带头参加职工班前安全课。

（2）班长或队长每天按时点名，点名声音应洪亮，如班长或队长因事不能参加，由副队长负责点名。

（3）职工每天准时到班前参加点名，迟到人员予以罚款，职工应答一律喊“到”，严禁他人代替应答。

（4）点名期间每名职工做到态度端正，认真听、不喧哗、不交头接耳。

（5）点名结束后，点名结果需遵照真实情况记录，严禁弄虚作假。

（二）请销假制度

（1）除特殊情况外，未参加班前安全课人员一律实行请假制度。请假应以书面请假为主，假条经签批后交段队长登记留存，否则按旷工处理。

（2）请销假坚持事先请假、事后销假，特别是对零散工种、安全不放心人员、关键和重要岗位人员要严格把关。

（3）超过请假天数，未办理续假手续者，按缺勤对待。

（4）假期满后请假人需及时向段队长销假，由段队安排包保人员对请假人落下的班前安全课内容进行补课，确保班前安全课学习全覆盖。

（三）月末通报制度

每月末对职工上班前安全课情况进行通报，及时发现班前安全生产教育和培训活动存在的不足和问题，采取有效措施和激励约束机制，进一步规范职工班前安全课，最大限度地发挥班前阵地作用。具体通报内容如下：

（1）各级管理人员落实班前安全课职责情况。

（2）全员参加班前安全课各项制度落实情况，特别是零散工种、安全不放心人员、关键和重要岗位人员参加班前安全课情况。

（3）请销假制度落实情况，假期期满后包保人是否对请假人及时补课。

（4）区队安全生产情况、存在的问题和整改措施。

（5）矿（处）每月对区（科）职工班前安全课督导检查和兑现奖罚情况；区（科）每月对本单位自检自查和兑现奖罚情况。

（四）严肃安全课纪律

（1）准时参加班前安全课，不得无故缺课，不准迟到或擅自离开。

（2）班前安全课期间手机调至震动或关机，不得随意走动、开小差、大声喧哗。

（3）听课时要认真听讲、记录笔记、注意力集中，不得从事与学习无关的事情。

（4）严禁请假期满无正当理由逾期不参加班前安全课。

（5）职工违反班前安全课纪律，情节轻微，首次给予训诫和教育；两次以上出现违规行为，责令写出书面检查，给予通报批评；情节严重的，除做出书面检查外，取消本年度评优评先资格。

二、管理人员必须带头参加班前安全课

过去，区队管理人员不参加或很少参加职工班前安全课，其实这是错误和有害的。作为

煤矿一线管理人员，更需要接受安全教育，丰富更新安全知识，掌握过硬安全本领，增强驾驭复杂安全局面的能力。“以其昏昏，使人昭昭”，是搞不好安全工作的。况且，区队管理人员参加班前安全课表明的是一种态度、一种导向、一种示范，其作用不言而喻。

(1) 区(科)、段队管理人员要深入班前，以普通职工身份参加班前安全课，不断强化安全知识学习，接受安全教育，以身作则，积极营造良好学习教育氛围。

(2) 坚持带头参加职工班前安全课，带头给职工上安全课，加强安全思想教育和安全知识灌输，掌握职工的安全思想动态和安全知识储备，解决职工班前安全课存在的问题。

(3) 对班前安全礼仪活动流程以及教育培训质量进行监督，切实解决班前安全课普遍存在的“三言两语”和“说生产多、讲安全少”等现象，确保班前安全课高质量开展。

(4) 区(科)领导班子成员按时参加班前听课，现场签到，每月听课累计次数不得少于5次，对授课人讲课方式、内容、教授效果提出合理化建议，及时反馈给授课人，确保班前授课效果不断提升。

(5) 按照班前安全课计划，针对国家法律法规、企业安全管理制度、安全文化理念、违章事故案例等内容授课，传达上级要求，开展安全提示，进行安全思想教育。

三、紧盯重点人参加班前安全课

为确保班前安全课质量，推进全员按时规范参加班前活动，各单位将安全不放心、零散作业等人员列为重点人员，采取针对性措施，保证此类职工能够积极参加班前安全课，不断提升安全思想意识、掌握安全生产知识和提高安全生产技能水平。

(一) 重点人分类

(1) 安全不放心人员。主要包括习惯性“三违”人员、工伤人员、经常旷职人员、请假缺勤人员、身体体能及学习态度较差人员、工作粗心大意人员、好逞能耍大胆人员、常偷懒耍滑人员等。

(2) 安全技能有待提升人员。主要包括新录用的职工、岗位工种调整人员、业务技能较差人员、使用新工艺、新设备人员等。

(3) 零散工种人员。主要包括送班中餐人员、送火工品人员、看变电所人员、下料人员、看风门人员、升入井时间不好掌握人员等。

(4) 关键和重要岗位人员。主要包括安检员、瓦检员、打钻工，防突、防治水、防灭火作业人员，以及小班质量验收、地质测量人员等。

(二) 管控措施

(1) 组织排查甄别。区(科)、段队结合“三违”、工伤、旷职、缺勤等统计以及上岗人员工作状态和上岗人员类型实时对全员进行排查，确定重点人。

(2) 建立管控台账。对已被确定为重点人的，全部纳入台账管控，详细登记重点人类型及有关信息，选择安全意识和责任心强的本班骨干人员负责对重点人包保，对重点人按时规范参加班前会进行督促。重点人变化时及时调整台账。

(3) 认真落实包保。包保人在参加班前安全课学习时，安排与其包保的重点人相邻座位，观察其参加班前课时的精神状态以及学习质量，对于参加班前安全课不认真的要及时给予提醒，并对因故未参加班前学习而缺课者及时给予补课，特别是要确保课程中学习的上级最新安全文件精神、作业规程贯彻落实到位。

(4) 严格班前管理。班前教育活动开展前，严禁班队长安排人员先行进入工作场所，特别是重点人必须保证参加班前安全课。对擅自不参加班前安全课先行进入工作场所的，在经济处罚基础上，同时进行班前检讨，半年内出现两次同类情况，加倍处罚、班前检讨，并手写保证书，段队干部进行家访，积极动员家属共同对其进行叮嘱提醒。

(5) 严肃责任追究。重点人出现“三违”行为以及工伤事故的，对失职的包保人视情况给予经济处罚；对无故不参加班前安全课人员未开展班前检讨、手写保证书、家访教育以及排查重点人不及时、台账建立调整不及时的，对责任段队、班组管理人员给予经济处罚。

四、开展班前安全课监督检查

矿(处)领导、职能部门、区(科)管理人员对全员上班前安全课情况进行监督检查，推进全员参加班前安全课各项规定有效落实。

(一) 监督检查次数及内容

1. 矿(处)级督导检查

人员组成：系统(专业)主管领导、系统(专业)技术负责人、系统职能部门负责人。

检查次数：每季度开展一次全面督导检查。

2. 矿(处)相关部门监督检查

人员组成：宣传部、安监处、培训中心等部门负责人。

检查次数：每月开展1次系统的监督检查。

3. 区(科)自检自查

人员组成：区(科)书记、区(科)长、副区(科)长、工会主席及培训工作负责人。检查次数：每月至少开展1次自检自查。

4. 检查内容

(1) 班前安全课制度以及相关内业情况

班前安全课制度、班前点名册、重点人员台账等内业是否健全完善。

(2) 制度落实执行情况

① 各类班前安全课制度是否上墙。

② 班前点名册记录是否真实规范，重点查看重点人及区(科)、段队管理人员点名情况。

③ 重点人排查以及台账登记调整是否及时。

④ 包保人履行包保责任情况。

⑤ 班前安全课职工记学习笔记情况，重点查看安全不放心的人，区(科)、段队管理人员学习笔记以及缺席班前安全课者是否补课。

⑥ 对无故不参加班前安全课人员是否落实有关措施。

(3) 问题整改落实情况

各层级在开展督导检查时，同时对上次督导检查中发现的问题的整改情况进行复查，确保问题得到及时解决。

(二) 奖罚通报

(1) 区(科)自检自查。对制度落实执行较好的段队管理人员以及包保人给予奖励，反之给予处罚。

(2) 矿(处)相关部门监督检查。每月将监督检查情况上报矿(处)，在安全工作综合类考评中对工作成效良好的区(科)相关负责人奖励，反之给予处罚，并对考核奖罚情况在全矿(处)范围进行通报。

(3) 矿(处)级督导检查。结合季度安全工作综合考评情况,给予安培部门相关人员以及成效良好的区(科)相关负责人奖励,反之给予处罚,并在全矿(处)范围进行通报。

第三节　坚持矿区两级领导干部和技术人员轮流授课

煤矿井下生产环境千变万化,工作面现场作业条件各异,职工只有了解和掌握煤矿采、掘、机、运、通等多方面专业知识,全面提高自身素质,才能更好地保证安全生产。矿区两级领导干部、技术人员多数是煤矿专业出身,不仅有理论知识,生产实践经验也比较丰富,熟知井下现场实际情况。但是,由于他们负责的系统不同,如果仅将自己的专业知识和技能向本系统的职工传授,其他系统职工就学习不到这方面的专业知识和技能,满足不了职工全面掌握安全知识的需要。为此,要求矿区两级领导干部和技术人员对职工轮流授课、系统培训,从而全面提升职工安全素质。

一、授课要求

(1) 轮流授课。每名矿副总工程师以上领导、区级领导干部和技术人员在区(科)职工集中的大班前安全课或段队小班前安全课轮流给职工授课。

(2) 把握要点。矿区两级领导干部和技术人员授课有计划、有教材、有教案。围绕本专业理论知识和工作实践经验,深入了解职工现场所需,精心准备,提前备课,做到重点突出、深度适宜、广度适当,使授课计划、授课教案符合职工的需要,真正达到提高职工安全素质的目的。

(3) 明确内容。围绕职工思想现状、现场实际和条件变化、“七新”等内容进行授课,注重讲解和传授实践知识、实践经验、实践技能。

(4) 保证次数。每名矿级领导每月至少授课 1 次,每名区(科)领导干部和技术人员每月至少授课 2 次,切实做到时间可调整但不可占作他用,鼓励领导干部和技术人员充分发挥其专业特长,多到班前给职工上课。

二、授课计划

每月末,矿培训中心或安全监察处针对每名矿副总工程师以上领导授课内容,制订轮流授课计划,向基层单位下发矿领导轮流授课计划。基层单位各自制订区(科)领导干部和技术人员轮流授课计划,由区(科)主要领导审核签字、矿培训中心审核盖章后,开始组织授课。矿区两级领导干部和技术人员轮流授课计划安排,见表 4-1。

表 4-1　×年×月矿区两级领导干部和技术人员轮流授课计划安排表

序号	授课单位	授 课 内 容	授课人	授课时间	培训人数
1					
2					
3					
4					
5					
6					

三、授课实施

(一) 流程规范化

(1) 确定授课时间、地点和主讲人。

(2) 主讲人负责编写授课教案，培训中心负责按规定规范教案。

(3) 培训中心或安全监察处组织，相关部门配合准备相关资料。

(4) 培训中心或安全监察处、区(科)负责通知并组织人员上课。

(二) 内容多样化

(1) 矿区两级政工和经营领导干部授课的重点内容，主要围绕形势任务、职工思想现状、经营管理工作、安全文化建设、工作纪律作风等方面。

(2) 矿区两级行政领导干部授课的重点内容，主要围绕煤矿采、掘、机、运、通系统的现场实际和条件变化，注重讲解、传授实践知识、经验和技能。

(3) 矿区两级专业技术人员授课的重点内容，主要围绕科技兴矿、灾害防治以及安全生产技术领域的新法规、新标准、新规程、新技术、新工艺、新设备、新材料等方面。

(三) 教学生动化

(1) 教授的内容符合安全生产实际，紧贴生产过程实践，知识浅显易懂、实用好记，是工作单位、部门及职工需要学、愿意学、容易学及便于学用结合、学以致用的知识和内容。

(2) 教授的方法灵活实用、图文结合、声情并茂、师生互动，尽可能实现授课时间短、学习知识多、职工感兴趣、课堂氛围好，使教者荣耀、学者充实。

(四) 成果实用化

矿区两级领导干部和技术人员按照实用管用的原则，轮流授课，使职工知识有增长，技能有提高，行为有规范，工作有标准，学习成果快速显现于安全生产实践中，提升矿井安全度。某矿生产副矿长轮流授课事例如下。

加强基层班组安全建设，提升煤矿安全生产标准化水平(提纲)

煤炭行业是我国的高危行业之一，对于矿工的生命安全和身体健康，党和政府历来高度重视。

煤矿安全生产实施标准化管理，既是法律法规的强制性要求，也是确保安全生产的重要抓手，同时也是煤矿行业几十年来的常规、有效举措。

做好新标准的宣传、贯彻、学习、培训，是执行新标准的基本前提和基础保障。

第一章　煤矿安全生产标准化工作要求

第二章　安全生产标准化实施办法

安全风险分级管控的认知。安全生产标准化全面推广风险预控管理，采取风险分级管控和隐患排查治理双重预防工作机制。

什么是风险？风险是指生产安全事故或健康损害事件发生的可能性和后果的组合。有两个主要特性：可能性和严重性。

可能性：是指事故(事件)发生的概率。

严重性：是指事故(事件)发生后，将造成的人员伤害和经济损失的严重程度。

风险＝可能性×严重性

怎样评估风险：① 工作计划；② 对要做的工作进行辨识；③ 辨识出风险后采取科学方

法进行风险评估；④ 根据风险评估结果制定管控措施；⑤ 针对管控措施进行现场检查和落实。

风险分级管控：按照风险不同等级及所需管控资源、管控能力、管控措施复杂和难易程度等因素而确定不同管控层级的风险管控方式。

风险等级：重大、中等、一般、低风险，对应采用红、橙、黄、蓝色标示。

基本原则：风险管控逐级落实，矿级、区（科）、段（队）、班（组）、岗位。

班组安全风险控制严把“风险四关”：① 严把设备安全风险关（物的不安全状态）；② 严把职工违章风险关（人的不安全行为）；③ 严把作业环境风险关（环境上的缺陷）；④ 严把安全制度风险关（制度的缺失）。

第三章　采掘班组如何落实风险管控

第四章　班组安全建设

一、安全生产现状

国家煤矿安监局局长黄玉治在 7 月 12 日讲话中分析，今年截至 7 月 8 日，全国煤矿事故起数 130 起，同比增加 24 起、上升 22.6%。海因里希法则告诉我们，小事故得不到有效控制，大事故发生概率就会增加。当前煤炭形势与中华人民共和国成立以来 4 次煤炭供需紧张、重特大事故多发时期的情况十分相似，安全生产的基础工作在段队、班组，班组安全建设尤为重要。我矿为加强班组建设，在执行公司下发文件的基础上，制定了相关管理办法和具体措施，划分责任，层层考核，由粗放型管理转向精细化管理。

二、安全生产标准化班组安全建设要求

（一）制度建设。① 班前会和交接班制度；② 班组安全生产标准化和文明生产管理制度；③ 学习制度；④ 民主管理班务公开制度；⑤ 安全绩效考核制度。

（二）组织建设。① 实施安全目标管理；② 安全生产目标层层分解到班组、岗位；③ 安全、生产、效益、工资挂钩，区、队每月进行量化考核；④ 开展班组争先创优活动、评选优秀班组和优秀班组长活动，建立评选表彰机制；⑤ 建立班组长选聘、培训、梯队建设机制；⑥ 赋予班组长工作权利机制。

（三）现场管理。① 班前工作安排，班组长督促落实作业前进行安全确认；② 严格执行交接班制度，交接重点内容包括隐患及整改、安全状况、安全条件及安全注意事项；③ 组织班组正规循环作业和规范操作；④ 作业现场班组长质量巡回检查。

（四）班组安全建设。赋予班长的四项权利：① 现场施工指挥权：班长在现场的工作环境及条件发生变化时，有权改变班前区、队领导安排的工作任务并及时汇报；② 停止作业决断权：在工作现场有安全事故或安全隐患不能及时处理的情况下，有权停止作业并撤出人员；③ 小班工资分配权：班长有权根据当班出勤人员的工作表现，依据多劳多得、少干少得、不劳不得的原则来分配小班人员工资；④ 小班人员处罚权：根据当班安全工作质量达标情况，严把工程质量验收关，对班组安全工作不负责任的人员、不按标准施工的人员和违章作业的人员，班长有权对其进行处罚。

（五）班组安全管理。① 班组必须提高安全管理思想觉悟，认真协调工作，杜绝相互推诿而给工作带来安全隐患，心中装着风险，眼里查着隐患，手里干着标准；② 根据日常工作计划，确定当班工作重点；③ 制定风险岗位清单，让每一名职工熟知岗位风险和管控措施，做到人人知风险、全员控风险，始终把风险挺在隐患前，做到重大风险抓在手上、一般风险心中有数，全面提升班组安全建设水平；④ 提升班组安全技能和管理能力，规范职工操作行为，提升自保互保能力，建设无“三违”、无隐患、无事故的安全班组。

（六）学习重点。① 安全风险预控管理教育培训是对在职全体从业人员的教育和培训，主要包括危险源的辨识、风险评估、岗位规范、管理标准和管理措施等内容；② 风险预控管理培训遵循统一领导，矿、队、班组、岗位“四级”分级负责的责任体系和“以人为本、教育为先、立足长远、注重实效”的理念，建立职工培训的长效机制和激励机制；③ 风险预控管理培训坚持“干什么、学什么，缺什么、补什么”的原则，按照“理论、实践、考核”为一体的“三元制”培训模式，开展各项风险预控培训工作。

某矿领导在段队班前授课场景如图 4-3 所示。

图 4-3　某矿领导在段队班前授课

四、授课考核

为了检验授课效果，开展职工满意度测评和授课效果评估。

（一）开展职工满意度测评

1. 满意度测评的内容

满意度测评主要从课程评价、教学评价、综合评价三个方面入手：

（1）课程评价。从课程选材进行评价，是否具有代表性，知识点是否通俗易懂。

（2）教学评价。授课教师的专业素养、教学水平和技巧、教学方式方法，课堂管理情况，课程内容实用性程度、满足职工的需求程度。

（3）综合评价。是否体现以学为中心，是否达到提素赋能要求，是否能够运用到安全生产实践中。

2. 满意度测评的方法

（1）填写测评表，每个项目分为优秀、良好、一般、较差四个等次，根据内容标准打分划等次，并提出具体的意见或建议。为使测评更具真实性，采取不记名方式测评，填写测评表时领导回避，职工填写完测评表后直接投入票箱，由计票人、监票人统计测评情况，当场公开计票结果。矿区两级领导干部和技术人员轮流授课满意度测评表，见表 4-2。

表 4-2　矿区两级领导干部和技术人员轮流授课满意度测评表

授课题目：　　　　授课人：　　　　授课时间：　　　　年　月　日

评价项目	评价内容	评价结果			
		优秀	良好	一般	较差
课程评价	课程素材选用与可实践性				
教学评价	授课教师的专业素养、教学水平和技巧				
	教学方式方法				
	课堂管理情况				
	课程内容实用性程度、满足职工的需求程度				
综合评价	是否体现以学为中心				
	是否达到提素赋能要求				
	是否能够运用到安全生产实践中				
意见与建议					

区(科)：

(2) 每月对轮流授课者开展一次职工满意度测评，每次参加测评人员不少于 20 人，每月参加测评人员重复率不超过 30%，参加测评人员的专业、工种结构和比例合理。

（二）开展授课效果评估

为了提高授课效果，由矿安全监察处、培训中心、生产科、机电科、通风区等多个单位和部门联合组成评审组，结合职工满意度评价情况，对授课者授课时的“授课态度、授课内容、授课方法、授课效果”四方面进行授课效果评估，并填写授课效果评估表，最终评选出优秀的授课者，在年度绩效考核中对个人和单位或部门给予加分。矿区两级领导干部和技术人员授课效果评估表，见表 4-3。

表 4-3　矿区两级领导干部和技术人员授课效果评估表

授课题目：　　　　授课人：　　　　授课时间：　　　　年　月　日

授课项目	评估标准	标准分	得分
授课态度	教学认真负责	10	
	重视授课反馈，注意总结改进授课工作	10	
授课内容	基本概念、理论、原理讲解清楚	10	
	理论联系实际，注重同生产工作实际结合	10	
	按授课计划进行，不断更新授课内容	10	
授课方法	授课重点突出，讲清难点，条理清晰	10	
	授课方式多样，重视实践性环节授课	10	
	课件制作美观大方，多媒体教学应用熟练，授课内容针对性较强	10	
授课效果	教学入耳入脑，职工掌握安全知识扎实、反映好	10	
	促进安全行为养成，“三违”和工伤明显减少	10	
合　计		100	

（三）授课效果评估和满意度测评的成效

（1）通过开展矿区两级领导干部和技术人员授课效果评估和满意度测评，掌握了职工内心的真实感受和职工班前安全课真实情况，为后续有针对性地强化职工班前安全课管理提供了依据。

（2）通过开展矿区两级领导干部和技术人员授课效果评估和满意度测评，收集职工反馈的意见和建议，让领导干部和技术人员看到了自身的不足和缺点，感受到了授课的压力，促使他们更加重视授课的质量和效果，不断提高授课水平和技艺，抓紧“充电”、完善自我、提高自我，更好地上好职工班前安全课。

（3）通过开展矿区两级领导干部和技术人员授课效果评估和满意度测评，从整体上提高了职工班前安全课质量，增强了职工安全意识，充实了职工安全知识，提高了职工安全技能，促进了安全生产。

第四节　坚持组织职工记学习笔记并定期进行全员考试

职工安全素养和技能提升需要一个长期积累的过程。坚持组织职工记学习笔记和定期开展全员考试，能够提升职工学习能力，培养职工学习习惯，使职工由最初对学习的排斥到慢慢地接受，再由接受转化为自愿自觉，最后实现由“要我学习”向“我要学习”的转变。

一、职工记学习笔记并定期进行全员考试的内容

（一）职工记学习笔记的主要内容

职工记学习笔记的内容主要分为课堂笔记和自学笔记。

（1）课堂笔记主要记录：在班前课上学习的习近平总书记有关安全生产重要论述、安全生产法律法规、事故案例分析等理论知识；矿井火灾、水灾、冲击地压、煤与瓦斯突出、顶板灾害、煤尘爆炸等灾害预兆和防范措施以及避灾路线和自救方法等自主保安知识；本单位作业区域内的事故隐患识别及处理方法、设备操作规程、安全作业流程等实操知识。对授课教师要求抄记在笔记上的内容做到不遗漏、不简略、不缺课（因故缺课要补记笔记）。职工班前安全课记学习笔记场景，如图 4-4 所示。

图 4-4　职工班前安全课记学习笔记

(2) 自学笔记主要记录：安全生产警示案例片观后感、安全事故案例分析作业和学习心得等。

(二) 全员考试的主要内容

全员考试试题主要由公共题和专业题两部分组成。

(1) 公共题：主要围绕《安全生产法》、《刑法修正案(十一)》、企业安全规章制度、职工的权利和义务、安全生产理念、安全生产 20 条红线、自救互救安全避险、职业病防治、煤矿各类灾害的预兆和防范等内容出题。

(2) 专业题：主要结合职工岗位(工种)实际，在“一规程四细则”、煤矿重大隐患判定标准、严重“三违”行为界定、安全事故案例分析、全员岗位安全生产责任制和岗位必知必会知识等内容出题。

二、职工记学习笔记并定期进行全员考试的方式方法

(一) 职工记学习笔记的方式方法

1. 印制统一格式的职工学习笔记本

笔记本样式繁多，为方便检查审阅，由矿统一印制职工学习笔记。内容包括：授课时间、班次、授课人和授课内容等。

2. 引导职工学会记学习笔记

让职工学会记学习笔记，就是让职工掌握科学的学习方法，锻炼学习能力，从而提高学习效率，提升学习效果，可以起到事半功倍的作用。班前授课教师要根据讲授的具体内容，设计不同形式的板书或 PPT，对要求记录在学习笔记中的内容作出标记，引导职工科学记笔记，使职工学习笔记积累为一本由自己书写成的“工具书”。实践中，一般分为以下几种笔记格式。

(1) 循序渐进式笔记

这种笔记一般运用在组织职工学习安全生产法律、法规、规程等条款式内容。在班前培训中，可从条款本身、条款解读和案例分析三个维度分步讲解，让职工对条款有一个由浅入深、由简到繁的学习过程，真正让职工学懂弄通吃透，避免造成职工对条款的死记硬背、不求甚解。职工学习笔记各类安全知识内容，见表 4-4～表 4-6。

表 4-4　每日一题学习《煤矿安全规程》(一)

授课时间	×年×月×日	班次	二班	授课人	×××
授课内容					
学习《煤矿安全规程》第五十八条　施工岩(煤)平巷(硐)时，应当遵守下列规定： 1. 掘进工作面严禁空顶作业。 2. 距掘进工作面 10 m 内的架棚支护，在爆破前必须加固。 3. 在松软的煤(岩)层、流沙性地层或者破碎带中掘进巷道时，必须采取超前支护或者其他措施					

表 4-5　每日一题学习《煤矿安全规程》(二)

授课时间	×年×月×日	班次	二班	授课人	×××
授课内容					
《煤矿安全规程》第五十八条　条文解析 1. 本条是对施工岩(煤)平巷(硐)顶板管理的规定； 2. 掘进巷道时围岩产生变形、位移、破坏或垮落，导致片帮、冒顶事故发生，因此严禁空顶作业； 3. 爆破容易崩倒、崩坏工作面附近支架，所以爆破前必须加固工作面 10 m 范围内支护； 4. 超前支护的形式：前探梁法、超前架棚法、超前注浆帷幕法					

表 4-6　每日一题学习《煤矿安全规程》(三)

授课时间	×年×月×日	班次	二班	授课人	×××
授课内容					
学习《煤矿安全规程》第五十八条　案例分析 2012 年 7 月 27 日，某煤矿在维修巷道时，将原 U 型棚改为大断面梯型棚，扩帮后巷道宽度过大，未按措施要求加固支护，局部空帮空顶，支架失稳，应力集中显现导致推垮型冒顶事故，造成 4 人死亡					

(2) 归纳提炼式笔记

这种笔记是将安全知识编成顺口溜或运用数字概括内容的方法将安全知识浓缩成如“五讲四美”“三纲五常”“四书五经”这样寓意鲜明、容易引起联想的“浓缩词”，让职工抄写在笔记上，用其中的关键词作为提示，引起对所学知识内容的联想，达到方便记忆的目的。学习井下供电知识，见表 4-7。

表 4-7　学习井下供电知识

授课时间	×年×月×日	班次	一班	授课人	×××
授课内容					
煤矿井下供电要做到“三无、四有、两齐、三全、三坚持”： “三无”，无鸡爪子，无羊尾巴，无明接头。 “四有”，有过流和漏电保护装置，有螺钉和弹簧垫，有密封和挡板，有接地装置。 “两齐”，电缆悬挂整齐，设备硐室清洁整齐。 “三全”，防护装置全，绝缘用具全，图纸资料全。 “三坚持”，坚持使用检漏继电器，坚持使用煤电钻、照明和信号综合保护装置，坚持使用甲烷电和风电闭锁					

(3) 流程图表式笔记

这种笔记一般运用在职工学习设备操作规程、安全作业工序流程等内容时。安全作业就是按规定流程作业，忽视和省略任何一个环节都会带来隐患和事故风险。相比文字而言，流程图具有更直观、更清晰、更能指导实际操作的特点。学习爆破标准作业流程知识，见表 4-8。

表 4-8　学习爆破标准作业流程

授课时间	×年×月×日		班次	一班	授课人	×××
授 课 内 容						
爆破标准作业流程	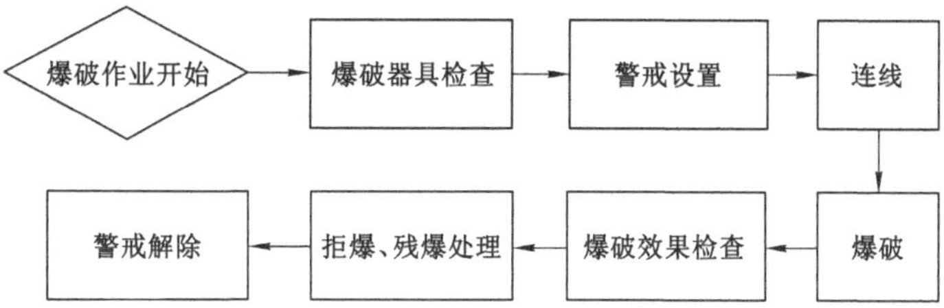					

流程步骤		作业标准	安全提示
1	爆破器具检查	发爆器和母线导通完好，无失爆	
2	警戒设置	① 专职人员，安全提示； ② 所有通向爆破地点的路口； ③ 警戒距离符合作业规程规定； ④ 有联系方法； ⑤ 确保警戒区域无人	当班班组长统一指挥，确保警戒区域无人，防止人员受到伤害
3	连线	① 无短路、接地现象； ② 线路铺设符合标准； ③ 线路无破皮露芯线等失爆现象	杜绝失爆现象发生
4	爆破	① 从里向外连线，先脚线、后母线； ② 确认警戒区域无人； ③ 发出三声警号，至少等 5 s 后，再起爆	必须确认警戒区域无人后，发出警号，方可起爆，防止误伤人员
5	爆破效果检查	① 检查爆破后的顶帮稳定情况； ② 检查是否有残爆情况； ③ 检查是否需要补炮	执行敲帮问顶制度，防止松散煤岩块伤人
6	拒爆、残爆处理	① 连线不良的重新连线起爆； ② 按规定距拒爆眼 0.3 m 以外平行打眼、装药、爆破； ③ 当班处理不完，必须向下一班交接清楚	补充炮眼严禁在残眼中或与残眼相交打眼，防止误爆伤人
7	警戒解除	① 确认爆破结束； ② 由设置警戒的班组长亲自发布解除命令	必须确认爆破结束，防止爆破事故发生

(4) 案例分析式笔记

事故案例分析不是将事故时间、地点、过程、原因、处理情况、防范措施等内容一股脑让职工记在笔记本上，这样填鸭式的学习失去了“分析”的意义。可以结合前期所学知识，有针对性地选择事故案例，先将事故案例的基本情况讲给职工，再以课后作业的形式将案例的原因分析、如何防范等问题留给职工，让职工有一个思考的过程。在次日班前，先让职工讲讲自己的分析结果，对答对的职工提出表扬，再讲解标准答案。这样不仅能够提升班前教育的互动性，还能提高职工学习的主动性。学习刮板输送机链条拉断伤人事故案例知识，见表 4-9。

表 4-9　学习刮板输送机链条拉断伤人事故案例

授课时间	×年×月×日	班次	一班	授课人	×××
授　课　内　容					
刮板输送机链条拉断伤人事故案例 ×年×月×日，某煤矿 1405 工作面中班正常检修，刮板输送机维修工田某、李某商量，由田某查看刮板情况，李某负责开机。田某双腿站在刮板槽上查看刮板损坏情况，就在输送机快运转一周时，机尾刮板出槽卡链，造成输送机开不起来。负责开机的李某在未了解询问的情况下，马上重新启动，连续启动两次没开起来，就在第三次启动时，只听"咔嚓"一声刮板链断裂，站在输送机上的田某被断开的刮板链当场打倒，造成双腿粉碎性骨折的重伤事故。 作业： 1. 请分析事故的直接原因和间接原因是什么？ 2. 对这起事故，应采取哪些防范措施？ （次日班前讲解） 1. 直接原因 刮板输送机维修工田某、李某不按照操作规程操作。操作规程规定：检修刮板输送机人员必须在信号清晰、作业空间无障碍的情况下，观察刮板损坏情况。严禁站在输送机上查看或检修输送机。田某和李某违章作业，是造成此起重伤事故的直接原因。 2. 间接原因 田某发现输送机开不起来后，没有迅速闪开刮板链，在事故中也有一定责任。 3. 预防措施 （1）必须加强操作规程的学习，并严格按操作规程操作。 （2）组织职工重新学习作业规程及安全技术措施。 （3）要进一步明确和落实各级安全生产责任制，强化关键工序和重点隐患的双重预警					

（5）现场结合式笔记

现场结合式笔记也可以说是职工的学习心得，是让班前安全课堂延伸到井下现场。在班前授课后，有针对性地让职工带着问题入井，再以现场讲解或者现场考问的方式，将所学习的理论知识与现场实际有机结合，从知其然到知其所以然，从乏味的理论到可触及的现场，让学习的成果深入人心，再将心得体会形成学习笔记，便于以后查阅提醒和温故知新。学习施工现场的火灾避灾路线知识，见表 4-10。

表 4-10　学习施工现场的火灾避灾路线

授课时间	×年×月×日	班次	二班	授课人	×××
授　课　内　容					
×月×日，技术员组织我们一起学习了施工现场的火灾避灾路线，通过图纸的示意使我们懂得应该沿着哪些巷道进行安全撤离，其实对于我们这些文化水平参差不齐的职工来说可能只有一部分能听得懂。好在技术员又组织我们在井下施工现场进行灾后应急演练，带领大家按照避灾路线指示牌，沿着避灾路线进行撤离。这次学习对于我们来说意义是十分重大的，因为一旦发生灾害事故，一些人会由于紧张和慌乱而失去方向感和判断力，而这次演练不仅使我们熟悉了撤离路线，也在实践演练中让我们对安全事故有了更加戒惧之心，一定要做到安全生产不违章					

3. 激励职工主动记笔记

（1）评选优秀笔记

由区(科)每月组织一次职工优秀笔记评选。评选分为班组预选、集中评比、笔记展览三个阶段。从记录齐全、内容翔实、格式规范、字迹工整、页面整洁等五个方面作出评比打分，将评出的“优秀笔记”在“荣誉墙”上展示，供职工学习。这样使认真学习的职工获得荣誉感和自豪感，激励全员“比学赶超”。

(2) 开展横向交流学习

采、掘、机、运、通等各系统之间建立学习联动机制，每月组织部分班前授课人员和职工到兄弟单位开展“优秀笔记”展示观摩交流活动。通过横向交流互动，让职工相互借鉴、取长补短、共同提高，使学习笔记越来越规范、翔实、管用。

(3) 开展职工述学

区(科)每周固定一天，开展一次圆班班前述学活动，让职工轮流走上讲台开展述学。内容主要包括：对学习的认识态度、总结一个阶段以来学习情况、用学到的知识指导实际工作情况和存在的问题及整改措施等，形成“人人述学、共同提高”的良好氛围。

4. 监督职工记好笔记

(1) 领导干部定期审阅

区(科)级领导每月对职工笔记亲自审阅，并按照“优秀、良好、一般、较差”四个等级评定等次，评语中既要点评优点和进步，也要点出不足和改进方向。实行“谁检查、谁签字、谁负责”的原则，推动职工不断提高笔记质量。

(2) 定期开展检查

煤矿成立联合检查组，每月对区(科)职工班前安全课情况进行一次督导考评，针对职工记学习笔记和全员考试主要检查：是否存在未记笔记的现象；记笔记是否认真、规范；区(科)领导是否按照规定审阅，做到有签字、有等次认定、有评语；是否开展学习笔记评比活动；班前全员考试试题针对性强不强；是否对不及格者采取帮教措施；是否开展错题改正训练和考问等。

(3) 制定奖惩制度

区(科)每月评选出“优秀笔记”后，将笔记复印件及奖励申报表报送矿培训主管部门，经审核无误后，给予获奖职工经济奖励。对无故不记笔记、空缺或字迹潦草应付的职工，第一次批评教育、第二次“黄牌警告”、第三次离岗培训三天，把“软任务”变为“硬指标”。

(二) 全员考试的方式方法

一些年龄偏大、文化水平偏低的职工，对考试有一定的反感情绪。为了应付考试，有的托人疏通关系，有的夹带小纸条，更有甚者直接找人替考。这些现象给考试组织带来很大麻烦，也给安全培训的效果添加了“水分”。为此，一定要有针对性地创新和改进考试方式方法。

1. 全员考试遵循的原则

(1) 让职工明白考试的目的和意义

每次组织全员月考前，要在班前开展集体谈心。通过谈心谈话让职工知道，安全培训是救命的培训，首先对职工自己有利，矿工在井下一旦出了事故，最担心的还是他们自己的父母、妻儿等至亲，安全是家庭平安幸福的基础。还要和职工谈清楚，煤矿事故减少乃至不出事故，效益就会增加，企业稳定发展便有了基础，职工自身的收入也会稳定增长。要让职工明白，安全考试是自己的事情，考试作弊就是糊弄自己。

(2) 让职工知道考试内容

煤矿企业安全考试不同于学历教育考试，目的不是选拔高知人才，而是让职工普遍掌握安全知识，那么试卷内容就不应该对职工保密，只要把好考试成绩必须真实这个关口就可以了。具体做法：一是月度计划明确具体，一月一个主题，绝不杂乱无章。二是考前复习定位准确，学习什么内容，在组织职工考前复习时，就要求职工复习掌握这些内容，甚至在考前印发专门资料给职工，让他们认真复习。三是试卷内容简明实用，与职工自身岗位（工种）相符，不能与实际工作脱节。

（3）诚信考试不处罚

尽管在考试方式上采取了“让职工知道考试内容”的模式，但仍然有职工害怕考试，考试作弊现象时有发生。这些现象虽然是少数，但影响很坏。为此，我们建立了诚信考试制度，取得了很好的效果。诚信考试的核心要点有三：一是考试时杜绝作弊；二是不作弊者，考不及格不处罚；三是作弊者，无论考试成绩如何，从重处罚。

2. 建立全员考试题库

如果试卷千篇一律，不分工种专业，大家都答一张卷，考试就不具备针对性和实用性，考试就成了走形式。所以要以“干什么，学什么，考什么”的原则建立各岗位（工种）题库。公司已对128个岗位（工种）建立了题库，其中包括：主要负责人1套，特种作业工种10套，安管人员1套，专项知识5套，小工种111套，各类试题共计33 368道。

3. 全员考试形式

全员考试主要采取班前试卷笔试和煤矿移动“e”课堂智慧云平台手机小程序网上考试两种形式。

（1）班前试卷笔试

根据实际需要，指定一天组织全矿各区（科）在一个圆班内完成班前笔试答题，考虑到职工文化水平和班前时间有限，试题类型主要以选择题和判断题为主，填空和简答题不超过总题量的10%。职工班前考试现场，如图4-5所示。

图4-5　职工班前考试

① 出题。由矿安全监察处牵头，区（科）配合完成，分系统、分专业出题，并按班次分为AB卷。

② 组织答题和监考。考试按照二班、一班、三班顺序进行。煤矿机关科室、安全监察处成立监考组，两人一组负责一个基层单位的监考工作。做到“四个到位”：一是宣布纪律到位。一定要向考生宣传清楚，要考出真实成绩，不能作弊，能够做到诚信考试，即使考试不及

格，也不会受到处罚。二是收缴小纸条到位。为了避免考试过程中出现作弊情况，要收缴职工随身携带的资料、小纸条等，消除参考职工的侥幸心理。三是执行监考到位。监考人员要负起责任，对有违纪舞弊倾向的职工，及时制止和处理，严格维护考场纪律，确保考试公正真实。四是诚信宣誓到位。职工在参加考试前，要进行诚信宣誓。誓词内容：我自愿参加本次考试，为了个人生命安全，为了家庭幸福，为了企业稳定发展，我宣誓，遵守考场纪律，服从考试安排，认真做题，绝不作弊，做诚信职工！

③ 结果分析。考试结束后，将试卷现场封存，统一交矿培训中心。培训中心负责将试卷装订成册，将职工姓名等信息密封，抽调基层兼职教师统一批阅打分。兼职教师之间执行单位互批制度，杜绝打人情分、关系分。批分结束后，将试卷返还基层区（科），由基层区（科）对“一分三率”（平均分、参考率、及格率、同错率）进行客观分析，写出分析报告，制定整改措施。平均分，即基层单位全员考试的平均分数。参考率，即根据在册人数、实考人数、缺考人数计算参考率。及格率，包括及格率和不及格率。同错率，即分析哪些题职工答错的比较多，所占比例高。

④ 针对性辅导和补考。根据考试分析结果，区（科）组织一堂错题讲解课，并对不及格职工进行专题辅导。由矿统一组织对缺考、考试不及格人员进行补考，对补考仍不及格人员下发“学员待岗通知书”，到培训中心待岗学习三天，决不让一名职工带着隐患入井。对参考率低、及格率低的单位，由矿主管领导对其党政领导进行警示约谈，提高基层单位党政领导对安全生产教育和培训工作的认识和重视程度。矿党委组织部门将安全生产教育和培训工作执行情况纳入区（科）领导干部年度考核，压紧压实领导干部抓安全、管安全责任。

⑤ 试卷笔试的优缺点。优点：可以针对区（科）班前培训计划、教学进度和工作面风险变化有针对性地出题，岗位（工种）专业题目分类更细；采取现场监考，考试成绩真实性更高；考试人员集中，能够很快完成全员参加考试的目标。缺点：班前试卷考试题量不可能太多，试题考点覆盖度不够；需要分两到三个班次组织考试，组织者需投入较大精力；试卷装订、批阅、录入成绩单等后续工作量较大。

（2）煤矿移动“e”课堂智慧云平台手机考试

① 网络日考。通过煤矿移动“e”课堂智慧云平台手机小程序系统，为每名职工建立独立账号。系统中随机创建每日一题、自测练习（每日 10 道专业题）、“学抓强”（每月 2～3 组政策法规题）等日答题任务，职工登录个人账号完成每日答题任务，并获得积分。

② 网络月考。利用煤矿移动“e”课堂智慧云平台小程序进行全员考试。试卷由职工本人从事工种题库中随机抽取 100 题组成，提交试卷后立即出现答题得分。考试时间为每月 22 日至 28 日，考试不限答题时长，因故中断可重新进入月考继续答题。系统自动完成成绩汇总、结果分析和排名工作。

③ 智慧云平台手机考试的优缺点。优点：考试不受时间、空间限制，职工可任意抽出几分钟业余时间完成考试；答题时长放宽，题量增加，考点覆盖率高；省去了出题、印刷、监考、阅卷、成绩汇总、装订试卷等一系列繁杂工作，提高了工作效率。缺点：手机答题考试不设监考，可能存在职工考前不认真复习，考试中翻阅答案和替考代答现象；程序出题与各区（科）班前教学进度和工作面风险变化联系不紧密，没有班前试卷针对性强；日常答题时间分散、“每月一考”周期长，每个区（科）都要设系统管理人员，负责督促职工完成每日答题任务和参加月考。

第五节 坚持有针对性地开展班前安全生产教育和培训

制定有针对性的班前安全生产教育和培训计划，并认真付诸实施，能够尽快有效缩小职工间的技能差距；能够充分发挥老工人在培训工作中的“传、帮、带”作用；能够结合实际工作和受训人员的情况，精选出最需要、最合适、最有价值的培训内容；能够根据培训对象、培训内容、培训目的不同，灵活选择培训方式方法，实现培训方式方法的创新和多样，进而克服传统的“一言堂”和“填鸭式”教学，实现从灌输式教学向互动式教学转变，从被动培训向主动学习转变，从单一注重理论学习向既注重理论又注重能力转变，不断激发职工参与培训、主动学习、勤于思考的热情，让班前学习培训更具活力和实效。

一、有针对性地制订班前培训计划

（一）编制说明

培训计划依据《鹤岗矿业公司煤矿班前安全生产教育和培训管理办法》编制，适用于班前安全生产教育和培训。

（二）培训目的

有针对性地对职工进行安全教育、培训和管理，并积极落实现场安全措施，通过理论知识学习和操作技能训练，真正发挥培训工作的优势和价值。

（三）培训基本要求

(1) 每月末召开由区（科）班子成员、主任工程师、技术员、班队长和老工人参加的安全分析会，深刻剖析职工安全思想状况，主要进行“三查”：一查职工安全意识强不强，尤其是新工人、安全不放心人员的安全意识如何；二查职工对《煤矿安全规程》、作业规程、操作规程以及企业规章制度、全员岗位安全责任制掌握情况；三查职工对井下条件和作业场所变化以及存在的安全风险，在思想上是否引起足够重视，把安全思想教育贯穿班前安全培训，切实补短板、强弱项、提素质，保证安全生产。安全分析会示例，如图 4-6 所示。

图 4-6 区（科）干部参加月末安全分析会

(2) 根据井下现场条件及变化，进行针对性培训。培训内容与实际情况紧密结合，有针对性地教授职工当前最需要的知识，增强职工面对井下现场条件变化的应急处理能力，减少安全生产过程中的不利因素。现场针对性培训内容示例，见表4-11。

表4-11　现场针对性培训内容示例

风险单元名称	风险点名称	风险点位置	风险因素	隐患检查事项	针对性培训内容
振兴煤矿三水平中部带式输送机下山	CMJ2-25煤矿用液压掘进钻车	工作面	在凿岩钻孔过程中有遇残炮风险	1. 爆破前检查掘进钻车的防护情况。 2. 钻孔施工前首先检查工作面是否有残炮，发现残炮及时处理	1. 加强设备设施保护工作，爆破作业时，首先做好CMJ2-25煤矿用液压掘进钻车的防护工作。 2. 工作面采用正向装药。 3. 工作面发现残炮严格按作业规程规定处理。 4. 使用钻车打眼前要清理净底板浮岩，防止残炮
乌山煤矿南一采区回风石门	巷道帮顶围岩不完好	工作面	作业期间容易产生空顶及落石风险	1. 检查超前支护使用情况，爆破后及时敲帮问顶情况，爆破后及时挂网锚喷情况。 2. 检查锚杆喷浆控顶距是否符合规定	1. 做好敲帮问顶工作。 2. 使用好临时支护，进行超前支护，做好永久支护
掘进队作业场所	粉尘	工作面	揭煤期间存在煤尘堆积、飞扬风险	防尘设施的设置、使用情况，工作面洒水、巷道冲刷情况，个体防护情况	1. 设置风机净化喷雾、回风净化喷雾、爆破喷雾、转载点喷雾等防尘设施。 2. 爆破前、后及出货工作面洒水消尘。 3. 使用水炮泥。 4. 佩戴防尘口罩。 5. 湿式凿岩
掘进队作业场所	局部通风机	工作面	计划外停风造成瓦斯积聚风险	局部通风机设置、悬挂牌板、转换记录、风电闭锁等情况	1. 局部通风机采用“三专两闭锁”“双风机、双电源”。 2. 每天进行风机转换试验、风电闭锁试验。 3. 如风机停运，立即撤出人员，在回风口设置栅栏。 4. 恢复通风按相关规定执行

（3）根据岗位安全知识需求的实际安排培训课程。培训课程紧贴职工岗位实际，按照“干什么、学什么”“学什么、懂什么”的原则，对具体操作的职工突出岗位责任、工艺流程、应知应会、安全操作等内容的培训，同时加强规章制度、法律法规的培训。岗位应知应会的内容必须使全体岗位职工全面掌握，不仅要知其然，更要知其所以然，使职工真正认识到违章的危害性及恶果，从而提高全员的安全意识和技术素质。培训课程与职工工作实际相结合，针对企业目前存在的问题，从实践中收集鲜活的案例，向职工讲解相关的理念、原理。系统总结实际工作中可能遇到的典型问题、常见问题，并尽量给出解决这些问题的操作方法，保证培训课程具有较强的针对性。

（四）培训课程

培训课程内容有风险辨识、规范作业、安全教育。风险辨识课程见表4-12，规范作业课程见表4-13，安全教育课程见表4-14。

表4-12　风险辨识课程

培训题目	方式	课程内容	授课对象
电气风险隐患	各队集中上课	防爆电气设备、电缆未按规定使用、检查、维护，防爆性能失效。产生电火花风险（一般风险）管控措施： 1. 检查防爆电气设备是否符合规定。 2. 检查电缆是否完好	班前全体职工
跑车风险隐患	各队集中上课	跑车风险（较大风险）管控措施： 1. 严格执行上下山提升管理措施。 2. 绞车司机、信号工、把钩工需经培训合格，持证上岗。 3. 每班检查绞车、钢丝绳，确保完好状态使用。 4. 每天检查保险绳、车辆连接装置，保证齐全可靠。 5. 按要求上齐自动防跑车装置。 6. 严格执行“行人不行车，行车不行人”制度。 7. 加强提升运输系统设备、安全设施检查检修工作，明确责任人	班前全体职工
瓦斯风险隐患	各队集中上课	瓦斯超限（重大风险）管控措施： 1. 提报掘进作业规程，审批后严格执行。 2. 加强通风管理，保证末端风量符合设计要求。 3. 加强瓦斯管理，做好“一炮四检”及瓦斯传感器、便携检定仪的使用和管理。 4. 揭煤期间加强帮、顶支护及超前支护等措施	班前全体职工
爆破风险隐患	各队集中上课	运输、储存、管理、爆破作业（一般风险）管控措施： 1. 做好“一炮四检”和“三人连锁爆破”制度落实工作。 2. 按要求做好爆破警戒工作。 3. 加强设备设施保护工作。 4. 执行爆炸物品的管理规定	班前全体职工

表4-13　规范作业课程

培训题目	方式	课程内容	授课对象
井下爆破	各队集中上课	1. 爆破工接到起爆命令后，必须先发出爆破警号，至少再等5 s，方可起爆。 2. 架棚巷道爆破前，必须对工作面后10 m范围内的棚子进行检查加固，加固方法有上好筋巴力、帮顶充填严密、打好锁紧锚杆等。 3. 装药后，必须把电雷管脚线悬空，严禁电雷管脚线、母线与运输设备、电气设备接触	班前全体职工
信号工	各队集中上课	1. 当发出开车信号后，一般不得随意废除本信号，特殊情况需要改变时，必须发送停车信号后，再发送其他种类的信号。 2. 必须设置独立的信号电源变压器和指示灯，信号电源电压不得大于127 V。 3. 信号工在岗位上不准做与工作无关的事情，必须集中精力、细心操作，发送信号必须清晰、准确可靠	班前全体职工

表 4-13(续)

培训题目	方式	课程内容	授课对象
提升运输	各队集中上课	1. 上下山提升必须使用好阻挡车装置,并及时关闭。 2. 上下山提升必须严格执行路灯开闭制,行人不行车、行车不行人,严禁蹬车、扒车。 3. 人力推车时,坡度大于 5%时,同向推车间距不得小于 30 m	班前全体职工
平巷运输	各队集中上课	1. 必须及时检查、维护机车,发现隐患及时处理。机车灯、铃、闸、连接和撒砂装置,任何一项不正常或者失爆时,机车不得使用。 2. 机车司机开车前,必须对机车进行安全检查确认,启动前,必须发出开车信号。 3. 两辆机车或者两列列车在同一轨道同一方向行驶时,必须保持不少于 100 m 的距离。 4. 带式输送机的输送带横向裂口不得超过带宽的 5%	班前全体职工

表 4-14　安全教育课程

培训题目	方式	课程内容	授课对象
安全生产法	宣传教育	1. 依据《安全生产法》的有关规定,从业人员发现直接危及人身安全的紧急情况时,有权停止作业或者在采取可能的应急措施后撤离作业场所。 2. 从业人员应当接受安全生产教育和培训,掌握本职工作所需的安全生产知识,提高安全生产技能,增强事故预防和应急处理能力	班前全体职工
安全规程	宣传教育	1. 从业人员必须遵守煤矿安全生产规章制度、作业规程和操作规程,严禁违章指挥、违章作业。 2. 严禁使用国家明令禁止使用或者淘汰的危及生产安全和可能产生职业病危害的技术、工艺、材料和设备。 3. 入井人员必须随身携带自救器、标识卡和矿灯,严禁携带烟草和点火物品,严禁穿化纤衣服	班前全体职工
自救互救	各队集中上课	1. 佩戴自救器撤退时千万不要奔跑。 2. 煤与瓦斯突出的预兆包括有声预兆和无声预兆两种。 3.在高温烟雾巷道中撤退不要直立奔跑。 4. 矿井发生火灾时,除非特殊情况,否则不可逆烟流撤退。 5. 发现有人触电,立即切断电源,或使触电者脱离电源(不可直接用手拉触电人员,可用绝缘工具把电线挑开)	班前全体职工
避灾路线	宣传教育	以二工区 025 队为例: 1. 避水、火、瓦斯灾害路线:025 队→采区爬坡皮带道→南一石门－330 m 运输石门→四水平南翼胶带暗斜井→三水平南大巷→新副井→地面。 2. 大面积停电避灾路线:025 队→采区爬坡皮带道→南一石门－330 m 运输石门→四水平南翼胶带暗斜井→三水平南大巷→三水平北大巷→新副井→地面	班前全体职工

二、有针对性地实施班前培训计划

(一) 改进培训方式方法

成人学习重在探索和解决工作难题,是一种基于反思的体验。海量庞杂的教学内容、枯躁无趣的课堂讲授、填鸭式的强制灌输，既不受职工欢迎，培训效果也不好。我们坚持聚焦现场、聚焦职工、聚焦班组、聚焦潜在和现存的风险隐患，通过多媒体教学、实例演示、案例剖析等方式方法和先进的信息化技术手段，对职工进行生动形象的培训，提高职工培训兴趣和动手能力；坚持以学为中心，通过课堂回顾、互动问答、角色转换以及团队列名等方法，提高职工培训的专注度和思考能力；坚持有效利用班前安全课的有限时间，多讲案例、少讲逻辑，多讲具体措施、少讲原则概括，多讲现场问题、少讲经验成绩，力求实用管用，入耳入脑入行；专题培训后，职工要有培训心得体会，并结合本职工作制订个人行为改善计划。职工现场学习防爆开关维护修理如图 4-7 所示，职工学习运输系统知识如图 4-8 所示。

图 4-7　职工现场学习防爆开关维护修理

图 4-8　职工学习运输系统知识

（二）提高培训针对性和实效性

针对不同工种岗位，分门别类梳理归纳工种岗位“必知必会、必禁必做”内容，每人一套学习卡片，定期更新卡片、充实内容、提升难度，按照“循序渐进、扎实掌握、自觉运用、确保安全”的要求，有计划持续不断地组织学习和考问。在“必知必会、必禁必做”学习上，完善“九学”制度，建立长效学习机制：一是建立勤学制度，解决学习不经常、不持久的问题；二是建立展学制度，解决学习不认真、不细致的问题；三是建立帮学制度，解决学习不管用、不见效的问题；四是建立考学制度，解决厌学、怠学、弃学的问题；五是建立述学制度，解决方法不当、学风不正的问题；六是建立评学制度，解决眼界狭窄、故步自封的问题；七是建立督学制度，解决监督乏力、约束不严的问题；八是建立拓学制度，解决深度不够、覆盖不全的问题；九是建立促学制度，解决认识不高、领导不力的问题。通过建立长效学习机制，职工的安全素养和能力显著提高，有力地保证了安全生产。

（三）开展安全警示教育活动

重点收集整理以往典型事故案例，深刻剖析事故发生根源，主要从四个方面反思引导：一是从安全思想方面反思，引导职工以事故案例为镜鉴，剖析自我、检视自我、改进自我，树立“生产再重，重不过安全；黄金再贵，贵不过生命”的生命安全意识，珍爱自己、工友和家庭，克服麻痹、懈怠思想，侥幸、取巧心理，不良、有害情绪，增强责任意识、规则意识和法纪观念，促进安全行为养成。二是从岗位操作方面反思，引导职工敬畏规程、规章，提高岗位安全技能和自主管理能力，切实解决安全管理不精细不精准、岗位操作不正规不熟练、处理隐患无技巧无方法的问题，坚决防范由于人的不安全行为导致事故发生。三是从应急避险方面反思，引导职工积极参加应急救援预案培训和演练，了解应急救援预案的内容，熟悉应急职责和岗位应急程序，掌握现场急救知识和避灾路线，熟练运用救援工具，一旦发生事故能够安全快速逃生。四是从权利义务方面反思，引导职工深入学习《安全生产法》关于从业人员在安全生产方面享有的权利和应担负的义务，重点知悉自己有安全生产的知情权，有获得符合国家标准的劳动防护用品的权利，有对违章指挥的拒绝权，有采取紧急避险措施的权利，且担负有以自己的行为保证安全生产的义务，如遵章守纪、兑规作业、掌握本职工作所需要的安全知识，以及正确使用、佩戴生产经营单位提供的劳动防护用品等。

（四）做好特殊时期培训工作

任何事物的发展都有其客观规律，煤矿事故的发生同样如此。多年的经验教训告诉我们，煤矿事故的多发期主要集中在几个特殊时期，即季节交替期、重大节假日期间、每月工资发放前后时期、职工个人家庭遇到重大问题时期、生产任务比较繁重时期、改革政策出台初期、企业经济形势困难时期等。必须清晰认识到这几个时期的重要性，并针对其不同特点，及时排查出各个时期的重点风险隐患，制定超前预防措施，有针对性地做好这些特殊时期的安全生产教育和培训工作。特殊时期班前安全课教育培训重点内容示例如下：

2021 年 11 月份班前安全课教育培训重点内容

从历史数据可以看出，11 月份乃至第四季度是煤矿事故尤其是重特大事故易发、高发的集中期，据统计，中华人民共和国成立以来，全国煤矿共发生一次死亡百人以上的事故 24 起，其中第四季度占 12 起，包括龙煤集团七台河分公司东风煤矿 2005 年“11·27”、鹤岗分公司新兴煤矿 2009 年“11·21”两起特别重大事故，死亡人数分别为 171 人和 108 人，损失极为惨重，教训极为深刻，影响极为恶劣。

究其原因：一是煤矿主要领导和各级安全管理人员贯彻党和国家的安全生产方针不力，以人为本、生命至上、安全发展的理念树立不牢，安全责任意识和法制观念淡漠，企业安全生产主体责任落实不到位。二是煤矿安全基础管理工作薄弱，安全生产标准化水平不高，技术装备和灾害防治手段比较落后，矿井防灾抗灾能力低。三是从业人员安全素质不高，“三违”

问题突出，严重制约着安全生产。

第四季度煤矿事故易发高发也有其具体因素：一是季节交替，给安全生产带来不利影响，如井下瓦斯涌出异常、煤尘干燥飞扬，安全监管和作业人员稍有疏忽大意，就可能留下事故隐患，酿成安全生产事故。二是第四季度企业收尾工作多，各种会议多，检查评比考核多，同时还要测算明年的经营指标，确定明年的发展目标、工作计划、政策措施，尤其是一些企业和煤矿负责人急于向上争指标、要政策、跑项目，工作千头万绪，致使精力分散，安全管理弱化。三是一些从业人员在年终岁尾思想活跃，或急于返乡，或考虑"跳槽"，或想多挣钱回家过年，没有把全部心思用在安全生产上，易发生"三违"，从而增大了发生事故的可能性。四是一些单位为了完成全年生产经营指标，盲目抢产量、打会战、赶进度，忽视安全管理，致使一些职工偷工减序、投机取巧，甚至违章蛮干，极易发生安全生产事故。五是一些安全状况比较好的矿井，自以为治平无事，盲目乐观，在年终岁尾容易产生喘口气、歇歇脚的松懈心理，导致严抓严管的劲头减弱，安全问题易发多发。

为切实做好第四季度的安全生产工作，要教育各级管理人员深刻吸取历史教训，把安全放在心上，把心放在安全上，不管工作多忙、任务多重、难度多大，都要把安全生产摆在高于一切、重于一切、压倒一切的突出位置来抓，带头转变作风，严格现场管理，强化风险防控和隐患排查治理，确保万无一失；要教育各级安全管理和监督人员在"破两关（感情关、人情关）、两从严（从严管理、从严问责）"安全专项整治中，反思自我、修正自我、改进自我、完善自我，切实解决理不直、气不壮、腰不硬、刀不快的问题，勇于担当负责，敢于较真碰硬，严把安全监察关；要加强对职工的安全思想教育，增强职工的安全意识，注意解决倾向性问题，尽心竭力为职工排忧解难，使他们集中精力安全生产；要教育各级管理人员和广大职工牢记"没有安全保障的速度不要，没有安全保障的产能不要，没有安全保障的效益不要"，坚决防止和纠正突击生产、超强度超定员超能力组织生产，严格落实安全生产责任制和反"三违"责任制，强化作业规程和安全措施的宣贯和落实，确保今年安全收尾。

刻骨铭心的新兴煤矿"11·21"特别重大事故距今已有12个年头了。这12年企业安全技术、装备、管理水平明显提高，矿井防灾抗灾能力不断增强，企业的安全周期也比较长，但这并不意味着没有事故隐患和安全风险。事实上，随着矿井采深的增加，井下系统和地质条件越来越复杂，水、火、瓦斯、冲击地压等灾害风险越来越高，且灾害耦合叠加，治理难度大，同时一些矿井在落实"一规程四细则"、安全生产标准化建设、"一优三减"和"四化建设"等方面还存在诸多问题，部分职工自律意识和自主保安能力还不强，"三违"现象依然存在，我们没有任何理由松劲、懈怠，必须增强忧患意识，树立底线思维，以如履薄冰、如临深渊的心态，兢兢业业、扎扎实实地做好安全生产工作，推动企业安全发展。

第六节　坚持开展职工班前心理疏导

2021版《安全生产法》新增条款"生产经营单位应当关注从业人员的身体、心理状况和行为习惯，加强对从业人员的心理疏导，精神慰藉……"，这一修改充分彰显了心理健康在安全生产中的重要作用，也从法律层面要求生产经营单位必须重视从业人员的心理状况、行为习惯，防范其工作行为失常、失范，导致安全生产事故的发生。

坚持做好班前职工心理疏导工作的主要目的是，通过班前对职工的情绪观测，及时发现情绪有波动的、心态有问题的职工，避免他们入井上岗，或者采取可靠措施保证他们入井上岗后安全生产，进而从源头上有效避免各种安全事故的发生。通过语言和非语言的交流，用解释、说明、支持、同情、理解、尊重、劝解、引导等方式来影响和疏导情绪波动职工的心理状态，转变他们的认知、信念、情感、态度和行为，化解和消除影响安全生产的不良心态，规范职工安全生产行为，严格执行“三程”，自觉抵制“三违”，确保安全生产。

一、职工身心健康十步闭环管理法

(1) 建档。填报职工和家庭基本状况及重点关注的事项，以便有针对性地开展职工心理疏导工作。确定安全不放心人，实行清单式、台账式管理，实施分级分类重点监控。

(2) 报告。职工随时报告本人及家庭成员出现的身心疾病情况，遇到的急事、难事、烦心事、揪心事，以及子女上学、当兵、就业、家庭发生变故等情况。对身心存在问题，可能导致行为失常、失范的职工，及时归入安全不放心人清单，落实精准管控措施。

(3) 观察。班前、班中观察职工身心健康状态。班前看情绪，学习看状态，干活看劲头。

(4) 询问。询问通过观察有异样的职工身心状况欠佳的原因。

(5) 实测。班前学习室备有温度计、血糖仪、血压计、心率测试仪等，及时对疑似问题职工进行测试；井下设有常用和应急药品、医疗用品箱，以备不时之需，由井下调度室管理。

(6) 处理。填写“职工身心健康晴雨表”，对暂时不适于入井的职工，安排地面临时工作或回家休息、就医。如果职工在井下工作中出现较为严重的身心不适或重症征兆，视情况让其中止工作，在安全的地方休息，或由专人护送升井就医。

(7) 寻因。由区(科)书记组织相关人员，按照“五必清、六必访、七必谈”思想政治工作制度，详细了解情况，弄清楚原因，并做好思想疏导、精神慰藉、心理解压工作。

(8) 解决。根据找出的原因，确定解决职工实际问题和困难的方案，落实责任人、落实措施、落实时限。区(科)解决不了的问题，报矿予以解决。实行组合式、结构性解决问题的方式：职工身体疾病治疗，由区(科)后勤组负责帮助单身、离异职工等办理入出院手续和医疗费报销事宜，安排人手照顾该职工及家庭。职工心理重塑，由区(科)或矿聘请的专业心理医生通过职工心理咨询 24 小时热线，进行心理干预、心理疏导、心理修复；矿培训中心负责组织针对性的心理健康和安全知识培训；区(科)党群负责人对不放心职工进行经常性的谈心谈话，在解决职工思想问题的同时，注意解决职工的实际问题。各级工会负责家访和困难救助。人力资源部门负责组织职工体检和劳动能力鉴定。

(9) 关注。问题解决之后的一个月，由班组长、安检员持续关注职工后续情况，发挥职工安全互保的作用，确保班组职工安全生产。班组长、安检员要及时向段队长、段队支部书记汇报对职工跟踪问效情况，发现问题及时处理。

(10) 入档。职工完全走上生产、生活正轨后，其身心健康管理资料归入档案，通过开发、利用档案资源，不断加强和改进职工身心健康管理。

二、职工班前心理疏导五项重点管理措施

(一) 认真开展职工班前情绪观测

以每天班前礼仪活动为切入点，认真开展职工班前情绪观测，通过班前职工聊天、点名、派班、入井更衣等工作环节，深入细致地观察和掌握职工的情绪变化，捕捉职工的思想动态，感知职工的心理变化，掌握职工的情绪状态，真正做到对本班全部到岗职工心理状态、思想

情绪、精神状况了然于胸。

通过职工班前情绪观测，建立“职工身心健康晴雨表”，按规定填表。某矿综采一队职工身心健康晴雨表填写情况见表 4-15。

每个班前由参加和主持班前会的区（科）、段队领导及工会工作人员结合每名职工的日常思想、认识、性格、家庭状况和特点，深入观察职工每天班前的情绪和态度变化。对存在不安心井下工作、受到批评处分、身体状况不适、家庭负担过重、发生家庭矛盾、家庭成员患重大疾病、失恋，以及存有思想偏执、性情暴躁和不良嗜好的职工，重点进行关注观察。按照“晴天”“多云”“阴天”“雨天”四个等级，以及“未出勤”共 5 种模式进行对照观测。

“1”：表示“晴天”，主要是指身体状况正常，精神状态、情绪反映正常，家庭生活正常的职工；

“2”：表示“多云”，主要是指身体状况欠佳，神情倦怠、精神萎靡，情绪变化不大的职工；

“3”：表示“阴天”，主要是指身体状况不适，出现发烧感冒等症状，心情不好，情绪波动明显，家庭发生变故的职工；

“4”：表示“雨天”，主要是指身体出现严重不适，家庭发生重大变故，情绪发生重大变化，心情严重郁闷的职工；

“0”：表示“未出勤”，对不明原因没有出勤的职工，及时了解情况，掌握没有正常出勤的缘由。

根据观测结果，及时填写“职工身心健康晴雨表”，确保职工情绪观测及时、准确，实时发现问题。

（二）妥善安置情绪失常职工

在建立“职工身心健康晴雨表”的基础上，按照发现问题、研究问题、解决问题的思路，做好班前“晴雨表”原因分析，分类开展职工情绪疏导工作。一是把握职工的思想情绪，捕捉职工的思想和情绪变化，做到心中有数；二是了解职工的身心状态，对身体状况、心理状况和精神状态存在异样的职工，有针对性地进行询问，了解原因，掌握情况。对存在问题的职工及时查问原因，弄清问题的根源，并结合职工“晴雨”状态等级，采取相应措施。

(1) 对于“晴天”状态的职工，按照正常工作分工派活、安排任务。

(2) 对于处于“多云”和“阴天”状态的职工，经综合分析判断，允许进入工作现场作业的，要明确班组长和带班领导责任，加强班中跟踪管控，确保工作行为安全。

(3) 对于处于“雨天”状态的职工，在班前思想情绪波动较大，甚至情绪失控，立即取消其入井作业任务，根据本单位工作实际安排适当的地面工作；在班中身体出现严重不适或重症征兆，思想情绪波动较大，让其中止工作，离开作业现场，由专人护送升井。

(4) 对于“未出勤”的职工，按照保安全出勤工作流程，派专人负责家访，了解情况，由单位帮助其解决后顾之忧，保证其正常出勤和安全生产。

（三）对安全不放心人员作业采取针对性措施

根据班前对职工“晴雨”状态分析结果，归纳出九种安全不放心人员（包括但不限于），采取相应措施。

1. 带病工作的危险人

采取以下应对措施：

(1) 对不适合在井下工作的，不得安排从事井下工作；在井下工作的，不得安排重要岗位和单独岗位作业，强化安全互保和作业监护。尤其要重视有高血压、心脏病史的职工身心

表 4-15　2021 年 12 月某矿综采一队区科、段队、班组职工身心健康晴雨表

姓名	日期	1	2	3	4	5	6	7	8	9	10	11	12	13	14	15	16	17	18	19	20	21	22	23	24	25	26	27	28	29	30	31
潘　旭	身心情况	0	0	0	0	0	0	1	1	1	1	1	1	1	1	1	1	0	0	0	0	1	1	1	1	1	1	1	1	1	1	1
	问询情况	1—6 日父亲有病请假，17—20 日请假陪父亲看病																														
姓名	日期	1	2	3	4	5	6	7	8	9	10	11	12	13	14	15	16	17	18	19	20	21	22	23	24	25	26	27	28	29	30	31
李成兴	身心情况	1	1	1	1	1	1	1	1	1	1	1	1	1	1	1	0	1	1	1	1	1	1	1	1	0	1	1	1	1	1	1
	问询情况	16 日、25 日休息																														
姓名	日期	1	2	3	4	5	6	7	8	9	10	11	12	13	14	15	16	17	18	19	20	21	22	23	24	25	26	27	28	29	30	31
陈培民	身心情况	1	1	1	1	1	1	1	0	1	1	1	1	1	1	1	0	1	1	1	1	1	1	1	1	1	1	1	1	1	1	1
	问询情况	8 日、16 日休息																														
姓名	日期	1	2	3	4	5	6	7	8	9	10	11	12	13	14	15	16	17	18	19	20	21	22	23	24	25	26	27	28	29	30	31
孙　国	身心情况	1	1	1	1	1	1	1	1	1	1	1	1	1	1	1	1	1	1	1	1	1	1	1	1	1	1	1	1	0	0	0
	问询情况	29—31 日休息																														
姓名	日期	1	2	3	4	5	6	7	8	9	10	11	12	13	14	15	16	17	18	19	20	21	22	23	24	25	26	27	28	29	30	31
姚继海	身心情况	1	1	1	1	1	1	1	1	1	1	1	1	1	1	1	2	0	0	0	1	1	1	1	1	1	1	1	1	1	1	1
	问询情况	16 日本人与妻子发生口角心情不好，17—19 日连休 3 天																														

注：身心情况栏填写说明：“晴天”填写 1，“多云”填写 2，“阴天”填写 3，“雨天”填写 4，未出勤填写 0。

健康管理。

(2) 针对性安排好包保人员,实行重点监控。

(3) 对有发病症状或迹象的职工,做好临时调休。

2. 休息不好的迷糊人

采取以下应对措施 :

(1) 不得安排重要岗位、单独岗位作业,严重疲乏人员必须安排休息。

(2) 合理安排现场包保,实行重点监控。

(3) 安排工作时专人嘱咐,增强自我控制技能。

3. 技能低下的低能人

采取以下应对措施:

(1) 加强安全技能的培训和规程措施的学习。

(2) 不得安排独立的作业岗位。

(3) 安排工作时,要有针对性地安排技能高的人员与其搭伴作业。

4. 初来乍到的新工人

采取以下应对措施:

(1) 加强安全意识教育、安全知识学习和规程措施培训。

(2) 签订师带徒合同,安排老工人指导作业,严格执行动态联保制度。

(3) 做好现场约束监护。

5. 不懂规矩的糊涂人

采取以下应对措施:

(1) 加强纪律教育,强化规矩、规则意识和安全行为养成。

(2) 采取临时调休或调整工作。

(3) 安排自律性较强的人员对其包保,做好重点监护。

(4) 不能安排缺乏约束的岗位和单独作业岗位。

6. 冒险蛮干的大胆人

采取以下应对措施:

(1) 加强日常安全教育、安全知识学习和安全技能培训,提高安全素质。

(2) 严格执行动态包保制度,包保人员要时常提醒,有效监督和约束。

(3) 安排工作时,要有针对性地安排作风稳健的人员与其搭伴作业。

(4) 做好现场安全监护。

7. 心余力亏的老工人

采取以下应对措施:

(1) 适时安排调休,保证上岗前得以充分休息。

(2) 严禁上岗前喝酒、熬夜等。

(3) 因人而异,量力而行,合理安排岗位和工作量。

8. 不学习的落伍人

采取以下应对措施:

(1) 加强职业伦理、安全责任和安全法律法规、企业规章制度等教育。

(2) 利用事故案例进行安全意识教育。

(3) 发挥帮带作用、强化自我控制和有效监督。

9. 情绪不稳的烦心人

采取以下应对措施：

(1) 及时进行沟通，掌握情绪不稳定的原因，解除思想包袱，保持心情开朗，轻装上阵。

(2) 安排心理素质好的作业人员与其搭伴作业，做好疏导工作，解除心中“疙瘩”，稳定情绪。

(3) 安排风险性较小的岗位，同时做好安全重点监护。

（四）增强心理疏导的实效性

在班前“晴雨表”观测梳理的基础上，针对存在问题职工的情况，对“阴、雨”两种状况的职工，及时建立和填写“职工身心健康档案”（见图 4-9），对职工家庭情况、本人存在的问题与原因，采取的疏导方式、具体疏导责任人，以及疏导工作完成时限等进行限定和明确，并迅速组织开展相应的身心健康管理。

在疏导过程中，区（科）、段队要加强对职工信息的搜集，做到职工个人思想、性格、健康、嗜好、生活习惯以及家庭成员学习、就业、生活状况、和睦情况清晰清楚，掌握准确真实。特别是要做好问题产生原因和过程的信息搜集，以利于对症下药、对症施策。要建立信息反馈机制，通过疏导人、同事、社区、家庭等多方面的反馈信息搜集，及时了解和掌握疏导对象思想情绪调试情况、问题和矛盾化解情况，确保疏导工作的针对性和实效性。某矿综采安装区职工身心健康“晴雨表”心理调适及情绪疏导记录见表 4-16。

（五）切实解决职工实际困难和问题

通过班前情绪观测和心理梳理，充分掌握和了解每名职工的思想状态，做到对职工日常思想状态“清楚、清晰”，随时观察和发现职工的心态、心理和思想情绪变化，建立并严格落实“五必清、六必访、七必谈”制度。

(1)“五必清”：① 家庭基本情况清；② 职工现实表现清；③ 职工及家属思想动态清；④ 职工业余交往社会关系清；⑤ 家中突出矛盾和问题清。

(2)“六必访”：① 职工生活遇到困难必访；② 家人患病子女上学必访；③ 婚丧嫁娶必访；④ 旷职缺勤必访；⑤ 家庭纠纷、邻里矛盾必访；⑥ 家庭发生突然变故必访。

(3)“七必谈”：① 减发欠发工资必谈；② 思想波动必谈；③ 情绪低落必谈；④ 受到批评和处罚必谈；⑤ 发生“三违”情况必谈；⑥ 工作岗位变动必谈；⑦ 出台改革政策必谈。

对于因工作和生活发生重大变故，自身难以解决，导致职工心态和情绪变化的，职工所在区（科）、段队要及时采取措施帮助解决；区（科）、段队难以解决的，应及时向上级组织汇报，由上级想办法解决。生活困难的职工，由工会适时救助；家庭成员患大病的，由单位出面协调社区和民政部门申请大病救助，符合大病医保的申办大病医保；子女就学困难的，落实“金秋助学”政策；家庭突发火灾、交通事故等，通过职工捐款、工会应急救助等方式进行帮扶；对子女就业困难的，帮助寻求就业渠道，多途径地帮助职工缓解工作和生活中的压力，更好地增强其工作与生活的信心和勇气。对于问题比较多、解决起来难度比较大的职工，按照公司统一规定，采取“一帮一”结对帮扶的形式，由本矿区（科）在职的副科级以上干部与困难职工结对子帮扶。在确定结对子帮扶时，要落实以下要求：① 各级主要领导、班子成员带头帮扶特殊困难家庭（既是生活上的贫困人，又是稳定上的重点人、思想上的活跃人）；② 根据上下级关系、师徒关系、亲属关系、战友关系、同学关系、老乡关系、相互信任关系、私人交

编号______

职工身心健康档案

单位：____________

姓名：____________

职工身心健康档案要求

1.档案由基层单位统一管理，存放时要规整、干净、有序，符合档案管理相关要求。

2.档案内容，由基层单位党群人员负责及时整理，按时填写，不得疏漏。

3.档案材料要真实，不得造假。

4.职工工作变动时，档案要随人一同转入另一单位。

5.矿（区、科）将职工身心健康档案的管理纳入到本单位安全思想教育综合考评项目中，强化检查、督导、考核。

职工自然状况表

姓名		性别		民族	
职号		身份证号码			
现住址					
政治面貌		籍贯			
参加工作时间		毕业学校		文化程度	
职务		工种		职称	
家庭基本情况	家庭总收入/月		职工收入/月		
	与本人关系	姓名	出生年月	工作单位（学校）	家庭变故
	家庭变化				
工作简历					

职工身心健康管理表

年 月 日

类别	身体状况	心理状况	行为习惯
存在问题			
产生原因			
采取措施			
处理结果			
备注			

图 4-9　职工身心健康档案

表 4-16　职工身心健康“晴雨表”心理调适及情绪疏导记录

单位：某矿综采安装区　　　　　　　　　　　　2021 年 11 月 29 日

<table>
<tr><td>所在段队</td><td colspan="3">安装二队</td><td>班次</td><td>二</td><td>班长姓名</td><td colspan="3">宋立涛</td></tr>
<tr><td>当班出勤</td><td>11</td><td>晴天</td><td>10</td><td>多云</td><td></td><td>阴天</td><td></td><td>雨天</td><td>1</td></tr>
<tr><td>被疏导人</td><td colspan="2">冯昌峰</td><td>情绪异常原因</td><td colspan="6">颈椎病引起头痛，情绪低落</td></tr>
<tr><td>情绪疏导地点</td><td colspan="3">班前学习室</td><td>疏导人</td><td colspan="2">王志新</td><td>职务</td><td colspan="2">队长</td></tr>
<tr><td colspan="10">心理调适、情绪疏导内容：
安装二队职工冯昌峰 11 月 29 日 15 时参加班前安全课，班前安全课上队长王志新观察到冯昌峰情绪不好，询问他情绪不正常原因，冯昌峰回答颈椎痛、精神恍惚</td></tr>
<tr><td colspan="10">疏导结果：王志新了解到冯昌峰的情况后，禁止他入井，并通知家属陪同去医院检查</td></tr>
</table>

说明：1. 此表由疏导人认真填写。
2. 疏导人、被疏导人必须本人签字。

往关系、工作性质关系、性格兴趣相投关系等，结成“一帮一”对子；③ 帮扶人与帮扶对象尽可能在同班组、同段队、同区科、同单位；④ 走访、谈心、帮扶便利；⑤ 结对子帮扶要做到“全覆盖、无盲区、零死角”。

第七节　坚持对职工班前安全课情况督导考评

督导考评是推动任务落实，提升工作实效的有效手段。为进一步提升职工班前安全课质量，提高班前教育培训实效，规范职工安全行为，公司建立督导考评责任体系，坚持开展对职工班前安全课情况督导考评，切实发挥督导考评的“风向标”“指挥棒”作用，加大督导工作力度，强化考核结果运用，以督导考评推动工作全面落实、取得实效，切实增强了煤矿生产建设单位抓实抓细抓严职工班前安全课的自觉性、主动性和责任感，达到了班前课质量提高、职工安全素质提升、行为养成规范的目的，充分发挥了班前课收心定神、安全提示、教育培训、行为养成的作用，有效促进了企业安全生产。

一、督导考评目标

以全面提升职工班前安全课质量为抓手，以不断提升从业人员安全素质为途径，以确保企业安全生产为目标，加强职工班前课督导考评，严格兑现奖罚，切实把责任分解到位、压力传递到位、规定落实到位、效果显现到位，推动职工班前安全生产教育和培训实现系统化、机制化、常态化和长效化。

二、督导考评原则

（1）坚持客观公正、实事求是的原则。从实际出发，求真务实，全面客观，杜绝弄虚作假，如实反映班前课真实情况，保证督导有力，考评过程和考评结果公开透明、公平公正。

（2）坚持联系实际、分类指导的原则。针对不同区（科）、不同系统、不同岗位职工班前课情况，紧密结合实际，进行分类指导、扎实推进。

（3）坚持问题导向、精准发力的原则。围绕班前课要求和基本内容，坚持发现问题和解决问题并重，突出重点工作事项开展督导，全面增强考评工作实效。

（4）坚持上下联动、齐抓共管的原则。坚持一级带一级，一级抓一级，全员参与，层层落实，努力形成公司、矿、区（科）相互衔接、相互促进、上下联动、齐抓共管的工作格局。

（5）坚持激励与约束并重、务求实效的原则。建立科学合理、务实管用、激励与约束并重的督导考评机制，坚持日常检查与集中考评、定量与定向、考问与考试相结合，评分定级，奖优罚劣，切实增强督导考评的科学性和实效性。

三、督导考评机制

（1）成立督导考评机构。成立以公司党委副书记为组长，公司安全监察局培训处、党委宣传部、矿区工会相关人员为成员的督导考评领导小组。

（2）建立督导考评制度。公司每季度对各生产建设单位、生产建设单位每月对区（科）上职工班前安全课情况进行一次督导考评。公司季度督导考评由主管培训工作的公司党委副书记带队，公司安全监察局培训处、党委宣传部、矿区工会相关人员对各矿（处）班前课达标情况进行督导考评。公司把各单位每季度督导考评结果作为年末评先选优的重要依据。

（3）落实督导考评奖罚。对照“煤矿生产建设单位职工班前安全课基本要求和考核评分表”进行综合评分，落实奖罚政策。

四、督导考评要求

为保证督导考评组的督查、指导、考评作用充分发挥，推动职工班前安全课持续规范、质量提高、取得实效，公司对督导考评组人员提出了严格要求。

（1）强化学习，把握标准。督导考评人员要增强“打铁还需自身硬”的思想观念，把加强学习作为做好督导考评工作的首要任务，必须先学一步、深学一层，明确督导工作的遵循和要求，吃透精神，掌握标准，做到学深学透、了然于胸，成为督导考评工作的行家里手。

（2）深入实际，掌握实情。督导考评工作不能只停留在听汇报、看材料、查内业层面，要坚持重心下移，经常深入基层，深入区（科）段队班前，深入职工群众，直接听取职工群众意见，掌握班前课实情，找准问题所在，认真归纳总结，科学分析研判，提出有针对性的意见和建议。

（3）坚持原则，敢于较真。坚持“严”字当头，讲原则不讲关系，讲规矩不讲面子，从严督查，认真指导，严格把关，对不符合班前课要求的、工作推动不力的、搞形式走过场的，要敢于指出问题，督促整改落实，该提醒的及时提醒，该纠正的坚决纠正。

（4）讲究方法，提高质效。在督导考评过程中，及时了解、发现和掌握各区（科）、段队班前课的特色做法和亮点工作，深入进行总结，树立先进典型，大力宣传发动，积极学习推广，切实推动全公司职工班前课整体上台阶、提档次。

（5）遵守纪律，严肃考评。督导考评组人员要保持务实作风，坚持实事求是，客观公正，遵守纪律，从严考评，务求工作精准，发现问题，解决问题。不准降低工作标准、变通工作程序、搞关系，打人情分，影响工作实效。

五、督导考评方式

督导考评组采取听汇报、随机抽查、内业检查、现场核查、跟踪调查等多种方式，对照《煤矿生产建设单位职工班前安全课基本要求和考核评分表》，逐个煤矿生产建设单位进行达标检查验收。为进一步提升班前课质量，着力增强针对性和实效性，全面提升职工安全技能素质，每季度在常规内容督导检查的同时，公司始终坚持问题导向，重点围绕几个方面问题，查看改进措施落实等情况，以此更好地提高职工班前安全课质量和效果。如2021年二季度对以下问题，重点开展督导检查。

（1）煤矿移动“e”课堂智慧云平台系统的文章阅读、警示教育模块内容更新不及时，针对性不强，安全教育效果不好。改进措施：结合安全专项整治和当前工作实际，优化文章阅读、警示教育模块内容，将最新的上级文件规定、安全查评、警示教育案例等内容，细分类别，及时更新，增强学习针对性，提升安全生产教育和培训效果。

（2）班前安全提示流于形式，泛泛而谈，没有针对性，警示作用不突出。改进措施：各单位要针对井下现场实际，找出影响职工安全的关键点，职工容易忽视的危险点，对职工要及时进行安全提示。如发现采面顶板不好，按照相关规定应采取什么措施等。

（3）区（科）安全生产教育和培训计划针对性不强，脱离现场实际，没有根据现场变化、职工安全思想和安全知识存在的问题等，有的放矢地制订合理的安全生产教育和培训计划。改进措施：每月末召开由区（科）班子成员、主任工程师、技术员、班队长和老工人参加的安全分析会，针对井下现场条件及其变化、安全工作情况、职工安全思想状况、岗位安全知识需求的实际情况，以及季节特点、节日特点，研究制订下个月安全生产教育和培训计划，有针对性地对职工进行教育、培训和管理，并严格执行安全生产教育和培训计划，使之落到实处，杜绝培训内容与井下实际情况和职工安全培训需求相脱节等问题。

（4）心理疏导跑粗、不够精准。改进措施：要注重观察职工精神状态，及时填写职工身心健康晴雨表，做好“五必清、六必访、七必谈”工作，加强职工心理疏导，化解不良情绪，特别针对有不良嗜好、身体疾病、家庭负担、情绪起伏等情况的职工，及时进行谈心和走访，实施心理调适和情绪疏导，保证职工心理健康、思想情绪稳定。

（5）对特殊人员和群体的安全生产教育和培训力度还需加大。改进措施：针对本单位文化程度比较低、接受能力差的特殊人员，指定专人负责进行安全生产教育和培训，使其增强安全意识、掌握安全知识、提高安全技能素质，从而消除培训空白点，促进矿井安全生产。

六、督导考评流程

（1）下发检查通知，超前做好准备。制定到各单位具体检查时间、参加人员、检查重点内容、检查要求等事项，提前下发通知。

（2）组织督导考评，现场进行反馈。公司党委副书记带队，组织公司安全监察局培训处、党委宣传部、矿区工会相关人员逐个单位进行检查。一是听取汇报。由被检查单位负责培训的领导汇报，使检查组了解该单位职工班前课开展情况，掌握存在的主要问题及下步工作打算。二是现场检查。检查组成员按照“煤矿生产建设单位职工班前安全课基本要求和考核评分表”，对区（科）、段队班前课情况逐项查看现场资料，并随机抽查个别区（科）、段队班前课，与职工交流，了解班前课实际效果。三是综合打分。根据现场观看、检查内业、抽查考问、交流互动及日常跟踪调查掌握情况，按照标准对该单位综合打分。四是集中点评。检查后召开会议，督导考评组检查人员将该单位班前课的特点、亮点工作进行现场点评，并指出存在的问题，提出下步整改意见，公司领导最后作出综合评价。“煤矿生产建设单位职工班前安全课基本要求和考核评分表”见表4-17。

表 4-17　煤矿生产建设单位职工班前安全课基本要求和考核评分表

项目内容	基本要求	标准分值	评分方法	得分
坚持上好职工班前安全课	1. 月份井区(科)或段队上班前安全课不少于总班次的75%。 2. 坚持开展班前安全生产教育和培训和安全礼仪活动。 3. 做好安全提示,对当班注意事项,做到“一班一提醒”。 4. 运用先进技术手段全程监控职工班前安全课。 5. 职工班前安全课实现制度化、规范化、程序化	15	查现场资料。 1. 班前安全课少于总班次的75%扣2分。 2. 班前安全礼仪活动未开展扣4分,少项扣0.5分、效果不好扣0.5分;每季度未组织开展职工安全教育活动扣1分,针对性、实效性不强扣1分。 3. 一个班未做安全提示扣3分、提示缺乏针对性扣1分。 4. 没有监控系统扣2分。 5. 安全课未实现制度化、规范化、程序化扣3分,一处不符合要求扣1分	
坚持全员参加职工班前安全课	1. 有签到点名和请销假制度。 2. 井区(科)领导和段队干部带头参加职工班前安全课。 3. 盯住重点人参加班前安全课情况。 4. 严肃纪律。 5. 建立月末通报制度	14	查现场资料。 1. 未建立班前安全课签到点名和请销假制度扣3分;没有签到记录或不认真、不合格扣2分。 2. 井区(科)领导和段队干部未带头参加扣3分。 3. 重点人未参加班前安全课1人次扣2分。 4. 未制定并严肃执行纪律扣3分。 5. 未建立月末通报制度扣3分,未通报或不认真扣3分	
坚持矿(处)区(科)两级领导干部和技术人员轮流授课	1. 轮流授课有计划、有教材、有教案;矿(处)副总工程师以上领导每月至少授课1次,井区(科)干部和技术人员每月至少授课2次。 2. 围绕职工思想现状、现场 实际和条件变化、“七新”内容等授课。 3.注重讲解、传授实践知识、实践经验、实践技能。 4. 促进职工安全知识结构不断完善。 5. 开展授课效果评估和职工满意度测评	15	查现场资料、考问考试。 1. 轮流授课无计划、教材、教案分别扣3分,一项不符合要求扣1分;授课次数不够扣2分。 2. 授课内容不符合实际,针对性、实效性不强扣3分。 3. 未注重讲解、传授实践知识、实践经验、实践技能扣3分。 4. 未促进职工安全知识结构不断完善扣2分。 5. 未开展授课效果评估和职工满意度测评分别扣2分,开展得不认真、效果不好扣2分	

表 4-17(续)

项目内容	基本要求	标准分值	评分方法	得分
坚持组织职工记笔记并每月组织一次全员考试	1. 职工记笔记认真、规范。 2. 井区(科)相关领导每旬审阅一次职工笔记,有签字、有等次认定、有批语。 3. 开展优秀笔记展评活动。 4. 考试有试卷,考题针对性强。 5. 对不及格者有帮教措施。 6. 强化考问和错题改正训练	14	查现场资料。 1. 职工未记笔记扣 2 分,记笔记不认真、不规范扣 1 分。 2. 相关领导未按照规定审阅扣 4 分,审阅次数不够、无签字、无等次认定、无评语各扣 1 分。 3. 未开展评比活动扣 2 分。 4. 无试卷扣 2 分,试卷笔迹相同扣 2 分,考题针对性不强扣 2 分。 5. 未对不及格者采取帮教措施扣 2 分。 6. 未进行知识考问扣 1 分,未开展错题改正训练扣 1 分	
坚持有针对性地制订月份班前安全生产教育和培训计划	1. 及时制订月份班前安全生产教育和培训计划。 2. 井区(科)领导、段队长、班组长、技术员、老工人参与月份职工班前教育培训计划的制订。 3. 针对现场情况和条件变化、风险辨识、隐患排查情况,制订并及时调整班前教育培训计划。 4. 有计划执行情况的书面总结	14	查现场资料。 1. 未制订月份班前安全生产教育和培训计划扣 4 分,计划不符合实际扣 2 分。 2. 参与月份职工班前教育培训计划制订的人员不符合要求扣 3 分。 3. 培训计划制订针对性不强扣 2 分,出现情况未及时调整教育培训计划扣 2 分。 4. 未有计划执行情况的书面总结扣 3 分,总结不认真、不细致扣 2 分	
坚持开展职工心理疏导	1. 认真开展职工班前情绪观测,填写“职工身心健康晴雨表”。 2. 当班身体、心理状况和情绪失常职工得到妥善安排。 3. 建立职工身心健康档案,填写及时、规范。 4. 建立职工信息搜集和反馈机制。 5. 落实“五必清、六必访、七必谈”思想政治工作制度。 6. 解决好职工实际困难和问题	14	查现场资料。 1. 未开展职工班前情绪观测扣 2 分,未填写“职工身心健康晴雨表”扣 2 分。 2. 未妥善安排当班身体、心理状况和情绪失常职工扣 2 分。 3. 未建立职工身心健康档案扣 2 分,填写不及时规范一处扣 1 分。 4. 未建立职工信息搜集和反馈机制扣 2 分。 5. 未落实“五必清、六必访、七必谈”思想政治工作制度扣 2 分。 6. 未有效解决职工困难和问题扣 2 分	

表 4-17(续)

项目内容	基本要求	标准分值	评分方法	得分
坚持对职工班前安全课情况督导考评	1. 公司每季度对各生产建设单位、生产建设单位每月对井区(科)上职工班前安全课情况进行一次督导考评。 2. 坚持日常检查与集中考评、定量与定向、考问与考试相结合,评分定级,奖优罚劣。 3. 班前阵地建设、安全氛围营造、职工应用煤矿移动“e”课堂智慧云平台学习答题、职工安全行为规范纳入考评内容,段、队有班前学习室,环境整洁,悬挂避灾路线图;井区(科)有集中学习室,环境整洁,满足集中学习条件;安全氛围浓厚,职工安全行为规范。 4. 职工班前安全课情况作为基层党委每月安全例会的重要内容,持续改进,查找问题,深刻剖析,兑现奖罚	14	查现场资料、考问考试。 1. 生产建设单位未对井区(科)上职工班前安全课情况进行督导考评扣 3 分,督导考评不认真扣 2 分。 2. 未坚持日常检查与集中考评、定量与定向、考问与考试相结合,评分定级,奖优罚劣扣 3 分;考问考试 1 人不及格扣 1 分,最多扣 14 分。 3. 未将班前阵地建设、应用煤矿移动“e”课堂智慧云平台学习答题、安全氛围营造、职工安全行为规范纳入考评内容扣 4 分;班前课不符合段、队学习要求扣 2 分;井区(科)未设集中学习室,不能满足集中学习的需要扣 2 分;安全氛围营造不好、职工应用煤矿移动“e”课堂智慧云平台学习答题不积极、职工安全行为不规范扣 2 分。 4. 未将职工班前安全课作为基层党委每月安全例会的重要内容,持续改进,查找问题,深刻剖析,兑现奖罚扣 3 分	

否决条件:有下列情形之一,取消季度考核评比资格,列为考核未达标单位。
1. 井区(科)轻伤超过 2 人,或有重伤及以上事故;
2. 安管人员、特种作业人员无证上岗;
3. 井区(科)职工存在严重“三违”现象;
4. 考核分数低于 80 分。

(3) 下发查评通报,落实奖罚制度。全公司各单位检查后,每名检查组成员需形成检查总结材料,由公司安全监察局培训处整理成查评情况通报,附排有名次的各单位考核打分汇总表,公司以党政联合下文的方式转发到各单位及相关部门。按照达标评比奖罚制度,对照各单位考核分数,对达标的单位进行奖励,对不达标单位的相关人员进行处罚。

第五章　用三大培训技术系统增智赋能

随着时代发展和科技进步，信息化、智能化技术开始在职工安全生产教育和培训工作中广泛应用。按照《安全生产法》《煤矿安全培训规定》《煤矿特种作业人员安全技术培训大纲及考核要求》等规定要求，鹤岗矿业公司结合安全生产实际，引进应用了煤矿安全技术可视化仿真培训系统、煤矿特种作业人员实操仿真培训系统，与中国矿业大学联合研发应用了煤矿移动“e”课堂智慧云平台系统，利用三大培训技术系统，改变了煤矿传统的安全生产教育和培训模式，保证了安全生产教育和培训工作质效。

第一节　煤矿安全技术可视化仿真培训系统

煤矿安全技术可视化仿真培训系统是用计算机软件整合安全培训授课内容，通过文字、图片、视频、动画、虚拟现实和三维仿真展示等手段，进行安全知识培训和教学，最大程度发挥多媒体教学设备的作用。该系统严格按照国家安全生产方针和安全培训相关法律法规，以《煤矿新工人岗前安全培训教材》为基础，利用国际领先的虚拟现实和三维仿真技术呈现出井上下环境，为配合煤矿新工人岗前培训、煤矿安全生产以及自然灾害预防等搭建了一套完整的、专业的、立体可视化培训系统。全新的三维仿真交互操作突破了以往传统的教学方式，将 3D 感官体验以及交互学习作为重点，使学习人员完全置身于逼真的井上下环境中进行多维度的学习和认识；突破了传统培训形式（如场地、环境、传统教材和枯燥讲解等）的限制，实现了沉浸式、分布式和交互式的可视化体验，达到仿真培训目的。

一、煤矿安全技术可视化仿真培训系统使用背景

多年来，煤矿安全生产教育和培训授课常用的就是讲授法。随着技术进步、设施完善，讲授法虽然广泛采取了多媒体教学，使用了课件、图片、视频等手段丰富教学方法，但根本上还是以讲解、文字为主，教学手段不够新颖，吸引力不强，难以激发学员的学习兴趣，造成学习的效果不佳。

为了规范安全生产教育和培训管理，保证教学培训质量，2017 年，鹤岗矿业公司峻德煤矿开展了安全培训班授课信息调查，组织学员填写“峻德煤矿培训中心授课信息反馈表”（见表 5-1），对教师教学技能的实用性、教学方法的科学性、教学内容的针对性、教学质效的精益性、教学管理的严细性和文明教学的得体性进行综合评价打分，征求学员对安全生产教育和培训工作的意见和建议，获取对培训授课的真实评价。从 2 200 人次安全生产教育和培训的日常反馈情况看，虽然多数学员表示安全生产教育和培训授课内容重要、针对性较强、教师授课认真、管理比较规范，但仍有 10%左右的学员表示教学内容比较枯燥，学习兴趣不高（见图 5-1）。综合公司各矿的安全生产教育和培训情况，这也是鹤岗矿业公司安全生产教育和培训工作存在的共性问题。如何让安全生产教育和培训更加生动、形象、具有吸引

力，既能让职工学习到安全知识，又能增强安全生产教育和培训的现场感、操作性和趣味性，成为鹤岗矿业公司深入思考的课题。

表 5-1　峻德煤矿培训中心授课信息反馈表

教师姓名	教学技能的实用性	教学方法的科学性	教学内容的针对性	教学质效的精益性	教学管理的严细性	文明教学的得体性	实得分
	20 分	20 分	20 分	20 分	10 分	10 分	

对教师和培训中心的意见或建议：

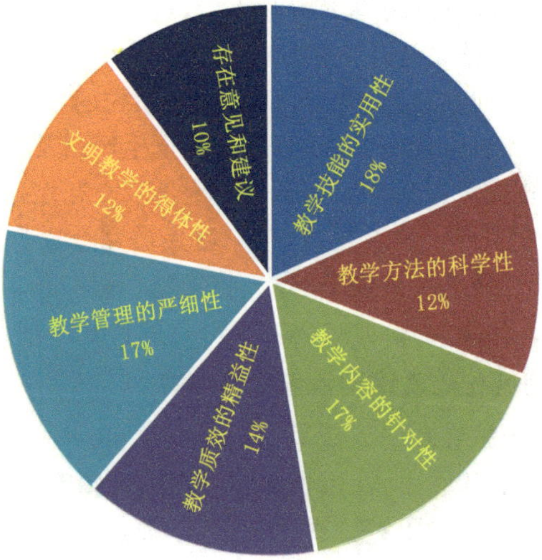

图 5-1　授课信息反馈情况统计图例

针对职工提出的意见和要求，鹤岗矿业公司坚持以问题为导向，以提高教学培训质量为根本，在广泛调研的基础上，发现并推广应用了煤矿安全技术可视化仿真培训系统。这套系统由原国家安全生产监督管理总局培训中心与西安和利德软件有限公司联合开发，严谨的授课内容、专业的培训讲解、逼真的现场环境、生动的人物形象，给人耳目一新的感觉，成为提升安全生产教育和培训质效的重要技术手段。

二、煤矿安全技术可视化仿真培训系统的构成

煤矿安全技术可视化仿真培训系统主要包括硬件系统和软件系统。

（一）硬件系统

（1）服务器。服务器安装煤矿安全技术可视化仿真培训系统核心资源软件，是系统的核心载体；教师和学员通过电脑和网络访问服务器进行教学和培训。服务器最低配置：CPU 型号 Xeon 系列，主频 3.3 GHz，六核心 64 位，内存 32 GB，硬盘 2 TB。

（2）笔记本电脑（或台式计算机）。将煤矿安全技术可视化仿真培训系统终端运行软件安装在笔记本电脑或台式计算机上，用以直接访问服务器，调用服务器上培训教学资源。计算机最低配置：CPU 主频 3.2 GHz，内存 8 GB，硬盘 500 GB。

（3）投影仪。接收计算机投射影像，供职工学习使用。

（4）音响系统。播放安全培训教学内容音频。

（5）路由器。传输速率 100/1 000 M，支持 PPPoE、DDNS、QOS 内置防火墙，64 位网络处理器，内存 64 MB。

（6）交换机传输速率。100/1 000 M 自适应。

（7）网络环境。内部 1 000 M 局域网。

（8）网线及相关辅材。用来实现服务器和各终端计算机组建内部局域网。

公司组建专用局域网，把教学软件投射到公司所属各矿、矿建处培训中心教室和基层班前学习室，供培训中心教学和各基层区科班前培训使用。

（二）软件系统

由煤矿安全技术可视化仿真培训系统、煤矿大型装备仿真训练平台、煤矿警示教育分析系统、虚拟仿真人机对话互动系统 4 部分组成，涵盖了 55 项安全培训知识。

1. 煤矿安全技术可视化仿真培训系统

（1）锚喷工培训内容——锚喷支护的作用可视化仿真培训，如图 5-2 所示。

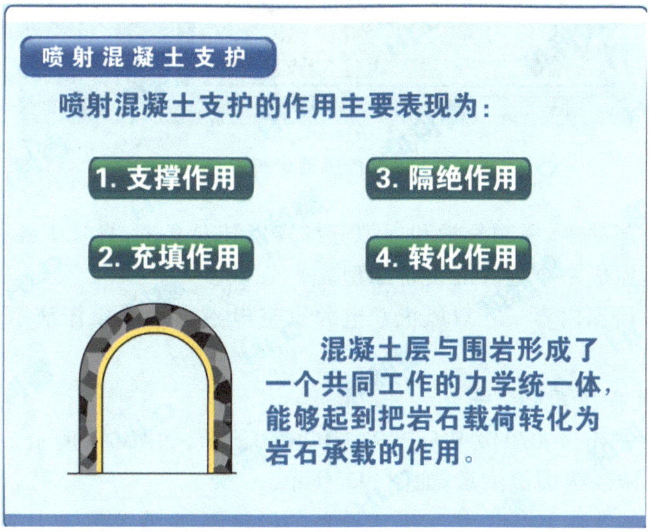

图 5-2　锚喷工培训

（2）自救互救培训内容——发现煤与瓦斯突出预兆现场人员避灾措施可视化仿真培训，如图 5-3 所示。

（3）小型仪器、仪表培训内容——甲烷传感器基本知识可视化仿真培训，如图 5-4 所示。

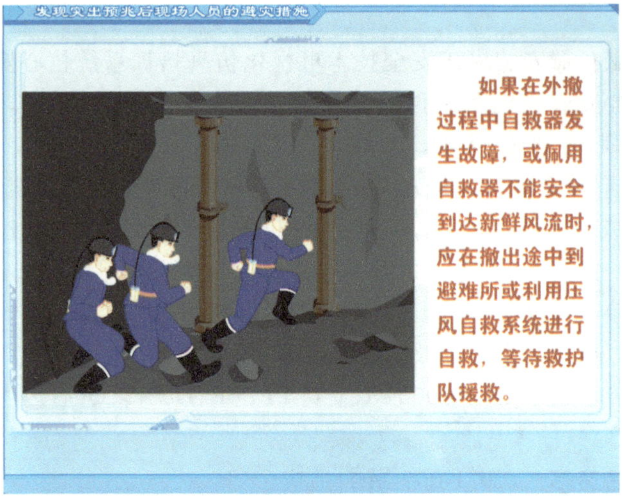

图 5-3　自救互救培训

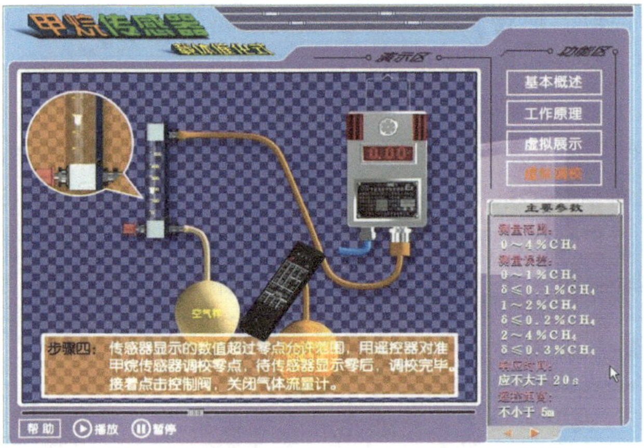

图 5-4　甲烷传感器虚拟调校培训

创新性地将原理动画、视频教学和虚拟三维实境结合起来，将煤矿各种仪器的结构原理以虚拟现实技术还原成一个逼真的设备原型。

中型电气设备培训内容——双风机双电源真空电磁启动器操作演示可视化仿真培训，如图 5-5 所示。

2. 煤矿大型装备仿真训练平台

(1) 采煤机——MG400/940-WD 型采煤机虚拟演示，如图 5-6 所示。

(2) 采煤机机械系统虚拟演示，如图 5-7 所示。

采用虚拟技术结合数字模型，展示采矿设备的机械原理、真实表现力矩的输入输出，同时具有转动、放大、缩小、移动、部件透明、功能导航、虚拟三维电子手册、拆分组合部件等功能。

(3) 采煤机液压系统虚拟演示，如图 5-8 所示。

通过数字模型结合 Flash 技术，展示设备的液压原理，真实描述液压阀组的动作过程，还原了实际工作中液压油的流动方向。真实再现液压、水路除尘系统的实际动作状态、液体流动状态以及控制阀的动作状态。

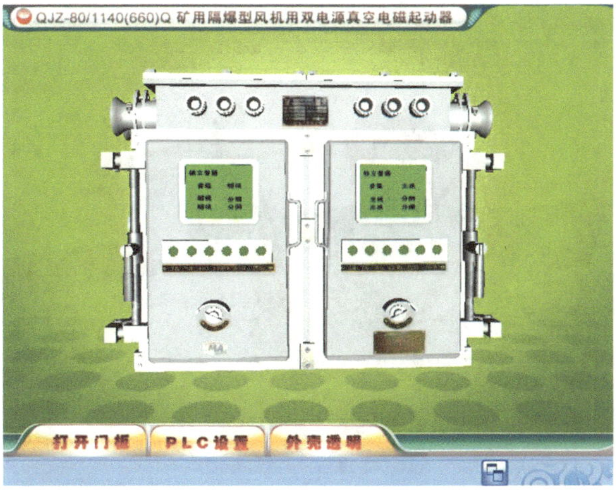

图 5-5　双风机双电源真空电磁启动器虚拟展示

图 5-6　采煤机虚拟演示

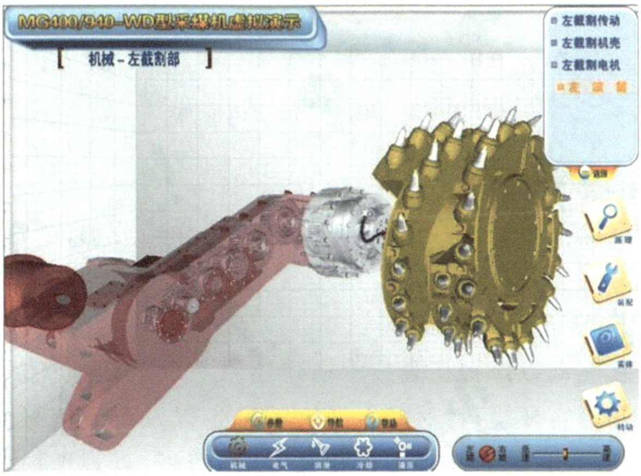

图 5-7　机械系统虚拟演示

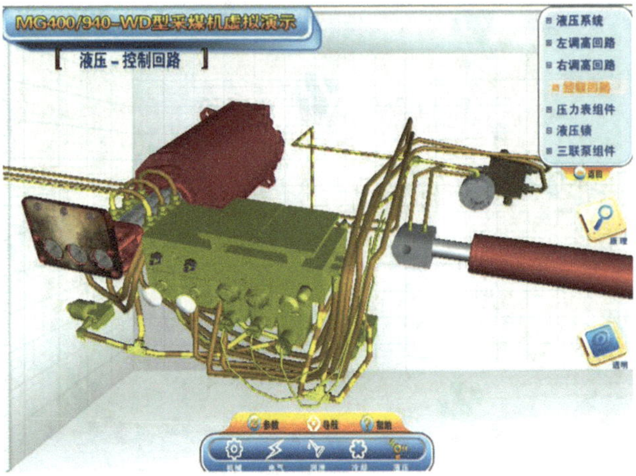

图 5-8　液压系统虚拟演示

(4) 采煤机电气系统虚拟演示，如图 5-9 所示。

采用数字模型、虚拟技术结合 Flash 技术，将电气原理图、接线图、实物之间进行同屏展示，从而使复杂的电气原理变得更加系统、直观。另外通过虚拟技术的应用，直观展示采矿设备的电气操作流程。

图 5-9　电气系统虚拟演示

(5) 采煤机故障排查虚拟演示，如图 5-10 所示。

通过收集大量的故障信息，针对每处故障信息进行详细分解，清晰讲解处理过程，使学员熟练掌握故障排查方法。

3. 虚拟仿真人机对话互动系统演示

针对井下实景仿真互动以虚拟仿真技术搭建还原一个逼真的虚拟煤矿，创造真实可信、形象生动的画面环境和语言环境；针对井下遇灾的逃生以及煤矿信号的传输过程和虚拟监控场景集成一体，达到宏观系统与微观知识相互对应，清晰、直观地揭示各种知识和技能的核心实质。如图 5-11 所示。

(1) 电机车虚拟操作演示，如图 5-12 所示。

图 5-10　故障排查虚拟演示

图 5-11　KJ95 型煤矿综合监控系统演示

图 5-12　电机车虚拟操作演示

(2) 井下实景漫游演示，如图 5-13 所示。

图 5-13　井下实景漫游演示

4. 煤矿警示教育分析系统

通过虚拟仿真技术可以逼真还原隐患设备、“三违”人员、工作环境等。运用计算机模型和后期数字合成技术，可以还原事故经过、事故原因并加以剖析，对有侥幸心理、违反操作规程的职工在心理上产生震撼和冲击，引起职工深刻反思，切实增强安全意识，如图 5-14 所示。

图 5-14　虚拟仿真事故案例演示

案例教学当中包含运输事故、顶板事故、瓦斯事故、透水事故、机电事故等多个典型事故经过及事故分析。

5. 安全培训知识分类

安全培训知识分类表，见表 5-2。

表 5-2　安全培训知识分类表

序号	类别	序号	类别
1	煤矿安全检查作业	4	煤矿提升机操作作业
2	煤矿瓦斯检查作业	5	煤矿井下电气作业
3	煤矿井下爆破作业	6	煤矿采煤机操作作业

表 5-2(续)

序号	类别	序号	类别
7	煤矿安全监测监控作业	32	通风安全监测工
8	煤矿瓦斯抽采作业	33	测流工
9	煤矿防突作业	34	矿井测尘工
10	煤矿探放水作业	35	综采维修电钳工
11	综掘机司机	36	采掘电钳工
12	采煤工	37	矿井维修电钳工
13	液压泵站工	38	封孔工
14	液压支架工	39	水力压裂设备操作工
15	端头维护工	40	矿井主排水泵工
16	综采安装撤除工	41	煤矿地面电工
17	装岩机司机	42	电焊氧割工
18	掘砌工	43	起重司索工
19	耙斗装岩机司机	44	采掘机械液压传动
20	支护工	45	煤矿机械制图
21	锚喷工	46	煤矿培训素材
22	电机车司机	47	采煤班组长
23	输送机操作工	48	掘进区队长
24	信号把钩工	49	通风区队长
25	绞车操作工	50	运输区队长
26	电机车跟车员	51	主要负责人
27	主通风机司机	52	煤矿新工人
28	矿井通风工	53	煤矿职业病防治基本知识
29	矿井测风工	54	煤矿从业人员
30	通防工	55	从业人员警示教育
31	瓦斯泵操作工		

6. 终端软件安装后界面

终端软件安装后界面，如图 5-15 所示。

三、煤矿安全技术可视化仿真培训系统使用

(一) 推广使用

1. 试点先行

鹤岗矿业公司以安全生产教育和培训基础工作较好、从业人员较多的峻德煤矿为试点单位，先行一步建立煤矿安全技术可视化仿真培训系统。

(1) 组织召开试点推进工作会议。成立由公司安全监察局培训处负责人牵头，和利德软件公司技术人员指导，矿安全副矿长、机电副矿长主抓，信息中心、培训中心、基层区(科)协调配合的工作推进领导小组，为加快建成试点单位提供有力保证。

图 5-15 可视化仿真培训系统界面

(2) 购置笔记本电脑、投影仪和组建系统所需的服务器、交换机等其他材料。峻德煤矿信息中心依托公司局域网，利用一周时间完成了服务器与 19 个基层单位班前学习室煤矿安全技术可视化仿真培训系统组网工作。

(3) 开展组网工作的同时，和利德软件公司技术人员进行服务器软件安装工作，指导基层区科下载客户端安装包，并正确安装软件。

(4) 和利德软件公司技术人员对峻德煤矿培训中心教师、各基层单位培训负责人进行了软件维护和使用演示培训。其软件维护方便、容易上手，界面明了、使用简单，使培训中心教师和各基层单位培训负责人快速掌握了使用方法。

历时 10 天，峻德煤矿建成了煤矿安全技术可视化仿真培训系统，并顺利在培训中心教学和基层区(科)班前培训中使用。

2. 全面推进

(1) 公司组织下属各矿、矿建处相关领导在峻德煤矿召开了煤矿安全技术可视化仿真培训系统使用推进会议，观看了煤矿安全技术可视化仿真培训系统功能演示，学习借鉴峻德煤矿经验，明确了具体推进时间表，全面启动了煤矿安全技术可视化仿真培训系统推广工作。

(2) 公司为下属各矿、矿建处基层班前学习室配备了笔记本电脑和投影仪。在电子设备厂家与和利德软件公司技术人员的配合下，同步开展硬件施工与软件安装工作。在此基础上，公司投入 170 余万元，把教学软件投射到基层 10 个培训中心和 114 个班前学习室，实现了生产、建设单位培训中心和基层区(科)煤矿安全技术可视化仿真培训系统全覆盖，搭建了一套完整、专业、立体的可视化培训系统。

(二) 教学使用

结合煤矿安全生产教育和培训实际，采用按需求与计划调学、按专业工种授课、基层区(科)按需培训相结合的方式开展培训教学。

1. 按需求与计划调学

为适应煤矿安全发展对职工思想意识和业务能力的要求，矿培训中心在各基层区(科)采取访谈、座谈、调查问卷等形式全面开展培训需求调研，广泛收集职工对安全生产教育和培训的需求信息，并按需求制订切实可行的年度培训计划(见表 5-3)。同时，结合每月煤矿安全生产形势和条件变化，对月份培训计划及时进行调整(见表 5-4)。基层区科必须严格执行调整后的月份培训计划，按计划组织职工参加安全生产教育和培训(见表 5-5)。

表 5-3　峻德煤矿 2021 年井下从业人员和地面从业人员培(复)训计划表

月份	1 月						2 月						3 月					
工种	小工种初训	小工种复训	从业初训	从业复训	地面初训	地面复训	小工种初训	小工种复训	从业初训	从业复训	地面初训	地面复训	小工种初训	小工种复训	从业初训	从业复训	地面初训	地面复训
合计	11															61		33
月份	4 月						5 月						6 月					
工种	小工种初训	小工种复训	从业初训	从业复训	地面初训	地面复训	小工种初训	小工种复训	从业初训	从业复训	地面初训	地面复训	小工种初训	小工种复训	从业初训	从业复训	地面初训	地面复训
合计		47		170		46	23			153		49		41		152		53
月份	7 月						8 月						9 月					
工种	小工种初训	小工种复训	从业初训	从业复训	地面初训	地面复训	小工种初训	小工种复训	从业初训	从业复训	地面初训	地面复训	小工种初训	小工种复训	从业初训	从业复训	地面初训	地面复训
合计		46		146		64		32		102		105				136		118
月份	10 月						11 月						12 月					
工种	小工种初训	小工种复训	从业初训	从业复训	地面初训	地面复训	小工种初训	小工种复训	从业初训	从业复训	地面初训	地面复训	小工种初训	小工种复训	从业初训	从业复训	地面初训	地面复训
合计				88		106		44		130		51		46		221		

合计:2 274 人。其中入井从业人员 1 359 人,地面从业人员 625 人,小工种 290 人。

表 5-4　月份入井从业人员再培训计划明细表(总计________人)

工种	时间	复训单位及人数																	
		安装	综一	综二	综三	掘一	掘二	一开	二开	巷修	机电	运输	通风	动力	运行	防冲	抽采	供应	工作室
采煤复训班																			
开拓掘进班																			
机电复训班																			
采煤复训班																			
开拓掘进班																			
机电复训班																			
采煤复训班																			
开拓掘进班																			
机电复训班																			

表 5-5　月份安全培(复)训调学明细表

序号	单位	姓名	年龄	职号	工种	学历	此次复训的证号	培(复)训时间
1								
2								
3								
4								
5								
6								
7								

2. 按专业工种授课

认真贯彻落实《煤矿安全培训规定》，严格依法依规培训，按培训大纲教学，在加强法律法规、职业病防治、自救互救等公共课授课的基础上，进一步细分工种专业，对采煤、掘进、机电、辅助等从业人员分别开办安全培(复)训班，对小绞车司机、电机车司机、输送机司机、耙装机司机、乳化液泵司机等工种开设专门的培(复)训班，增强安全培训的针对性和实效性。

注重实操培训与可视化仿真培训相结合。针对学员观看操作视频后，虽然当时对操作方法有所理解，但事后容易忘掉操作流程和步骤的情况，专门制定了各工种安全培训实际操作要点考核表，进一步明确了各项操作方法步骤(见表 5-6、表 5-7)；学员在认真学习操作要点和操作视频的基础上签字确认，授课教师对学员掌握操作情况进行考核，帮助学员加深理解记忆，提高业务技能。

表 5-6　掘进工实操要点考核表

实操目的	通过对开拓掘进巷道支护及炮眼布置实验演示，使学员掌握现场安全操作技能
实操方法及主要步骤	一、巷道支护实验 (一) 步骤 1. 备齐施工机具、材料。 2. 安全质量检查、处理危岩悬矸。 3. 初喷。 4. 打锚杆眼。 5. 安装锚杆、压网、联网。 6. 复喷。 7. 检查、整改支护质量，清理施工现场。 (二) 注意事项 1. 使用喷射机前，应对其进行全面检查。 2. 喷射中发生堵管时，应停止作业。 3. 喷射机送料人员要站在安全地点。 4. 必须佩戴劳动防护用品。 二、炮眼布置实验 (一) 步骤 1. 掏槽眼的布置。斜眼掏槽时掌握好角度，掏槽眼底间距为 200 mm，眼口间距为 1～1.4 m。 2. 周边眼的布置。周边眼底距轮廓线的距离符合光面爆破接茬率的要求。

表 5-6(续)

实操方法及主要步骤	3. 底眼的布置。按照给定的中心、腰线和炮眼布置图,控制底眼的角度。 (二) 注意事项 1. 钻眼前首先检查钻眼地点的安全情况,敲帮问顶。 2. 严禁钻眼与装药平行作业或在残眼内钻眼。 3. 加固支护,严禁空顶作业。 4. 钻眼过程中,必须有专人监护顶板安全				
学员签字		实操考核		培训单位(盖章)	年　月　日
教师签字					

表 5-7　输送机实操要点考核表

实操目的	提高职工的业务操作能力、事故防范能力和安全思想意识			
工作流程及注意事项	一、开机前 1. 检修之前切断输送机电源,检查动力传动系统、各种保护装置、连接件的紧固情况和信号闭锁系统的完好情况。 2. 检查动力传动系统的油质、油位是否符合规定。 3. 检查清扫器的磨损情况。 4. 检查输送带的张紧程度是否适当,输送带接头是否良好。 5. 检查输送带有无跑偏,中间架是否歪斜。 6. 检查底输送带是否有摩擦异物的情况。 7. 发出启动信号后方可开机运转。 8. 禁止甩掉任何一种保护强行开机运转。 二、开机时 1. 听清信号,信号不清不准操作。开机时必须点动 2～3 次后方可正式运转。 2. 经常注意电动机、减速机的声音和温度,声音不正常和温度超限时应立即停机检查,处理好后方可运转。 3. 经常查看链条、连接环、刮板等状态,发现问题及时处理。 4. 利用刮板机运送坑木和大件时,必须按专项安全技术措施执行操作,严禁损坏设备和伤人。 5. 听到停机信号后必须将溜槽中的煤、货运完后再停机。 6. 及时清理机头、机尾各部位,不得压埋电动机、减速机,使其保持良好的散热环境。 三、开机后 1. 运输机启动后,注意观察带式输送机的运转状况,若有异常及时停机检查处理。 2. 运输机运转过程中要巡回检查各部位运转效果,集中精力听清开停车的信号,杜绝误操作。 3. 停车时使输送带处在最小的负荷状态下,避免输送带运输机重载启动。 四、停机后 1. 重新检查各种保护及各部位的状况,处理异常现象。 2. 认真检查各部位螺栓是否齐全紧固。点动试机,确认无问题后试运转一圈,检查链条、连接螺栓有无丢失、松动及刮板弯曲过大现象。 3. 仔细听各部位声音是否正常,电动机、减速机有无异常声响。 4. 离岗时要切断电源			
学员签字		实操效果	90 分以上 80～90 分 80 分以下	优秀(　) 合格(　) 不及格(　)

3. 基层区(科)按需培训

充分发挥基层区(科)班前培训阵地作用,按照公司班前安全生产教育和培训要求,组织职工利用煤矿安全技术可视化仿真培训系统学习安全知识,提高业务技能。

(1) 培训时间安排。利用班前时间,每周至少组织一次煤矿安全技术可视化仿真培训(见图 5-16)。具体时间由基层区(科)结合实际进行安排,并将学习培训内容与公司要求的"一日一题""一周一案""一月一考"等内容,同步列入本单位班前培训计划。

图 5-16　基层区(科)班前安全培训

(2) 培训层次划分。

① 日常组织全员进行法律法规、职业病防治、自救互救知识、典型事故案例培训,并结合本单位实际,本着"干什么、学什么"的原则,观看诸如采煤、掘进、机电、运输、通风等各专业工种知识。

② 有针对性地组织本单位特种作业人员,学习煤矿安全检查作业、煤矿瓦斯检查作业、煤矿井下爆破作业、煤矿提升机操作作业、煤矿井下电气作业、煤矿采煤机操作作业、煤矿掘进机操作作业、煤矿安全监测监控作业、煤矿瓦斯抽采作业、煤矿防突作业、煤矿探放水作业等 11 个工种的特种作业安全操作知识和操作技能。

③ 有针对性地组织本单位特殊岗位作业人员,学习绞车司机、电机车司机、输送机司机、耙装机司机等工种安全操作知识和操作技能。

(3) 班前学习情况检查。职工学习后,按要求做好学习笔记,记录学习时间、地点、学习内容。区(科)书记或区长每月进行一次检查批阅;培训中心每月到各单位班前,对职工安全培训笔记记录情况和基层区(科)领导批阅情况进行一次检查。

四、煤矿安全技术可视化仿真培训系统使用成效

(1) 针对性强,提高了培训效率。可视化仿真培训系统工种齐全,适合煤矿采、掘、机、运、通等专业系统职工培训学习使用。各基层单位可以划小培训单位,本着"干什么、学什么,缺什么、补什么"原则,把同一工种人员组织起来进行集中培训,增强培训的针对性,使学员能够在较短时间内提高业务能力,有效提高了培训效率。

(2) 实用性强,降低了授课难度和强度。可视化仿真培训系统包含的培训资料丰富,每一项授课内容都图文并茂,授课人不用在讲课前花费大量时间准备教案和备课,而是简单熟

悉系统内的授课内容，就可以对相应工种进行培训。同时，系统内的培训知识，无论是文字部分，还是图像、动画、视频等部分，都带有标准的语音讲解，授课教师仅需要结合本单位实际情况进行补充讲解，从而降低了授课教师的工作强度。

(3) 现场感强，提高了培训质量。可视化仿真培训系统以独特的3D立体技术将井上下环境完整呈现，并利用国际领先的虚拟现实和三维仿真技术模拟现场真实场景，使职工仿佛回到了自己熟悉的工作现场，增强了接受教育培训的主动性。系统中的培训内容简明易懂，实际操作既形象又直观，有师傅“手把手”教的感觉，更便于职工记忆和掌握，提高安全培训质量。

(4) 趣味性强，激发了学习兴趣。可视化仿真培训系统三维仿真交互操作技术让人身临其境，标准的语音使人心情舒畅，3D的人物形象仿佛师傅在现场和学员沟通交流，使学员完全置身于逼真的井下环境进行多维度学习。安全培训不再是你讲我听、你写我看，而是动画演示、立体展示、仿真操作，让人耳目一新，充分激发了职工学习兴趣，实现了从要我学到我要学的转变。

五、引入应用煤矿灾害警示教育 VR 系统

为了适应煤矿安全生产教育和培训工作发展要求，鹤岗矿业公司于2021年引入西安思博瑞软件科技有限公司开发研制的煤矿灾害警示教育 VR 系统，利用虚拟现实技术模拟工作现场，进一步提升职工安全生产教育和培训的质量和效果。

(一) 煤矿灾害警示教育 VR 系统的概念和原理

虚拟现实技术(VirtualReality，简称 VR)，是20世纪发展起来的一项全新的实用技术，是一种可以创建和体验虚拟世界的计算机仿真系统，囊括计算机、电子信息、仿真技术，其基本实现方式是计算机模拟虚拟环境，让体验者通过视觉、听觉、触觉等感官，及时、没有限制地观察三维空间内的事物，从而带来身临其境的感受(见图5-17)。基于虚拟现实技术(VR)开发的煤矿灾害警示教育 VR 系统，结合煤炭行业特点，针对常见事故类型和发生地点，针对安全薄弱环节、薄弱人物的具体情况，采用3D还原多维度的现实场景及高危事故发生过程；逼真模拟再现煤矿作业环境，打破煤炭行业传统的图片、文字、视频等教学方式束缚，让学员以第一视角深刻感受事故发生带来的强烈冲击和心灵震撼，深刻记住事故原因和教训，

图5-17 计算机模拟三维空间

切实提升安全生产教育和培训的趣味性与沉浸性，增强煤炭从业人员的安全意识，降低煤矿事故发生概率。

（二）煤矿灾害警示教育 VR 系统的结构和功能

煤矿灾害警示教育 VR 系统主要包括软件系统和硬件系统。

1. 软件系统

（1）软件案例。

系统拥有 15 个常见事故体验模块，涵盖采、掘、机、运、通各专业，包括瓦斯燃烧事故、顶板事故一、顶板事故二、透水事故、轨道斜巷跑车事故、瓦斯爆炸事故、机电运输事故、煤与瓦斯突出事故一、煤与瓦斯突出事故二、煤尘燃烧爆炸事故、运输事故一、运输事故二、煤尘爆炸事故、机电事故等事故案例。

（2）软件内容。

① 每个事故案例包含事故发生过程、事故原因及教训分析、再来一次事故挽救三个环节；事故案例使用血液喷溅、相机抖动特效重点表现“事故还原”场景，体现人员伤亡及场景损坏；系统支持无线便携式 VR 一体机头盔运行。学员在 VR 头盔中以沉浸立体电影模式感受事故发生过程，通过手柄交互分析事故原因及教训，充分体验事故的惨烈，增强安全意识。

以综放工作面瓦斯燃烧事故为例：体验者以现场第三者身份经历此次事故发生全过程，模拟实际的工作状态，体验违规埋堵采空区陷落柱，导致瓦斯积聚后因摩擦火花造成的瓦斯燃烧事故过程，如图 5-18 所示。

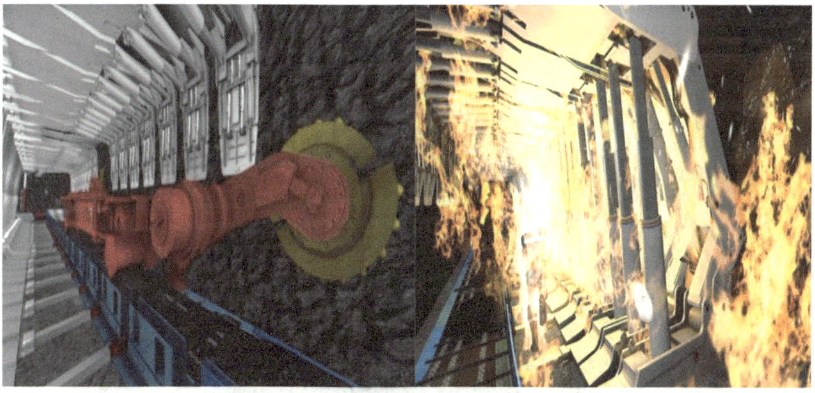

图 5-18　综放工作面瓦斯燃烧模拟图

场景中模型包括：综采工作面、采煤机、转载机、刮板输送机、矿工角色模型等。

场景中包含矿工用编织袋装煤堵采空区的情景片段、矿工浑身起火痛苦挣扎的惨烈情景片段、班长看到同事失去生命后痛苦懊悔的情景片段等。

② VR 教学管理系统软件。主要用于教师对整个课堂与教学内容的管理，教师可控制授课内容、授课进度，观察学员状态等，如图 5-19 所示。

统一启动、停止各个一体机头盔的 VR 课程内容。

查看显示各个一体机头盔连接情况。

同时支持安卓平板电脑与 PC 电脑。

图 5-19　VR 教学管理系统软件界面

界面分辨率：1 024×768 像素以上。

支持课件数目：无限制。

状态刷新延迟：小于等于 10 s。

联网延迟：小于等于 15 s。

软件支持网络更新。

2. 硬件系统

硬件系统由 4D 蛋椅、VR 一体式头盔、中控平板电脑、智慧黑板、网络路由器、头盔智能充电柜组成。

(1) 4D 蛋椅。可实现 360°运动，让学员感受到爆炸、失速、翻滚等 4D 状态下煤矿事故带来的现场特效动作的冲击，如图 5-20 所示。

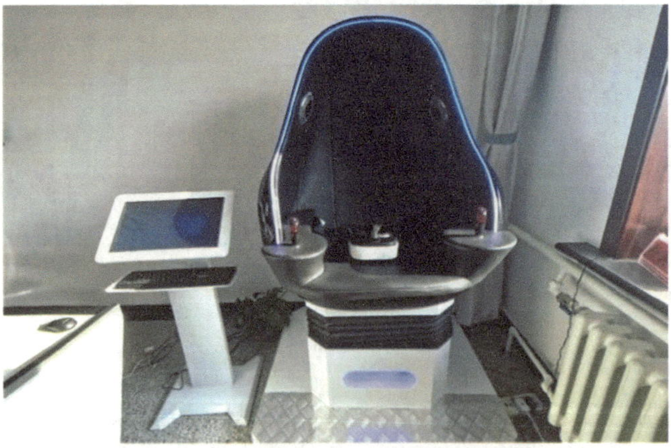

图 5-20　4D 蛋椅

(2) 智慧黑板。将传统黑板和多媒体教学进行有机结合，无缝切换，既能实现普通黑板的粉笔书写功能，也提供了高清显示和互动触控。黑板中的电脑显示屏可用于投屏显示 VR 设备中的画面，如图 5-21 所示。

(3) 中控平板电脑。教师手持轻便式的平板电脑，可控制学生头盔及教学内容，如图 5-22所示。

图 5-21　智慧黑板

图 5-22　中控平板电脑

(4) 网络路由器。负责教室内各个电子设备的网络连接与数据传输，如图 5-23 所示。

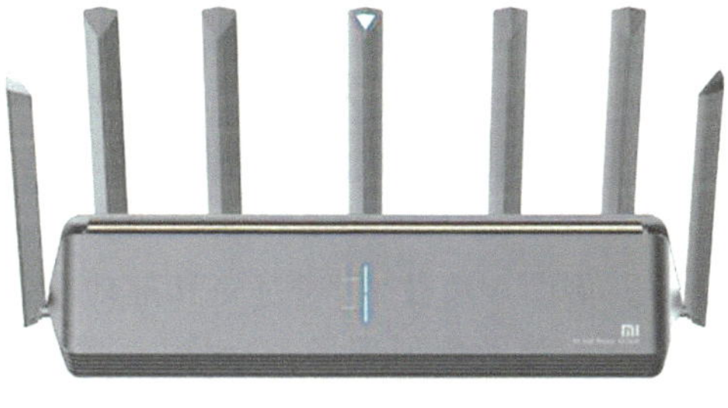

图 5-23　网络路由器

(5) 多个无线便携式 VR 一体机头盔。提供便携移动式、无须电脑、无须拖线的 VR 课程学习体验，如图 5-24 所示。

(6) 头盔智能充电柜。同时对数十台 VR 设备进行储存与充电，避免充电接线混乱的问题，并具备消毒功能，如图 5-25 所示。

(三) 煤矿灾害警示教育 VR 系统的优势和特点

相对于煤矿传统安全生产教育和培训而言，煤矿灾害警示教育 VR 系统通过采用 VR 四大优势，具有丰富生动、逼真还原、亲身体验、增强记忆的特点。

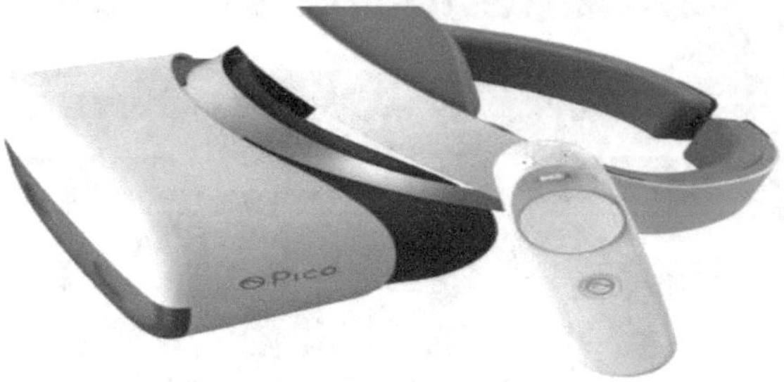

图 5-24 VR 一体机头盔

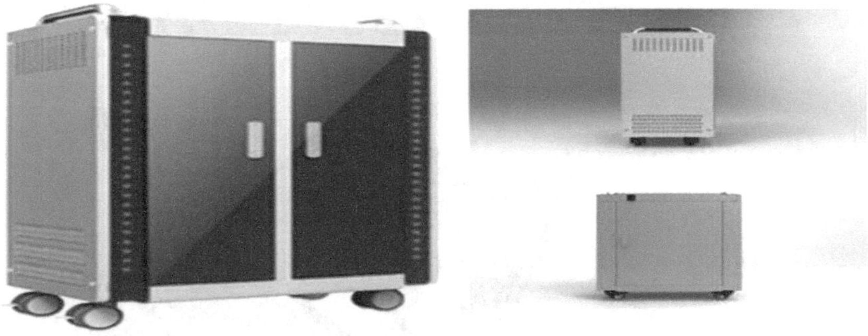

图 5-25 头盔智能充电柜

1. VR 四大优势

(1) 技术——创新化建设。虚拟现实(VR)技术是利用计算机模拟产生一个三维空间的虚拟世界,提供受训学员关于视觉等感官的模拟,让学员仿佛身临其境,可以即时、没有限制地观察三维空间内的事物。

(2) 安全——沉浸式体验。将晦涩、复杂的安全知识转换成沉浸式、交互式、游戏式的体验,提高学员学习各种危险场景下安全知识及自救知识的积极性。

(3) 真实——场景化再现。通过精选的典型事故案例,真实还原事故发生经过,深刻剖析前因后果。

(4) 震撼——体验式学习。借助 VR 技术,通过交互推动事件进程,了解各种事故发生原因,亲历事故发生过程,亲眼看见事故惨烈现场,产生内心强烈震撼,从而达到良好的警示效果。

2. 四大特点

(1) 丰富生动。常规的煤矿安全生产教育和培训学习互动性差、现场感不强,企业职工只是被动听讲,体验效果不佳。煤矿灾害警示教育 VR 系统融合煤矿安全知识,通过虚拟现实技术打造生动、逼真的井下环境,激发了职工参加安全生产教育和培训的兴趣,通过切实体验矿井作业的真实感受来增强记忆,相比于被动式灌输、填鸭式教学,更容易让职工接受,如图 5-26 所示。

(2) 逼真还原。传统培训难以营造出真实的现场环境,特别是无法使学员对井下危险复杂场景产生真实感受。煤矿灾害警示教育 VR 系统逼真还原井下“实景”,解决煤矿井下由于环境复杂和不安全因素,难以开展实操培训和事故无法模拟等问题。学员在 VR 头盔

图 5-26　传统学习与 VR 安全培训对比图

中以沉浸立体电影模式感受事故发生过程，身临其境体验事故原因、教训，让受训学员从视觉到感官形成深刻的记忆。

（3）亲身体验。传统培训无论是师傅带徒弟、岗前集中培训，还是专业技能培训、班组例会、张贴宣传展板等形式，都存在一定的局限性，培训传播的效率较低、效果较差。煤矿灾害警示教育 VR 系统通过实景化教学，让学员从观、听、触、感等方面，感受立体化、现场化、沉浸式、交互式的全新培训体验，增强了教学的真实感、现场感，充分激发了学员学习兴趣，提高了培训质量。

（4）增强记忆。传统培训大多是通过视频、书籍进行说教，人们缺乏学习安全知识的主动性，安全知识的最终留存率只有 30%。根据马里兰大学的研究，煤矿灾害警示教育 VR 系统培训的记忆准确率平均值达到 90.48%，可以大幅提升学习记忆效果。

（四）煤矿灾害警示教育 VR 系统的应用和效果

以新陆煤矿为例，为提高安全培训的针对性和实效性，该矿在公司的大力支持下引进煤矿灾害警示教育 VR 系统，将传统理性的二维课堂变成更具互动性的三维课堂，再现作业环境，提升培训的趣味性与沉浸性，助力安全生产教育和培训升级，低成本、高效率地提升职工安全意识和安全技能，让煤矿安全生产教育和培训变得更简单、更快乐、更高效。

1. 教学组织

（1）结合培训计划，开展课堂 VR 体验教学。通过座谈、调查问卷等形式开展培训需求调研，全面收集职工对安全培训的需求信息，按需求制订切实可行的年度培训计划（见表 5-8）；每月结合矿井实际调整月份培训计划，按计划调学参加安全培训（见表 5-9）。培训教育教学结束后，组织全体学员进行煤矿灾害警示教育 VR 系统体验教学，提升安全培训效率和质量。

表 5-8　新陆煤矿 2021 年井下从业人员和地面从业人员培(复)训计划表

月份	1 月						2 月						3 月					
工种	小工种初训	小工种复训	从业初训	从业复训	地面初训	地面复训	小工种初训	小工种复训	从业初训	从业复训	地面初训	地面复训	小工种初训	小工种复训	从业初训	从业复训	地面初训	地面复训
合计	42		3		13			13	8				24	78	14		12	
月份	4 月						5 月						6 月					
工种	小工种初训	小工种复训	从业初训	从业复训	地面初训	地面复训	小工种初训	小工种复训	从业初训	从业复训	地面初训	地面复训	小工种初训	小工种复训	从业初训	从业复训	地面初训	地面复训
合计		107	6		25			49	13		40		139	17	10		12	
月份	7 月						8 月						9 月					
工种	小工种初训	小工种复训	从业初训	从业复训	地面初训	地面复训	小工种初训	小工种复训	从业初训	从业复训	地面初训	地面复训	小工种初训	小工种复训	从业初训	从业复训	地面初训	地面复训
合计	106	50	13		4		22	35			33		68	41	16		6	
月份	10 月						11 月						12 月					
工种	小工种初训	小工种复训	从业初训	从业复训	地面初训	地面复训	小工种初训	小工种复训	从业初训	从业复训	地面初训	地面复训	小工种初训	小工种复训	从业初训	从业复训	地面初训	地面复训
合计	77	45	9				15	41					31	43	17			

合计：1 297 人次。

表 5-9　新陆煤矿 2021 年______月份安全培(复)训调学明细表

序号	单位	姓名	年龄	工种	学历	培(复)训证号	培(复)训时间
1							
2							
3							
4							
5							
6							
7							
8							
9							
10							

(2) 结合季节变化，开展 VR 体验教学。比如，秋冬季节井上下温差大，大气压力变化大，井下采空区有毒有害气体活动异常，易造成瓦斯事故。换季前组织相关人员学习观看体验 VR 系统内瓦斯燃烧事故、瓦斯爆炸事故、煤与瓦斯突出事故、煤尘燃烧爆炸事故、煤尘爆炸事故案例，让受训学员对如何预防事故有一个清醒认识，在工作中有针对性地安排预防性工作措施。

(3) 结合工种变动、新职工录用，开展 VR 体验教学。VR 系统把井下分散的、不易系统学习的设备，虚拟到一个整体的生产环境中，使新录用职工在不下井的情况下就能感受到井下真实环境，便于新职工快速熟悉井下工作环境；工种变动职工同样可以借助 VR 系统熟悉新工种情况，在短时间内进入工作状态。

(4) 结合季度“三违”、工伤结构性分析，开展 VR 体验教学。按照季度分析结果，本着“缺什么、补什么”的原则，有针对性地组织“三违”、工伤人员观看与“三违”相关的、导致工伤事故的案例，对症施策，让“三违”、工伤人员体验到发生事故时的真实恐惧，从心底里对安全工作产生敬畏，增强警示教育效果。

2. 授课模式

在教学过程中注重把握讲、演、考三个字。

(1) 讲：就是讲解 VR 系统构成、使用要点、注意事项。

① 系统构成。详见煤矿灾害警示教育 VR 系统的结构和功能。

② 使用要点：

a. 启动设备及程序。

打开路由器，检查确认控制端网络连接及 IP 配置是否正常。

启动 Pad 端服务器程序“Player”。

开启客户端。

b. 设备状态确认。

在服务器界面中点击“设备查看”，查看设备状态。

正常情况下，一体机设备配置完成并开机后，开启服务器，所有设备图标应该呈绿色，表示一体机已与服务器连接；设备“state”应该呈“灰色”，表示目前一体机处于自由模式，用户可自由操作。

c. 自由模式下使用说明。

客户端在以下三种情况下处于“自由模式”：

客户端开机，控制端未开启。

客户端开机，控制端开启，但是两者并未连接通信，如 ID：003 号设备，如图 5-27 所示。

图 5-27　ID：003 号设备

客户端开机，控制端开启，控制端控制该客户端处于“自由模式”，如 ID：002 号设备，如图 5-28 所示。

图 5-28　ID：002 号设备

在“自由模式”下，可以在客户端自行操作，在内容列表中选择 VR 内容观看。

d. 联播模式下使用说明。

实现联播功能：在确认客户端与控制端都已连接的状态下，客户端默认是“自由模式”，可以通过控制端将已连接客户端都切换至联播（待机）模式，实现多台设备同步播放视频。

具体操作如下：

在“设备查看”界面选择要切换至“联播（待机）模式”的设备，如图 5-29 所示。

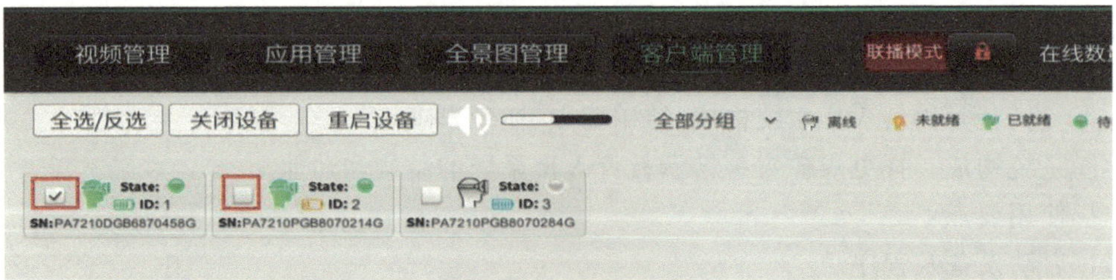

图 5-29　联播（待机）模式

点击“菜单栏”模式切换按钮，如图 5-30 所示。

返回“视频管理”或“应用管理”或“全景图管理”界面。

让用户佩戴好所有处于“联播（待机）”模式下的客户端，并调整至最佳清晰度。点击要播放的视频/应用/全景图海报，并确认播放该内容。

此时，“联播（待机）模式”下的客户端和控制端同步播放选中视频后，控制端进入播放器

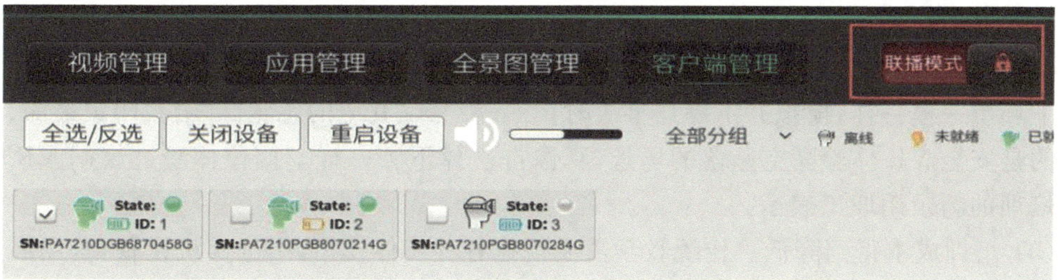

图 5-30　点击"菜单栏"模式切换按钮

界面。启动选择应用后，记录应用启动的时间；启动全景图，直接打开全景图。

③ 注意事项。开展心理疏导，消除学员紧张心理，避免出现晕动症；患有眩晕症及心脏病、高血压等病症的学员不适合佩戴 VR 头盔和蛋椅体验，通过电脑投屏进行学习。

（2）演：就是调试设备，实操演练。按照使用要点将设备调试正常后，针对每期培训班学员具体情况分别采用自由模式和联机模式组织事故案例观看演练。

多工种培训采用自由模式，由学员根据自身专业挑选事故案例进行自学，教师负责指导、答疑、解惑。单一工种培训采用联机模式，由教师通过平板电脑选择事故案例统一播放、控制进度讲解（见图 5-31）。学员乘坐在 4D 蛋椅上、佩戴 VR 头盔，在机器人引领下，以沉浸立体电影模式感受事故发生过程，通过手柄交互分析事故原因及教训、再来一次事故挽救三个环节，让体验者切实感受到灾难的无情和破坏力，增强对事故危险性的认知和安全意识。

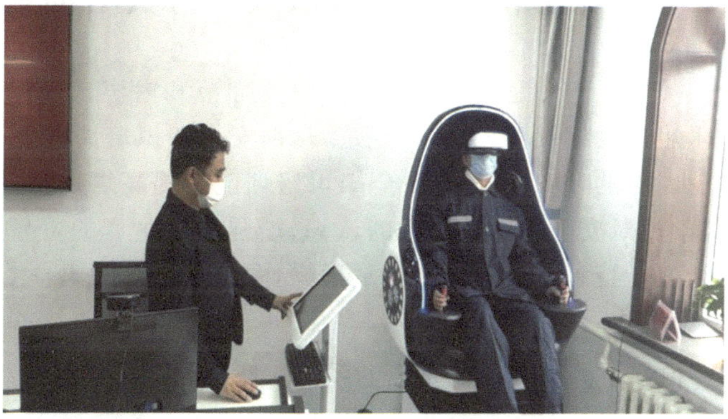

图 5-31　教师指导学员使用 4D 蛋椅

（3）考：就是考问，分享学习心得。演练结束后，对学员学习的事故案例内容进行考核，组织学员座谈讨论交流本次学习培训印象最深刻的是什么，感受最强烈的是什么，返回工作岗位做什么，总结出规律和特点，帮助学员进一步定义和认清体验中得出的结果，应用到实际安全培训和安全生产过程中，提高理论联系实际能力。

3. 应用实效

（1）培训效果得到增强。VR 虚拟现实安全生产教育和培训，让学员身临其境地感受到煤矿安全事故发生前、发生时、发生后的强烈视觉和感官刺激，对安全事故的感性认识大大增强，加深了对"三违"危害性的认识，促进了安全技能的有效提升。

（2）培训兴趣得到提高。传统的教育培训模式由于直观感不强，缺乏互动性，造成很多学员学习兴趣不高。引入VR系统后，学员在观看立体影像中学到了安全知识，增强了安全意识，体验到了不一样的课堂感受，学习兴趣明显提升，课堂氛围更加活跃。“通过VR体验跟井下环境一模一样，模拟井下爆炸事故时，有一种身临其境的感觉。”“给我印象最深、触动最大的是安全VR体验高空坠落的场景，真像自己掉下去一样。”两位体验过煤矿VR系统安全培训的新录用职工表示。

(3) 培训成本得到降低。传统教学需要搭建各种实体模型、引进实机设备，费用高而且需要消耗诸多的人力、物力。利用VR技术把煤矿作业中发生的事故案例通过虚拟现实场景展示给学员，对学员观看过程中发现的安全隐患进行教学分析，从而减少了煤矿安全实操培训投入的模型、设备成本和损耗费用，既环保节能，还解决了煤矿井下复杂环境实操培训难、事故无法模拟、风险难以把控等问题，避免了企业在真实环境中培训潜在的烧伤、触电、碰撞等安全隐患，对人体不构成任何威胁，被称为安全的“危险”教育体验。

(4) 培训效率得到提升。煤矿灾害警示教育VR系统在开展事故案例警示教育的同时，VR虚拟现实技术模拟各工种井下作业流程，让学员在仿真的煤矿场景下快速学习煤矿安全生产知识，学会在遇到紧急情况下解决问题的应急措施，提高学员心理素质，关键时刻能有效减少煤矿财产损失及人员伤害。通过VR将难以用语言描述的书本知识转变为可视化内容，将知识点和实际意境更加深入形象地展示，更好地帮助学员加深理解，大大缩短了教学时长，收到了一举两得、事半功倍的良好效果。

第二节 煤矿特种作业人员实操仿真培训系统

煤矿特种作业人员实操培训是安全培训中的重要环节和内容。按照国家现行《煤矿特种作业人员安全技术培训大纲及考核要求》规定，初训安全知识培训占总课时71%左右，安全实操训练课程占总课时的29%左右。安全知识培训能够提高煤矿特种作业人员的安全技术知识水平，提高学员对安全生产重要性的认识，增强安全生产的责任感和法制观念；安全实操训练则能够让煤矿特种作业人员熟练掌握操作技术要求，提升学员的实际操作技能和预防、处理事故的能力。

一、使用煤矿特种作业人员实操仿真培训系统的意义和作用

为了规范煤矿特种作业人员实操培训，鹤岗矿业公司于2018年引入西安思博瑞软件科技有限公司开发研制的煤矿特种作业人员实操仿真培训系统，该系统针对煤矿技术工种培训中对实操的需求，采用最新的虚拟仿真技术对煤矿井下采煤、掘进、机电、运输、通风各生产系统及其相关设备的工作原理进行模拟，让学员在教室里就能熟悉煤矿生产系统的运行情况，同时，根据生产实际，对特种作业人员急需掌握的本岗位操作规程、实际操作能力等知识运用虚拟仿真技术进行模拟操作，以提高职工自身安全素质和实际操作能力。

(1) 使用实操仿真培训系统，符合行业管理规定。

国家安全生产监督管理总局于2010年5月发布的《特种作业人员安全技术培训考核管理规定》明确指出，煤矿特种作业人员在接受培训后，经理论考试和实操考试合格后，方可取得特种作业操作资格证上岗作业。2016年9月，国家煤矿安全监察局制定下发了《煤矿特种作业安全技术实际操作考试标准(试行)》；2018年1月，国家安全生产监督管理总局颁布了《煤矿安全培训规定》，进一步规范了煤矿特种作业人员实操考试相关工作。

(2) 使用实操仿真培训系统，适应企业发展需要。

煤矿特种作业人员实操仿真培训系统，按照《煤矿特种作业安全技术实际操作考试标准（试行）》及国家对煤矿安全技术培训相关规定，结合煤矿特种作业人员培训大纲的要求及内容，利用最新虚拟仿真技术分工种进行实操教学，具有很强的针对性和实用性。该系统可以随着科技进步，适时更新升级设备和系统软件，能够保证培训工作实操和考核的实效性，为学员熟练掌握规范的煤矿企业设备操作流程和岗位技能提供了一个全新的培训教学平台。

(3) 使用实操仿真培训系统，有效规避安全风险。

实操培训最根本的任务是在安全可靠的环境下，提升学员的动手能力。煤矿特种作业人员实操仿真培训系统突出了安全主题，使用仿真模拟装置、设备、设施，让学员在有安全标识、安全警示的情况下，按照规范的操作流程，模拟现场实际进行操作，解决了大型设备在生产现场进行实操训练不现实、不安全，以及有毒有害气体不易模拟的问题，有效规避了安全风险。

(4) 使用实操仿真培训系统，提升训练考核效果。

煤矿特种作业人员实操仿真培训系统遵循国家关于煤矿安全培训大纲和考核标准相关要求，设置了井下生产可能遇到的各种故障、隐患和违章行为，通过生产现场实景再现、设备分解、模拟操作等形式把教学内容和知识点展现出来，实现了煤矿安全技术可视化仿真教学。学员动手操作系统装置，屏幕展示设备的运行，使训练、考核更加直观立体，可以充分检验学员的业务素质和实际操作水平。

二、实施煤矿特种作业人员实操仿真培训系统的演进过程

鹤岗矿业公司安全培训中心承担着全公司各煤矿特种作业人员的安全培训工作。从1985年开展至今，安全培训工作经历了从初级认识到全面提升的演进过程。

(1) 第一阶段“填鸭式”培训。2003年以前，安全培训是传统的课堂理论培训和直观电化培训。当时，由于安全基础设施投入限制和对安全培训认识程度不高，实操培训没有制定严格的规定，实操培训就是教师用几个淘汰或报废的采煤机、电气设备等进行讲解，参加培训的学员无法进行操作。传统的理论讲授法是教师在课堂培训活动中，通过语言表述和肢体动作，直接向学员连贯系统讲述和传授知识，是应用最广泛的培训方法（见图5-32）。这种“填鸭式”培训，一切问题依赖教师的讲解，学员不用开动脑筋思考，只相当于一个被动接

图5-32　传统授课方式

受的接听器,无形中助长了学习惰性。由于培训缺少吸引力,学习效率低,安全培训起不到应有作用,煤矿安全事故中违章爆破作业、违章电气操作作业现象较为突出。这个时期是培训工作的“困惑”期。

(2) 第二阶段“直观式”培训。2004 年至 2016 年,随着公司煤矿技术装备和施工工艺的更新应用,矿井机械化程度的不断提高,安全技术培训管理逐步规范,教学有了明显改观。安全培训中心购置了多台(套)实验演示装置,课堂与电化培训升级为多媒体培训,培训中有了图表、影像、课件、软件等表述,增加了培训实际操作直观感(见图 5-33、图 5-34)。虽然培训工作有了很大改变,但操作培训仍采取口述问答方式进行,缺乏安全技术培训实际操作内容,还没有解决学员动手能力不强的问题。根据调查统计,学员在此期间反馈问题最多的是对专业安全操作不熟练。产生这一问题的主要原因,就是学员在安全技术培训中没有进行专业化的系统操作训练,造成实际工作中对专业安全操作的要领、标准吃得不透。为解决这一问题,虽然尝试采取了很多办法,但效果并不明显。这个时期是培训工作的“瓶颈”期。

图 5-33　多媒体教学

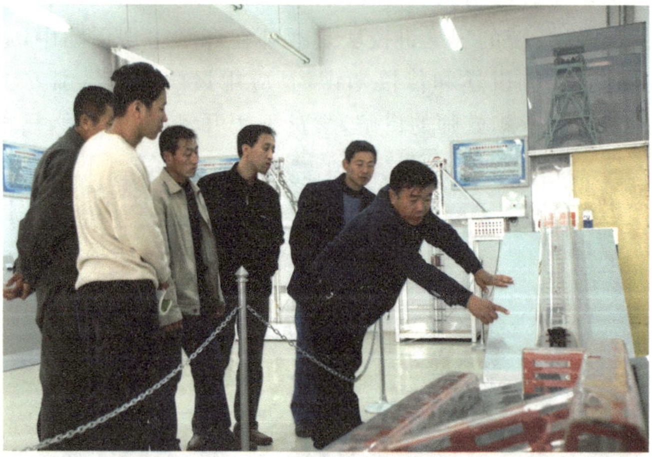

图 5-34　实验装置直观教学

(3) 第三阶段“做中学式”培训。2017 年至今,公司投入实操仿真培训装置系统,强化“做中学”的实际操作培训模式。课堂多媒体培训让学员理解和掌握知识;实操培训重在将所学知识转化为真正有用的实际本领,使学员在仿真环境中,通过实物操作、模型操作和手指口述等方式，真正得到实际操作训练，提升动手能力。两者兼顾的培训模式，让学员通过实际操作中的观察思考，加深对知识的理解，实现理论学习与实际操作的有机融合。同时，公司在实训师资队伍方面实行准入制，由专业教师担任实操指导教师，指导学员在反复实际操作过程中，熟悉掌握本专业实际操作技能，达到专业考核标准。这个时期是培训工作的"规范"期。

从近年安全培训中心对公司煤矿特种作业人员的培训需求分析看，特种作业人员每年退休离岗约占13.3%，新培人员占7.8%，公司每年需新增特种作业人员培训量在1 000人左右。煤矿特种作业人员实操仿真培训系统的投入使用，实现了特种作业人员实训、实操、实考，提高了安全培训质量和安全考试效能，推动特种作业人员考试步入科学化、标准化、规范化轨道，促进了公司煤矿特种作业人员实际操作技能提升。

三、煤矿特种作业人员实操仿真培训系统的构成

鹤岗矿业公司购置了煤矿特种作业人员实操仿真培训系统，它由11个煤矿特种作业工种实操仿真培训系统和1个实操考核管理系统组成。11个煤矿特种作业工种实操仿真培训系统分别为：煤矿采煤机操作作业实操仿真培训系统、煤矿掘进机操作作业实操仿真培训系统、煤矿提升机操作作业实操仿真培训系统、煤矿瓦斯抽采作业实操仿真培训系统、煤矿防突作业实操仿真培训系统、煤矿瓦斯检查作业实操仿真培训系统、煤矿探放水作业实操仿真培训系统、煤矿井下爆破作业实操仿真培训系统、煤矿安全检查作业实操仿真培训系统、煤矿井下电气作业实操仿真培训系统、煤矿安全监测监控作业实操仿真培训系统。11个煤矿特种作业工种实操仿真培训系统及实操考试管理系统分别装备于特种作业实操仿真培训考试装置和考试管理平台中，主要用于煤矿特种作业人员的实操培训和实操考核。

（一）实操仿真培训装置功能

（1）该装置依托局域网联网，设有考试管理平台（主机），用于监控其他各工种操作装置，各工种考试提交后，考试管理平台保存成绩，可随时查看和打印成绩单。

（2）各特种作业工种实操仿真培训装置模拟井下设备或者井下实际情况，设备操作方式与实际设备相同，屏幕显示操作过程，电脑按操作标准打分。学员不按要求操作将会扣分，不及格者不发证，强化学员实操本领。

（3）各特种作业工种实操仿真培训系统设练习模式和考试模式两个模块，可分别应用于实操教学和实操考核中。

（二）实操仿真培训系统装置特点

考试管理平台及每台操作设备可连接因特网在线进行软件更新，保证了软件的可靠性和实效性；各装置与主机以局域网方式相连接，保证了实操考核成绩的上传、保存与打印，为实操考试工作提供了便利；该套装置强化实操练习，严格实操考核，营造良好学习氛围，激发学员学习兴趣，切实提高了培训效果；装置软件系统稳定，与煤矿现场情况一致，符合国家《煤矿特种作业安全技术实际操作考试标准（试行）》。

该装置在煤炭行业属于创新设备，具有较强的实用性。通过先进的电脑技术在地面操作与井下实际设备相同的装置，实现特种作业人员现场工作的模拟效果，强化了特种作业人员的安全操作技能，改变了以往的问答式实操考试模式，让特种作业实操考试更能体现学员的真实水平和培训效果。

系统装置为软件加硬件组合模式。软件设置依据原国家安全生产监督管理总局文件要

求制定考核标准，所有画面以3D技术仿真还原，真实度高。硬件按相应比例制作，模拟真实设备操作；考试管理平台配置身份证识别设备，实现高效录入学员信息、分配考试项目及防止考试作弊；装置具备完善的考核数据分析功能，实现数据的自动管理与分析；考试结果不仅体现考生的分数，更明确了扣分项，规范了操作过程，真正实现规范考生实际操作流程、提高考生操作水平的目的。

（三）特种作业人员实操仿真培训系统装置简介

1. 煤矿采煤机操作作业实操仿真培训系统装置

煤矿采煤机操作作业实操仿真培训系统装置由外部操作装置与内部采煤机运行系统组成。该系统能够模拟采煤机作业前安全检查、采煤机安全操作实操项目的相关操作内容。外部装置模拟煤矿井下采煤机按比例缩小制成，高度还原操作过程。采煤机虚拟仿真实操系统将多媒体动画教学和现场实操相结合，通过多媒体交互技术将文字、图像、动画、视频、音乐、音效等数字资源按照编程方法整合在一个互动式的整体中，将采煤机的组成、原理、操作、工艺、故障及处理等通过三维可视化的方式形象直观地表现出来，打破了传统培训模式的局限性，提高了学员的学习兴趣，增强了安全培训的实际效果，为采煤机的安全培训创造出一种节能、环保、高效的全新模式，为煤矿安全培训提供了新的教学手段，实现互动教学和趣味式教学的最佳结合。如图5-35所示。

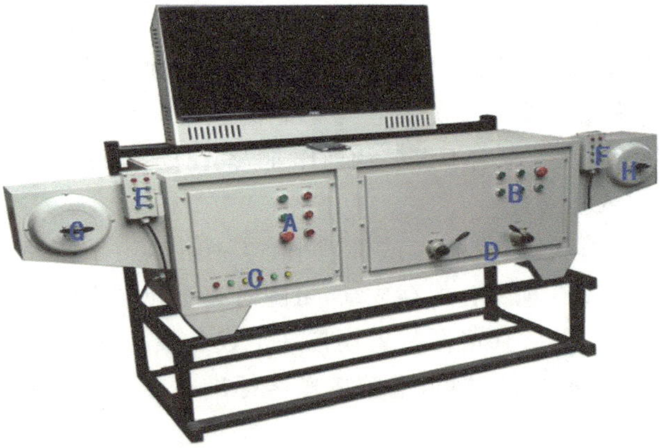

图5-35　采煤机安全操作虚拟仿真考试装置

2. 煤矿掘进机操作作业实操仿真培训系统装置

煤矿掘进机操作作业实操仿真培训系统装置，能够模拟掘进机作业前安全检查、安全操作实操项目的相关操作内容；外设控制手柄，高度还原煤矿真实的掘进机，内部系统通过屏幕三维展示煤矿掘进机的操作。该系统分为练习和考核两种模式。练习模式采用虚拟交互技术，让学员掌握作业环境安全检查、运行装置安全检查、试运转安全操作、开机安全操作、截割安全操作、停机安全操作、收工安全操作等程序，根据分数情况了解练习效果；考核模式，即考核操作人员在规定时间内完成整机的运行工作，处理操作过程中遇到的问题，完成操作即通过考核。如图5-36所示。

3. 煤矿提升机操作作业实操仿真培训系统装置

煤矿提升机操作作业实操仿真培训系统装置由外部操作装置与内设的提升机操作作业虚拟仿真实操系统组成，能够模拟提升机作业前安全检查、安全操作实操项目的相关操作内容。该装置模拟煤矿提升设备的整体结构和操作结构，内设煤矿提升模拟系统，通过显示器演示操作过程，以多媒体动画教学和现场实操相结合的方式，将文字、图像、动画、视频、音乐、音效等数字资源整合在操作装置中，将煤矿提升机的组成、装配、操作、故障及处理等通过三维可视化的方式形象直观地表现出来。如图 5-37 所示。

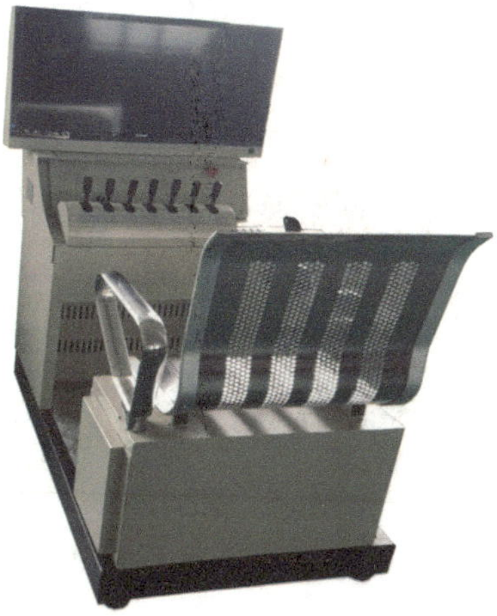

图 5-36 掘进机安全操作虚拟仿真考试装置

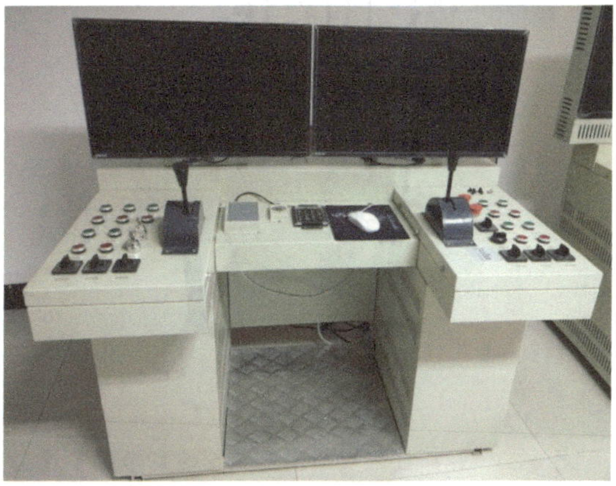

图 5-37 提升机安全操作虚拟仿真考试装置

4. 煤矿瓦斯抽采作业实操仿真培训系统装置

煤矿瓦斯抽采作业实操仿真培训系统装置包括煤矿瓦斯抽采钻机模拟操作台和模拟软件系统，能够模拟瓦斯抽采泵安全操作、瓦斯抽采钻孔施工安全操作、瓦斯抽采参数检测安全操作等实操项目的相关操作内容。学员通过操作煤矿用瓦斯抽采钻机模拟操控台，实现在虚拟环境中对煤矿用瓦斯抽采钻机设备进行“生产现场式”的模拟操控作业，设备运行过程显示在装置的显示器中。考核系统软件运行于 Windows 7 操作系统中，考生可采用输入考号的方式登录该考核系统，按照瓦斯抽采岗位操作作业实操考核标准要求和考核程序，在 10 分钟内完成所有作业考核项目。系统全程监控考生在作业现场的实时操作步骤、程序和方法，在考核时间结束时实时给出相应考核成绩和各分项考核得分，评判是否通过考核。同时系统通过局域网将考生考试结果（包括考生信息、考核成绩、扣分项的详细信息等资料）上传至管理系统数据库，便于考核档案的建立和后续信息的查询。如图 5-38 所示。

5. 煤矿防突作业实操仿真培训系统装置

煤矿防突作业实操仿真培训系统装置由实操考试机和内部软件系统组成，为全金属框架、一体式设计。该系统能够模拟防突钻孔施工安全操作、防突预测常用指标测定安全操作等实操项目的相关操作内容。考试机设有操作推杆、操作按钮、操作旋钮、水泵开关等部分，真实还原钻机操作，操作者的操作过程通过显示器展示出来。如图 5-39 所示。

系统配备最新的软件，培训内容符合井下防突工培训大纲和《防突工操作作业实操考试评分标准》，仿真模拟井下防突工实操训练及操作技能考核，按照岗位技能操作考核标准和考核程序，在 10 分钟内完成全部考试过程，并能够及时给出和传送考试结果，包括考核成绩和操作错误部分的信息资料。

该软件系统设计合理、操作性强、数据传输快，能够准确快速地实现互动反应，具有较好的

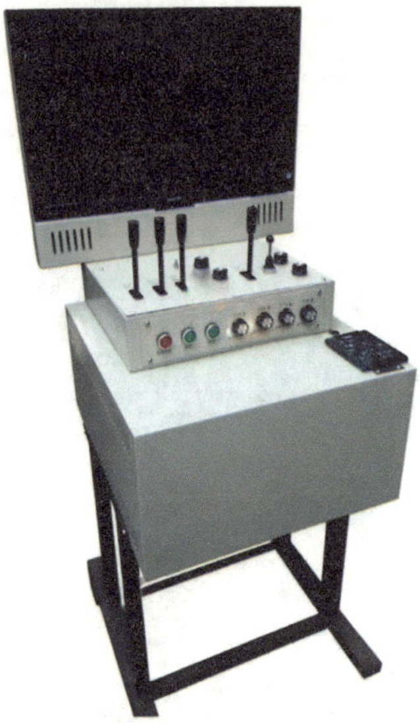

图 5-38　瓦斯抽采安全操作虚拟仿真考试装置

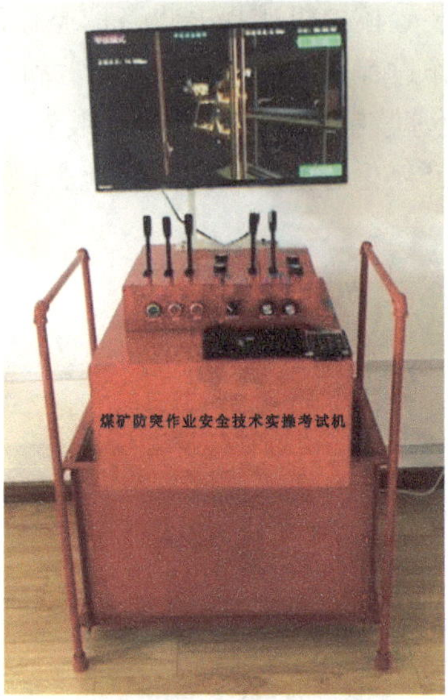

图 5-39　煤矿防突安全操作虚拟仿真考试装置

稳定性。虚拟场景与硬件系统互动，画面显示与实际控制相符，并伴有相应语音、声光提示。系统实现硬件设备和软件交互控制，解决了纯软件操作抽象和纯硬件设备操作单一的问题。

6. 煤矿瓦斯检查作业实操仿真培训系统装置

利用矿井培训中心实操基地的光学瓦斯检查仪及其他相关辅助设施进行现场实物培训和教学。培训后，学时达到要求再进行考核。

7. 煤矿探放水作业实操仿真培训系统装置

煤矿探放水作业实操仿真培训系统装置由外部钻机模拟操作台和内部考核系统组成，能够模拟安全检查与钻机试运转、探放水安全操作、套管安装、封孔及注浆等实操项目的相关操作内容。钻机模拟操作台模拟煤矿井下探放水装置，配有各种操作手把和调节手轮，学员可通过该设备模拟实际探放水作业过程，设备运行过程在钻机模拟操作台的显示器中演示。考核系统软件运行于 Windows 7 操作系统中，通过操作钻机模拟操作台，实现在虚拟环境中对探放水设备进行"生产现场式"的模拟钻探作业。考生可采用输入考号方式登录该考核系统，按照本岗位操作作业实操考核标准要求和考核程序，在 10 分钟内完成所有作业考核项目。系统全程监控考生在作业现场的实时操作步骤、程序和方法。在考核时间结束时系统实时给出相应考核成绩和各分项考核得分，评判是否通过考核。同时系统通过局域网将考生考试结果（包括考生信息、考核成绩、扣分项的详细信息等资料）上传至管理系统数据库，便于考核档案的建立和后续信息的查询。该系统实现了用虚拟仿真技术实现探放水和操作司机的现场人机互动。探放水操作作业场景接近现场情况，反映了工作面真实场景。探放水操作场景显示钻机情况，能正确反映钻进、封孔、出水等效果。如图 5-40 所示。

8. 煤矿井下爆破作业实操仿真培训系统装置

煤矿井下爆破作业实操仿真培训系统装置由爆破模拟操控台和考试系统组成，能够模拟爆破前安全准备、装药、连线安全操作、起爆安全操作及拒爆、残爆安全处理等实操项目的相关操作内容。爆破模拟操控台装置通过仿真巷道，能够显示断面的炮眼布置方式（掏槽

图 5-40　探放水安全操作虚拟仿真考试装置

眼、辅助眼、起底眼、周边眼和水沟眼)、炮眼形状及空间位置。装置设定的炮眼位置、深度、角度、炸药、水炮泥、炮棍、警戒装置、爆破母线、发爆器等与实物外形相同(包括尺寸、颜色、操作手把、功能设置等)。如图 5-41 所示。

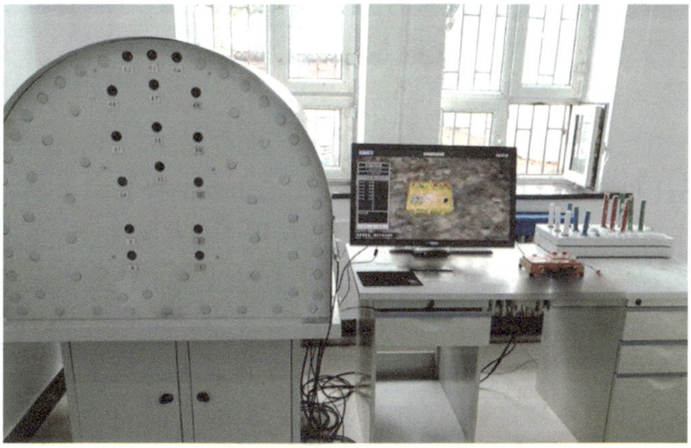

图 5-41　爆破工安全操作虚拟仿真考试装置

学员能够观察炮眼内部结构,并实际操作装药方法(正向装药和反向装药)和连线方式(串联和并联),爆破模拟操控台应用声、光、电模拟爆破过程。管理终端可采集装药操作过程判定学员是否按照标准要求正确地完成爆破操作考核任务。每组考核所需要的主要设备和器材包括:炸药包(帆布)、雷管箱、炸药箱、炸药(模型)、雷管(模型)、秒表、哨子、竹扦或木扦、炮棍、爆破母线、连接线、瓦斯检测便携仪、发爆器、导通表、爆破线路电桥、欧姆表、工作面(巷道)炮眼布置模型等各 5 件。

考核系统软件运行于 Windows 7 操作系统中,通过操作爆破模拟操控台,在仿真环境中进行"生产现场式"的模拟操作。考生可采用输入考号的方式登录考核系统，按照爆破作业实操考核标准要求和考核程序，在10分钟内完成所有作业考核项目。在考核时间结束时，系统实时给出相应考核成绩和各分项考核得分，评判是否通过考核，同时通过局域网将考生考试结果(包括考生信息、考核成绩、扣分项的详细信息等资料)上传至管理系统数据库，便于考核档案的建立和后续信息查询。

9. 煤矿安全检查作业实操仿真培训系统装置

煤矿安全检查作业实操仿真培训系统装置由煤矿安全检查作业模拟操控台、实操考核模拟管理系统构成，能够模拟采煤系统安全检查、掘进系统安全检查、井下电气系统安全检查、提升运输系统安全检查、"一通三防"安全检查、井下探放水安全检查等实操项目的相关操作内容。如图5-42所示。

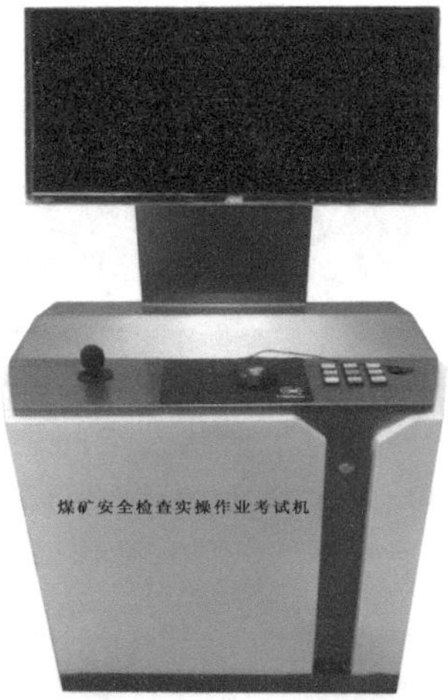

图5-42　安全检查实操作业虚拟仿真考试装置

装置配备操纵杆和鼠标，用于对实操知识和实操步骤的操作。考核模拟系统软件运行于Windows 7操作系统中，通过操作煤矿安全检查作业模拟操控台，实现在考核场所对虚拟环境中井下采煤、掘进、机电、运输、"一通三防"、探放水等工作环节的安全检查。学员需按照安全检查作业实操考核标准要求和考核程序，在规定时间内完成随机抽取的考核项目。系统全程监控考生在作业现场的实际操作步骤、程序和方法，在考核时间结束时系统实时给出相应考核成绩和各分项考核得分，评判是否通过考核，同时通过局域网将考生考试结果(包括考生信息、考核成绩、扣分项的详细信息等资料)上传至管理系统数据库，便于考核档案的建立和后续信息的查询。

10. 煤矿井下电气作业实操仿真培训系统装置

煤矿井下电气作业实操仿真培训系统装置由模拟操控台、实操考核模拟管理系统构成。装置配备操纵杆和鼠标，用于对实操知识和实操步骤的操作。系统按照岗位技能操作考核标准和考核程序，仿真模拟井下实际情况，对电气作业工人进行井下低压电气设备停送电安全操作，井下风电、甲烷电闭锁接线安全操作，井下电气保护装置检查与整定安全操作，井下电缆连接与故障判断安全操作，井下变配电运行安全操作，井下电气设备防爆安全检查等内容的实操训练及操作技能考核。每个项目在15分钟之内完成全部考试过程，系统及时给出和传送考试结果，包括考核成绩和操作错误部分的信息资料。如图 5-43 所示。

图 5-43　煤矿井下电气仿真操作考试装置

软件系统设计合理、内容全面、操作严谨、数据传输快，能够准确快速地实现互动反应，具有较好的稳定性。虚拟场景与硬件系统互动，画面显示与实际控制相符，并伴有相应语音、声光提示，实现了硬件设备和软件交互控制，解决了纯软件操作抽象和纯硬件设备操作单一的问题。

11. 煤矿安全监测监控作业实操仿真培训系统装置

煤矿安全监测监控作业实操仿真培训系统装置由矿用低浓度红外甲烷传感器、矿用低浓度甲烷传感器、矿用风速传感器、矿用瓦斯抽采热导式甲烷传感器、分站等硬件装置和煤矿安全监测监控考试系统组成。如图 5-44 所示。

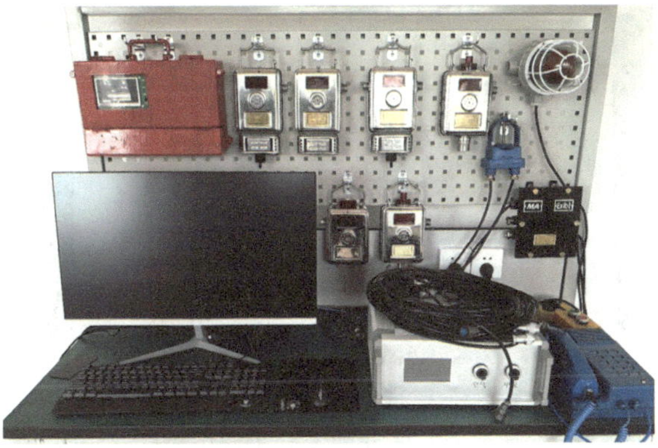

图 5-44　煤矿安全监测监控作业仿真操作考试装置

该系统能够模拟煤矿井下真实的监测监控系统，监测瓦斯浓度、风速、温度、负压及各种有害气体浓度，也可监测风门状态、风筒风量、机电设备开停、馈电的各种运行参数；经过长距离传输、放大，可以远距离观测、自动控制、贮存和打印。系统能够满足矿用传感器安装安全操作与调校、井下监控分站参数设置安全操作等工作的实操教学与考核，功能齐全，性能稳定，操作可靠，安全环保。

12. 实操考核管理台

实操考核管理台是实操仿真培训系统的"大脑",具有学员身份识别功能,通过该平台录入学员信息,报名参加实操考试。平台利用局域网连接各实操考试装置,实时监控学员操作情况,记录操作情况及错误步骤,汇总学员成绩,打印成绩单。如图 5-45 所示。

图 5-45 实操考核管理台

实操考核管理台具有信息化管理功能,可实现对受训者、使用者以及模拟器设备进行信息化管理,如客户端控制、学员信息管理、考试批次管理、考核成绩管理、学员信息采集等。

四、煤矿特种作业人员实操仿真培训系统的使用

鹤岗矿业公司安全培训中心实操基地于 2018 年 10 月建成,截至目前已应用煤矿特种作业人员实操仿真培训系统累计训练 3 033 人,参加考核 2 796 人,考核合格率 99.9%,如图 5-46 所示。

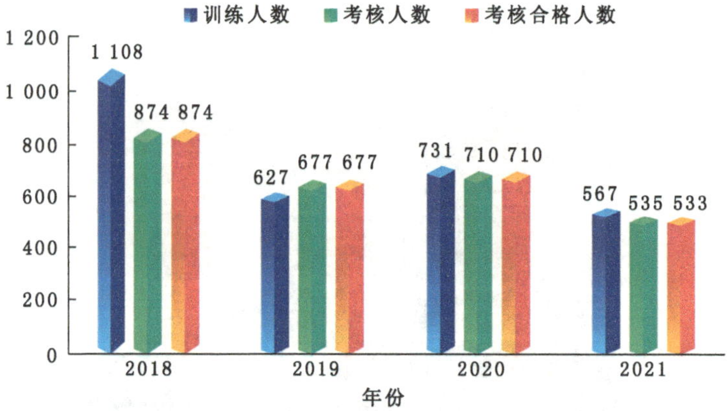

图 5-46 近年实操系统使用情况

在实操培训基地建设使用上,鹤岗矿业公司安全培训中心采取了"两步、四化、一改"运行模式。"两步":实操培训基地建设和教师及考评员培训两项工作同步开展;"四化":煤矿特种作业人员实操仿真培训系统使用做到课时安排合理化、实操训练小班化、训练考核科学化、考核管理规范化;"一改":使用中建议改进实操仿真培训系统存在的不足。"两步、四化、一改"运行模式,不仅保证了实操培训基地建设和使用效果,而且大大提高了学员实操考核的通过率。

（一）实操培训基地建设和教师及考评员培训上的“两步”开展

1. 实操培训基地建设

按照原国家煤矿安全监察局下发的《煤矿特种作业安全技术实际操作考试标准（试行）》，制定了《鹤岗矿业公司安全培训中心煤矿井下特种作业安全技术实际操作基地建设实施方案》，进一步明确了实际操作考试方式、考试要求、考试项目、考试内容等。

实操基地供学员实操训练及考核，分设实操一、二、三室，总面积130余平方米，装备了煤矿特种作业人员11个工种的实操仿真培训装置12台（套）（见图5-47～图5-49。主要工种：煤矿采煤机操作作业、煤矿掘进机操作作业、煤矿提升机操作作业、煤矿瓦斯抽采作业、煤矿防突作业、煤矿瓦斯检查作业、煤矿探放水作业、煤矿井下爆破作业、煤矿井下电气作业、煤矿安全检查作业、煤矿安全监测监控作业。为保证系统能够及时更新升级、资料上传及全过程监控，实操基地专设了网络光缆，安装了监控系统。

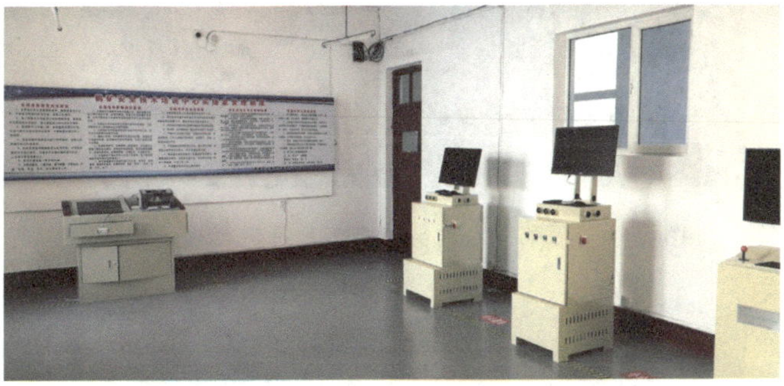

图5-47　实操一室

图5-48　实操二室

图5-49　实操三室

2. 教师及考评员培训

为了保证实操基地建成后能够尽快投入使用，一方面，在厂家专业人员安装与调试的过程中，专业教师全程跟随，了解每一个装置的安装过程与工作原理，以及设备性能、操作方法等；另一方面，由厂家安装人员对教师及考评员开展集中培训，使其达到上岗准入标准，如图 5-50、图 5-51 所示。

图 5-50　厂家技术人员对实操教师进行现场培训

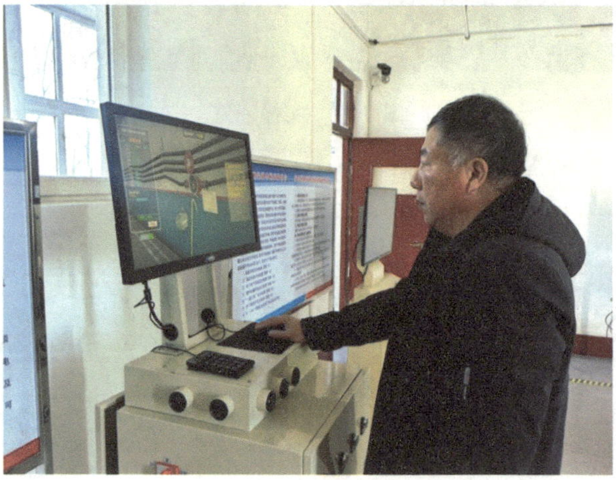

图 5-51　教师操作练习

（二）实操仿真培训系统使用上的“四化”开展

煤矿特种作业人员实操仿真培训系统专业性强，学员在有限的培训时间内训练，考核合格比较困难，通过“四化”可以有效解决上述问题。

1. 课时安排合理化

公司安全培训中心在《煤矿特种作业人员培训大纲及考核要求》规定课时的基础上，将原来的每天 6 学时增加到 8 学时，特种作业人员初训由国家要求的 90 学时增加到 120 学时，延期复审由 24 学时增加到 32 学时，增加的学时数用于学员实操训练（见表 5-10～表 5-13）。例如，《煤矿安全检查作业安全技术培训大纲及考核要求》中，初训实操学时占总学时的比例为 33.3％，增加学时后实操学时占总学时的比例为 50％；大纲中延期复审没有安排实操学时，增加学时后实操学时比例为 25%。通过在不增加培训天数的情况下合理增加学时，既可以达到安全培训注重实操的教学目的，又能提高学员的考核通过率。

表 5-10　大纲中煤矿安全检查作业人员初训学时安排

项目	培训内容	学时
煤矿安全生产知识（60 学时）	煤矿安全生产法律法规	4
	煤矿安全生产管理基本知识	8
	本工种相关的煤矿生产基本知识	6
	煤矿采煤工作面安全检查	4
	煤矿掘进工作面安全检查	4
	煤矿电气系统安全检查	4
	煤矿提升运输系统安全检查	4
	煤矿“一通三防”专业安全检查	4
	煤矿防治水作业安全检查	4
	煤矿安全监测监控系统安全检查	4
	煤矿职业病防治基本知识	4
	煤矿事故避灾与自救互救基本知识	4
	煤矿典型事故案例分析	4
	安全生产知识考试	2
安全操作技能（30 学时）	采煤工作面安全检查	24
	掘进工作面安全检查	
	井下电气系统安全检查	
	提升运输系统安全检查	
	矿井“一通三防”专业安全检查	
	井下探放水作业安全检查	4
	自救器使用与创伤急救	2
	安全操作技能考试	
合计		90

表 5-11　鹤岗矿业公司安全培训中心煤矿安全检查作业人员初训学时安排

项目	培训内容	学时
煤矿安全生产知识（60 学时）	煤矿安全生产法律法规	4
	煤矿安全生产管理基本知识	8
	本工种相关的煤矿生产基本知识	6
	煤矿采煤工作面安全检查	4
	煤矿掘进工作面安全检查	4
	煤矿电气系统安全检查	4
	煤矿提升运输系统安全检查	4

表 5-11(续)

<table>
<tr><th>项目</th><th>培训内容</th><th>学时</th></tr>
<tr><td rowspan="7">煤矿安全
生产知识
(60 学时)</td><td>煤矿“一通三防”专业安全检查</td><td>4</td></tr>
<tr><td>煤矿防治水作业安全检查</td><td>4</td></tr>
<tr><td>煤矿安全监测监控系统安全检查</td><td>4</td></tr>
<tr><td>煤矿职业病防治基本知识</td><td>4</td></tr>
<tr><td>煤矿事故避灾与自救互救基本知识</td><td>4</td></tr>
<tr><td>煤矿典型事故案例分析</td><td>4</td></tr>
<tr><td>安全生产知识考试</td><td>2</td></tr>
<tr><td rowspan="8">安全操作
技能
(60 学时)</td><td>采煤工作面安全检查</td><td rowspan="5">50</td></tr>
<tr><td>掘进工作面安全检查</td></tr>
<tr><td>井下电气系统安全检查</td></tr>
<tr><td>提升运输系统安全检查</td></tr>
<tr><td>矿井“一通三防”专业安全检查</td></tr>
<tr><td>井下探放水作业安全检查</td><td>8</td></tr>
<tr><td>自救器使用与创伤急救</td><td>2</td></tr>
<tr><td>安全操作技能考试</td><td></td></tr>
<tr><td colspan="2">合计</td><td>120</td></tr>
</table>

表 5-12 大纲中煤矿安全检查作业人员延期复审培训学时安排

<table>
<tr><th>项目</th><th>培训内容</th><th>学时</th></tr>
<tr><td rowspan="5">延期复
审培训
(24 学时)</td><td>有关安全生产方面新的法律法规、政策</td><td rowspan="4">21</td></tr>
<tr><td>有关煤矿安全检查方面新的国家标准、行业标准、规程和规范性文件</td></tr>
<tr><td>有关煤矿安全检查作业及事故防治方面新技术、新工艺、新设备、新材料及其安全技术要求</td></tr>
<tr><td>本工种相关的典型事故案例分析</td></tr>
<tr><td>安全生产知识和安全操作技能考试</td><td>3</td></tr>
<tr><td colspan="2">合计</td><td>24</td></tr>
</table>

表 5-13 鹤岗矿业公司安全培训中心煤矿安全检查作业人员延期复审培训学时安排

<table>
<tr><th>项目</th><th>培训内容</th><th>学时</th></tr>
<tr><td rowspan="6">延期复
审培训
(32 学时)</td><td>有关安全生产方面新的法律法规、政策</td><td rowspan="4">21</td></tr>
<tr><td>有关煤矿安全检查方面新的国家标准、行业标准、规程和规范性文件</td></tr>
<tr><td>有关煤矿安全检查作业及事故防治方面新技术、新工艺、新设备、新材料及其安全技术要求</td></tr>
<tr><td>本工种相关的典型事故案例分析</td></tr>
<tr><td>本工种安全操作技能训练</td><td>8</td></tr>
<tr><td>安全生产知识和安全操作技能考试</td><td>3</td></tr>
<tr><td colspan="2">合计</td><td>32</td></tr>
</table>

2. 实操训练小班化

授课教师运用多媒体教学，介绍特种作业实操考试培训系统，讲解相关工种安全技术实际操作考试标准及考核项目，学员在感性认知后，到实操基地上机练习。由于每期学员人数较多，机位有限，在有限的时间内，学员得不到更多的操作训练。为了解决这一问题，公司安全培训中心将参加学习学员分成小组，以小组为单位上机训练，这样既能优化时间安排，又能促进学员相互交流与讨论，使实操训练达到事半功倍的效果，如图 5-52 所示。

图 5-52　实操教师指导学员训练

3. 训练考核科学化

公司安全培训中心制定了学员训练流程和考核流程。设备使用分为开机准备、模拟设备开启、设备正常操作、关闭设备四个过程，如图 5-53 所示。

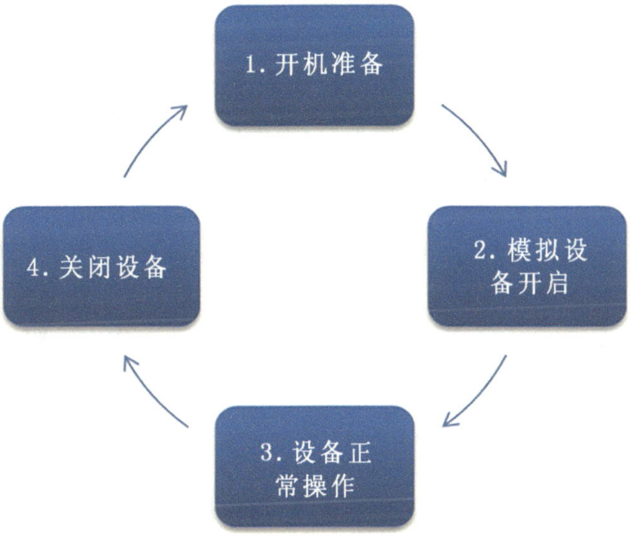

图 5-53　设备使用流程

（1）训练流程

① 开机准备：包括观察设备外观是否有开裂，检查设备各部件的固定件是否有松动，检查电缆线、插座、插头是否有破损或接触不实，检查设备各功能按钮是否完好，检查设备各操纵部件是否处于初始位置。

② 模拟设备开启：包括接通设备电源，点亮高清显示器，按下电源启动开关，PC主机启动，“煤矿实操考试培训系统”自动运行等。

③ 设备正常操作：接下来，用鼠标进行操作模式选择，点击设备显示器上的“练习模式”或“考核模式”，进入正常操作程序，如图5-54所示。

图5-54　煤矿采煤机实操仿真培训系统操作页面

④ 关闭设备：实操训练或实操考核完成后，关闭设备。

以上全部过程，在授课教师监督和指导下进行。

（2）考核流程

学员在待考室待考，按顺序进入实操场地参加考核。实操考核前，管理员提前将学员信息录入主机，学员在主机上刷身份证进行身份确认，然后到考试机位，点击“实操考核”模式开始操作，时间为15或30分钟。考核结束后，学员点击“提交”，主控室电脑打分，打印机将考核成绩打出，学员和考评员同时签字确认，如图5-55所示。

4. 考核管理规范化

为规范特种作业人员实际操作考试工作，公司安全培训中心建立了考试点领导机构、考试工作组织机构。制定了“鹤岗矿业公司安全培训中心考试点工作制度”“考试点安全应急预案”，主要内容包括：考试点负责人职责、管理人员职责、工作人员职责、系统操作人员职责；考评人员任职条件、考评人员职责、考评人员基本权利及义务、考评人员工作纪律；考场规则、考务人员规则、考场纪律；考试流程、违纪人员现场认定及流程等。同时，公司多次组织煤矿生产建设单位实操培训教师和实操考评员到公司安全培训中心集中培训，使他们熟悉掌握实操仿真培训系统的操作原理、操作流程、操作技能、考核标准、实操培训与组织管理方法等，提高能力水平，满足实操培训授课和考评要求，如图5-56所示。

（三）建议和改进实操仿真培训系统的“一改”开展

煤矿特种作业人员实操仿真培训系统，与实际设备和真实场景有一定差距，而且由

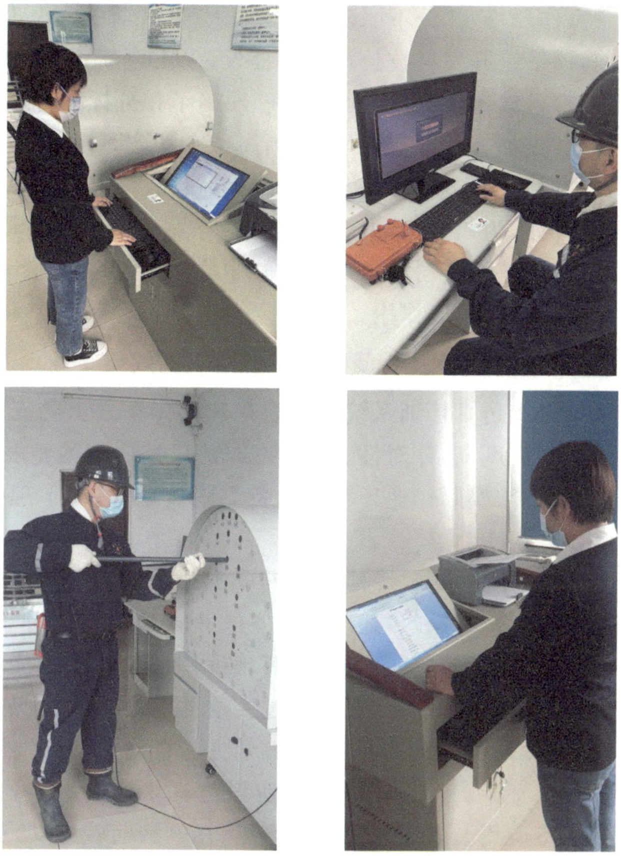

图 5-55　井下爆破作业操作过程

图 5-56　公司组织实操培训教师和实操考评员集中培训

于推广应用时间不长，在操作系统软件等方面还存在一定不足，需要进一步改进和完善。

在调试和使用煤矿特种作业人员实操仿真培训系统过程中，发现掘进机模拟钻进时间过长、电气作业设备显示屏幕中相关内容文字过小看不清、安全检查模拟系统与原国家矿山安全监察局要求的考核时间 30 分钟不符、没有实操系统标准操作过程视频演示、实操设备操作比现场实际设备操作严格、扣分不明确等。公司安全培训中心及时向该系统开发科技公司反馈意见。目前，该系统开发科技公司根据提议，多次更新系统软件，简化了掘进机钻进过程，实现了屏幕内容可放大，调整了操作时间，明确了扣分标准，而且陆续推出了实操设备教学视频，通过"一改"更加方便了实操培训，提高了实操培训效果。

在公司安全培训中心特种作业人员实操培训与考核取得成效的基础上，公司从2019年开始，先后投入500余万元，为兴安、富力、益新、峻德等煤矿培训中心配备了煤矿特种作业人员实操仿真培训系统，缓解了公司安全培训中心学员实操练习的压力，在提高煤矿特种作业人员实际操作本领上发挥了重要作用。

五、使用煤矿特种作业人员实操仿真培训系统带来的效果

煤矿特种作业人员实操仿真培训系统是建立在理论体系之上的安全技术实操教学、训练和考核。该系统智能化程度高，针对性、实用性强，可以按照相关要求，在不具备煤矿既有场所和设备的情况下，实现与实际作业环境和设备无限接近，解决了理论脱离实际的问题，应用效果十分显著。

（1）解决了培训难题。使用煤矿特种作业人员实操仿真培训系统，可以改善教学方式和手段，淘汰过去以实验代替实操和口述问答的实操考核方式，解决了有毒有害气体不易模拟、培训中心没有大型实操设备等问题。同时，实现硬件设备和软件交互控制，解决了纯软件操作抽象和纯硬件设备操作单一的问题。通过实景再现，反映井下现场实际，学员在贴近生产实际的情况下，模拟操作设备进行训练，使教学更加直接，实训更加有效。

（2）降低了培训成本。煤矿特种作业人员实操仿真培训系统体积小、成本低，操作简单，移动方便，可以在教室应用。煤矿职工在教室里、在电脑前就可以完成设备的实操训练，相当于把井下生产现场和大型设备搬到了地面。该系统软件可以适时进行更新升级，不仅能够解决新技术、新装备、新工艺的投入使用，以及设备的更新换代问题，而且软件更新方便快捷，降低了实物操作培训损耗费用。

（3）提升了培训质量。煤矿特种作业人员实操仿真培训系统涵盖了煤矿特种作业人员应掌握的所有专业操作科目。系统设计新颖、立体直观，采用人机对话、教与学互动的方式，将过去枯燥乏味的灌输式讲解变得生动有趣。在实操过程中，它具备违规操作的报警提示以及智能纠错功能，并给予正确操作方法引导提示，学员在实景再现、操作提醒等情境下进行观察思考和操作训练，更易于加深对知识的理解和设备规范操作流程的掌握。

（4）规范了实操考核。煤矿特种作业人员实操仿真培训系统具有信息化管理功能，如学员身份识别、考试批次管理、考试成绩管理等。该系统依据《煤矿特种作业安全技术实际操作考试标准（试行）》设定考核程序，分为必考科目和随机科目编组。实操考核过程中，可以实时监控学员操作情况，更新记录学员成绩，学员操作完成"提交"后，主控室电脑直接打印成绩单，学员和考评员同时签字确认，规避了作弊行为。

（5）促进了安全发展。煤矿特种作业人员实操仿真培训系统内容涵盖煤矿特种作业人员11个工种，设置了井下生产可能遇到的各种故障、隐患和违章行为。使用该系统开展培训，提升了学员对安全知识的理解和把握程度，增强了快速反应和应急处置能力，有效降低了"三违"行为和事故发生概率，为企业安全发展奠定了坚实基础，如图5-57所示。

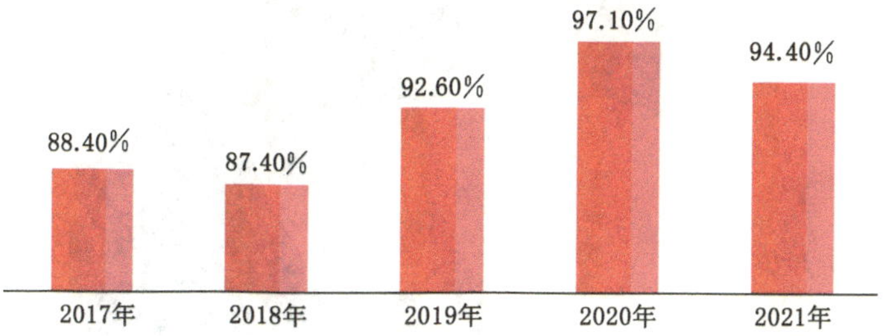

图 5-57　近年特种作业人员理论和实操考核合格率

第三节　煤矿移动"e"课堂智慧云平台系统

随着互联网技术的蓬勃发展和手机应用软件的诞生，人们的生活、学习和工作状态得到极大改变。为适应时代发展需要，充分发挥移动互联网和数字化技术在煤矿安全生产教育和培训中的作用，2018 年鹤岗矿业公司与中国矿业大学、徐州福喜能源科技有限公司开展合作，共同研发建设了煤矿移动"e"课堂智慧云平台系统，并于 2019 年 6 月开始在龙煤集团全面推广。该系统本着简单、适用、高效的原则，遵循通用化、标准化、智能化、人性化的培训理念，为企业职工提供了一个泛在式学习平台，有助于职工学习安全知识、增强安全意识、提升安全技能，促进企业安全生产工作的健康发展。

一、煤矿移动"e"课堂智慧云平台系统的作用

（1）有利于发挥集中管理优势。利用移动互联网技术建立移动学习平台，已经成为企业职工培训和业务学习的重要手段。通过采取公司统一建立、各单位定制使用的方式建设移动学习平台，不仅可以实现资源共享、节约建设成本，而且能够建立起公司→基层单位→区队→班组分级管理体系，最大限度地发挥集中管理优势。

（2）有利于提升职工整体素质。移动学习平台的交互性可以实现信息双向流通，有利于培养学习者的交流沟通能力，激发学习者的学习热情，发展学习者的个性，提高学习者的学习兴趣。平台学习内容丰富，知识覆盖范围广，职工可以利用在线课堂选择性学习，还可以进行在线模拟考试，通过多种渠道学习掌握安全知识。

（3）有利于解决工学矛盾。煤矿井下职工实行"三班倒"的作业方式，工时紧张、工作强度大，这种情况下开展安全培训容易造成工学矛盾。线上教学改变了面对面培训模式，学习时间相对自由，职工可以利用班前班后的零散、碎片化时间学习，也可以在休息和业余时间学习，实现了学习工作两不误、两提高，如图 5-58 所示。

（4）有利于加强教育培训管理。移动学习基于大数据平台，培训管理人员可以通过数据统计分析，及时掌握职工学习需求，改进培训过程设计及课程推送，使学习教育培训更加科学、更有针对性。

二、煤矿移动"e"课堂智慧云平台系统构成

（一）模块及使用说明

系统运行硬件环境为云服务器＋手机（联网）＋电脑（联网），系统管理员通过手机或网

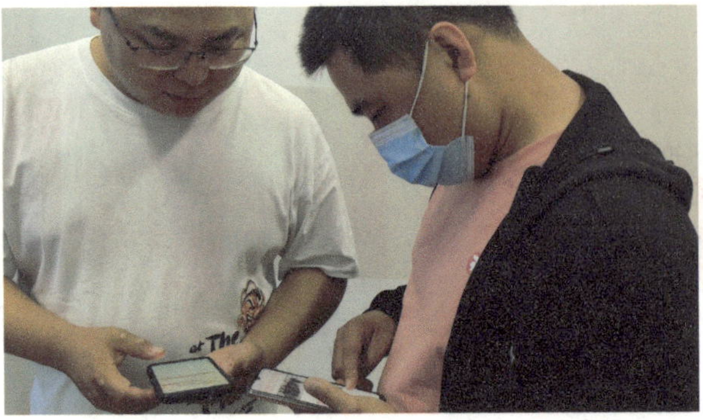

图 5-58 职工利用零散时间进行学习

页登录系统进行后台管理。

平台分为以下两大模块：

(1) 手机端，见表 5-14。

表 5-14 手机端功能表

序号	功能	子功能
①	强管理	个人排名、单位排名、任务查询、登录查询、一人一档、档案查询、在线培训
②	学考平台	每日学习任务、错题练习、错题统计、积分明细、在线考试
③	阅读学习	最新发布、通知公告、警钟长鸣、法规文件等
④	视频学习	最新发布、微视频、警示教育、操作规程、专家解读
⑤	排名统计	部门排名、板块排名、专业排名、工种排名
⑥	在线培训	在线学习、培训班考试
⑦	手机抽考	抽考出卷、扫码考试
⑧	积分商城	学习积分抵扣、在线购物
⑨	语音学习	语音播放、语音输入

功能简要说明：

① 强管理：“e”课堂各级管理员通过此模块，查询所管理范围内的职工排名情况、答题情况、信息情况等。

② 学考平台：展示每日需要学习的各种任务，提供错题本、错题练习等学习功能。

③ 阅读学习：提供文字形式的学习资料，可按阅读时间给予积分。

④ 视频学习：以视频、音频形式生动展示学习内容，可按学习观看时间增加积分。

⑤ 排名统计：提供各层级单位的排名查询。

⑥ 在线培训：提供在线课程功能，让职工可以系统化学习知识。

⑦ 手机抽考：管理员通过手机生成抽考二维码，对相关人员进行突击式实时抽考，检验职工学习效果。

⑧ 积分商城：按煤矿职工日常需求，提供针对性商品，职工可以使用学习过程中得到的积分，在商城中抵扣部分商品金额，调动职工答题的积极性。

⑨ 语音学习：支持语音播放、语音输入，文化程度较低及老花眼人群凭借此功能也可以

参与到学习中来。

手机端功能模块示例如图 5-59 所示。

图 5-59　手机端功能模块示例

（2）电脑管理端，见表 5-15。

表 5-15　电脑管理端功能表

序号	功能	子功能
①	基础信息	组织架构、部门专业、部门板块、作业类别、排名分组
②	学习应用	学习菜单、考试管理、积分管理、投票管理
③	工种题库	公共题库、工种作业、题库管理、知识点管理
④	一人一档	档案管理、持证管理、安全培训管理
⑤	在线培训	我的学习、我的岗位、在线课程 & 培训班
⑥	脱产培训	培训计划、培训考试、培训机构、培训课程、考试题库、发证单位、证书管理、听课打分模板、实操考核模板、线下教室
⑦	账户管理	修改密码、个人信息
⑧	系统维护	角色管理、学习任务、logo 管理、人脸设备管理

功能简要说明：

① 基础信息：提供企业内部组织机构及相关基础数据，便于管理组织架构内的各种资料。

② 学习应用：通过“学习菜单”功能定时学习手机上的学习菜单内容；通过“考试管理”功能组织管理各类考试；通过“积分管理”功能，以个人和单位统计各类排名报表；通过“投票管理”功能，组织职工通过手机进行相关投票。

③ 工种题库：管理各单位的工种、专业项目，维护工种及专业项目对应的题目。

④ 一人一档：职工档案管理、持证管理、安全培训管理。

⑤ 在线培训：建立培训课程和在线培训班，职工通过手机系统化学习安全知识。

⑥ 脱产培训：实现煤矿培训部门脱产培训需求，从培训计划到培训完成后的理论考试、实操考核，包括安全培训的一人一档、一期一档等。

⑦ 账户管理：管理员在后台对个人账户信息进行维护。

⑧ 系统维护：提供系统权限管理、角色分配等。

电脑管理端功能模块示例如图 5-60 所示。

图 5-60　电脑管理端功能模块示例

（二）主要学习内容

1. 学考平台

(1)“学抓强”。按照原国家煤矿安全监察局《关于开展“学法规、抓落实、强管理”活动的通知》要求，选取《安全生产法》、《刑法修正案（十一）》以及“一规程四细则”、新政策法规等重点内容，使学员详细了解国家安全生产方针政策和相关法律法规。

(2) 文章阅读及视频学习。含采煤、掘进、开拓、机电运输、“一通三防”、地测防治水、各工种岗位责任制、安全管理、经营管理、党群政工等各方面安全生产常识及相关知识。

(3) 每日一题。平台系统针对本岗位工种安全培训重点，每日在题库中随机选取一题。

(4) 自测练习。平台系统针对本岗位工种安全培训重点，每日在题库中随机选取10道自测练习题。

(5) 每月一考。每月进行一次全员考试，系统按工种随机抽取100题。

(6) 积分规则。满分100分（按30天计算）。

个人积分规则＝每日一题＋自测练习＋文章阅读＋视频观看＋每月一考＋学抓强（挑战答题任务）。

每日一题每天1分，答对积1分，答错不积分，共计30分（见图5-61）。

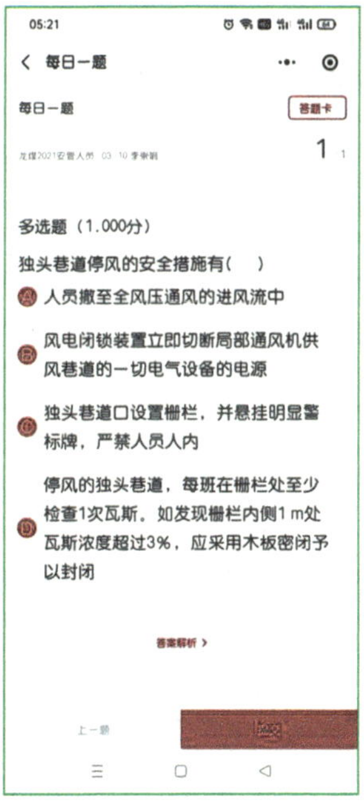

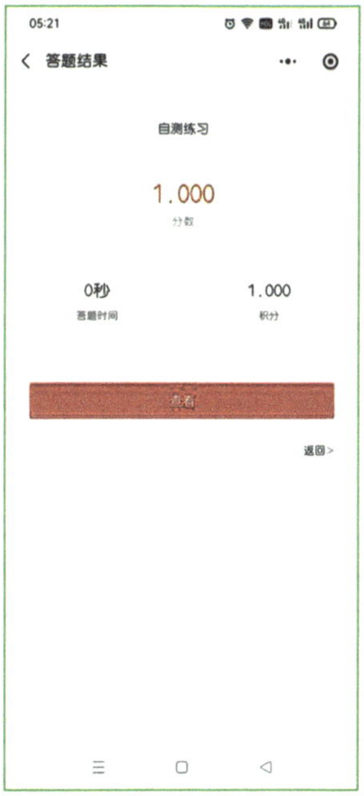

图5-61　学考平台答题示例

自测练习每天1分，共计10题，答对积0.1分，答错不积分，共计30分。

文章阅读＋视频每月观看8条内容；每观看1条内容积0.5分，未完成任务不积分，共计4分。

每月一考共计100题，每答对一题积0.3分，答错不积分，共计30分。

“学抓强”（挑战答题）共分为3个任务，共计6分（以百分制为基础按当月天数计算挑战答题任务）。

积分排名优先顺序规则:个人总积分→月考成绩→任务答题正确率→任务答题数量→每月一考耗时→继续练习答题正确数量。

单位积分规则:单位积分=单位人均积分。单位人均积分:单位人员积分总和除以总人数即为单位人均积分。

2. 阅读学习

(1) 通知公告。"e"课堂各级管理员可以通过后台发布通知、公告、文件等信息,供职工查阅学习,如图 5-62 所示。

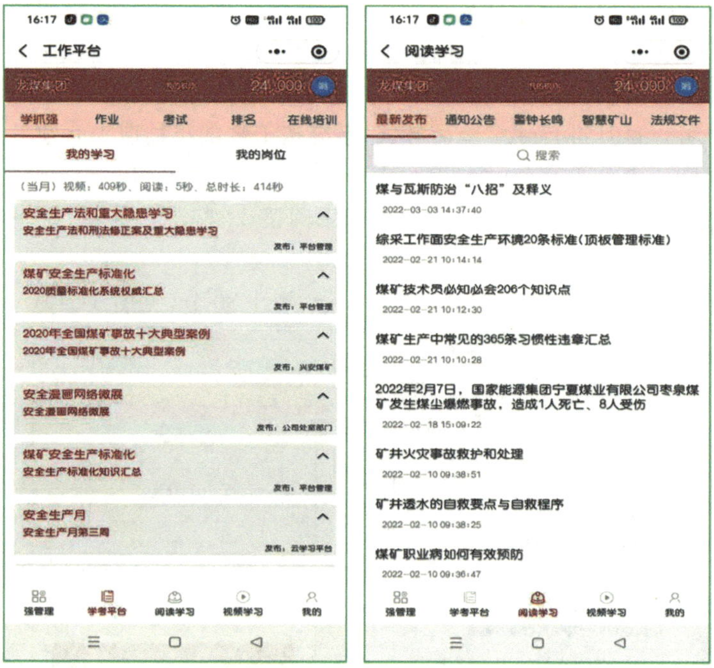

图 5-62 学考平台专业知识阅读学习示例

(2) 法规题库。将知识点以条目形式列出,便于核查知识点全面性。目前,试题库含有 10 050个工种 2 094 239 道试题;试题数量分布均衡,涵盖了全部知识点、岗位层次和难度档次。

(3) 应知应会。各级管理员从不同角度发布当前矿井生产中的重点风险。包括风险可能会造成哪些安全隐患,历史上这些隐患造成了哪些安全事故,以及消除这些隐患或者防范事故应该采取什么措施。

3. 视频学习

(1) 微视频。发布安全微视频、事故案例、精彩小视频、工种操作视频、专业知识(包括采煤专业、掘进专业、"一通三防"专业、地测专业、机运专业、党群政工专业)、安全生产知识和信息学习情况大数据分析(包括学习时间、地点、内容等),使学员通过手机进行学习。

(2) 警示教育。通过上传全国、省及龙煤集团内部各类典型生产事故案例,专家知识讲座,各类灾害剖析等视频内容,使学员学习更有针对性;通过认真分析事故原因,总结事故教训,做到警钟长鸣,真正实现便捷高效施教,如图 5-63 所示。

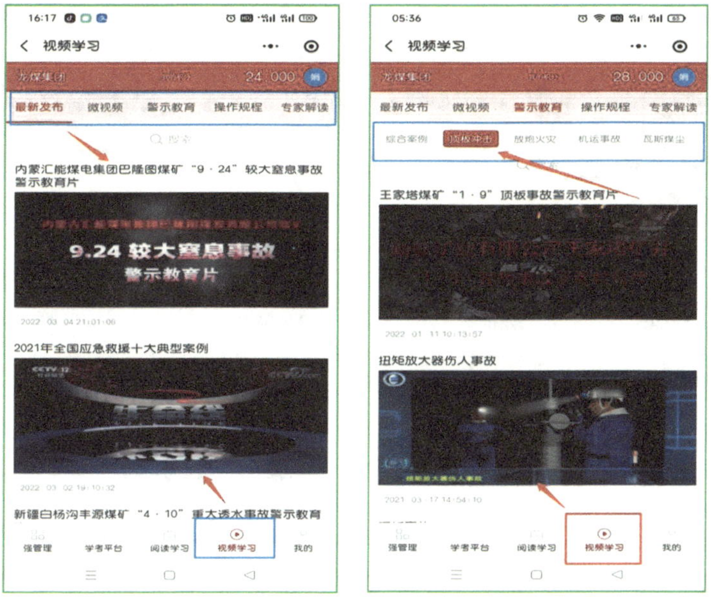

图 5-63　学考平台专业视频观看学习示例

(3) 操作规程。各区队管理员发布本单位一周内生产过程中的重点难点和可能出现的风险、隐患,以及风险、隐患可能造成的安全事故和应该采取的针对性措施。

4. 管理模块

(1) 平台不定期发布视频、课件、论文、文章等信息,点对点为职工推送学习内容。

(2) 专业、工种、试题、部门、人员信息建立动态数据库。

(3) 集团+公司+矿+部门不同权限管理。

(4) 平台每日自动汇总统计个人答题情况、错题和答题分析、学习情况和考试情况,并进行综合评分和排名(个人在所属单位的排名、在专业内的排名;公司根据所属单位人员参与率、答题积分、发布资料数据等进行单位排名,如图 5-64 所示。

(5) 根据《煤矿安全培训规定》关于建立“电子一人一档”的要求,定制开发了档案管理模块,通过输入职工档案号,可对学员培训档案信息进行查询。

三、煤矿移动“e”课堂智慧云平台系统推广使用

(一) 推广过程

1. 公司牵头

鹤岗矿业公司组织相关人员深入中国矿业大学进行学习考察,并多次组织煤矿及公司安全监察局相关人员进行讨论认证,确立了以峻德煤矿、兴安煤矿为试点单位,与中国矿业大学联合开发建设煤矿移动“e”课堂智慧云平台系统的工作思路,同时制定了工作推进时间表和奖励政策。

2. 试点推进

(1) 强化组织管理。峻德煤矿、兴安煤矿结合实际分别制定了《煤矿移动“e”课堂学习推广实施方案》,成立了领导组织机构,明确了推进时间表和任务清单。同时,由矿副总以上领导及相关科室对基层单位进行包保,组成了宣传发动、督导推进两个工作组,为推广“e”课

图 5-64　单位及个人积分排名查询示例

堂学习工作提供了组织保证。

（2）提高思想认识。一方面，采取班前宣讲、工业广场悬挂条幅等方式，积极营造开展“e”课堂学习的浓厚氛围；另一方面，针对重点群体和关键岗位人员，举办专题培训班 9 期，培训 401 人，使职工充分认识到开展“e”课堂学习既有益于个人成长，也有利于促进企业发展，在思想上自觉接受“e”课堂的学习推广使用。

（3）反复测试完善。试点之初，两个试点矿分别成立了“e”课堂学习平台问题搜集组，针对平台运行过程中出现的问题，及时向平台研发团队反馈，并提出合理化意见；根据矿方反馈的意见和存在的问题，研发团队形成企业需求报告，对平台中的相关项目进行测试分析、修改完善。经过 2 个月的紧张调试，平台各个板块得到进一步优化，系统运行流畅稳定，达到了企业学习培训要求。

（4）实施政策激励。为保证煤矿移动“e”课堂智慧云平台系统建设取得实实在在的效果，公司在先期投入 79 万元用于平台开发应用的基础上，每月增加投入 5 万余元，对“e”课堂学习推广好的矿、区（科）、队（组）及先进个人进行奖励，充分调动了各单位及职工参与的积极性。经过 50 余天的推广实施，峻德、兴安两个试点矿职工关注率、参与率由推进初期的 35％提高到 70％以上，为“e”课堂在公司全面推广创造了良好开端。

3. 全面推广

通过在两家煤矿试点运行后，平台运行情况稳定，新颖、灵活的线上培训方式得到了职工的广泛好评。2018 年 6 月，鹤岗矿业公司开始在所属煤矿全面推广使用煤矿移动“e”课堂智慧云平台系统。在鹤岗矿业公司的带动下，龙煤集团权属鸡西矿业公司、七台河矿业公司、双鸭山矿业公司、龙煤矿建公司开始建立移动学习平台；2019 年 6 月，龙煤集团组网形成“龙煤学习兴矿”智慧云平台系统开展线上培训。

（二）参与范围

公司及所属单位全体人员。

（三）参与方式

（1）首先确保手机上网畅通。

（2）保证微信能正常使用小程序或者是最新版本：微信→我的→设置→关于微信→检查新版本→升级。

（3）搜索登录：微信→发现→小程序→搜索→输入（龙煤学习兴矿）→点击→输入用户名（身份证号）＋密码登录（123456）→OK。

（4）微信扫码登录，如图 5-65 所示。

图 5-65　龙煤学习兴矿二维码

（四）管理权限

煤矿移动“e”课堂智慧云平台分为三级管理：

（1）公司级管理。公司级管理设在公司安全监察局，由公司安全监察局指定专人任公司“e”课堂管理员，负责系统管理、专业设置、部门管理、工种管理、月份汇总分析等工作，同时与各相关部门和软件开发公司联系、沟通，协助软件公司更新完善系统，以及考试题库的整理、编辑、补充与完善。

（2）单位（部室）级管理。公司所属单位（部室）设置 1 名“e”课堂管理员，负责本矿或部室平台管理、专业设置、职工资料更新、人员增加与删减、月份汇总等工作。同时与相关部门联系沟通、协助平台完善系统以及考试题库的整理、编辑、补充与完善。

（3）井区（科室）级管理。井区（科室）设置 1 名“e”课堂管理员，负责本单位平台管理以及与上级管理员联系沟通等工作，并督促检查本单位职工及时完成当日学习任务。

（五）职责分工

采取专业管理、工种分类、全员参与、协作配合的分工组织方式。

（1）公司安全监察局协助软件公司进行系统开发，模块设计，运行维护，考试题库整理编辑、补充与完善，日常管理与考核；协助各系统、各专业、各单位进行系统后台管理。同时，发布安全生产视频、安全生产管理规定、安全风险分级管控等内容，并保证及时更新。

（2）公司党委宣传部负责安全生产法律法规宣传、安全警示教育微视频的发布与更新。

(3) 公司综合办公室负责上级及公司相关安全文件的发布与更新。

(4) 公司信息中心负责网络技术支撑保障、操作系统维护，以及各单位软件安装的指导工作。

(5) 公司总工办、救护大队负责应急处置、应急管理，以及避灾自救等内容的补充与更新。

(6) 公司各专业部室负责本专业安全生产标准、技术标准、规程措施、应急处置、安全常识、安全规定、事故案例等相关知识的补充与更新，参与安全互动内容的精准推送与解答。

(7) 公司所属单位(矿、厂、处、公司)负责职工认真参与每日一题、每周一看、每月一考、自测练习的宣传发动、督促检查和日常管理，及时更新职工信息，详细掌握职工学习状况。

(六) 考核奖励

鹤岗矿业公司对矿(厂、处、公司)、区科、段队、管理员、职工五个层面进行考核奖励。

1. 矿级层面

公司每月对各矿(厂、处、公司)“e”课堂使用及全员参与率、关注率、答题正确率等情况进行综合评定考核，排名前 3 名的单位给予党委书记、矿长分别奖励 500 元；给予党委副书记、安全副矿长分别奖励 400 元，总计奖励 5 400 元。同时，“e”课堂考核与《鹤岗矿业公司安全生产教育和培训管理办法》考核挂钩，排名前 3 名的单位分别给予总分加 5 分、4 分、3 分，排名后 3 名的单位分别给予总分扣 5 分、4 分、3 分。例如，兴安煤矿×月份积分排名情况如图 5-66 所示。

部门	板块	岗数人数	已参与	平均积分	名次	90分以上人数	在岗优秀率	80分以上人数	在岗及格率	人均答题数	答题总数	答对数	正确率
培训中心	辅助单位	12	12	99.93	1	12	100	12	100	457	5484	5481	99.9453
运输区	辅助单位	130	130	99.89	2	130	100	130	100	457	59410	59333	99.8704
供应科	地面单位	78	78	99.88	3	78	100	78	100	457	35646	35592	99.8485
地测大队	辅助单位	22	22	99.87	4	22	100	22	100	457	10054	10035	99.811
综采一队	生产单位	140	140	99.86	5	140	100	140	100	457	63980	63878	99.8406
安检科	辅助单位	33	33	99.86	6	33	100	33	100	457	15081	15049	99.7878
矿领导	生产单位	21	21	99.86	7	21	100	21	100	457	9597	9578	99.802
党群综合办	地面单位	22	22	99.85	8	22	100	22	100	457	10054	10034	99.8011
配送中心	地面单位	54	54	99.84	9	54	100	54	100	457	24678	24635	99.8258
创业中心	地面单位	6	6	99.82	10	6	100	6	100	457	2742	2735	99.7447

图 5-66 兴安煤矿×月份积分排名情况分析

2. 区(科)层面

公司每月对区(科)单位“e”课堂使用及全员参与率、关注率、答题正确率等情况进行综合评定考核，按照工作类别合计评选出 17 个优秀区(科)并给予奖励。其中，生产区(科)8 个，书记、区长分别奖励 400 元，管理员奖励 200 元；生产辅助区(科)5 个，书记、区长分别奖励 300 元，管理员奖励 150 元；机关地面区(科)2 个，书记、科长分别奖励 200 元，管理员奖励 100 元；公司机关科室 2 个，科室负责人奖励 200 元，管理员奖励 100 元。总计奖励 13 350元。

3. 段队层面

公司每月对段队“e”课堂使用及全员参与率、关注率、答题正确率等情况进行综合评定考核，按照工作类别评选出30个优秀段队并给予奖励。其中，生产段队15个，书记、段队长分别奖励200元；生产辅助段队10个，书记、段队长分别奖励150元；机关地面段队级5个，书记、行政负责人分别奖励100元。总计奖励10 000元。

4. 管理员层面

公司每季度由“e”课堂运行考核领导小组对公司、各部室及基层单位管理员工作开展情况进行综合评定。对综合平均分达到90分以上的公司级管理员奖励400元/月；公司部室的管理员在完成所担负的各项任务后，综合分达到90分以上的奖励100元/月；公司对所属基层单位进行综合排名，排名前三名的矿级管理员奖励400元/月。总计奖励5 500元。

5. 职工层面

(1) 个人层面。每月生产单位个人排名前100名的职工给予奖励：1～30名每人奖励100元，31～70名每人奖励70元，71～100名每人奖励50元；生产辅助单位个人排名前80名的给予奖励：1～20名每人奖励60元，21～50名每人奖励40元，51～80名每人奖励20元；地面单位个人排名前50名的给予奖励：1～20名每人奖励50元，21～50名每人奖励30元。

(2) 特殊人员层面。每年受到过工伤、严重“三违”处分的人员在复工后，公司每月对其进行统筹排名，对答题排名前10名的给予奖励：1～3名每人奖励100元，4～6名每人奖励50元，7～10名每人奖励30元。

依据龙煤集团《关于奖励“龙煤学习兴矿”优秀个人的通知》规定，各矿（厂、处、公司）根据实际情况制定本单位“龙煤学习兴矿”考核奖励办法，可与矿业公司奖励重复。积分排名按“龙煤学习兴矿”自动生成数据为准。目前，公司及各基层单位每月发放“龙煤学习兴矿”奖金13.7万元，全年奖励164.4万元。

（七）考核处罚

(1) 每月对煤矿单位“龙煤学习兴矿”的使用运行情况进行综合考核，对积分后3名的单位分别给予处罚并通报批评(排名后3名的单位，如积分达到公司平均分或90分以上的免于处罚)。

(2) 对不参与答题学习的职工，各煤矿单位自行制定考核处罚办法，提高职工答题学习的参与率，确保实现全员参与。

(3) 区科、段队考核。由煤矿单位考核领导小组，每月对本矿区科、段队“龙煤学习兴矿”使用及全员参与率、正确率、答题量等情况进行综合评定考核，每月分组评选出若干单位，即生产、生产辅助、机关地面，并分别给予优胜和排名末位单位的区科长、段队长个人相应奖励和处罚(考核办法由各煤矿自行制定)。

（八）辅导答题

(1) 建立答题辅导群，落实专人对职工进行答题辅导。

(2) 实行矿包采区、采区包段队、段队包班组三级包保机制，指导督促各单位答题学习，并协调解决相关困难和问题。

(3) 管理员每天核实本单位的答题人数及情况，在职工入井前对答题情况进行督促，提醒职工20时前必须完成当天学习任务。

(4) 对答题效果不好的职工，要求每天进行答题练习，并由当班得分高的职工进行辅导答题。

(5) 将“学抓强”挑战题库打印出来供职工学习;每月 7 日前完成挑战答题,并提高答题准确率。

四、煤矿移动“e”课堂智慧云平台系统取得的效果

(1) 培训教学精准化。“龙煤学习兴矿”智慧云平台分系统、专业、工种学习培训,能够针对不同岗位特点因事施教、因岗施教,更好地提高培训质效。比如,采区生产工人可以通过“视频学习”操作规程板块,学习到本区队发布的一周生产过程中的重点、难点,以及不同情况下采取的安全生产措施,切实提升现场安全保障能力。

(2) 学习行为自主化。通过应用“龙煤学习兴矿”,职工不受时间地点限制,仅需一部智能手机就可以开展自主学习,不仅方便快捷,而且学习内容丰富,在寓教于乐中掌握了安全知识、提升了技能素质,使学习培训更具有长期性、系统性、持续性。

(3) 学习覆盖最大化。“龙煤学习兴矿”设有语音识别系统,能够帮助职工采取听和看的方式完成当日学习任务,解决了文化程度低、老花眼等职工群体学习困难的问题;过去一些接受不到系统培训的零散工种,也能够通过学习平台找到自己想学的知识,充分拓展了职工参加学习培训的覆盖面。

(4) 培训投入集约化。“龙煤学习兴矿”的应用,避免了费时费力的抄笔记、印卷子、印教材等传统学习模式,节省了大量办公耗材和教学成本。估算统计,公司移动学习平台运行几年来,节省纸张、笔记本等资金费用 180 余万元,减少电脑耗电、折旧费、维护成本等 200 余万元。

(5) 教育成果长效化。推广使用“龙煤学习兴矿”,职工参与率、答题准确率等都在稳步提升。公司各单位职工月均学习积分由最初的 49.47 分提高到目前的 98 分以上;国家相关部门组织的考试,鹤岗矿业公司及格率达到 98%以上;职工安全素质有了较大提升,“三违”和工伤明显减少,企业安全发展的基础不断夯实。

现代化的综采工作面,如图 5-67 所示。

图 5-67　现代化的综采工作面

参考文献

[1] 杜春华.试论煤矿全员安全培训考试的实质及方法创新[J].科技视界,2013(30):309.
[2] 唐丽颖.培训效果评估及转化实务[M].北京:中国劳动社会保障出版社,2014.
[3] 王平炎,谢宝丰.煤矿从业人员安全培训教材[M].徐州:中国矿业大学出版社,2022.
[4] 邬燕云.《中华人民共和国安全生产法》专家解读[M].北京:应急管理出版社,2021.
[5] 谢添.煤矿安全培训管理实务[M].北京:煤炭工业出版社,2017.
[6] 袁河津.煤矿新工人岗前培训教材[M].徐州:中国矿业大学出版社,2011.